水利量测技术论文选集

（第七集）

中国水利学会水利量测技术专业委员会　编

黄河水利出版社
·郑州·

内容提要

本论文选集是从"第十三届全国水利量测技术综合学术研讨会"的应证论文中选编的，内容涵盖了水利水电科学技术研究、原型观测、安全监测等方面的信息获取、传输，控制系统的硬件和软件，包括原型技术、试验技术、安全监测技术等方面的新成果和经验总结，具有较高的实用价值，可供从事水利水电科学技术研究的技术和管理人员、大专院校的师生以及其他行业中从事有关量测技术工作的人员参考。

图书在版编目(CIP)数据

水利量测技术论文选集.第七集/中国水利学会水利量测技术专业委员会编.—郑州:黄河水利出版社，2010.9

ISBN 978-7-80734-875-7

Ⅰ.①水… Ⅱ.①中… Ⅲ.①水利工程量测-学术会议-文集 Ⅳ.①TV221-53

中国版本图书馆CIP数据核字(2010)第157682号

组稿编辑:李洪良　电话:0371-66024331　E-mail:hongliang0013@163.com

出 版 社:黄河水利出版社

地址:河南省郑州市顺河路黄委会综合楼14层　邮政编码:450003

发行单位:黄河水利出版社

发行部电话:0371-66026940、66020550、66028024、66022620(传真)

E-mail:hhslcbs@126.com

承印单位:河南地质彩色印刷厂

开本:787 mm×1092 mm　1/16

印张:21.75

字数:500千字　印数:1—1 000

版次:2010年9月第1版　印次:2010年9月第1次印刷

定价:48.00元

前 言

水利量测技术是水利水电技术中最富有活力，与当代最新技术结合最紧密的技术领域。它涵盖的内容已从最初的室内试验研究技术，发展为现今包括室内试验、工程原型观测、工程建设施工、水情测报、工程勘探、工程安全监测等方面技术，是大量应用当代高科技和信息化的一门学科。

中国水利学会水利量测技术专业委员会从20世纪80年代建立起，就致力于通过学术交流和技术培训等活动，推动我国这一领域技术的发展和提高。每隔一年的全国性综合学术讨论会不仅是学术成果的检阅，也有力地促进了不同行业有关水利量测技术的交流。会议的论文选集更是这一领域技术发展的一个重要记录。

2010年的综合学术讨论会在大连理工大学举行。这次会议交流的论文内容十分丰富，不仅有最新的有关室内试验研究方面的量测技术及大量工程勘探、工程建设和安全运行等方面的技术，还有水利信息化的应用和实践经验，其中既有软件也有硬件，包含的技术范围较过去历次学术讨论会有所扩大，例如近些年来，随着人们对覆冰和冰凌对水利工程的破坏作用和对河流安全威胁的重视以及国家极地科研工作的开展，水利量测技术工作者的研究领域已延伸向与冰有关的问题，并提出了不少好成果。交流的论文中有不少属科技前沿成果，具有很高的学术水平和应用价值。

本论文选集是本专业委员会编辑的系列论文选集的第七集，它收集了本次会议的主要论文。我们相信它的出版将进一步促进和扩大技术交流，为我国水利量测技术的发展发挥重要的作用。

本书编辑委员会

2010年7月

目 录

原型技术

CCD 监视船舶侧翻冰厚度误差的实验研究 …………………… 李志军 刘 普(3)
多筒蒸散仪法及其在湿地蒸散研究中的应用 …………… 许士国 马 涛 张数鹏(10)
实验地貌的观测方法 ………………………………………… 王书芳 徐向舟 徐飞龙(16)
基于空气、冰与水电阻特性差异实现河道冰情的连续自动在线测量
……………………………………………………… 秦建敏 程 琦 李学春 等(23)
水库冰盖模拟极限破坏的试验研究 ………………… 李 锋 张小鹏 高 泰 等(30)
水库淡水冰三点弯曲试验研究 ……………………… 韩红卫 彭旭明 李佳民 等(37)
S1 型湖冰断裂韧度的试验研究 …………………………………… 李 锋 陈 凯(43)
红旗泡水库冰的摩擦系数试验研究 ………………… 禹精瑞 姜连杰 田 文 等(49)
黄河内蒙古防凌分洪区布设研究初探 ………………………………………… 邓 宇(53)
黄河三角洲海域冰情时空分布与冰级特征 ………………………………… 王相玉(57)
基于 MATLAB 工具箱的 BP 神经网络模型在年径流预报中的应用
……………………………………………………… 张傲妲 冀鸿兰 陈守煜 等(64)
黄河下游丁坝冲刷坑量测及分析 …………………… 张宝森 李建忠 张 攀 等(69)
水下驱赶泥沙观测技术研究 ………………………… 杨 勇 牛长喜 鲁立三 等(78)
水库排沙管道吸泥头浓度控制模型试验研究 …………… 吴国英 赵秀凤 宋莉萱(82)
锦州港海域水文要素观测及调和分析 ……………………………… 曹媛媛 倪文军(87)
基于时域反射仪的盐碱土与细砂垂向含水率对比测定试验
……………………………………………………… 戴长雷 吕雅洁 李欣欣 等(94)
深海 Spar 平台升沉板阻尼的试验研究 ……………… 王春宝 柳淑学 滕 斌 等(101)
中国第 4 次北极科考冰情可视监测系统快速固定方法
…………………………………………………………… 常 婷 柳 鹏 傅先平(107)
流速仪和五孔探针在大型低扬程泵站测流中的应用 …………… 郑 源 韩更生(111)
混流式机组效率及振动试验研究 ………………………………… 郑 源 翟晓娟(116)
混凝土磨蚀计及其测量方法 ………………………… 戴晓兵 李延农 刘路平 等(121)
最新“瑞智”型相控阵河流 ADCP 简介及新功能验证探讨
……………………………………………………… 席占平 弓增喜 席东杰 等(125)

试验技术

激光多普勒流速仪 PMT 值影响试验研究 ………………… 陈 红 李聂贵 王 浩(139)
瞬态脉冲干扰及其抑制方法浅析 …………………………………… 武 锋 冯 毅(143)
船模航迹摄像定位测控仪的研发与应用 ………………………………… 严 伟 周 赤(148)

基于 FPGA & DSP 构建船舶导航系统 …………………… 张洪平 孙文君 苏维嘉(153)
船模试验非接触式测量系统研究 ………………………………………… 孙 亮 倪文军(159)
红外热像仪测量环境水温时图像校正及误差修正研究
……………………………………………………… 李迎燕 任明轩 贺益英 等(164)
基于图像处理和 PTV 技术的浮冰运动检测系统 … 夏丽娟 任明轩 郑 钧 等(169)
PTV 匹配算法的对比分析 ……………………………… 胡 涛 周才磊 辜伟芳 等(176)
静水中运动气泡变形特性的测量研究 ……………… 白云艳 邵建斌 曹 锋 等(183)
HCS-W 型红外测沙仪 ……………………………………… 王娅娜 蔡 辉 马洪蛟(190)
移动式模型试验自动加沙系统设计与应用 …………… 栗克国 倪文军 李志飞(195)
拟焦模型沙水下休止角测量 ……………………………………… 宋莉萱 吴国英(199)
动床实体模型试验地形测量新技术 ……………………………… 崔 萌 周 杨(203)
河工模型水文参数自动测控系统研制 ……………… 马志华 马劲松 刘 利(207)
深水 S 型托管架现场监测系统设计 ………………… 宋学舟 李 欣 张向锋 等(218)
深水 S 型托管架室内模型试验测试技术 ………… 侯英昱 赵冬岩 谢 鹏 等(223)
基于以太网的波浪模拟运动控制器 ………………… 王 磊 江显群 何启莲 等(228)
基于双向轴流泵的四面开边界潮汐模拟系统 ……………………… 窦春晖 倪文军(233)
基于数控雕刻机的河工模型断面板自动加工系统 ……………………………………
……………………………………………………… 胡向阳 张 雨 张文二 等(238)
基于 MSP430 和 MC55 的多参数遥测终端设计…… 江显群 高 丽 何启莲 等(243)
基于 LabVIEW 虚拟仪器的潮汐模型测控系统 ………… 张宏伟 吴华林 郭文华(248)
变频器-潜水泵组合生潮系统数学模型的建立 ……………………………… 吴华良(254)
轴流式水轮机组辅助设备仿真研究 ……………………………… 郑 源 翟晓娟(260)
基于 RS485 的流速智能采集系统 …………………… 路 云 鲁娟娟 明晓煜(266)
基于小威龙流速仪的多路流速采集系统 …………… 倪文军 窦春晖 彭 刚(271)
ADCP 在实际应用中存在问题分析………………………………… 张 攀 翟广宇(276)

安全监测技术

大坝安全监测系统软件功能的探讨 ……………… 秦淑芳 陈健祥 许志刚 等(283)
导管测扭仪的研制与工程应用 ……………………… 房纯纲 鲁 英 贾永梅 等(290)
时移电法与堤防安全监测 ……………………………… 王 锐 李长征 周 杨(298)
可控源音频大地电磁法探测大坝渗漏地质构造 … 贾永梅 姚成林 房纯纲 等(303)
堤防工程安全评价单元划分方法研究 ……………… 张清明 徐 帅 周 杨(310)

其 他

水文测报新技术在国家防汛抗旱指挥系统一期工程中的应用 …………… 张维华(317)
徐闻县农村安全用水对策 ……………………………… 陈运河 吴创福 高 丽(323)
水运工程建设检测设备计量检定体系浅析 ……………………… 曹媛媛 倪文军(329)
水库机电设备和供水设施运行管理探讨 ………… 潘世峰 李 珏 吴创福 等(333)

原型技术

CCD 监视船舶侧翻冰厚度误差的实验研究*

李志军　刘　普

(大连理工大学海岸和近海工程国家重点实验室,大连　116024)

摘　要　利用船侧 CCD 设备观测海冰厚度的方法在国内外海冰冰情调查中得到了广泛的应用,而对其进行误差分析所做的工作较少。本文通过对船侧 CCD 海冰厚度观测系统的实验室模拟,对关键参数海冰翻转的三维角度和 CCD 拍摄距离的改变对船侧 CCD 观测海冰厚度误差的影响进行了深入研究。发现船侧冰层断面处在 CCD 摄像头的视场中心,判断冰层断面时选择小张角的断面,均可减少观测误差。拍摄距离增大会使观测误差值离散程度增大,因此要尽量减小拍摄距离或者增大 CCD 焦距。

关键词　CCD;冰厚度;误差;实验研究

1　前言

海冰面积约占地球表面积的 5%,对海冰的观测和研究一直是世界各国地球科学研究和工程应用的重要内容。

表征海冰冰情的重要参数有冰厚度和冰密集度[1]。冰密集度的观测可以依靠卫星、飞机和船舶等平台进行遥测。而随着数字摄影技术的发展,在船上利用数码图像设备观测冰厚和冰密集度的技术也越来越成熟[2]。例如 1988 年 Muramoto 等将摄像技术应用到走航海冰观测的实践中,对海冰密集度和浮冰分布进行了摄像观测[3],1999 年 Worby 等对该项技术进行了补充,描述了利用船侧摄像设备捕捉船侧翻冰的断面,从而自动监测海冰厚度。利用此技术对船舶走航期间的冰厚度进行观测具有很高的自动化性和高分辨率,以及精度优于传统的裸眼观测,所以在各国的冰情调查中得到广泛应用[4]。我国在第 19 次南极科考中首次应用此技术进行走航海冰观测[5],之后在第 2 次、第 3 次北极考察[6]和第 21 次、第 22 次南极考察中也相继应用,并获得大量有效的冰厚数据。另外,CCD 成像技术也被应用到基于渤海海洋平台的海冰厚度监测[7],并有学者探讨了以船舶为平台利用 CCD 成像技术对渤海海冰进行观测的应用前景[8]。

船侧 CCD 观测海冰厚度的方法应用已久,但是对通过这种方法获得的海冰厚度数据与海冰厚度真实值进行比较并分析其误差尚未涉及,而在考察船走航过程中进行实地测量海冰断面的做法也不现实,由此对 CCD 监视船舶侧翻冰厚度的误差进行实验室模拟研究具有很高的应用价值。

本文基于 CCD 成像技术,在实验室中对船舶走航 CCD 监测系统进行模拟,通过对实

* **基金项目:**国家自然科学基金(40930848),国际极地年中国行动计划项目,第 4 次北极考察项目。

验条件的人为控制,针对海冰断面翻转角度和CCD与冰面的距离,通过改变其大小来研究这些参数对船侧CCD观测海冰厚度误差的影响。同时利用船侧CCD观测海冰厚度的误差大小,对走航观测得到的海冰厚度值进行评估。

2 测量系统及原理简介

船舶航行在高密集度有冰海区时,冰层被破冰船压弯破碎,破碎的冰块沿船外侧滑动,并随着船体宽度的增加在船中部的外侧位置发生翻转,使破碎冰层的完整断面露出水面。若能够拍摄到这样的冰断面,就可从中提取海冰厚度信息[4]。图1为船侧CCD观测系统的装置图,图2为船侧CCD摄影观测系统的实物全貌。

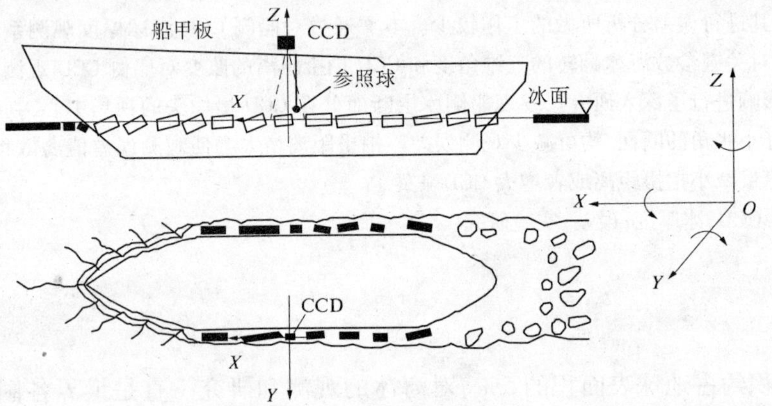

图1 船侧CCD观测装置

为了获取冰厚度的绝对值,需在船侧水线附近放置一个已知直径的小球作为参照物,使CCD拍摄到的图片中包含破碎冰块断面和参照球[6],如图2和图3所示。提取海冰厚度的具体方法是在得到的海冰断面图像中标示出冰厚度、积雪厚度和参照球直径的线段。以图3为例,AB为冰厚度,BC为冰上积雪厚度,DE为参照球直径,已知参照球直径为d,则冰观测厚度为$AB \cdot d/DE$,积雪厚度为$BC \cdot d/DE$。从而获得考察船走航海域的海冰厚度和冰上积雪厚度。

图2 船侧CCD观测系统全貌

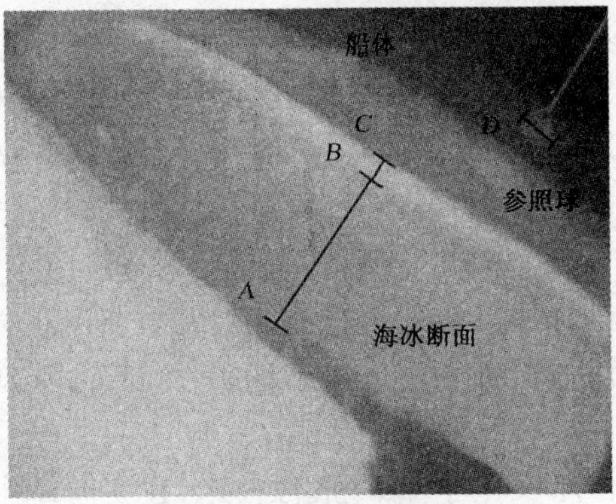

图3 冰层断面图像

3 实验室模拟技术

依照上述的 CCD 监视船舶侧翻冰厚度的现场应用情况，在实验室中对 CCD 观测系统进行模拟布置。先将船舶侧翻冰断面的翻转运动描述为空间直角坐标系 XYZ 内的刚体运动，坐标系 $OXYZ$ 如图 1 所示，海冰翻转运动中绕上述 X、Y、Z 三轴的旋转角度分别定义为 α、β、γ，α、β、γ 角度值的连续改变实现船侧海冰断面的翻转。在实验室运用六自由度旋转平台实现 α、β、γ 值的改变，使冰断面模型有类似于海冰断面翻转的效果。CCD 拍摄距离的变化是通过在实验中调整摄像机拍摄高度来实现的。采用 500 万像素 JVC－GZ－MG575AC 型数码摄像机，CCD 物理焦距固定为 6.3 mm。图 4～图 6 为实验室中的观测系统布置图，图 7 和图 8 分别为旋转平台的实物图和结构分解图。平台主要由 A、B、C、D、E 等 5 部分组成（图 8），A 部分与 B 部分通过 X 轴进行连接且能绕 X 轴自由转动，B 部分与 C 部分在 Y 轴处使用销钉 E 连接并能绕 Y 轴自由转动，C 部分安装在 D 部分上并能绕 Z 轴自由转动。整体的观测系统示意图如图 9 所示。

图 4　实验室观测系统全貌

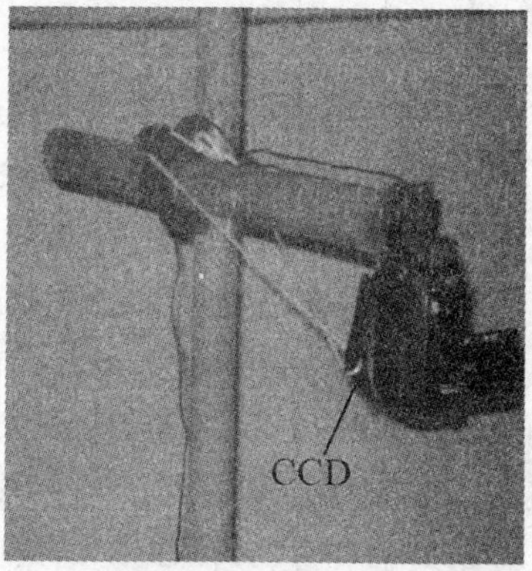

图 5　实验室中的 CCD 装置

图 6　模型断面图像

图 7　旋转平台实物图

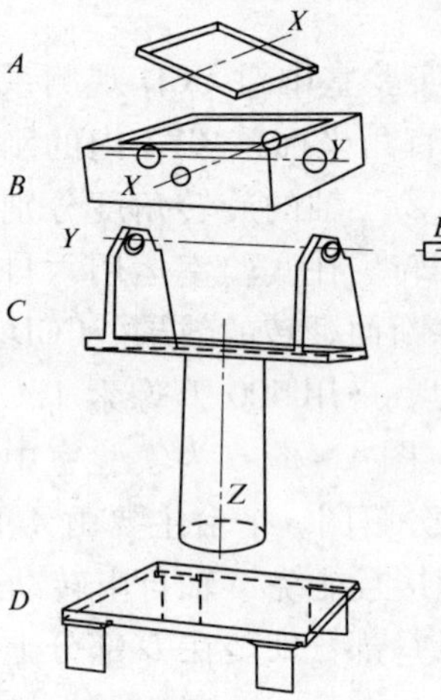

图8　旋转平台结构

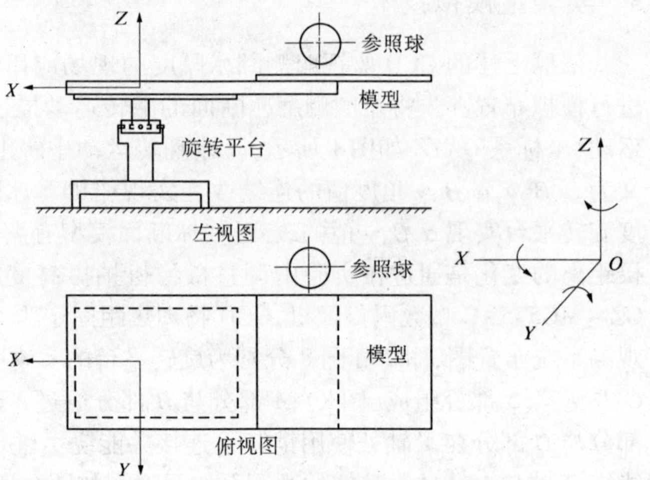

图9　观测系统示意图

实验中所选用的冰断面模型的尺寸为:宽 68 cm(以此尺寸为冰断面模型的厚度),长 94 cm。参照球直径为 30 cm。参照球与水平位置时的冰断面模型之间的距离为 29 cm。

实验中 CCD 拍摄距离 H 选择为 3 m、4 m、5 m、6 m、7 m 和 8 m 等共 6 个距离,旋转平台绕 X、Y、Z 三个轴的转动角 α、β、γ 的变化区间均设置为[-20°,20°] (从各轴正方向看向坐标原点,平台顺时针转动为各角改变的正方向),在各高度下,将[-20°,20°]的变化区间划分为 -20°、-15°、-10°、-5°、0°、5°、10°、15°、20°共 9 个刻度点,分别将三个旋转角调整到这些刻度点来完成实验操作。

实验最终获得了 6 个 CCD 拍摄距离下的观测资料,每个高度下 α、β、γ 有 729 个角度组合,共计 4 374 个角度组合。分析视频资料时,每个角度组合截取 3 张图片,得到对应的冰模型断面值,再取其均值,即为此角度组合下的冰模型厚度测量值 l_1。利用直尺测量模型,获得冰模型厚度真实值 l_2。定义相对误差 $\delta = |l_1 - l_2| \times 100/l_2$,分析相对误差,获得了角 α、β、γ 的改变和 CCD 拍摄距离变化对观测误差的影响。

4　实验结果分析

分析 3 个角度和 6 高度联合变化所产生的相对误差,发现整体误差范围是25.51% ~ 0.000 24%。以下作为特例,介绍角度变化和高度变化相对误差的特点。

4.1　角 α、β 和 γ 的改变对观测误差的影响

使冰断面模型处于水平位置即角 α 和 β 的值均为 0°,改变角 γ 的值,得到误差变化曲线(见图 10)。从图 10 中可以看到,数据有一定的分散性,但总体上误差是随着 γ 角度的增大而增大,分析这 6 条曲线,8 m 数据不规律,也验证了上述拍摄距离增大会造成误差离散性增大。另 5 条曲线的最小值均处在[-20°, -5°]之间。观察实验室模拟系统的布置,发现 γ 角度在[-20°, -5°]区间段时,模型所处位置为 CCD 摄像头的视场中心附近,而区间[-5°,20°]远离 CCD 摄像头的视场中心。这样的布置会造成图像的几何畸

变[9]。图像的几何畸变属于 CCD 的系统误差。为了验证此观点，在处于水平位置且角 γ 为 0°时的模型断面中取 7 个不同位置的断面值(见图 11)，3 人处理同一组图片，获得了 3 组不同的误差数据，得到误差变化的柱状图(见图 12)。位于视场中心附近的拾取点 3 和 4 的误差较其他点要小，证明图像存在几何畸变，即 CCD 存在系统误差。CCD 的系统误差不能消除，在实际应用时只能尽量减小其造成的影响。由此在应用此技术进行海冰断面观测时应尽量使冰断面处于 CCD 摄像头的视场中心，以减少图像几何畸变带来的系统误差。

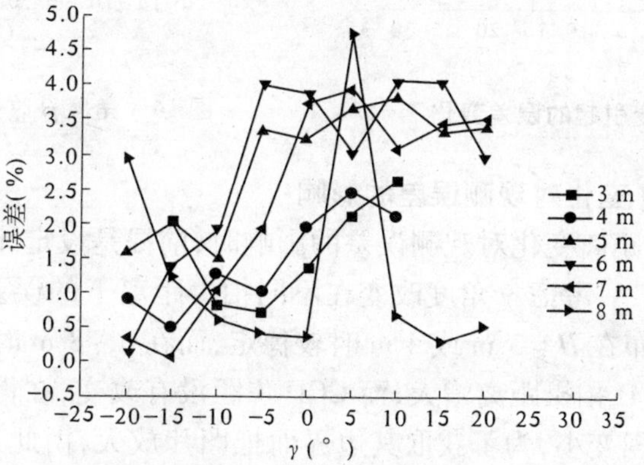

图 10　角度 γ 改变引起的误差变化

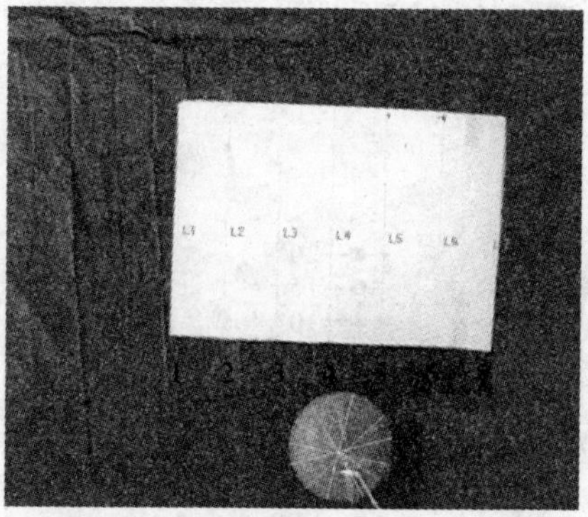

图 11　断面拾取点位置示意图

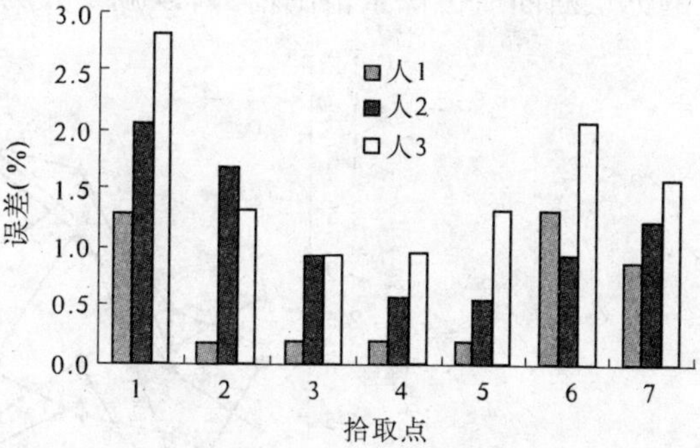

图 12　误差变化柱状图

观察参数 α 值改变对观测误差的影响时的前提条件是将 β 和 γ 值均调为 0°，观察参数 β 值时也对 α 和 γ 值均调为 0°，分析后得到误差变化曲线(见图 13、图 14)。图像反映曲线的最低值出现在 α 和 β 处于[−5°,5°]之间。因此，从船侧 CCD 现场拍摄海冰断面厚度资料中提取海冰断面时应尽量选择断面张角小的冰层断面图像，以减少断面张角带来的误差。

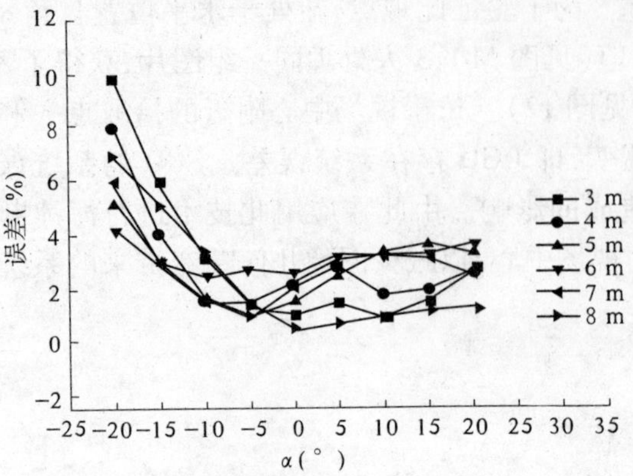

图 13 角度 α 改变引起的误差变化

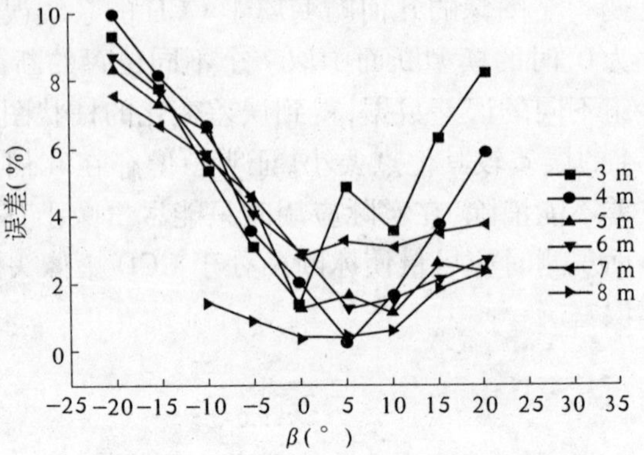

图 14 角度 β 改变引起的误差变化

4.2 CCD 拍摄距离 H 变化对观测误差的影响

在分析 CCD 拍摄距离变化对观测误差的影响时,前提是设定冰断面模型处于水平面内,即角 α 和 β 值为 0,只考虑 γ 角度改变在不同拍摄距离下的误差(见图 15)。从图 15 可以发现误差值的分布在 $H=3$ m 或 4 m 时较稳定,而在 5 ~ 8 m 时误差分布具有很大的离散性。原因在于 CCD 拍摄距离增大,而 CCD 焦距没有改变,在得到的图像里冰断面模型的尺寸所占像素范围变小,为了获取其边界而把图片放大,由此边界变得模糊;人为判断边界时具有很大的随机性,也由此使得到的观测误差离散率增大。因此,在实际应用时,应尽量减小 CCD 拍摄距离,或者是在能已知 CCD 焦距的情况下,增大焦距,使图像中的冰层断面所占像素范围增大,以减少人为判断边界带来的误差。

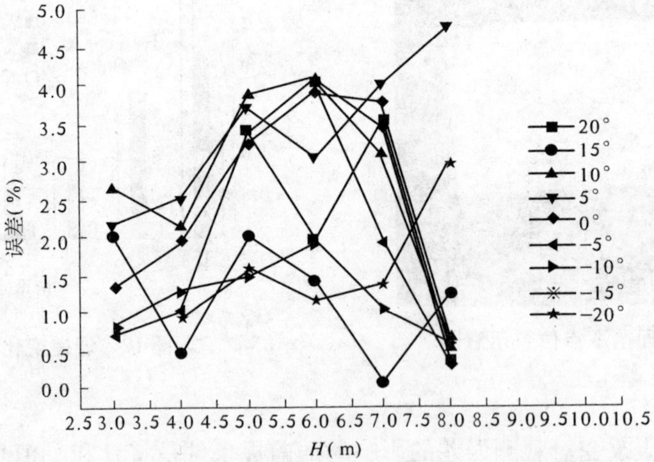

图 15 CCD 拍摄距离 H 改变引起的误差变化

5 结论

(1) CCD 摄像机安装时,应尽量使船侧冰层断面处在摄像头视场中心附近,以减小由图像几何畸变造成的系统误差。判断冰层断面时选择断面张角较小的图像,以减小观测误差。

(2)CCD 拍摄距离增大会使观测误差结果离散程度增大,减小 CCD 拍摄距离或者增大 CCD 的焦距使图像中的冰层断面所占像素增大,可减少人为判断冰层断面边界带来的误差,使误差结果分布稳定。

(3)在未来的工作中,计划将角 α、β 和 γ 三个参数综合考虑来分析观测误差,并对 CCD 拍摄距离的改变与这三个参数进行结合,可减小三个参数和 CCD 拍摄距离分离研究所带来的局限性,以求对冰层断面翻转和 CCD 拍摄距离改变造成的观测误差有深入了解。

参考文献

[1] 卢鹏,李志军,哈斯·克里斯蒂安.从船侧倾斜拍摄图像中提取海冰密集度的方法[J].大连海事大学学报,2009,35(2):15-18.

[2] Shimoda H, Endoh T, Muramoto K, et al. Observations of sea ice conditions in the Antarctic coastal region using shipboard video cameras[J]. Antarctic Record, 1997, 41(1):355-365.

[3] Muramoto K, Endoh T, Kubo M, et al. Sea ice concentration and floe size distribution in the Antarctic using video image processing[C]. Singapore, International Geoscience and Remote Sensing Symposium (IGARSS), 1997:414-416.

[4] Worby A. A technique for making ship-based observations of Antarctic sea ice thickness and characteristics[R]. Research Report No. 14, Hobart, Australia, May 1999, 3-4.

[5] 李志军.中国第 19 次南极科学考察中海冰调查技术介绍[J].冰川冻土,2003,25(2):210-213.

[6] 卢鹏,李志军,董西路,等.基于遥感影像的北极海冰厚度和密集度分析方法[J].极地研究,2004,16(4):317-322.

[7] 毕祥军,于雷,王瑞学,等.海冰厚度的现场图像测量方法[J].冰川冻土,2005,27(4):564-567.

[8] 雷瑞波,程言峰,郭井学.利用 CCD 成像技术进行渤海海冰观测探讨[J].海洋预报,2008,25(4):72-77.

[9] 王玉秀,李晓久.非接触式人体测量系统中图像几何畸变的校正[J].天津工业大学学报,2003,22(4):33-36.

多筒蒸散仪法及其在湿地蒸散研究中的应用

许士国[1] 马 涛[1] 张数鹏[2]

(1. 大连理工大学建设工程学部,大连 116024;
2. 辽中县河务管理处,沈阳 110200)

摘 要 结合湿地环境特点,本文提出了一种可同时测量不同种类或同一种类不同状态的湿地植被蒸散量(ET)和水面蒸发量(E_W)的实测方法——多筒蒸散仪法。在介绍该方法工作原理的基础上,结合2009年在白洋淀湿地的应用实践,对多筒蒸散仪法的实用效果进行了分析,研究了白洋淀湿地芦苇群落和香蒲群落的蒸散耗水规律。该方法为湿地水循环的精细考察提供了一种新的手段,具有造价低、精度高、易维护、数据发布方便等特点。

关键词 多筒蒸散仪;白洋淀湿地;蒸散发;芦苇;香蒲

1 前言

植被蒸腾和土壤蒸发作为水量平衡的主要通量,在土壤—植物—大气系统(SPAC)中占有极为重要的地位。而在湿地环境条件下,植被蒸腾作用由于不受供水条件的限制,更是湿地区域水循环的重要影响因子之一[1]。植被蒸散信息的缺乏,往往导致在湿地规划设计研究中不能得到精确的水量平衡评价结果[2]。

随着人们对湿地植被蒸腾作用越来越多的关注,水生植物蒸散耗水量的确定方法也相继发展起来,总体而言,可分为直接法和间接法两种[3]。间接法多是通过对各种微气象数据的观测,利用经验公式间接推求蒸散发量。其缺点在于:首先,微气象数据不能包含不同物种间蒸散特性差异[1]。其次,由于缺乏足够的实测资料,致使许多蒸散发估算模型无法进行参数率定。就实践而言,人们更加关心实际蒸散发,因此蒸散实测方法研究越来越引起研究者的重视。

在湿地环境中,挺水植物种类多样且分布情况复杂,不同种类或同一种类不同状态的植物分布面广,导致在监测过程中需要布设的监测点多而分散。现有研究方法大多不能反映植物不同生长状态的蒸散差异,从而在尺度扩展方面存在较大误差。考虑到湿地这种特殊的环境,本文介绍了一种在湿地环境中适用的高精度,能够对多物种、多状态的水生植物蒸散量以及水面蒸发量同时直接测量的方法——多筒蒸散仪法,为湿地水循环及湿地工程应用研究提供技术支持。

2 多筒蒸散仪的工作原理

多筒蒸散仪由一组蒸(散)发监测筒、连通管和一个数据处理系统组成。各测筒材质为具有一定强度,不易发生变形的硬质塑料,其规格相同:筒高120 cm,壁厚1.5 ~2 mm,

筒口面积3 000 cm^2，等同于标准E－601蒸发皿的面积。根据测筒所起的作用不同，可将测筒划分为两种类型：蒸散监测筒和蒸发监测筒。蒸散监测筒内分布有不同种类或不同状态的挺水植物，测筒数量可根据研究区域挺水植物的分布状态自行扩展。蒸散监测筒所测得的蒸散发量包括植物的蒸腾量和棵间水面的蒸发量两部分。蒸发监测筒内只分布有具有自由水面的水体，测量湿地明水面的蒸发量。各测筒底端埋于水层中，以消除土壤温度的影响，营造最接近原生态的芦苇生境。蒸散监测筒内部自下而上分布有：60 cm的根系层，40 cm的水层，20 cm防止降雨导致发生漫溢的空气层。

在筒壁距上端筒口40～50 cm处，开有一个直径20 mm的小孔，用于安装连通管。连通管的作用是利用连通器原理，将各监测筒与数据处理系统相连，将各测筒内的水位集中反映到数据处理系统中，从而方便利用同一超声波传感器实现对各监测筒水位的同步观测。此做法的优点在于：便于湿地环境中仪器的维护与数据收取工作；可最大程度地减少监测过程中对监测对象的损伤；使用同一超声波传感器进行监测，减小了仪器的系统误差，降低了仪器的造价。

超声波传感器选用美国Banner公司生产的T30U型，其精度为量程的±0.25%。多筒蒸散仪结构设计示意图如图1所示，其详细控制及运行方式请参阅文献[4]。

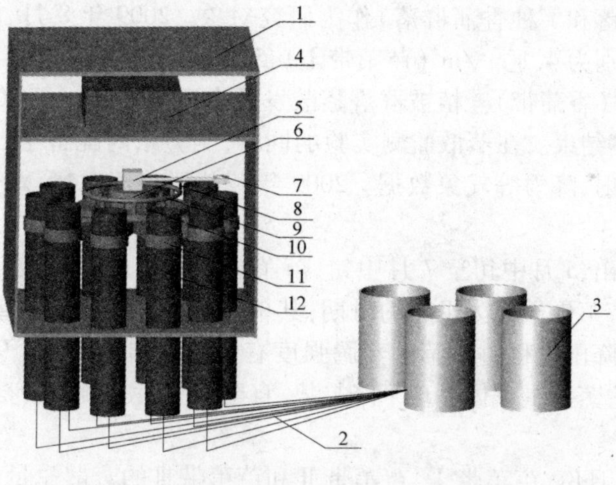

图1　多筒蒸散仪结构设计示意图

1—数据处理系统；2—连通管；3—蒸（散）发监测筒；4—数据采集箱；
5—电动机悬臂；6—双向转动电动机；7—超声波传感器；8—轴承；
9—悬臂轨道；10—光电开关；11—水槽夹；12—水槽

3　应用实例

实验区域位于华北地区面积最大的淡水湿地——白洋淀湿地。白洋淀位于东经115°38′～116°07′、北纬38°43′～39°02′，域跨安新、雄县、容城以及高阳等县（市）。当白洋淀水位为10.5 m时，相应水面面积366 km^2，其中85%的水域分布于安新县境内[5]。白洋淀芦苇、香蒲等水生植物分布面积广，其中芦苇分布面积约8 000 hm^2，是白洋淀分布面积最大、最典型的水生植被。

通过对白洋淀湿地的深入考察,于2007年6月在白洋淀中心位置的龙王淀内建立了蒸散发监测站(东经116°01′,北纬38°53′),其实验状态如图2所示。

图2 多筒蒸散仪现场实验状态

3.1 结果分析

实验中依据白洋淀湿地原生植被分布状态,设置了4种不同状态的植被群落(3种叶面积不同的芦苇群落和1种香蒲群落)作为研究对象。2009年8月,测得各研究对象的最大单位叶面积分别为4.1 m^2/m^2(芦苇带Ⅰ)、5.2 m^2/m^2(芦苇带Ⅱ)、8.7 m^2/m^2(芦苇带Ⅲ)和3.4 m^2/m^2(香蒲带)。植被群落蒸散发及水面蒸发监测于2009年4月份开始,至10月份芦苇枯萎结束。在蒸散监测实验的同时,实验站内配备了自动气象观测设备,收集温度、湿度、辐射、降雨等气象数据。2009年芦苇群落蒸散量、水面蒸发量及降雨量时程分布过程见图3。

由图3可以看出,5月中旬至7月中旬,芦苇蒸腾作用最为强烈,这与芦苇的生长特性有关,该时期是芦苇生长最为迅速的时期,其单位叶面积迅速达到或接近年最大值。7月中旬开始的连续降雨过程对芦苇的蒸腾强度有很强的抑制作用。9月中旬开始,随着芦苇叶面积的减少,蒸散量整体呈现下降趋势,直至10月底,濒临枯萎的芦苇几乎丧失蒸腾能力。

2009年5~10月份,芦苇带Ⅰ、芦苇带Ⅱ和芦苇带Ⅲ的蒸散总量 ET 分别为1 034.6 mm、1 343.7 mm和1 897.9 mm,该时期内湿地水面蒸发量 E_W 为480.5 mm,ET/E_W 分别为2.15、2.80和3.95。香蒲带的蒸散总量 ET 为828.7 mm,ET/E_W 为1.72。

芦苇、香蒲带蒸散量、水面蒸发量及降雨量的逐月分布情况见表1。

芦苇带Ⅰ、Ⅱ、Ⅲ的月蒸散总量最大值均出现在6月份,分别为236.7 mm、292.5 mm和432.1 mm,日蒸散最大值分别为12.0 mm、14.2 mm和20.9 mm。香蒲的月蒸散总量最大值出现在7月份,为162.8 mm,日蒸散最大值为8.6 mm。

3.2 与已有研究成果的对比

水生植被的强烈蒸腾作用得到了许多研究者的关注。例如,1953年,Kiendl在中欧地区测得芦苇群落的最大月蒸散总量为384 mm。1965年,Rudescu测量了多瑙河三角洲地区芦苇群落的蒸散发,结果表明,芦苇群落的月蒸散总量最大值甚至超过500 mm[6]。1970年,Tuschl测量了奥地利Neusiedler See湖芦苇群落蒸腾量,指出芦苇生长季的蒸腾量高达 12 ~ 13 mm/d。Kiendl(1953)和 Herbst(1999)也在各自的研究中指出,在极端气象条件下,芦苇群落的日蒸散量可超过 20 mm[7]。参照已有的研究成果,列出不同地区芦苇群落的蒸散强度如表 2 所示。

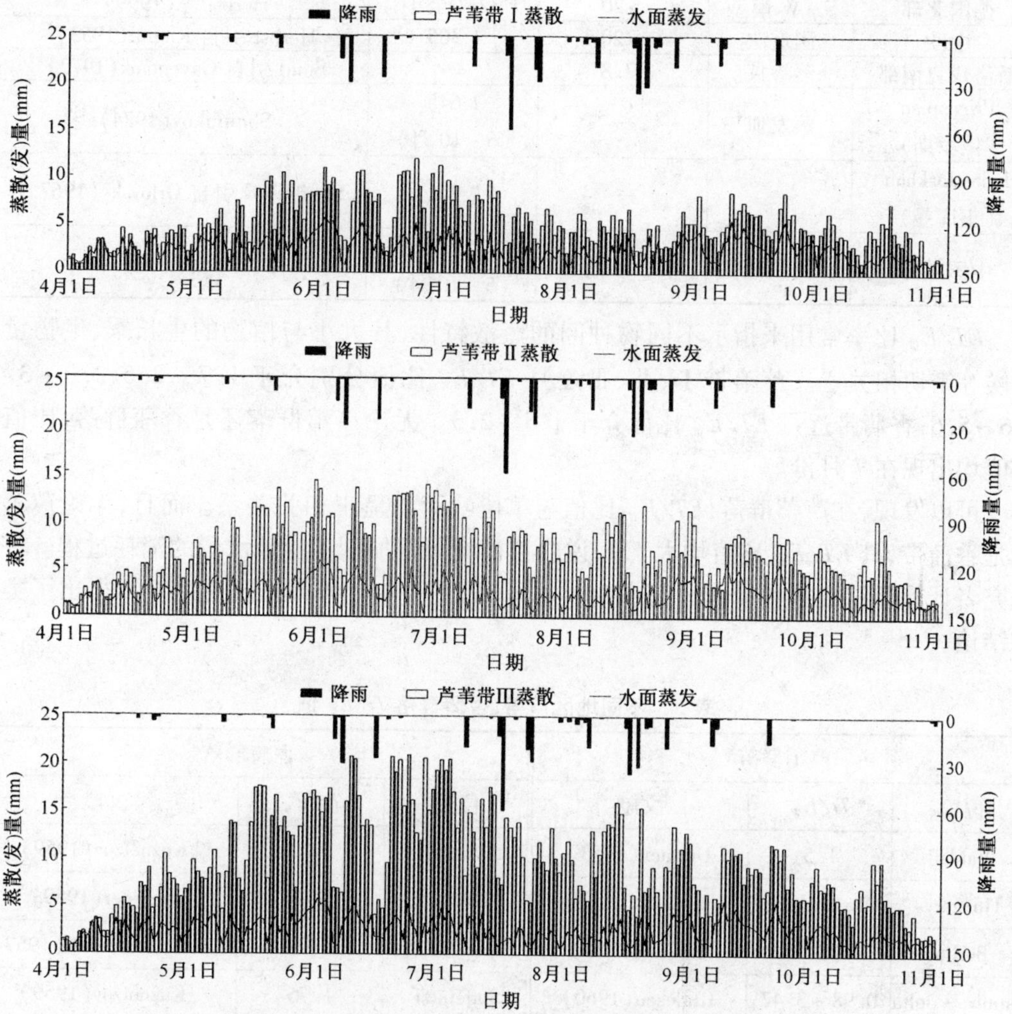

图 3　2009 年芦苇群落蒸散量、水面蒸发量与降雨量时程分布过程

表 1　2009 年芦苇、香蒲带蒸散量、水面蒸发量与降雨量逐月分布情况

月份	降雨量(mm)	水面蒸发量(mm)	芦苇带Ⅰ蒸散量(mm)	芦苇带Ⅱ蒸散量(mm)	芦苇带Ⅲ蒸散量(mm)	香蒲带蒸散量(mm)
5	17.1	90.4	199.0	251.3	351.5	139.9
6	76.0	98.4	236.7	292.5	432.1	161.0
7	146.9	71.0	185.0	260.0	398.4	162.8
8	137.0	71.5	139.3	212.4	299.7	147.1
9	44.7	94.0	163.4	191.2	247.8	124.4
10	4.4	55.2	111.2	136.3	168.4	93.5
合计	426.1	480.5	1 034.6	1 343.7	1 897.9	828.7

表2 不同地区芦苇群落的蒸散强度

位置	研究方法	最大日蒸散量(mm/d)	年蒸散总量(mm/a)	文献
德国北部	S-W模型	>20	1 324(全年)	Herbst 等(1999)[7]
中欧	测重法	>20	1 305	Herbst 引自 Kiendl(1953)[7]
斯洛伐克南部	蒸渗仪	27.8	—	Smid 引自 Gavenciak(1972)[2]
Pricaspian(俄罗斯)	蒸发皿	—	1 645(6~10月)	Shnitnikov(1974)[8]
Lake Jaskhan(土库曼)	—	—	2 751	Shnitnikov 引自 Orlovsky(1967)[8]
中国北部	多筒蒸散仪	12.0~20.9	1 035~1 898(5~10月)	本研究

ET/E_W 比率常用来指示不同物种间的蒸散特性,其大小与植物的生长季、生物量和气候等密切相关[6]。芦苇带Ⅰ、Ⅱ、Ⅲ逐月 ET/E_W 比值分别介于1.7~2.6、2.0~3.7、2.6~5.6,香蒲带逐月 ET/E_W 比值介于1.3~2.3。无论芦苇群落还是香蒲群落,比值最大值均出现在7月份。

可以发现,在芦苇群落,ET/E_W 比值与单位叶面积呈正相关关系。而且,无论芦苇带还是香蒲带,其 ET/E_W 比值均大于1,说明植被极大地加剧了湿地水量的消耗过程。许多研究者计算了植被蒸腾量(Tr)与水面蒸发量(E_W)间的比值 Tr/E_W(见表3),得出了类似的结论。

表3 不同地区芦苇、香蒲群落 Tr/E_W 值

芦苇群落			香蒲群落		
位置	Tr/E_W	文献	位置	Tr/E_W	文献
Valdai	1.5	Urivaev(1953)	Valdai	1.2~3.0	Kuznetzov(1959)
Hungary	1.1~1.9	Haraszty(1931)	Europe	3.1	Gessner(1959)
Berlin	1~7	Kiendl(1953)	Nijnedevitzki	2.2~2.9	Evstigneev et al(1957)
Danube-delta	0.98~3.42	Rudescu(1960)	Lajebitzi	1.75	Kuznetzov(1959)
Beni Ounif(Sahara)	3	Stocker(1954)	See Ribnii-Sakril	1.85	Kuznetzov(1959)

摘自:Rodewald-Rudescu,1974[6]。

4 结论

目前,湿地领域的蒸散测量技术,尤其是实测技术相当匮乏。本文给出了一种湿地环境下适用的可对多物种、多状态的水生植物蒸散量以及水面蒸发量同时进行测量的蒸散研究手段。仪器加载了GPRS无线传输模块,实现了数据的远程无线传输功能,简化了仪器的远程控制和维护过程。

通过在白洋淀地区的实验研究,认为仪器所选用的超声波水位测量传感器精度高,能

够满足蒸散发测量的要求,可广泛用于芦苇、莎草等水生植物及水稻等农作物蒸散监测领域,为该领域的水资源利用研究提供了一种经济、有力的手段。

致谢

本研究得到国家重点基础研究计划(973)项目(2006CB403405)的资助。研究所需基础数据是经过艰苦的现场监测获得的,弥足珍贵,是大连理工大学水环境教研室共同努力的结果。王富强、韩成伟、姜彪、姚为等在监测设备的现场安装与调试方面作出了重要贡献;安新县水利局的曹全虎副局长、高克军工程师、朱永良工程师为实验站的建立提供了大力支持;张满清等实验站维护员在实验站的维护方面倾注了大量心血,在此一并表示感谢。

参考文献

[1] Nijole Pauliukonis, Rebecca Schneider. Temporal patterns in evapotranspiration from lysimeters with three common wetland plant species in the eastern United States [J]. Aquatic Botany, 2001, 71: 35-46.

[2] Fermor P M, Hedges P D, Gilbert J C, et al. Reedbed evapotranspiration rates in England [J]. Hydrological Processes, 2001, 15: 621-631.

[3] 邓伟, 潘响亮, 栾兆擎. 湿地水文学研究进展[J]. 水科学进展, 2003, 14(4): 521-527.

[4] 许士国, 王昊, 马涛, 等. 多筒补偿式水面蒸散仪及其使用方法[P]. 中国: CN101482428(专利公开号), 2009.

[5]《安新县水利志》编纂委员会. 安新县水利志[M]. 石家庄:河北科学技术出版社,1995.

[6] Ondok J P, Priban K, Kvet J. Evapotranspiration in littoral vegetation[C]// S. E. Jorgensen and H. Loffler (Eds), Lake Shore Management, Guidelines of Lake Management[M]. Kusatsu: International Lake Environment Committee, 1988, 3: 5-11.

[7] Mathias Herbst, Ludger Kappen. The ratio of transpiration versus evaporation in a reed belt as influenced by weather conditions [J]. Aquatic Botany, 1999, 63: 113-125.

[8] Shnitnikov A V. Current methods for the study of evaporation from water surfaces and evapotranspiration [J]. Hydrological Sciences Journal, 1974, 19(1): 85-97.

实验地貌的观测方法

王书芳　徐向舟　徐飞龙

(大连理工大学水环境研究所,大连　116024)

摘　要　实验地貌观测方法的选择直接影响地貌的观测精度和效率,目前实验地貌观测常用数字近景摄影测量技术、三维激光扫描技术、超声波测量技术,本文论述了三种技术的优缺点。数字近景摄影测量技术具有较高的观测精度和效率,其设备简单易操作且成本相对较低,但须对相机进行检校;点云式激光扫描技术使用范围广、精度高,但设备成本高、数据处理量大,等值线式激光扫描技术克服了上述缺点;超声波地形仪多用于河工等水下观测,应用范围及效率精度有待改进。实验地貌观测技术未来的研究应向高精度、高效率、简便的方向发展。

关键词　实验地貌;数字近景摄影;三维激光扫描;超声波技术

1　前言

地貌学是研究地球表面的地貌结构、形态成因、发展历史、动态过程及其演变规律的科学。实验地貌学即在严格监测和一定控制条件下,对被选择的地貌体或地貌特征进行自然观测或模型实验研究的地貌学分支[1]。地貌实验观测和模型的建立中对观测仪器的选择意义重大:微尺度模型试验制作和观测时细小的误差会对其产生较大的影响,因此精密的观测仪器是试验质量的保证;而大尺度的现场试验由于地形观测条件的限制,所选观测方法须考虑便利、精度等诸多问题。传统的观测方法如水准仪加经纬仪、全站仪等单点的量测方法耗时长、效率低下。随着光电技术、超声波技术及图形处理技术的发展,一些高效率、高精度、自动化、非接触的观测仪器研制成功并已广泛应用到实验地貌的观测试验中。

2　主要观测方法介绍

目前适用于实验地貌观测的方法主要有数字近景摄影测量技术、三维激光扫描技术以及超声波测量技术。

2.1　数字近景摄影测量法

近景摄影测量是基于透视几何理论,运用两个或多个摄像头近距离(距离小于100 m)获得目标图像信息,通过透镜和目标物体间三维位置计算目标点群的三维空间坐标。作为摄影测量的一个重要分支,它的发展经历了模拟摄影测量、解析摄影测量到今天的近景摄影测量三个阶段。CCD数码相机时代的来临,使得观测仪器由早期昂贵复杂的专业量测相机、数码专业量测相机逐渐过渡到自动化、价廉的普通非专业数码相机;而基于计算机视觉的自动数据获取与处理技术以及快速准确的数据解译、三维重建技术,使近景摄影测量进入数字近景摄影测量时代,同时也为地貌观测提供了一种崭新的途径。该技术适用于低、中、大尺度地貌的观测及监测,与其他方法相比有众多优点,最显著的是能自动化获取 DEM 数据,速度比全站仪提高了 1 000 多倍[2]。

数字近景摄影技术具有较高的观测精度和效率,能够实现非接触观测,为危险地形或难以到达区如滑坡、塌陷区的测量提供便利。数码相机等设备灵巧易操作,通过手持或将其架在物体附近实现小范围、高精度局部摄影,适用于室内水土流失模型、河工模型的实时观测(见表 1)。Rieke - Zapp 利用此方法在模拟降雨条件下观测复杂土体表面的土壤侵蚀状况,在不破坏土体表面信息的情况下获得多幅 DEM 数据对后期土体形态分析,测得侵蚀速率精度达到 1 mm[3]。White、Ohnishi 等将近景摄影测量技术运用于土地滑坡变形试验及室外滑坡现象的监测[4,5]。在河工模型监测应用方面,能够对河槽及现场实验中河床表面形态、砾石河岸的变化情况、泥沙运动情况进行准确观测[6-8]。近景摄影测量数据储存不需要胶卷且存储量大,可以及时记录不同时刻监测体的状态,便于后期核查和数据的处理并长期保存;数码相机调焦范围大,还可满足连续摄影、高速摄影、全景摄影等专业特殊要求,在大范围全景观测中有显著优势,曾被成功应用于采矿区地表变形、塌陷区沉陷监测研究等[9-11]。张祖勋(2007)提出多基线 - 数字近景摄影测量原理,并据此研制出“LensPhoto 多基线数字近景摄影测量系统”应用软件,能够将模型试验中通过数码相机拍摄的立体像对转化成三维立体矢量图,已广泛应用于滑坡监测、三维重建、地形测量中。柯涛、张祖勋又提出一种“旋转多基线数字近景摄影测量”技术,它应用旋转摄影增大了摄影视场角,提高了近景摄影测量的交会精度,并解决了存在的大交会角影像难以实现自动匹配的困难,提高精度的同时减少了外业工作量,提高了生产效率[12-14]。

表 1　数字近景摄影测量技术运用实例

研究者及时间	研究单位	试验概况	试验目的或结论
Rieke-Zapp DH, et al(2005)[3]	University of Bern, Switzerland	模拟降雨条件下复杂土体表面的土壤侵蚀速率	精度达到 1 mm,在不破坏土体表面信息的情况下获得多幅 DEM 数据用于后期土体形态分析
White 等(2003)[4]	University of Cambridge, U. K.	将数字近景摄影技术运用到土体监测中	建立了成本低、系统灵活的测量土体变形和移动的非接触式观测系统
Ohnishi 等(2006)[5]	Japan Kyoto University	研制高精度的室外滑坡近景摄影测量监测系统	需要设置控制点实现了实时观测,可以节省劳动力,使实时、低成本观测滑坡技术成为可能
王建雄等(2006)[6]	云南农业大学	观测水槽和实地环境中浸没砾石河岸的变化情况	可以用来提取室内河槽及室外河道内的水下地形 DEM 数据,对于水下地形的研究是极大的进步

续表 1

研究者及时间	研究单位	试验概况	试验目的或结论
陈建华等(2008)[7]	河海大学土木学院	用于微尺度模型河床演变趋势和航道治理研究中	获得了长江河床模型试验镇江段河床表面形态变化的大量数据,数据分析得出此技术满足河床演变模型试验的研究要求
刘昌华等(2009)[9]	河南理工大学	近景摄影测量在山地矿区变形监测中的应用	非量测相机精度满足监测变形要求,为大变形体的变形监测提供一种快速安全高精度的新途径
杨化超等(2008)[11]	中国矿业大学	数字近景摄影测量技术用于矿山地表沉陷监测中	得到实时三维移动变形信息,为矿山地表塌陷区的沉陷监测提供了一条可行的途径
张祖勋等(2007)[12,13]	武汉大学遥感信息学院	多基线及旋转多基线近景摄影测量方法及软件研究	软件实现了模型试验立体像对转化成三维立体矢量图,且价格低、易操作;能广泛用于滑坡监测、三维重建、地形测量中

数字近景摄影测量技术观测成本较低、效率高、观测设备简单易操作,为三维地貌监测提供了可能,但其测量精度主要取决于摄像机镜头畸变引起的误差、立体匹配的精度,因此必须用线性或非线性的方法对摄像机进行标定,得到摄像机的内方位、外方位参数,且其精度仍需结合传统手段进行率定和校核,为达到高精度的地貌观测仍需做进一步的研究。

2.2　三维激光扫描技术

三维激光扫描技术又被称之为"实景复制技术",属于非接触扫描方式,采用激光测距原理,通过记录并处理被测物体表面点的三维坐标信息而得到其三维模型。它可分为两种形式:一种是传统的以点云形式获取地形及复杂物体表面的阵列式几何图形的三维数据;另一种是通过获取观测物体的等值线图进而获得其三维坐标的观测方式。

点云式三维激光扫描通过远距离扫描可直接将室内外各种地貌模型及实物信息以三维数据形态的方式量化到计算机中,然后进行目标的综合测绘、三维建模、立体编辑及分析处理等后处理工作。黄河水利科学研究院引进了法国 MENSI 公司的 GS200 激光扫描仪展开"黄河模型"试验研究工作,获取大量的地形点云数据和照片资料,量测精度和效率有了大幅度的提高。同时所得原始数据及衍生数据也可被不同部门再次利用。激光扫描可实现宽距离、大空域、广视野的扫描,精度可达 0.12 mm,如法国 MENSIS10,扫面距离 0.8 ~25 m,激光聚焦后精度达 0.1 mm,可用于数十平方米范围内模拟地貌侵蚀观测,并可广泛应用于滑坡监测、落石研究、土体变形、土壤体积测量等研究中(见表 2)。

表2 三维激光扫描技术在试验运用中的实例

研究者及时间	研究单位	试验概况	试验目的或结论
张鹏(2008)[15]	西北农林科技大学	运用三种方法动态监测研究沟蚀发育状况	三维激光扫描技术可清晰再现坡面片蚀形成的痕迹和细小纹沟,反映片蚀—细沟侵蚀—切沟侵蚀的发育过程且所得数据精度最高
Hancock GR (2008)[16]	University of Newcastle, Australia	地面激光扫描仪研究废弃矿山区域细沟发育状况	能获取大致地貌信息,若要捕捉足够的细沟形态和细致信息,须增大布设点的密度
A. Abellán 等 (2006)[17]	Facultat de Geologia. Universitat de Barcelo na. Spain	远距离激光技术观测局部落石现象	能够模拟出崩塌原型并判断出声音来源,研究结果表明,激光扫描技术在未来一段时间内将是一种有效的观测方式
Dunning S. A (2009)[18]	Northumbria University, United Kingdom	运用地面激光扫描仪宏观观测大区域的滑坡现象	研究喜马拉雅山区不丹 Namling 地区滑坡的结构和地貌特征
徐向舟等 (2009)[19,20]	大连理工大学	等值线式三维地貌观测仪的研制及试验观测	实现了实时、动态的地貌观测,通过软件辅助分析可确定侵蚀量,操作简单、成本低

2008 年西北农林科技大学张鹏在模拟沟蚀演变过程时,采用高精度 GPS、Leica 激光扫描仪和测针板法三种测量方法模拟不同发育阶段的坡面侵蚀状态,并得出结论:激光扫描数据生成的图像可以清晰再现坡面片蚀形成的痕迹和细小的纹沟,能反映片蚀—细沟侵蚀—切沟侵蚀的发育过程,运用此方法估算出的侵蚀量误差仅为 4.56%,精度最高,远远优于 GPS 及测针板法[15]。Hancock 应用地面激光扫描仪研究废弃矿山区域细沟发育状况,虽然能够得到大致地貌信息,但是局部细致信息却没得到反映;若要捕捉足够的细沟形态,必须增加布设点的密度[16]。此外,还将三维激光技术应用于山体滑坡观测远距离激光技术观测局部落石现象[17,18]。

点云式三维激光扫描虽然可以多方位、自动化、全天候扫描,并有精度高、速度快、观测范围广等优点,但同时也存在一些问题:①扫描设备的内部结构系统复杂,且是个黑箱系统,一般的工程技术人员难以对其进行检验和校正。②后期数据处理复杂,处理数据量大。扫描得到的点云数据存在测量误差与噪声,点模型的大规模压缩会降低模型精度并生成大量的噪声,对大量点云数据的后期处理是一项复杂耗时的工程。③数据处理需要特殊的配套软件。三维点模型的光顺去噪已成为三维数字集合处理的一个基础性研究问题,在提出噪声获取离散曲面更高阶光滑性的同时,还应尽量防止模型产生收缩和过光顺。此外,还存在扫描系统软件配套不全等问题,如没有地形剖面生成和套绘功能等诸多问题都限制了其在地貌观测中的广泛应用。④设备费用高和维护困难,如河南大学引进的 Optech 公司的 ILRIS－3D 扫描系统和上述的 MENSIS10 系统,价格均在 100 万元以上。

徐向舟等[19,20]研制的等值线式三维激光扫描系统，它由多个一字线形激光模组构成，激光模组向目标表面发射形成激光定位线，从而得到地貌等值线；同时配合摄像机或高速照相机实时拍摄，对地貌实验的全过程进行实时观测。它实现了对实验地貌的动态观测，可获取实验地貌变化过程中任意瞬间地貌信息。该扫描系统具有较高的观测精度和观测效率，且制作成本较低。但是试验后期数据的处理分析仍需要 ArcGIS 等软件的配合使用。目前这种方法已被成功运用于小尺度模型的重力试验中。

2.3 超声波测量法

超声波技术为水下地貌观测提供了一种重要方式，利用超声波测距原理发展而来的单波束、多波束的观测仪器能够实现海底微地貌及室内水下试验地貌的观测(见表3)。美国 RESON 公司利用超声波技术研制出 SeaBat 系列，可对水下地形地貌进行大范围全覆盖的测量及实时声纳图像显示，结合实时动态(RTK)GPS 定位，可以迅速获得各种比例尺的水下地形图和 DTM 数字高程图，其测量成果可以精确地反映水下细微的地形变化和目标物情况，提高了测量的精度和效率[21]。日本科学家曾用多波束回声测深仪研究海底微地貌，对沙体输移做了细致研究[22]。

表3　超声波测量技术在试验运用中的实例

研究者及时间	研究单位	试验概况	试验目的或结论
许新发等(2003)[21]	江西省水利科学研究所	多波束水下测量超声仪(SeaBat8101)结合 GPS 用于江西九江长江江岸整治工程及抚河大堤建设	大范围全覆盖的测量且声纳图实时显示，迅速获得各种比例尺的地形图和 DTM 数字高程图，测量精度高、速度快
Masakazu N (2000)[22]	Ehime Univ. JPN	SEABAT8101 超声仪研究海底微地貌及沙体输移规律	对沙体输移做了细致研究，得出沙体移动规律及能量转移规律
王振先等(2001)[24]	第一海洋研究所	研制实验室超声地形仪并申请专利；用于滩海工程室内模拟试验	快速精确地测得数据且满足精度要求；系统的抗干扰和抗水声混响能力不够强
林海立等(2004)[25]	清华大学	引入数字信号处理技术，研制出能完成超声回波信号处理的超声地形仪并进行室内试验	在复杂地形、外界信号干扰大的条件下实现快速水下地形测量；扩展了超声地形仪在水下参数测量工作中的应用空间
马志敏(2006)[26]	武汉大学	改进电阻式地形仪，提出超声阻抗一体化的动床模型三维地形测量系统	在超声波实现水下测量的同时，利用阻抗原理实现了洲滩浅滩的地形测量

超声波地形仪即根据回声定位原理制成，经过早期的光电反射式地形仪、电阻式地形仪及自动跟踪式地形仪发展而来，采用液介超声探头，利用超声波的发射、传播、穿透和反射等性能探测泥沙模型的地形。它改善了前者接触式测量、效率低的缺点，实现了无接触、无扰动、快速精确的数据获取，广泛应用于河工、滩海工程试验水池内精确测量地形冲刷状况，测量精度达到 ±1 mm[23]。王振先等开发出实验室超声地形仪并申请专利，将其用于滩海工程室内模拟试验，快速精确地得到测量数据，测得数据满足精度要求，但是此系统抗干扰和抗水声混响能力不够强[24]。清华大学水沙科学与水利水电工程国家重点实验室对此加以改进，引入数字信号处理技术，研制出能完成超声回波信号处理的超声地形仪，大大提高了超声地形仪的可靠性[25]。武汉大学在超声模型水下地形测量方面做了较为深入的研究，马志敏(2006)针对电阻式地形仪存在的问题，提出一种超声阻抗一体化的动床模型三维地形测量系统，在超声波实现水下测量的同时，利用阻抗原理实现了洲滩浅滩的地形测量[26]。

超声地形仪测量方法具有无接触、无扰动的测量特点，对测量模型没有干扰并能有效消除浑水中悬沙干扰，随时校正水温、水质对传播速度的影响，在实验室内或室外复杂地形下及浑浊水体中实现快速水下地形的测量。但是其精度受盐度、水深等引起的声速变化和池底声波反射率的影响，必须通过合理的传感器结构和参数设计及声速校正来提高测量精度，还应进一步提高其抗干扰和抗水声混响影响的能力。超声地形仪测量仍属于单点、多点式的测量方式，效率有待提高。

3 结论与展望

从上述数字近景摄影测量、三维激光扫描、超声波技术等方法的优缺点及发展趋势来看，未来的地貌观测仪器研究将向高精度、高效率、简单化的方向发展，其观测对象将由静态目标观测研究向动态目标观测研究发展。数字近景摄影测量技术和等值线式三维激光地貌观测方法因其较高的观测精度、观测效率和较低的制作成本，可在未来的地貌观测中逐渐展现出其潜在的优势，宜于在教育及科研单位普及、推广；点云式三维激光扫描技术仪器虽然设备成本高但其观测精度和观测效率高、观测范围广，在复杂地形和大尺度的地貌测量中仍将发挥不可替代的作用；新型传感器的研制和应用也是未来观测的一个发展方向，如 PMD 相机(Photonic - Mixer - Device)，该相机 CCD 中集成了许多微型距离测量传感器，可以在瞬间直接获得从相机发出的激光斑点的三维坐标和强度，所用的传感器价格便宜且处理速度快(苏黎世 CSEM 公司生产的 SwissRanger 3D 传感器)，将会有广阔的应用领域。

参考文献

[1] 金德生. 地貌实验与模拟[M]. 北京：地震出版社，1995.

[2] Chandler J. Effective application of qutomated digital photogrammetry for geomorphological research [J]. Earth Surface Processes and Landforms, 1999, 24: 51 - 63.

[3] Rieke - Zapp D H, Nearing M A. Digital close range photogrammetry for measurement of soil erosion[J]. The Photogrammetric Record, 2005, 20(109): 69 - 87.

[4] White D J, Take W A, Bolton M D, et al. A deformation measurement system for geotechnical testing based on digital imaging, close - range photogrammetry, and PIV image analysis[C]. 15th International Conference on Soil Mechanics and Geotechnical Engineering. 2003: 539 - 542.

[5] Ohnishi Y, Nishiyama S, Yano T, et al. A study of the application of digital photogrammetry to slope monitoring systems[J]. International Journal of Rock Mechanics & Mining Sciences, 2006, 43: 756 - 766.

[6] 王建雄,张辅霞. 数字近景摄影测量在河工模型试验中的应用[J]. 云南农业大学学报:自然科学版,2006,21(4):528 - 530.

[7] 陈建华,程栋,王伟. 微尺度模型试验的数字近景摄影测量[J]. 河海大学学报,2008,36(1):88 - 91.

[8] Butler J B, Lane S N, Chandler J H, et al. Through - water close range digital photogrammetry in flume and field environments [J]. The Photogrammetric Record, 2003, 17(99): 419 - 439.

[9] 刘昌华,王成龙,李峰,等. 近景摄影测量在山地矿区变形监测中的应用[J]. 测绘科学数字,2009,34(4):197 - 199.

[10] 任伟中,白世伟,葛修润. 厚覆盖层条件下地下采矿引起的地表变形陷落特征模型试验研究[J]. 岩石力学与工程学报,2004,23(10):1715 - 1719.

[11] 杨化超,邓喀中,张书毕,等. 数字近景摄影测量技术在矿山地表沉陷监测中的应用研究[J]. 中国图像图形学报,2008,13(3):519 - 524.

[12] 张祖勋,杨生春,张剑清,等. 多基线数字近景测量[J]. 地理空间信息,2007,5(1):1 - 4.

[13] 柯涛,张祖勋,张剑清. 旋转多基线数字近景摄影测量[J]. 武汉大学学报,2009,34(1):44 - 51.

[14] 何秀国,武吉军. Lensphoto 摄影测量系统在水布垭溢洪道中的应用[J]. 人民长江,2007,38(10):28 - 29.

[15] 张鹏. 沟蚀发育过程动态监测研究[D]. 陕西:西北农林科技大学, 2008.

[16] Hancock G R, Crawter D, et al. The measurement and modelling of rill erosion at angle of repose slopes in mine spoil[J]. Earth Surface Processes and Landforms, 2008, 33: 1006 - 1020.

[17] Abellán A, Vilaplana J M, et al. Application of a long - range Terrestrial Laser Scanner to a detailed rockfall study at Vall de Núria (Eastern Pyrenees, Spain) Engineering Geology [J]. Engineering Geology, 2006, 88: 136 - 148.

[18] Dunning S A, Massey C I, Rosse N J. Structural and geomorphological features of landslides in the Bhutan Himalaya derived from Terrestrial Laser Scanning[J]. Geomorphology, 2009, 103: 17 - 29.

[19] 徐向舟,徐飞龙,赵超,等. 三维地貌观测装置[P]. 中国专利,201010144655.8,2010 - 4 - 12.

[20] 徐向舟,徐飞龙,赵超,等. 三维地貌观测方法[P]. 中国专利,201010144689.7,2010 - 4 - 12.

[21] 许新发,李建锋,樊宜,等. 多波束水下测量超声仪(SeaBat8101)在水利工程中的应用[J]. 水利水电技术,2003,34(6):60 - 64.

[22] Masskazu N. Submarine topography of Kaihara, a shallow marine sandridge, off Nogutsuna Island, Ehime Prefecture, Japan[J]. Observations using narrow multibeam echo sounder SEABAT (a preliminary report). Journal of the Sedimentological Society of Japan, 2000, 52: 5 - 12.

[23] 陈诚,唐洪武,陈红,等. 国内河工模型地形测量方法研究综述[J]. 水利水电科技进展,2009,29(2):76 - 79.

[24] 王振先,金欢阳. 实验室用超声仪[J]. 海洋工程,2001,19(1):94 - 98.

[25] 林海立,曲兆松,王兴奎. 河工模型超声地形仪的数字信号处理[J]. 水力发电,2004,30(11):78 - 80.

[26] 马志敏,范北林,许明,等. 河床模型地形的无接触快速测量技术[J]. 无损检测,2006,28(4):185 - 188.

基于空气、冰与水电阻特性差异实现河道冰情的连续自动在线测量*

秦建敏[1] 程 琦[1] 李学春[2] 窦银科[1] 张侃侃[1] 陈 哲[1] 李 阳[1]

(1. 太原理工大学测控技术研究所,太原 030024;

2. 黄河水利委员会宁蒙水文水资源局,包头 014030)

摘 要 本文通过实验室试验,详细探讨了空气、冰与水的电阻值随温度变化的特性,提出通过电阻值来区别冰层厚度、冰水混合层范围与冰下水位的检测思路。基于这一想法,研制了电阻式河道冰情检测系统,并在实际河道进行了冰情现场检测试验,利用空气、冰与水的电阻特性差异实现了河道冰情的连续自动在线测量。

关键词 空气;冰;水;电阻;河道;自动测量

1 前言

河道的冰冻现象是普遍存在于我国北方和其他高纬度国家与地区的一种自然现象。在冰冻季节它给水利、水电工程设施、水文预报及航运的正常运行带来影响。近几年,凌汛灾害已逐渐上升为黄河中上游流域地区面临的最严重威胁之一。其原因是黄河中上游宁蒙段河道先由南向北,再折返向南成“几”字形流动的特殊地理结构,而此河段大型水利枢纽相距较远,对河道泥沙调控能力远远小于小浪底水库对黄河下游泥沙、冰凌的调控能力,致使近几年该段黄河河道泥沙淤积严重、河床抬高。春季开河时,上游河段因气温升高先于下游使冰融化,流量增加,迫使下游冰盖上涨,形成凌汛灾害。据水利部黄河水利委员会统计,近几年因流凌受阻引发的冰凌灾害在宁、蒙、晋、陕数省区每年都有发生,“2007 ~2008 年黄河遭遇了 40 年来最严重的凌汛,防凌工作面临前所未有的挑战”,仅 2009 年 1 月 17 日发生在黄河“壶口冰凌灾害造成的损失逾千万元”,防凌信息化建设被作为提高黄河防凌综合能力非工程措施重要建设任务之一被提到治黄的议事日程[1,2];穿越北方地区的长距离输水工程,如何解决冬季结冰与冰凌对输水明渠流量的影响以及流凌对输水控制枢纽、输水隧道的威胁,已成为工程施工中必须解决的问题[3]。目前,由于没有可供实际使用的冰生消过程自动检测设备,我国北方冰冻地区冬季对河道冰情的检测基本上依靠人工凿洞或钻冰进行。因此,对河道冰情定点连续自动检测新方法及检测设备的研制成为水电工程、航运的安全运行、气象与环境监测、国家防灾减灾与黄河冰凌预报等诸多领域的一个前沿课题和急需技术。

* **基金项目**:国家自然科学基金中 - 俄(NSFC - RFBR)合作项目(60811120556),高等学校博士学科点专项科研基金项目(20091402110004),太原市 2009 年大学生创新创业专项项目(09122005)。

2 空气、冰与水的电阻值随温度变化特性的研究

2.1 基于空气、冰与水的电阻特性实现对冰层厚度的自动检测方法

本文中冰情检测是指对河道冰生长消融变化过程以及与凌汛灾害预防密切相关的冰盖层厚度、含有冰花的冰水混合层厚度近似范围、冰下水位等的实时检测技术。基于空气、冰与水的电阻特性实现对冰层厚度的自动检测方法是作者针对冰情检测中最基本参数——冰层厚度检测中存在的技术难题于2005年提出的一种新的冰层厚度检测方法。该检测方法基本思路是:从物体导电特性出发,认为自然水(包含有导电杂质的河、湖、海、自来水等)是良导电物体,空气是绝缘体,而在0 ~ -40 ℃范围内,则把冰看做具有弱导电物理特征(而不是传统冰检测理论中把冰作为绝缘体处理)的半导体。基于这一认识,在对河冰或海冰生、消变化检测过程中,将检测范围的垂直立体空间划分为空气、冰和冰下水三个具有不同电物理特性的区域层。由于这三个区间的电阻、电容、温度等物理参数具有明显的数值差异,可以通过一放置在被测空间的专用检测电路,将被测空间垂直切割成 N 个(个数由检测精度决定)水平的物理参数检测层回路,依次对被测层介质的相关物理参数进行自动测量,由获得的检测数据识别确定被测层的物理属性,进而判断出冰层的上下界面,得到冰层厚度及冰下水位的数值[4-6]。新的检测方法与国内外目前采用的各种冰情检测或预测方法相比,最大优点是它可以连续、全面地掌握冰层内部冰物理状态变化的全过程信息。为了把这一方法应用于河道冰情,我们对空气、冰与水的电阻值随温度变化的特性进行了大量的试验。

2.2 空气、冰与水的电阻值随温度变化特性的实验室观测试验结果

电阻是河水具有的一个基本物理特性参数。河水结冰后的等效电阻绝对数值是由检测触点截面大小、两触点距离、冰内所含杂质与温度等多项因素共同决定的。按照2.1节所述检测原理,我们设计了如图1所示的电阻、温度梯度数据同步自动采集试验装置。装置中,各检测触点垂直间距1 cm 、总量程16 cm, 通过单片机程序控制可以分时接通各开

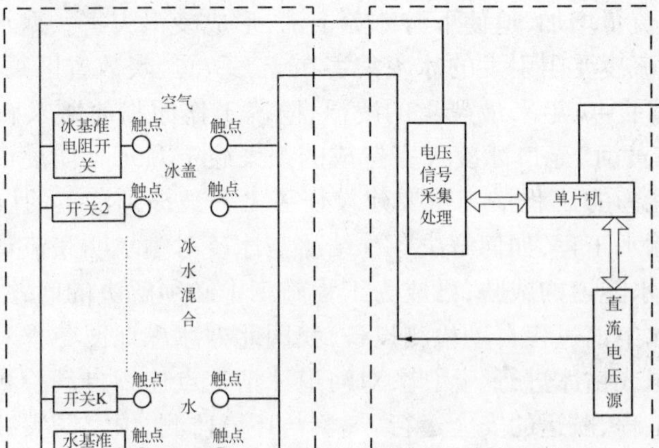

图1 电阻、温度梯度数据同步自动采集原理图

关电路,使每一对检测触点中间被测介质的等效电阻与单片机智能数据处理仪内部的电压信号采集处理电路(固定电阻 R_0)构成如图 2 所示的电阻分压检测电路。在外施直流电压 V_{CC}、R_0 给定条件下,根据检测获得的分压值并通过公式(1)可以计算出被测介质相应的等效电阻值,还可以在单片机内嵌程序控制下,通过总线同步地检测相应高度位置被测介质的温度值。试验中我们选取自来水(电阻特性类似于河水),对空气、冰与水的电阻值随温度变化的特性进行了大量的实验室观测试验。

$$V_0 = V_{CC}R_1/(R_0 + R_x) \tag{1}$$

我们将数据采集装置放置于内部充有自来水的塑料容器内,将其放入冰柜逐渐降温直至结冰。其中:触点 1 ~ 8 浸泡在水内,触点 9 ~ 16 暴露于空气中,V_{CC} = 3. 3 V,R_0 = 10 MΩ,从 2009 年 4 月 2 日 12 点 20 分至 3 日 7 点 50 分对结冰过程中 R_0 分压值和容器水及冰柜内温度同步进行连续自动监测,采集获得的各检测触点对应的分压记录数据曲线如图 3 所示。

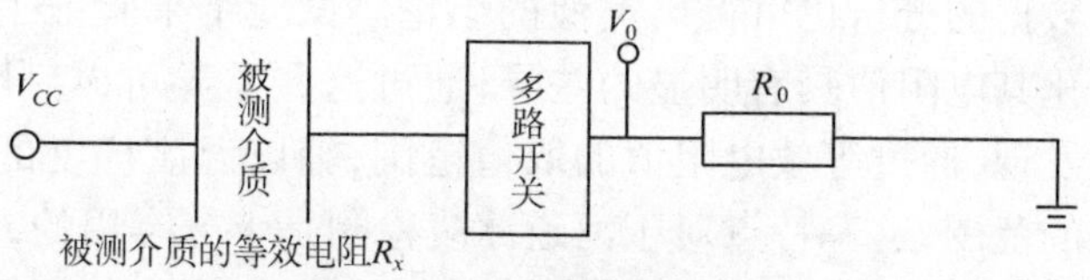

图 2　等效电阻检测原理图

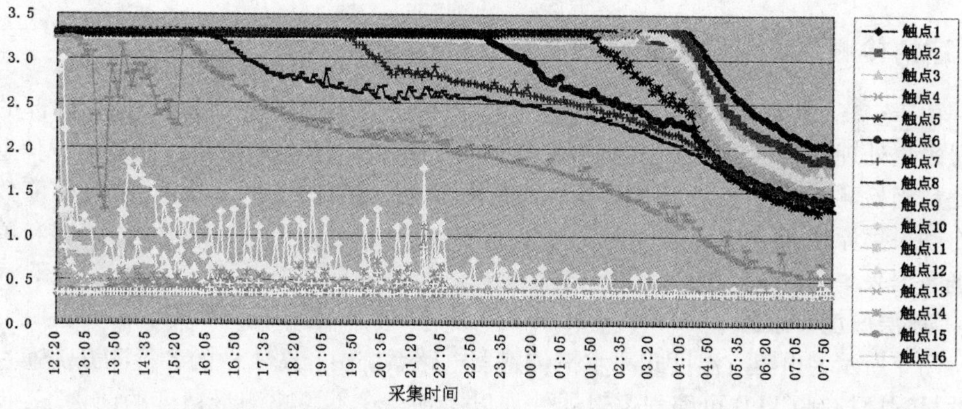

图 3　自来水结冰过程电阻、温度梯度数据同步自动采集系统采集电压记录数据曲线

结合图 2 等效电阻检测原理,对图 3 曲线反映的规律进行分析后可以发现:

(1)在结冰过程开始监测时间点 2009 年 4 月 2 日 12 点 20 分,试验容器内水温度高于 +10. 25 ℃(触点 9 ~16 放置在冰柜内,温度已接近 0 ℃),处于未结冰状态。可以由公式(1)计算得出水未结冰时的等效电阻约为 9 kΩ,浸泡在水中的触点在 16 点 30 分之前处于不结冰状态,由于等效电阻很小,分压后电压基本降落在 R_0 两端,数值接近 3. 3 V,而位于容器水面上方空气中的检测触点除触点 9 由于"毛细现象"导致等效电阻减小外,其他空气中的触点对应的等效电阻趋于无穷大,分压电阻 R_0 与其分压后输出值约为 0. 4 V,此时,对应的是空气与水两种物理状态。

(2)随着温度逐渐降低,水的等效电阻逐渐增加,到监测时间点 2009 年 4 月 2 日 17

点20分,容器水表面层电阻从9 kΩ上升到1.212 MΩ,通过观测可以看到触点8高度水平切面结成薄冰。

(3)随着温度的不断下降,结冰层由触点8向下扩展,到监测时间点2009年4月3日2点55分,结冰层范围从表面向下扩展到触点5,触点8~5检测电压值变化范围2.23~3.0 V,对应电阻值变化范围从4.93 MΩ到1.1 MΩ,温度变化范围从-6.68 ℃到-0.37 ℃再到+0.06 ℃,则对应于结冰过程中空气、冰与水三种状态都具备的情况。

(4)到监测时间点2009年4月3日5点40分,触点8~1检测电压值变化范围1.82~3.00 V,对应电阻值变化范围从8.29 MΩ到1.1 MΩ,温度变化范围从-13.43 ℃到-3.50 ℃,整个容器内水都处于结冰状态。

(5)暴露于空气中的触点理论上讲电阻趋于无穷大,但由于冰柜内存在水汽以及毛细吸附现象,触点9在开始时电阻也趋近于水,随着温度下降,检测获得的电压值趋于0.59 V,暴露于空气中的触点等效电阻值在46.44 MΩ或以上。

对冰消融过程数据的分析也可得出类似的结论。试验结果验证了空气、冰与水随温度在一定范围内变化其电阻值具有明显的差异,通过这些差异可以判断出被测介质属于何种状态。同时还发现,通过等效电阻值的取值范围,辅以温度梯度的检测,还可以判断出冰水混合层大致的范围,这一特点对于河道冰凌检测是十分有用的,因为掌握河水冰水混合层大致的范围,可以进一步估算冰凌容积,如果再能检测到冰水混合层,则有可能通过水文模型预测出流凌的容积和出现壅堵的地点与时间。

3 冰情检测系统与设备的研制

由于空气、冰与水的等效电阻值的变化可以通过试验装置中数据处理仪内部的电压信号采集处理电路内部的固定电阻 R_0 分压值反映出来,而分压值可以通过电子信息处理电路精确检测获得,我们在理论分析试验的基础上,基于图1所示电阻、温度梯度数据同步自动采集原理,研制了适用于河道冰情连续自动检测的电阻式冰水情传感器和单片机现场数据采集与通信系统。

3.1 冰层厚度传感器

图4所示为电阻-温度式冰水情传感器电路系统图。图4中的各检测开关通过外接单片机程序控制CPLD可编程逻辑器件加以实现。在不影响测量精度的前提下,我们将若干组开关的一个触点短接,形成检测回线触点,简化了传感器结构[7],传感器还集成有由半导体集成温度传感器芯片DS18B20构成的间距分别为10 cm和5 cm挂接在单总线上的温度梯度检测电路,以脉冲编码输出的温度梯度数值可以通过数据总线直接输入到现场数据处理仪器I/O接口。图5、图6为传感器实物图片,它可以在软件程序控制下直接实现对温度与电阻值(以电压结果)进行数据采集。

3.2 河道冰情连续自动数据检测系统

为了实现对河道冰水情数据的实时采集和通信,我们以MSP430单片机作CPU设计研制了具有数据实时处理、无线通信等功能的现场冰情监测仪,以电阻-温度式冰水情传感器与数码摄像机作为冰水情数据采集传感器,设计了河道冰水情连续自动数据检测系统,其结构如图7所示。

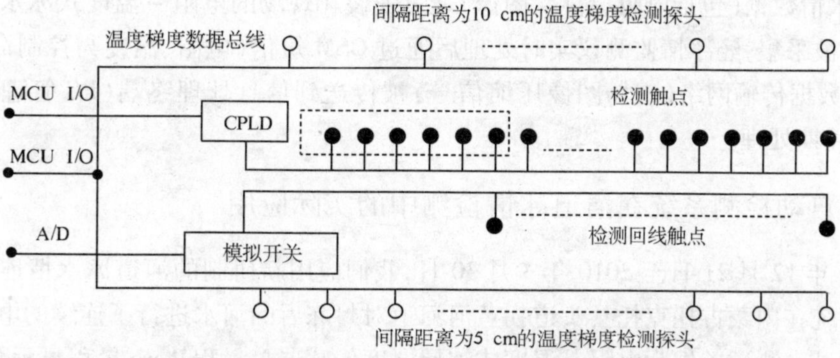

图4 电阻－温度式冰水情传感器电路系统

图5 电阻式冰水情传感器

图6 安装在应用现场的电阻式冰水情传感器

图7 河道冰水情连续自动数据检测系统

冰、水情数据(包括电阻、温度、图像)通过安装在现场的电阻-温度式冰水情传感器和摄像头被采集,经冰情监测仪实时处理后通过 GSM 短信(电阻、温度与控制命令信息)与 GPRS 数据传输网络(现场图像压缩信号)被传送到信息处理终端(PC 管理微机或手机)进行后期处理。

4　冰情自动检测系统在河道冰情检测中的实际应用

2009 年 12 月 21 日至 2010 年 3 月 30 日,我们应用新研制的河道冰水情连续自动数据检测系统在内蒙古托克托县头道拐黄河河道对封冻后的河水进行了连续的电阻特性现场特性测试。测试条件为电阻-温度式冰层厚度传感器总量程 2 m;量程显示分辨率:电阻 1 cm,温度 5 cm;垂直安装于河床中,上部冰层表面水平刻度对应为 1.13 m;河道表面空间昼夜环境温度范围:-30 ~ +10 ℃。

在测试过程中,河道冰水情连续自动数据检测系统每隔一定时间间隔(小于 1 h)对冰水情传感器各个检测触点数据进行一轮采集并记录存储,获得数千组现场实测数据,并每天从早 8 时至下午 5 时每小时连线采集图像信号 10 min。试验现场及获得的典型的冰水情测试数据如图 8 ~ 图 12 所示。从图 10 典型采集数据曲线图可以得出:空气层的分压值大约为 0.4 V,完全封冻结冰层分压值为 0.8 ~ 2.5 V,而冰水混合层分压值为 2.5 ~ 3.3 V,在空气与冰层界面进入冰层后电压有一突变,且在白天冰面气温较高时更为明显,结果与实验室的试验结果是相吻合的,且据此判断出的冰层厚度与人工监测获得的数据基本一致。

通过工程应用实践证明,基于空气、冰与水的电阻特性差异对河道冰水情进行连续自动检测是完全可行的,特别是对完全封冻的河道,通过对河道断面设置多个数据采集点,可以全面掌握河道冰层内部生消变化全过程的信息,对于冬季水文信息的收集与防冰凌灾害可以提供一种新的工程应用冰情检测方法与设备。

图 8　安装在黄河河道的冰水情传感器

图 9　安装在黄河河道边的冰水情图像采集传感器

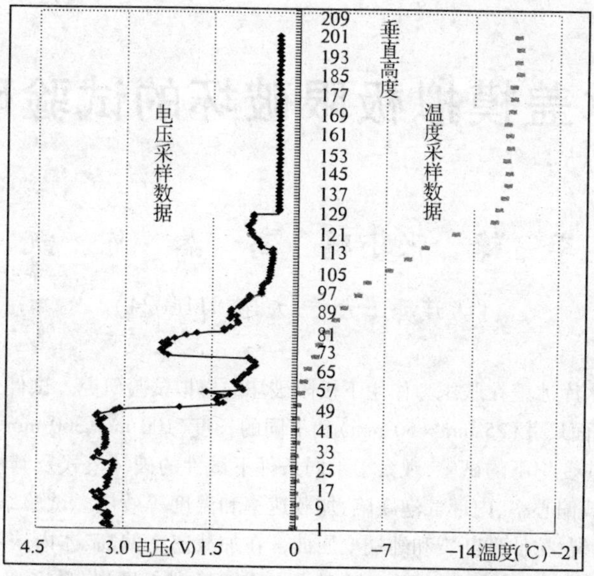

图10　2010年1月4日记录采样电压－温度数据曲线

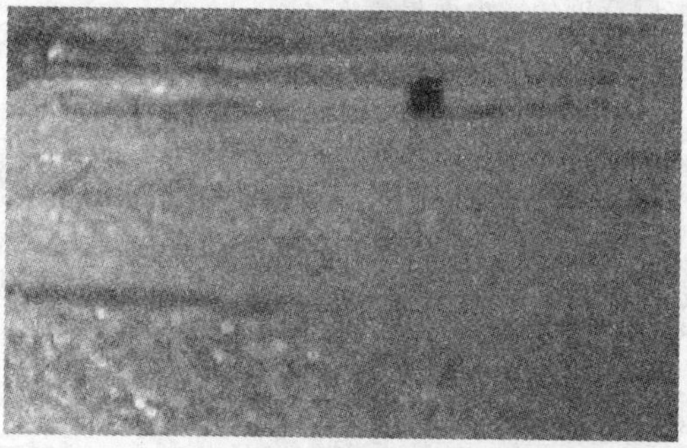

图11　2010年1月18日12时6分
通过GPRS传回的黄河河道封冻冰面图片

图12　2010年3月25日13时33分
通过GPRS传回的黄河河道开河冰凌图片

参考文献

[1] 贾君洋. 黄河防总部署2008～2009年度黄河防凌工作[OL]. http://www.sxwater.gov.cn/home/details.asp articleid=9584.

[2] 壶口凌灾损失预计逾千万,山西晚报,2009.1.21,第三版.

[3] 王流泉. 南水北调中线总干渠冰期输水的设计和管理[J]. 南水北调与水利科技, 2002(4).

[4] 秦建敏. 基于空气、冰与水的电导率检测冰厚的理论与应用研究[D]. 西安:西安理工大学,2005.

[5] 秦建敏,程鹏. 冰层厚度传感器及其检测方法[J]. 水科学进展,2008(3):418－421.

[6] Qin Jianmin, Cheng Peng, Zhao Baofen, et al. Research on a New Measurement Method of Ice Thickness, Proceedings of The 19th IAHR International Symposium on Ice:361－368, Canada, 2008.7.

[7] 张志栋. 全天候流域河道水情现场采集系统的设计与研制[D]. 太原:太原理工大学,2009.

水库冰盖模拟极限破坏的试验研究*

李 锋 张小鹏 高 泰 陈 凯

(大连理工大学,大连 116024)

摘 要 开展了水库冰盖在胀压力作用下极限破坏的模拟试验研究。试件采用S1型湖冰制作,具有相同的截面尺寸(25 mm×50 mm)和不同的长度(100 mm、360 mm、500 mm)。对29根试件进行了常应变率下的试验,观察了不同条件下试件的破坏模式及其极限荷载,研究了极限破坏力的加载偏心率、内部气泡缺陷、加载速率和温度等效应。试验结果显示了3种破坏模式:压缩型断裂、拉伸型断裂和纯蠕变屈曲。在加载速率偏高、冰内缺陷较为集中、环境温度偏低、加载偏心距偏小的条件下破坏模式由压缩断裂主导,临界应变速率约为$3.34\times10^{-7}s^{-1}$。拉伸型断裂和蠕变失稳破坏下试件的名义应力显著低于压缩断裂破坏。对于蠕变屈曲或拉伸型断裂破坏,试件的轴压承载力随着极限挠度的增大而提高。

关键词 水库;冰盖;静冰压力;模拟试验;破坏模式;蠕变失稳;断裂

1 研究背景

静冰压力是寒区水工结构的一种主要荷载,它对于水库护坡的安全可能产生严重威胁。国内241座大型水库的1 000起工程事故中,护坡破坏占据6.5%[1]。根据20世纪七八十年代东北8个水库现场冰力观测结果的统计,最大冰压出现在吉林省的太平池水库,其护坡结构经历了破坏后的5次翻新,却仍未彻底摆脱冰推力作用的灾害[2]。这显示了对实际冰压力认识不足和采用偏低设计标准所带来的巨大风险。现行规范中设计冰压力取值的主要依据仍是现场测量经验,以冰厚的单值函数给出[3]。从理论上讲,这些值并不一定能代表静冰力的上限,除非现场测量充分涵盖了极端环境条件和冰盖自身极限破坏的情况。实际上,近些年来短期极端异常气候时有发生,2008年年初中国南方冰雪灾害与2010年4月哈尔滨的暴雪都是典型的例子。国内现有的二三十年的冰力观测统计显然还不够充分。工程师需要了解当地冰盖对于护坡可能产生的极值冰荷载,这只能通过力学途径确认。

基于极限承载力准则的冰荷载理论通过建立适当的力学模型模拟冰的破坏力,这类方法在冰工程中的许多领域已广泛应用,譬如漂流冰排与各种结构的相互作用。采用基于冰强度的承载力极限准则也可推导出水库冰盖热胀破坏的上限冰压力,但需明确冰盖的极限破坏模式。从水库环境条件和冰盖的受力变形特征看,弯曲、剪切、屈曲、压缩和挤压以及冻结界面破坏等典型的破坏都有可能发生,而相应的模拟破坏荷载却与实际冰力

* **基金项目**:国家自然科学基金资助项目(10772036,50879008)。

测量值相距甚远。其中弯曲破坏力明显偏小,其余模式的破坏力显著偏大[4]。弯曲破坏仅发生在冻结界面已被破坏,允许冰盖沿着护坡爬升或者是存在水位变动等情况下,这显然不是冰盖热胀破坏的危险情况,可以排除在外。固定冰盖在热胀压缩下加载速率非常缓慢,变形与破坏过程周期很长。而相应的破坏现象又不那么显著,且因破坏主要发生在冰层内部而鲜有深入的观察,使得其主导破坏模式变得令人难以捉摸。

考虑到分布冰盖内的大量原始缺陷、晶间薄弱连接、宏观裂缝和持续压缩下冰的蠕变变形行为对冰盖荷载传递能力的实际削弱作用,以及实测到的冰力多为低值荷载,通过定性分析,作者提出了冰盖内普遍存在的裂纹、缺陷是影响冰荷载的重要因素,其主导破坏模式不可能是一种典型的强度破坏,应当采用断裂力学理论建立冰荷载模型[5]。

从2008~2009年冬季开始,大连理工大学李志军主持开展了一个与冰盖热膨胀压力相关的现场观测研究项目,2009年春季在黑龙江省红旗泡水库全程观测了带有破冰槽的冰盖在热膨胀压力下变形、破坏和隆起的全过程[6]。这一观测为极限冰压力研究提供了难得的工程实例,图1显示了冰盖破坏后长达70多m的隆起段变形状态。遗憾地是,这一观测项目未包括冰压力测量,而已有的观测资料并不足以严格论证冰盖的危险截面发生破坏的性质和具体的破坏模式。为了向机理分析与计算分析的进一步研究提供试验证据和参数依据,除了原型冰的断裂韧度等材料性能测定外,还需要开展相近条件下冰的室内模拟破坏试验。试验按照下列两个目标进行设计:①研究加载条件参数和冰内部缺陷分布等主要因素对冰试件破坏模式和极限破坏力影响的一般规律;②据此合理地论证在接近现场实际的条件下决定冰盖极限承载力的主导力学行为和主导破坏模式。模拟破坏试验分为两个阶段进行,第一阶段进行常应变率下的加载,第二阶段进行了常应力条件下的加载。本文是对第一阶段试验研究成果的一个总结。

2 冰情调查与试验设计

为了使室内模拟破坏试验尽量接近冰盖的实际破坏过程,首先对红旗泡水库冰盖现场条件参数进行了全面调查了解[6]。冰盖破坏事件发生在3月份,当地平均气温发生了4升3降的起伏变化,图2按照测量的15个时间段给出了气温变化过程。图2中给出了冰盖变形隆起过程中一对测点(冰槽前后各一个点)处朝向坝堤的水平位移值随气温变

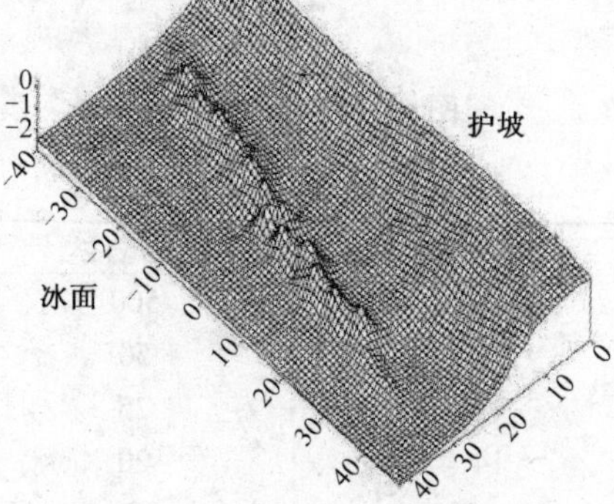

图1 冰盖破坏后的隆起状态

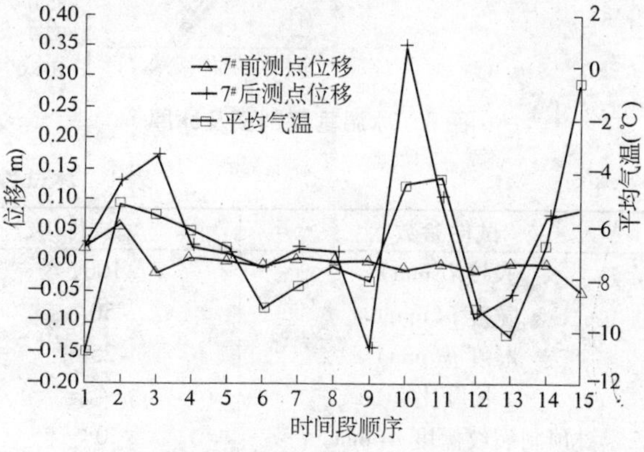

图2 位移及平均气温变化

化的情况,两者之差即为相对位移,描述了其变形的程度。冰盖厚度维持在约 1 m 的极大值处。在 3 月中旬测量到的单日最大温升时几个时刻的冰温剖面如图 3 所示。由此可见,温度膨胀效应通常只涉及冰盖的上半部,下半部的温度变化可以忽略不计。根据盛冬和初春两个季节采样的调查,表面 0.2 m 内为粒状冰,其余部分为柱状冰。冰晶体粒径随深度变化的剖面分布规律为从表层的 5 mm 变化到 0.8 m 深处的约 20 mm,呈大体上的线性分布。两个季节的冰晶粒径尺寸在表层处没有变化,在冰层的下半部春季的冰晶尺寸略有偏小的趋势。

虽然对于真实模拟破坏事件来说采用春季的冰样更为有利,但考虑到在全厚度条件下采冰技术上难度过大,故改为盛冬采冰。时间为 12 月中下旬,当时冰厚度为 0.5 m,采样的冰坯为厚 0.3 m 的中间部分。根据上述冰情调查,这一层冰体以柱状冰为主,晶粒尺寸具有季节稳定性,从上至下由 8 mm 变到 15 mm,缺陷较少,是冰盖承受升温胀压力的主体。根据图 2 和图 3 显示的温度范围,确定模拟试验环境控制温度为 -6 ℃ ±2 ℃。

原型冰盖约束热膨胀下的受力特征为双向受压,接近于平面应变状态。为了便于实施试验,采用杆状试件和单向压缩的基本加载方式(见图 4)。试件的横截面为 25 mm × 50 mm,其中截面宽度较大是为了防止压缩时出现侧向挠度。试件的破坏模式与其长厚比 k 有关。较小的 k 值只发生压缩断裂破坏,而蠕变屈曲破坏需要有较大的 k 值。按照 Carter 基于现场观察的经验,其上限取 $k_{max} = 20$[7]。这一尺寸已涵盖了红旗泡现场观察到的典型破坏形态。试验中使用三种长厚比的试件(见表 1)。为了考察切口缺陷效应,部分试件在中点处预制了单边裂缝,还有部分试件端部采用了阶梯形变截面用于偏心加载试验。

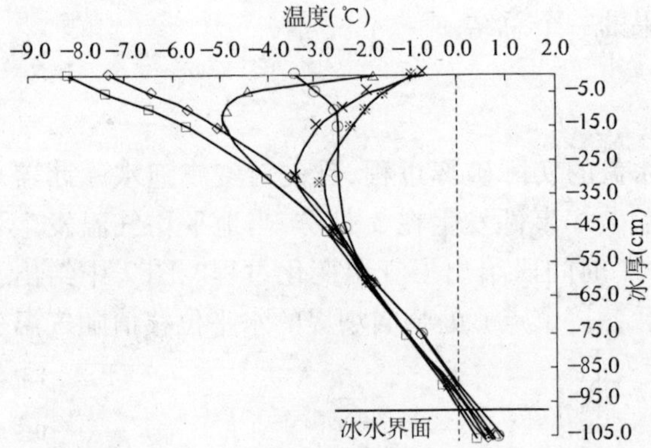

图 3　冰温垂直剖面及冰厚

图 4　轴向加载的试件

表 1　冰试件参数

试件参数	短试件	中试件	长试件
长度 l(mm)	100	360	500
宽度 b(mm)	50	50	50
厚度 h(mm)	25	25	25
长厚比 k	4	14.4	20
预制裂纹深度 a(mm)	0	3	3

3 试验过程

3.1 试件准备

制作试件的冰坯材料为原型淡水冰,取自黑龙江省红旗泡水库西岸处。采冰于2008年12月中旬开始时,现场气温维持在-10 ℃以下,冰样为全厚度50 cm的S1型湖冰。采冰作业由专业人员实施,取冰与加工过程中采取了妥善措施防止造成冰样的人为损伤;冰样装入塑料袋保湿并用保温箱托运。运冰车采取了必要的隔振和保温措施,并选择夜间行驶。冰样运到大连理工大学后置于维持温度为-10 ℃的冷库保存。

试件加工时其长度沿冰盖的水平方向布置,厚度沿其天然厚度方向。试件首先用木工锯切割成粗料,再用台式电锯精加工成标准尺寸,放在冷库内的保温箱中保存。

3.2 试验装置与试验方法

破坏试验在电子万能试验机上完成,型号为CSS-2205。将试验参数(压头位移速率、采样频率等)事先输入电脑,试验过程中由试验机自备的数据采集系统同步采集压头位移量与荷载值并在电脑显示屏上以选定的形式实时显示,监控试验进程。试验中杆端约束条件分为两种:有摩擦的平面接触约束用于短试件压缩试验;两端铰支约束用于长试件,模拟冰盖蠕变屈曲波形的一个正弦半波的极限变形与破坏(见图4)。试验机上的低温环境箱用LD2-B21冷冻电脑控制器进行温度调控,控温能力为-40 ℃~+85 ℃。大部分试验在平均为-6 ℃的固定环境下完成,少部分试验采用在升温过程下进行。

试验前,先将试件端头用胶带缠裹后插入用硬木制作的加载盒,加载盒起隔热作用,同时约束试件的横向变形,防止端部首先破坏。试验前将经恒温处理的试件安装在试验机上,待环境箱内的温度恒定后开始启动试验机,压力荷载与位移数据作为时间的同步函数直接存储到电脑中以备分析。为了确定破坏时的极限弯矩,对部分长试件也同步测量了位于中点的最大挠度值。试验进行中密切观察加载曲线的变化,当出现任何小的卸载现象时,及时观察试件可能出现的破坏现象并作记录,试验结束后对试件的破坏形态进行拍照留存。

4 成果与分析

4.1 极限破坏模式识别

试验中总共出现三种特征分明的失效形式:压缩型断裂破坏、拉伸型断裂破坏和纯蠕变屈曲。压缩断裂的极限挠度很小,内部分布型裂纹密集而裂纹走向不规则,裂纹长度不超过2~3 cm,主要发生于靠近两端处。拉伸型断裂破坏时极限挠度大,甚至可超过截面高度的1/3(见图4)。破坏始于浅的表面横向裂纹,出现在靠近试件中部,裂纹数量少而间距大。纯蠕变屈曲在荷载曲线达到最高点后平缓滑落的过程中观察不到试件有任何可见的破坏迹象。

4.1.1 压缩型断裂破坏

压缩断裂破坏主要发生在以下几种情况下:①无气泡试件,发生局部脆性断裂,原因是加载端面受力不均匀或截面变化引起的应力集中;②试件中有较密集的分层气泡分布,加载中裂纹沿气泡边缘萌生并扩展贯穿;③产生分布型裂纹其密度逐渐增加至极限(见

图 5)。

图 6 中给出了两条典型的压缩断裂破坏的试验曲线。其中较为平缓的曲线最大荷载为 1.464 kN。试件的破坏属于局部损伤型,即内部出现方向不规则的多处微裂纹,最大扩展 1 ~2 cm;另一条曲线较陡,最大荷载为 1.806 4 kN。当荷载达 1.6 kN 时,在试件上下两个四分点附近同时出现内部裂纹,最终试件因裂纹失稳扩展而整体碎裂。两个试件的最大挠度不超过 2 mm。

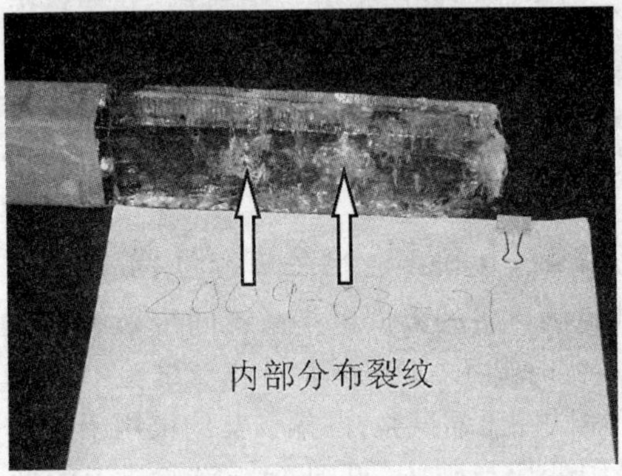

图 5　压缩断裂破坏形态

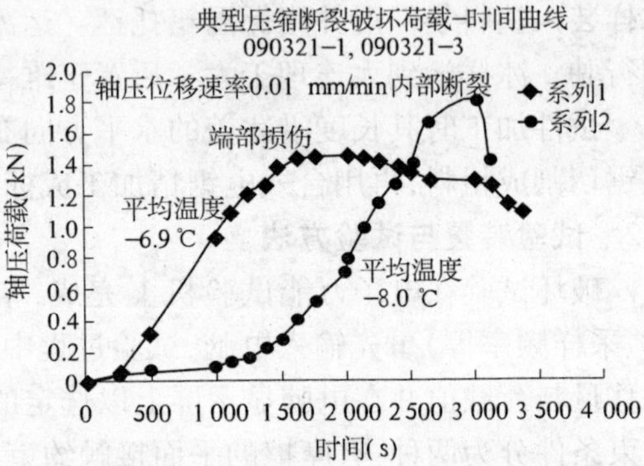

图 6　压缩断裂破坏的试验曲线

4.1.2　拉伸型断裂破坏

偏心压缩可以产生典型的拉伸型断裂破坏。经过长时间的蠕变变形试件产生较大挠度,破坏始于受拉一侧的表面裂纹(见图 7)。图 8 为两条典型的试验曲线。其中一条加载速率为 0.005 mm/min,曲线较平缓,达到顶点后因挠度足够大而频繁地卸载。破坏现象为受拉侧首先出现一条短而浅的表面裂纹,之后中上部出现一条内部竖向裂纹,长 2 ~3 cm。最后下部和中间截面出现两条横向主裂缝导致极限破坏。最大挠度达到 5.92 mm。另一条曲线加载速率 0.008 mm/min,后期曲线较陡。当荷载达 1.3 kN 时,试件上下各有两条横向裂纹出现,最后由临近中间截面的两条临界横向裂缝贯通截面而导致极限破坏。

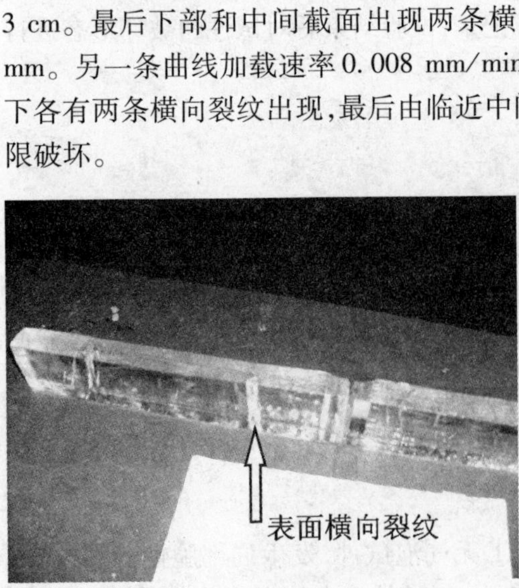

图 7　拉伸型断裂破坏形态

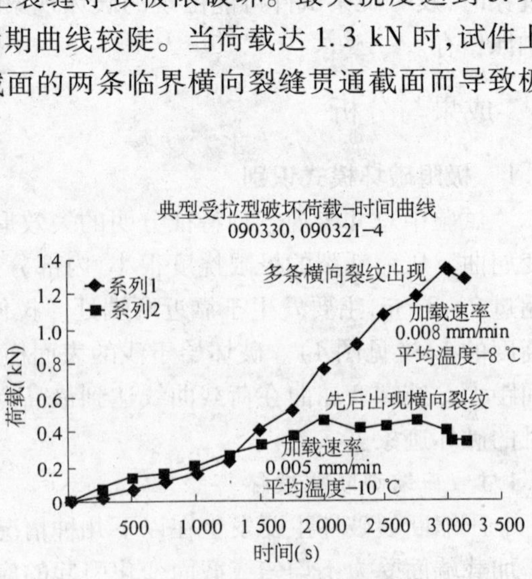

图 8　拉伸型破坏的试验曲线

4.1.3 纯蠕变屈曲

图9所示为纯蠕变屈曲破坏的试验曲线。加载曲线到达顶点后因蠕变应力松弛速率超过了加载产生的应力速率,导致荷载持续下降。试件的最终破坏是由于荷载的偏心量随挠度增加而持续发展(见图4),最终发生突然的弯曲脆断。临界裂纹沿横向,靠近中间截面。破坏时最大挠度为6.74 mm。

4.2 破坏模式的影响因素

4.2.1 加载偏心率的影响

在偏心受压加载的一般条件下,试件横截面内出现拉应力时主导破坏模式是拉伸型断裂。当初始偏心量 e_0 减小至1.5 mm以下时(偏心率 $e_0/h<0.06$),破坏模式转变为以压缩断裂为主导。

4.2.2 速率效应

临界应变速率约为 $3.34\times10^{-7}\mathrm{s}^{-1}$。压缩型断裂和拉伸型断裂两种破坏模式分别在高于和低于此临界速率的范围内占主导地位,在更低的速率下还可能出现纯蠕变失稳现象。试件经过显著蠕变变形之后,若继续提高加载速率,试件会在更高的应力下破坏。编号为090310-2的试件,初始加载速率0.005 mm/min,2 h后荷载由峰值1.439 kN开始下降。此后改变试验参数,将加载速率提高至0.05 mm/min,荷载又升至2.077 kN。这一过程中,应变速率由 1.67×10^{-7} 升至 1.67×10^{-6}。名义应力从1.44 MPa升至2.08 MPa。前2个小时为典型的蠕变压缩变形,没有任何破坏迹象,试件最大挠度超过4 mm。提高速率后,可观察到试件内原分布型气泡处开始萌生压缩型断裂裂纹,形成白蒙蒙的内部损伤区,导致荷载下降。极限破坏条件下试件整体尚完整。这一现象预示着早期的蠕变大变形似乎可促进极限破坏向分布损伤型发展,断裂能通过密集分布的微裂纹形式耗散。

4.2.3 试件缺陷因素的影响

试验结果显示,一般情况下试件内部气泡缺陷对于试件的破坏模式和名义压缩强度没有显著影响(见图10)。只有在气泡密集分布于冰内某些薄层时,才能大幅度地降低其受压承载能力。

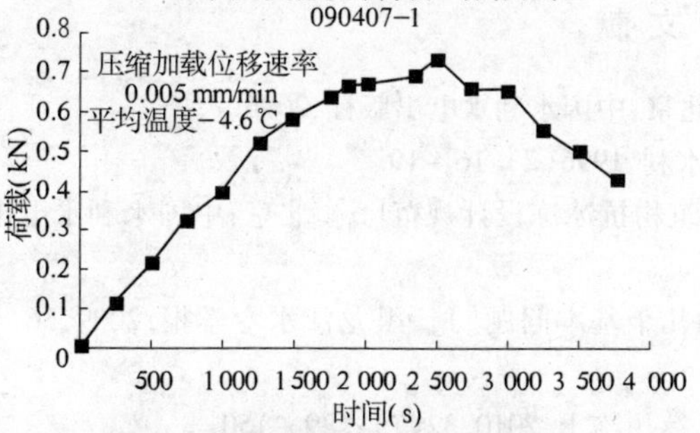

图9 失稳破坏试件的试验曲线

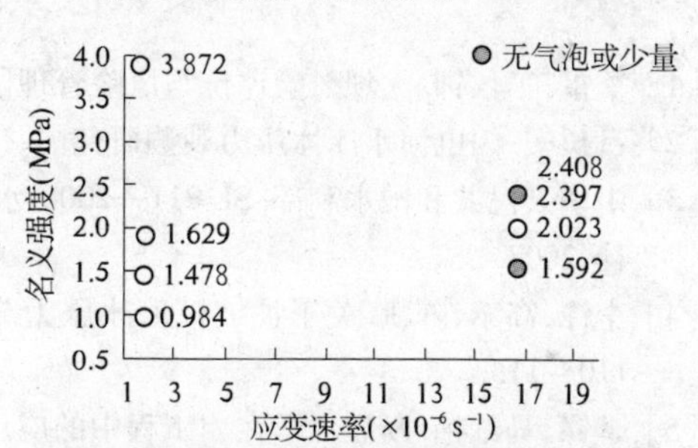

图10 名义压缩强度的气泡缺陷效应

尽管许多试件沿厚度方向预制了3 mm深的中心切口或狭缝,但破坏几乎并未显示出明显的切口效应,这说明小尺寸试件缺乏脆性断裂破坏的切口敏感性。

4.2.4 温度效应

少数试件考虑了温度影响。图9与图8中的曲线2加载速率相同,但平均温度高很多,仅为 −4.6 ℃。由于暖冰的脆性程度下降,破坏模式亦发生了变化,由拉伸型断裂转变为纯蠕变屈曲。由于设备难以严格控制环境箱内的温度变化,故未能进行温度效应的定量研究。

4.3　极限破坏荷载分析

严格地说,与弹性失稳不同,纯蠕变屈曲本身并不属于破坏,因为加载速率增加以后冰试件仍然能承受更大的荷载。所以,通常工程上不把纯蠕变屈曲与极值冰压力相联系[8]。利用试验数据可得到偏心压缩加载下破坏的极限轴力 N 与极限弯矩 M 的相关关系(见图 11),其中 $M = Ne$,e 为压力荷载的偏心量,这个偏心量主要是由蠕变变形的挠度产生的。图 11 显示,对于小偏心的压缩型断裂破坏,挠度发展会导致承载力降低。而对于大偏心的拉伸型断裂破坏,试件的轴压承载力却随挠度增加而提高。对于图 1 所示的以隆起为标志的冰盖破坏来说,上述趋势意味着最不利的极值冰荷载应在这两种破坏模式的过渡区发生。

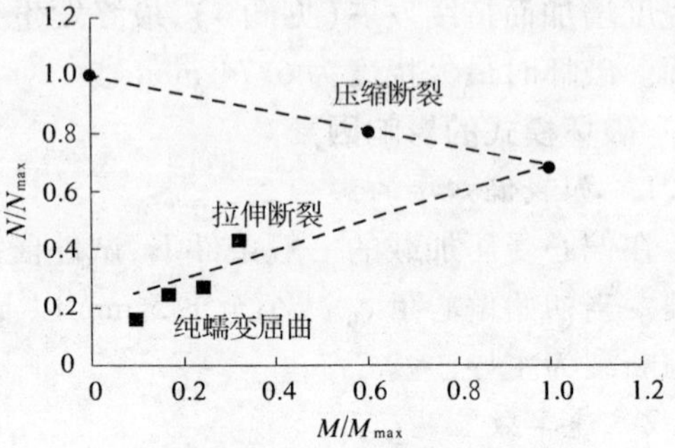

图 11　极限轴力与极限弯矩间的关系

5　结论

模拟破坏试验结果显示,冰盖在静压力下的破坏是多模式的。在加载速率偏高、冰内缺陷较为集中、环境温度偏低、偏心距很小的条件下,试件的破坏由压缩断裂模式主导,临界应变速率约为 $3.34\times10^{-7}\mathrm{s}^{-1}$。纯蠕变屈曲和拉伸型断裂破坏时试件的名义应力显著低于压缩断裂。据此根据实际的应变率推测,图 1 所示的冰盖挖槽后的极限破坏涉及纯蠕变屈曲或拉伸型断裂破坏。冰盖最不利的破坏发生在拉伸型断裂与压缩型断裂的过渡区,这种破坏以隆起的大挠度为主要特征。

参 考 文 献

[1] 李雷,王仁钟.大坝风险评价与风险管理[M].北京:中国水利水电出版社,2006.

[2] 吕长安.闪电河水库冰压力观测研究[J].河北水利,1996(2):16－19.

[3] 中华人民共和国水利部.SL 211—2006 水工建筑物抗冰冻设计规范[S].北京:中国水利水电出版社,2007.

[4] 李锋,高泰,陈凯.关于护坡极值冰压力分析的几个基本问题[J].黑龙江水专学报,2009,36(3):110－113.

[5] 李锋,马红艳.断裂力学在冰工程中的应用[J].冰川冻土,2010,32(1):139－150.

[6] 王川,李志军,贾青,等.红旗泡水库破冰槽观测与分析[J].黑龙江水专学报,2009,36(3):119－122.

[7] Carter D, Sodhi D, Stander E, et al. Ice Thrust in Reservoirs[J]. Journal of Cold Regions Engineering, 1988, 12(4):169－183.

[8] Sanderson T J O. Ice Mechanics Risks to Offshore structures[M]. BP Petroleum Development Ltd, London, 1988.

水库淡水冰三点弯曲试验研究*

韩红卫[1] 彭旭明[2] 李佳民[2] 黄文峰[1] 贾 青[1,3]

(1. 大连理工大学海岸和近海工程国家重点实验室,大连 116024;
2. 黑龙江省引嫩工程管理处,安达 151400;
3. 黑龙江大学水利电力学院,哈尔滨 150086)

摘 要 本文主要介绍黑龙江红旗泡水库天然淡水冰的弯曲力学性质试验研究方法。对所取水库冰样进行垂直切片,把切片样本置于费式旋转台上,在正交偏光镜下拍摄照片,分析冰晶体类型随垂直方向变化情况。结果表明,厚度为 42 cm 冰样最下层有 8 cm 厚柱状冰,中上层为颗粒冰。冰的弯曲试验研究方法采用三点弯曲法,试验结果分析显示,冰梁弯曲强度随应力速率的增加呈中间凸起的抛物线形分布。冰梁弹性模量与应力速率的对数呈线性关系。

关键词 淡水冰;弯曲强度;弹性模量;试验研究

1 研究背景

我国疆土辽阔,气候地区差异性大,每年冬季北方大部分省份会不同程度地遭受西伯利亚寒流的影响,造成河流、湖泊的大面积结冰。结冰过程中水发生相变变化,即液态水的物理性质及流体力学性质相应地转变为冰的物理性质和固体材料力学性质。水库中的水工建筑物和水工结构物每逢冬季都要遭受冰荷载的考验,所以在北方寒冷地区淡水水工建筑物和水工结构的设计必须考虑冰荷载的作用。

自 20 世纪 80 年代以来,国内对海冰及淡水冰的弯曲研究已做了较多研究,张明元、孟广琳、隋吉学、李志军等比较深入地对渤海海冰及黄河口河冰弯曲力学做了研究[1-3],研究成果丰富。但是我国对淡水冰的弯曲力学性质认识尚不成熟,很多冰荷载设计参数与方法是从俄罗斯、日本、美国借鉴而来的[4]。基于社会发展与实际生活的需要,希望通过试验研究能够为我国北方寒冷地区有关冰荷载设计提供参考和比较。本文主要是针对水库静止生长的淡水冰弯曲力学性质进行系统研究。

2 冰晶观测试验方法

2.1 冰晶切片制作

在黑龙江省红旗泡水库距岸约 150 m 处用电动链锯切割水库冰原冰样,取样时标记冰的上下表面,确保弯曲试件制作时正确识别原冰上下面。综合考虑冰样运输与试验冰样加工需要,所采原冰样多为长 90 ~ 100 cm、宽为 40 ~ 50 cm、高为实际冰厚的大冰样。

* **基金项目:**国家自然科学基金项目(50879008)。

运输过程中应尽量减少人为带来的破坏,保证冰样完整性。大冰样运回实验室后,储存在低温环境下,确保储存期间冰不融化。制作冰切片,首先选取竖直且上下完整的小冰样,把冰样水平分割,并对5块水平分割冰样依次从上到下标记上下面,把分割好的冰样再切下一完整竖直薄片上,剩余冰样保存以备用。将所切薄片一面研磨平整贴到温度稍高于0 ℃的玻璃片上,待冰切片与玻璃片冻结牢固后,用刨刀或玻璃片小心刮平切片厚度至0.5 mm左右[5]。然后把切片放入密封袋以避免风化,并避光低温存放。制作冰切片有一定的环境温度要求,最好在低于-5 ℃的环境下制作,试验时发现在高于-5 ℃时切片不能牢固地冻在玻璃片上,不能成功制作冰切片。另对该冰样进行水平切片,方法如上,水平切片可以分析晶粒大小。待所有冰切片制作完后即可在黑暗环境中将制作好的冰切片置于费式台下拍照。

2.2　冰晶类型分析

通过对冰晶照片分析,厚度为42 cm的天然水库冰冰样,水平面下0~34 cm为粒状晶体,34~42 cm为柱状晶体,且粒状晶体尺寸随深度的增加而增加。通过对冰晶照片的分析,还可以观测气泡的大小以及气泡随深度的变化形态。我们在此只是通过对冰晶照片的分析分辨出柱状冰的深度位置,目的是弯曲试验时能正确地取出柱状冰试样。图1为淡水冰垂直切片冰晶体照片,根据照片可清晰地分辨出柱状冰晶体区域为34~42 cm。

图1　淡水冰垂直切片冰晶体照片

3　弯曲试验

冰的弯曲试验研究方法多采用国际水力研究协会(International Association of Hydraulic Research)冰问题分会提出的试验方法建议[6],试验多采用简支梁方式和悬臂梁方式。简支梁方式多是室内试验,该方法对试样尺寸有所限制,但其试验精确度相对现场悬臂梁法要高,且试验易于实现。现场悬臂梁法方式多是室外现场试验,其优点是能更好地模拟现场条件。本试验采用室内三点弯曲法。弯曲冰样尺寸为7 cm×7 cm×65 cm。

3.1　试验设备

本试验采用大连理工大学海岸和近海工程国家重点实验室自行研制的冰力学试验机,该试验机可开展冰弯曲试验、剪切试验、低速摩擦试验及冻结附着试验。其油泵与试验台分离,试验台直立时可以做弯曲试验,试验台平躺时可以进行剪切、低速摩擦和冻结附着试验。试验机实现了多功能的目的,具有很强的机动性和稳定性,且试验精确度能够达到要求。

3.2　弯曲试样制备

采用汽油链锯对大冰样进行水平分割,分割时以冰晶切片照片的晶体研究为依据,对不同冰晶类型分层研究冰弯曲强度。本试验没对表层粒状冰设计研究其弯曲强度,所以分割时去除表层10 cm厚表层冰,取出底层8 cm厚柱状冰并标记上下面,把中间所剩冰分为两层冰样,并分别标记上下面。此分层方法可以简易地记为第二层粒状冰、第三层粒状冰、底层柱状冰。然后用圆盘锯对各层初切冰样进行再次切割,而后用锯骨机对毛冰样细切为7 cm×7 cm×65 cm标准冰样。在每次切割程序中都要严格地标记冰层上下面,避免冰层上下面发生混乱。把加工完的冰样装入密封袋放入低温恒温箱中进行试验温度恒温。在以上制作标准冰样的每一步都要注意避免初始裂缝的产生,即便小的裂纹也能改变冰梁的破坏形态。

3.3 弯曲试验步骤

(1)首先从低温恒温箱中取出恒温24 h冰样放于试验机压头下方,使得压头对准冰梁中点。

(2)开启试验机,并在试验机压头快要接触到试验冰样前,启动采集程序,试验机持续加载直至该冰样发生弯曲破坏。

(3)停止试验机和采集程序,即完成该试样试验,然后保存该次采样数据,建立下一个采样文件,清理破碎冰样。

(4)改变压力机加载速率,重复以上三步骤逐一完成试验。

每个试样在加载前要详细记录冰内裂纹和冰内气泡情况,如裂纹位置和生长方向,气泡位置、数量、大小;冰梁破坏后记载冰梁断裂位置和断裂方向。在试验数据分析时通过记录情况可以准确还原试验样本的破坏原因。

4 结果分析

淡水冰的物理力学性质受分子中氢键的脆弱程度的影响[7]。在冰的弯曲破坏过程中,在外力作用下首先克服缔合分子间氢键的作用力。外力足够大时氢键逐渐断裂,当有沿着同一方向的氢键批量断裂时会形成宏观概念下冰晶体间的位错发生,位错的进一步发生则导致冰裂纹的形成以及不同冰裂纹间的贯通。弯曲试验时,大的裂缝上下贯通也就意味着冰梁的弯曲破坏。

天然淡水冰是各向异性材料,具有黏弹性和黏塑性变形性质,而非完全弹性体。计算冰梁弯曲强度和弯曲弹性模量时近似采用线弹性理论公式进行计算[8]。

$$\sigma_f = \frac{3PL}{2bh^2} \tag{1}$$

$$E = \frac{PL^3}{4bh^3\delta} \tag{2}$$

式中:P为冰梁破坏荷载;L为冰梁跨度;b、h分别为冰梁截面宽度和高度;δ为冰梁破坏时跨中挠度。

4.1 弯曲强度与应力速率关系

冰的试验弯曲强度受内因和外因控制,影响冰弯曲强度的内因条件有冰温、冰晶结构、气泡、冰内杂质等,外因条件有加载方式、加载速率、试验环境温度等。根据试验所得数据,对天然淡水粒状冰在不同温度下的弯曲强度—应力速率曲线进行分析,由图2可见，-5 ℃、-10 ℃、-15 ℃下粒状冰弯曲强度随应力速率变化曲线走势基本相同。应力速率对冰梁的极限弯曲强度影响显著,从图中分析可知,试验冰梁温度越低,其极限弯曲强度所对应的应力速率越低,表现为脆性特性越明显;温度越高,其极限弯曲强度对应的应力速率越大,表现为冰的黏性性质越明显。在试验温度为 -5 ~ -15 ℃范围内,冰梁极限弯曲强度所对应的应力速率在 70 ~ 20 kPa/s 区间内。

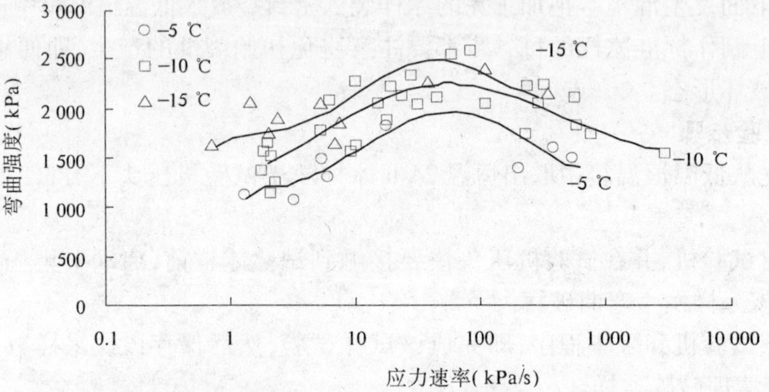

图 2　不同温度粒状冰弯曲强度与应力速率关系

4.2　不同加载方向柱状冰弯曲强度比较

由于柱状冰的各向异性比粒状冰更为突出[9],所以设计柱状冰不同方向加载比较试验。对柱状冰分别垂直于水平面加载和平行于水平面加载。两组试验分别设计 3 个温度,对试验结果进行分析,垂直于水平面加载结果显示,应力速率对冰梁弯曲强度影响不大,其结果如图 3 所示。平行于水平面加载弯曲强度与应力速率关系趋势与颗粒冰结果基本相同,应力速率对冰梁弯曲强度影响显著,结果如图 4 所示,且柱状冰平行于水平面加载其极限弯曲强度要高于垂直于水平面加载极限弯曲强度。以上分析从力学结果充分证明了柱状冰的各向异性特点。

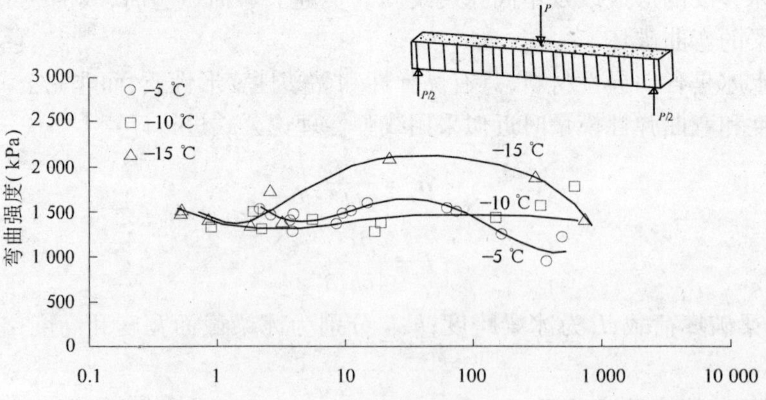

图 3　柱状冰垂直于水平面加载弯曲强度与应力速率关系

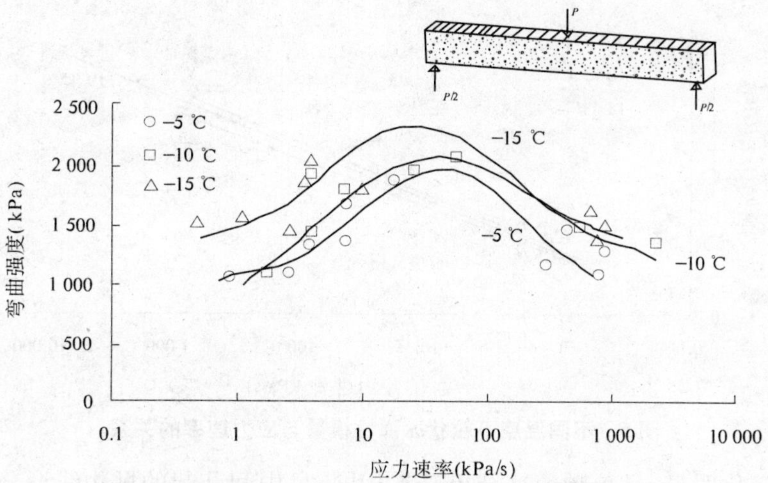

图4　柱状冰平行于水平面加载弯曲强度与应力速率关系

4.3　弹性模量与应力速率的关系

通过对试验数据的分析,得弹性模量与应力速率有如下关系:

$$E = A\ln\dot{\sigma} + B \tag{3}$$

式中:E 为弹性模量,GPa;$\dot{\sigma}$ 为应力速率,kPa/s;A、B 为与试样冰晶类型、加载类型、试验温度有关的系数。应力速率在1~10 000 kPa/s的变化区间所对应的弯曲弹性模量范围在1~5 GPa。图5给出了不同温度下粒状冰弹性模量与应力速率的关系曲线。表1给出了式(3)中系数 A、B 不同温度对应值。

表1　式(3)中系数 A、B 不同温度对应值

试样	T(℃)	A	B
颗粒冰	−5	0.974 8	1.126 2
	−10	1.104 3	1.205 1
	−15	1.077 9	1.269 1
柱状冰(垂直于水平面加载)	−5	1.246 2	0.637 6
	−10	0.964 7	1.352 0
	−15	1.028 8	1.537 4
柱状冰(平行于水平面加载)	−5	1.172 9	1.076 2
	−10	0.741 0	1.615 7
	−15	0.661 2	1.682 5

5　结论

天然水库淡水冰受成冰气候影响,冰晶粒径有粒状冰与柱状冰之分。柱状冰垂直于水平面加载时应力速率对冰梁弯曲强度影响不大;柱状冰平行于水平面加载时弯曲强度

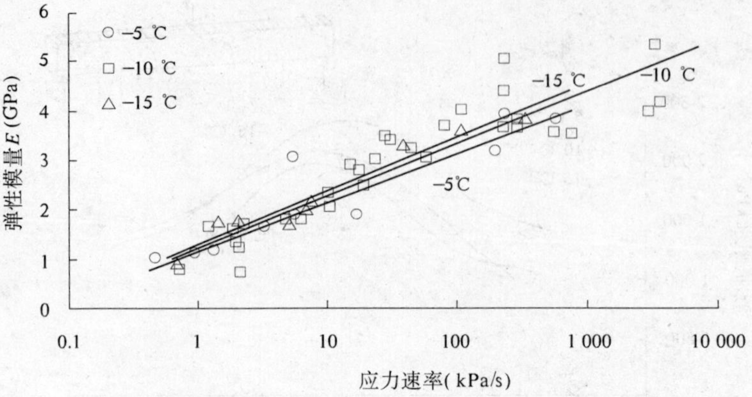

图5　不同温度下粒状冰弹性模量与应力速率的关系

随应力速率变化明显,且与颗粒冰结果基本相同,呈中间凸起的抛物线形分布;在 -5 ~ -15 ℃范围内,冰梁极限弯曲强度所对应的应力速率在 70 ~ 20 kPa/s 区间内。弯曲弹性模量与应力速率的对数呈线性关系,应力速率在 1 ~ 10 000 kPa/s 区间内,弹性模量范围在1 ~ 5 GPa。

参 考 文 献

[1] 张明元,孟广琳,隋吉学,等. 黄海北部庄河附近海域海冰物理力学特性[J]. 海洋通报,1995,4(14):11 - 18.

[2] 隋吉学,张明元,李志军,等. 黄河冰三点弯曲强度的试验研究[J]. 海洋环境科学,1994,1(13):82 - 86.

[3] 张明元,孟广琳,隋吉学. 渤海湾海冰和黄河口河冰物理力学性质的测定和研究[J]. 海洋工程,1993,11(3):39 - 45.

[4] 蔡之瑞,孙柏涛,郭世荣,等,冰荷载的实验研究与计算方法[J]. 地震工程与工程振动, 1997,4(17):49 - 56.

[5] 李志军,贾青,黄文峰,等. 水库淡水冰的晶体和气泡及密度特征分析[J]. 水利学报, 2009, 11(40):1333 - 1338.

[6] 李福成. 关于国外海冰力学性质的实验方法[J]. 海洋环境科学, 1983,3(2):126 - 128.

[7] 陆钦年,汤爱平,钟南萍. 河冰对桥墩作用的冰荷载计算方法(Ⅰ)——河冰的力学性能试验[J]. 自然灾害学报, 2002,2(11): 75 - 79.

[8] Majid Kermani, Masoud Farzaneh, Robert Gagnon. Bending strength and effective modulus of atmospheric ice[J]. Cold Regions Science and Technology, 2008,53:162 - 169.

[9] 李志军, 王永学. 渤海海冰工程设计特征参数[J]. 海洋工程, 2000, 1(18): 61 - 69.

S1 型湖冰断裂韧度的试验研究*

李 锋 陈 凯

(大连理工大学工业装备结构分析国家重点实验室,大连 116024)

摘 要 为研究冰盖在回暖期的断裂特性,需要开展原型淡水冰断裂韧度的试验研究作为静冰压力分析的基础。为填补以往鲜有人涉及的试验参数空白区,试验安排在较高温度(−2 ℃、−8 ℃)和低应变率(6.25×10^{-5} s^{-1}、6.25×10^{-6} s^{-1}、6.25×10^{-7} s^{-1})的条件下进行。结果显示,S1 型柱状冰的断裂韧度随着应变率的降低和温度的升高而增大。K_{1c} = 86.2 – 226.0 kPa · $m^{1/2}$,比通常在较低温度和较高速率条件下的测量值有显著增加。试验结果还显示在低应变速率下(6.25×10^{-7} s^{-1})断裂韧度具有显著的尺寸效应。

关键词 淡水冰;断裂韧度;试验;应变率效应;尺寸效应;温度效应

寒区水库护坡常因冰灾遭遇严重破坏,静冰压力是导致护坡破坏的主要载荷。极值冰压力与春季冰盖在低速率下受面内压缩时的极限变形和断裂破坏相关。为了发展基于断裂力学理论的极值冰压力模型,首先需要掌握冰在相似条件下的力学性能参数,特别是断裂韧度。许多研究者在不同条件下开展了冰的断裂破坏的试验研究[1-6]。这些试验的应变速率主要集中在 $10^{-4}\sim10^{-1}s^{-1}$,温度在 −8 ~ −40 ℃。然而工程研究需要了解原型冰盖在回暖期的断裂韧度。虽然 Dempsey 等进行的现场测量项目测量了 −4 ℃大尺寸暖冰的断裂韧度,但破坏时间约为 40 s 量级,相应的加载速率很高[5]。根据静冰压力分析的需要,本文对采自红旗泡水库的原型淡水冰在高温(−8 ℃以上)与低速率($10^{-5}s^{-1}$以下)范围内的断裂韧度等材料力学性质开展了试验研究,给出了初步成果。

1 冰情调查与冰样采集

1.1 冰情调查

黑龙江省红旗泡水库是典型的北方大型平原水库,是进行冰雪相关研究的理想对象。通过现场观测资料[7,8]了解到,每年 10 月下旬至 11 月初水库开始结冰形成冰盖,到来年 4 月中下旬融化,冰期 5 ~6 个月,极限厚度为 1.0 ~1.2 m。冰晶体的平均粒径随深度增加,从表层的 5 mm 增加到底层的 20 mm。2009 年 3 月中旬当地经历了最剧烈的升温过程,冰温的日变化主要体现在 50 cm 深的上部冰层内。温度变化范围为 −1 ~ −8 ℃。上述冰情参数是我们试验采样和温度、速率等试验参数的选择依据。

1.2 冰样采集

尽管课题研究的主要对象是春季冰盖,但因受到采冰技术条件的限制,冰样采集工作

* **基金项目**:国家自然科学基金资助项目(10772036,50879008)。

改在初冬季节进行,相应的冰盖厚度不超过 50 cm。

采冰地点选在黑龙江省红旗泡水库西岸处,采冰作业在 2008 年 12 月 15 ~ 20 日完成,当地气温保持在 -10 ℃以下。冰样取自冰盖深度的 10 ~ 40 cm,主体结构为柱状晶粒冰。其最大晶粒直径约为 15 mm,属于 S1 型湖冰,冰晶尺寸基本上没有季节性变化。部分冰样中含有分布不均的气泡等天然缺陷。

冰样采集及运输方法参照专业标准进行[9]。为尽量维持冰样的原始状态,运冰车选择夜间行车,第二天早晨到达大连,将原装冰样置于 -10 ℃的冷库中保存。

2 影响因素分析与试验设计

2.1 主要影响因素

冰的断裂行为对许多因素敏感,其主要影响因素为:冰晶结构类型与材料的各向异性、试件切口的锐度、加载速率与断裂过程区尺寸、试件尺寸与切口敏感性、温度效应、冰晶尺寸效应与材料非均匀性等[5]。这些因素需要在试件设计中加以考虑。

2.2 试验参数设计

2.2.1 考虑冰晶结构确定冰试件取样

根据冰样分析,柱状冰晶粒 C - 轴在水平面内呈随机分布状,无明显规律,可视为平面内各向同性材料;但沿冰盖厚度方向,冰的性质表现出异性。为保证数据有效性,在试件加工中首先切除上层粒状冰,同时试件的切口方向统一取为冰盖厚度方向。

2.2.2 冰试件尺寸

为了得到足够高的切口敏感性,一般建议使用大尺寸冰试样[9],为真实反映试件多晶行为要求试样的宽度达到晶粒直径的 15 ~ 20 倍。然而为满足这一要求试件尺寸将远远超过冰块采样长度以及试验设备条件的极限。故实际试件尺寸按照试验机环境箱的尺寸极限设计进行了调整。试件采用宽度 B 与厚度 W 均为 10 cm,长度 L 为 50 cm,满足三点弯曲标准试件的要求(见图 1)。采用 45 mm 和 55 mm 两种深切口,以弥补较小试件尺寸的较低切口敏感性。

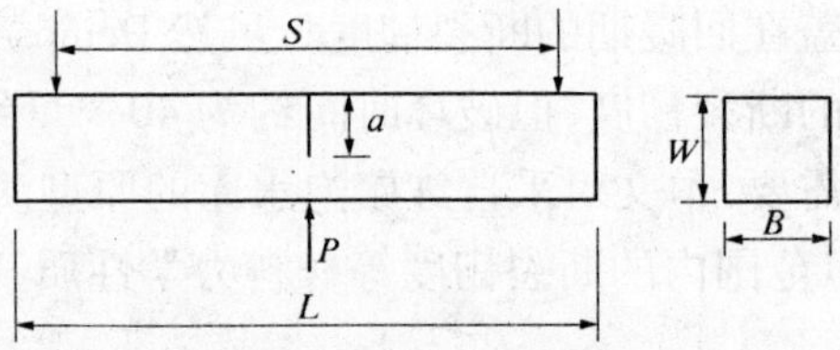

图 1 标准试样的几何参数

2.2.3 试验温度与加载速率

热膨胀极值冰压力涉及的典型冰温高于 -8 ℃[7]。天然冰盖的应变速率很低,大约为 $10^{-8}\ s^{-1}$ 量级。但冰的断裂韧度测试应当排除产生大的蠕变变形的情况,体现以线弹性变形为主的断裂行为[5]。经综合考虑,试验确定了 -2 ℃和 -8 ℃两个试验温度和三个压头位移速率,相应的冰试件应变速率为 $6.25\times10^{-5}\ s^{-1}$、$6.25\times10^{-6}\ s^{-1}$ 和 $6.25\times10^{-7}\ s^{-1}$。

2.3 试件加工

首先用木工锯把冰坯劈成两半,再用台式电锯精加工成标准试件尺寸(见图 1)。切口的主体采用钢锯加工,然后再用经砂轮打磨成薄刀刃状的带齿钢锯条加工出最后的 3 mm 深度,以形成尖锐裂纹。加工好的试件安排在短期内完成试验,避免长久留存而影响其原始性态。

为了检测断裂韧度的尺寸效应，还加工了一批不同尺寸的相似试件，横截面尺寸分别为 8 cm×8 cm 和 12 cm×12 cm。

3 试验装置与测试过程

3.1 试验装置

试验装置（见图 2）采用电子万能试验机，型号为（CSS-2205），同时又自行加设一套动态采集系统，型号为 DH5922，用于获取张开口位移同步数据。试验机配备了低温环境箱，控温能力为 -40~85 ℃，用 LD2-B21 型冷冻电脑控制器控制保温箱的温度、回归温度、化霜周期等参数。本次试验中设定试验温度控制的回归温度为 ±2 ℃。

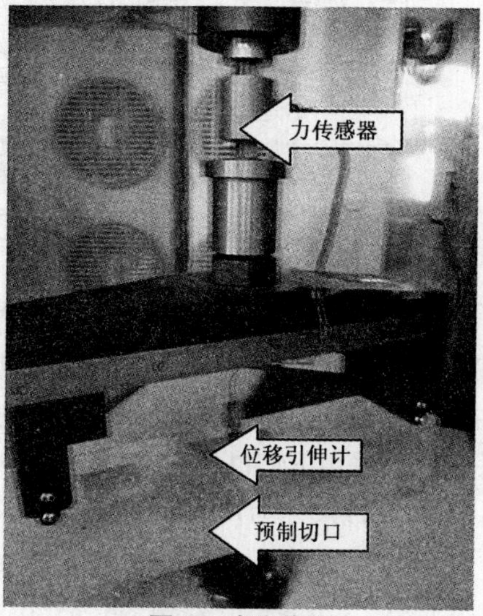

图 2 试验装置

3.2 试验过程

试验时由数据采集系统记录载荷 P、裂纹张开位移 V，并在显示器上画出 $P \sim V$ 曲线监测试验进程。对于采集的每组试验数据，先进行有效性判断。计算 K_{1c} 的条件值 K_q，当满足有效性条件时，$K_{1c}=K_q$。冰体材料在脆性破坏情况下适用线弹性断裂力学。在 $S/W=4$、$a/W=0.45 \sim 0.55$ 的条件下，K_q 按下式计算[10]：

$$K_q = \frac{P_q S}{BW^{3/2}} f\left(\frac{a}{W}\right) \tag{1}$$

$$f\left(\frac{a}{W}\right) = (2+a/W) \times \frac{1.99-(a/W)(1-a/W)\left[2.15-3.93(a/W)+2.70(a/W)^2\right]}{2(1+2a/W)(1-a/W)^{3/2}} \tag{2}$$

有效性判定条件为：

$$P_{max}/P_q \leqslant 1.1 \tag{3}$$

$$B \geqslant 2.5(K_q/\sigma_y)^2 \tag{4}$$

式中：P_{max} 为破坏载荷，kN；P_q 为条件载荷（由 $P \sim V$ 曲线确定），kN；K_q 为 K_{1c} 的条件值，MPa·m$^{1/2}$；σ_y 为淡水冰的抗拉强度，MPa。

3.3 断裂韧度基本试验

断裂韧度基本试验采用标准试件进行，包括有 2 种切口深度、2 个温度，3 个应变速率分别落在冰的脆性区、韧脆过渡区和延性区内。这 12 个试验参数组合（见表 1）中每组至少重复测 3 个有效试件，总共 36 组数据。测定结果见表 2。

表 1 标准试样的分布与参数组合

温度(℃)	切口深度(mm)	应变速率(s^{-1}) 6.25×10^{-5}	6.25×10^{-6}	6.25×10^{-7}
-2	45	●	●	●
	45	●	●	●
-8	45	●	●	●
	55	●	●	●

表2 断裂韧度测定结果

应变速率(s^{-1})	温度(℃)	断裂韧度($kPa \cdot m^{1/2}$)
6.25×10^{-5}	−2	115±33
	−8	99±23
6.25×10^{-6}	−2	154±30
	−8	115±14
6.25×10^{-7}	−2	169±18
	−8	169±57

3.4 尺寸效应验证试验

K_{1c}的尺寸效应通过对小尺寸和大尺寸的相似试件与标准试件的结果对比进行验证。试验方法与标准试件相同,设定试验温度为−8 ℃,应变速率为$6.25\times10^{-7}\ s^{-1}$,试验前对加载架的跨距按照4倍截面高度分别进行调整。

同时采用无切口的标准尺寸试件进行了三点弯曲加载破坏的对照试验。试验温度为−8 ℃,试件尺寸为400 mm(S)×100 mm(B)×100 mm(W),采用3个应变速率进行试验。

4 试验结果与讨论

4.1 断裂韧度及其应变率和温度效应

试验测得的断裂韧度及其应变率与温度效应由图3显示。典型试件的载荷—张开位移曲线大体上呈线性关系。试验数据的离散度较大,主要是试件尺寸相对冰晶直径偏小的影响。图3显示,淡水冰的断裂韧度随应变率的降低而增加,这与文献[1]高速率下试验的趋势相同但结果产生了50%的增幅。通常在高速率下,断裂韧度的温度效应并不显著,有的学者认为并不存在温度效应。在本文研究的典型低速率条件下,图3中−2 ℃的数据点普遍高于拟合线,温度效应显著,K_{1c}随温度增加趋向于升高,这一趋势与文献[1]的结果相同。切口深度的变化对结果的影响很小,可以忽略。

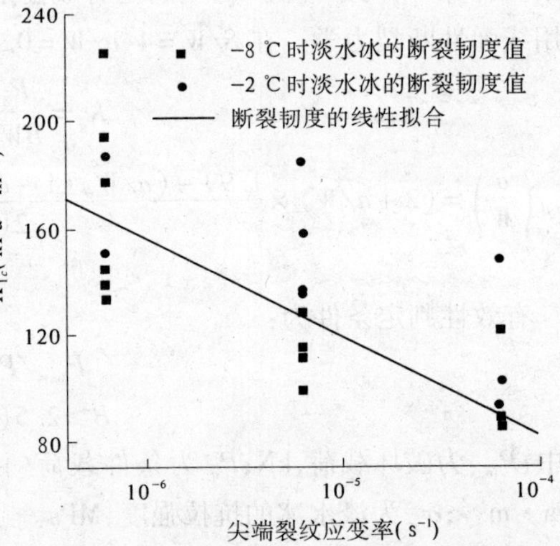

图3 K_{1c}作为应变速率的函数及其温度效应

4.2 断裂韧度的尺寸效应

三种尺寸冰试件的断裂韧度测量值如表3所示。试验的切口尖端应变速率为$6.25\times10^{-7}\ s^{-1}$,试验温度为−8 ℃。

对于像冰这样的准脆性材料,又涉及大范围的尺寸(或尺度)变化,可以采用Bazant的渐进过渡曲线描述试件破坏的尺寸效应(见图4)。其函数表达式为[11]:

$$K_{1c}N = \frac{BK_{1c}}{\sqrt{1+\beta}},\ \beta = \frac{D}{D_0} \tag{5}$$

表 3　冰的断裂韧度的尺寸效应试验结果

试件尺寸(mm × mm × mm) $S \times B \times W$	断裂韧度(kPa · $m^{1/2}$)
480 × 120 × 120	133 ± 36
400 × 100 × 100	169 ± 57
360 × 80 × 80	183 ± 55

式中:D 为特征长度;D_0 为基准特征长度;$K_{1c}N$ 为待预测的原型结构的断裂韧度;B 为无量纲常数;K_{1c}为断裂韧度,在此引入以平衡量纲。β 为脆性数,当 $\beta \to \infty$ 时,材料为完全脆性,符合线弹性断裂力学(LEFM),在双对数坐标中为斜率 −0.5 的直线(见图 4);当 $\beta \to 0$ 时材料为零脆性(理想塑性),强度破坏是与尺寸无关的,在双对数坐标中为一水平线。从理论上 D_0 值可以通过充分大尺寸试件的断裂韧度测量和无切口的小尺寸试件(代表零脆性)测量值由图 4 中直线的交点确定。

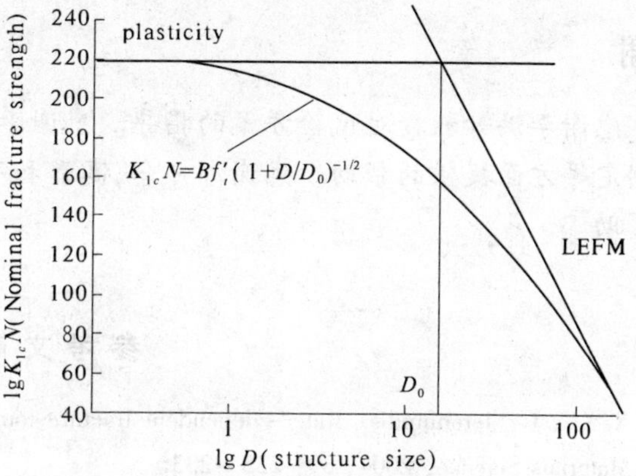

图 4　渐进过渡型尺寸效应

针对 S1 型大晶粒暖冰,若取弹性模型 $E = 2$ GPa, $D_0 = 2.86$ m,由式(5)和表 3 可得到一个 Bazant 型尺寸效应函数(式(6)),其中特征长度写成冰厚的形式以方便应用。

$$K_{1c}N = \frac{239}{\sqrt{1 + \frac{t^{0.75}}{0.178}}}(\text{kPa} \cdot \text{m}^{1/2}) \tag{6}$$

式中:t 为冰厚度,m。由于试验数据受试件尺寸限制和试件数量的不充分,这一经验公式尚待进一步研究验证。按照这一模型预测,1 m 厚的原型冰断裂韧度约为 93 kPa · $m^{1/2}$。

4.3　无切口试件的弯曲强度

不同应变速率下冰的名义弯曲强度试验结果如表 4 所示。结果显示在 1.25×10^{-5} s^{-1}的中等应变速率下冰的名义弯曲强度出现最大值,但同时测量数据也显示了更大的离散性。

表 4　名义弯曲强度

应变速率(s^{-1})	极限挠度(mm)	平均应力速率(MPa · s^{-1})	平均弯曲强度(MPa)
1.25×10^{-4}	0.67 ± 0.11	0.56	2.52
1.25×10^{-5}	1.10 ± 0.43	0.051	3.36
1.25×10^{-6}	1.02 ± 0.22	0.003 9	2.4

5　结论

(1)试验测定了 S1 型湖冰的断裂韧度。三点弯曲试件为 −2 ℃和 −8 ℃的暖冰,切口尖端的应变速率范围是 $6.25\times10^{-5}\sim6.25\times10^{-7}s^{-1}$ 的慢速率。与现有文献中较高速率下的测量结果相比,试验显示了相同的速率效应趋势,但测量值有大的增幅约达50%。断裂韧度也显示了随温度升高而增加的趋势。试件的切口深度对冰的断裂韧度没有明显影响。

(2)天然淡水冰的断裂韧度具有明显的尺寸效应, K_{1c} 随着试件尺寸的增大而趋于减小。根据试验结果给出了一个 Bazant 型的尺寸效应函数。

(3)在无切口的三点弯曲破坏试验中应变速率为 $1.25\times10^{-5}s^{-1}$ 时冰试件显示了最大的弯曲强度。

致谢

感谢李洪升教授对试验方案的指导。感谢李志军教授的课题组在现场采冰及冰情参数测定等方面提供的帮助。感谢邢怀念、高泰和刁芒分别在试验过程中给予的指导、参与和帮助。

参 考 文 献

[1] X. XU, G. Jeronimidis. Rate - dependent fracture toughness of pure polycrystalline ice[J]. Journal of Materials Science, 2004, 39: 225 - 233.

[2] George D A. River and lake ice engineering[M]. OST offices Box284: Water Resources Publications, 1986.

[3] 张明元,孟广琳,严德成,等.海冰平面应变断裂韧度[J]. 海洋与湖沼, 1989, 20(4):338 - 342.

[4] 李锋,沈梧,孙秀堂,等.冰的弹塑性断裂韧性测定方法的研究[J]. 冰川冻土,1996,18(2):178 - 183.

[5] Dempsey J P, Defranco S J, Adamson R M, et al. Scale effects on the in - situ tensile strength and fracture of ice[J]. Part I: Large grained freshwater ice at Spray Lakes Reservoir, Alberta International Journal of Fracture,1999,95:325 - 345.

[6] 沈乐天,赵士达,卢锡年,等. 天然淡水冰单轴压缩强度及其温度和应变率效应[J]. 冰川冻土,1990,12(2):141 - 146.

[7] 王川,李志军,贾青,等. 红旗泡水库破冰槽观测与分析[J].黑龙江水专学报,2009,36(3):119 - 122.

[8] 王索成,孟凡静,卢永超,等.红旗泡水库水质监测分析[J].黑龙江水利科技,2008,36(3):134.

[9] Schwarz J, et al. Standardized testing methods for measuring mechanical properties of ice[J]. Cold Regions Science Technology, 1981,4:245 - 253.

[10] Material - Determination of plane - strain fracture. 金属材料平面应变断裂韧度 K_{1c} 试验方法. Metallic toughness. (ISO 12737:2005, MOD).

[11] Zdenek Bazant, Er - Ping Chen. 结构破坏的尺度律[J].力学进展,1999, 3:383 - 433.

【作者简介】 李　锋(1951—),天津人,副教授,硕士,从事工程力学研究,主要研究方向:冰力学与冰工程。E-mail:lifeng@ dlut. edu. cn。

红旗泡水库冰的摩擦系数试验研究*

禹精瑞[1] 姜连杰[2] 田 文[2] 贾 青[1,3] 黄文峰[1]

(1. 大连理工大学海岸和近海工程国家重点实验室,大连 116024;
2. 黑龙江省引嫩工程管理处,安达 151400;
3. 黑龙江大学水利电力学院,哈尔滨 150086)

摘 要 冰的摩擦系数是冰荷载计算中的一个重要参量,本文以红旗泡水库天然淡水冰为材料,分别对冰与冰、雪、混凝土板及木板之间的摩擦系数进行了测定,并把冰与混凝土板和冰与木板间的摩擦试验分为高速和低速两种状态,前者速度约为 1 m/s,后者速度小于 0.05 m/s,由此分析得出冰与混凝土板和冰与木板间的摩擦系数在不同速度下的值。试验以冰与混凝土板和冰与木板间的摩擦系数为例,说明了冰与结构物间的动摩擦系数都随拖曳速度增大而减小,并从水膜角度对此试验结果给出了理论上的解释。

关键词 摩擦系数;天然淡水冰;拖曳速度;水膜

1 前言

我国的高纬度地区有很多水库,这些水库在冬季都有不同程度的冰冻问题。位于水工结构物周围的水库冰在风和内部温差引起的热应力作用下,冰块相互挤压、堆积、扩散,最终把能量传递到结构物上,冰与结构物表面切向相对运动就引起了摩擦力[1]。这种作用力会对水库建筑物结构安全产生威胁,尤其对于护坡这样的斜面结构物。如果要对这种作用力进行计算,对其摩擦系数的测定是必不可少的。以前有很多关于海冰摩擦系数的试验,但是对淡水冰摩擦系数的研究却并不多。这里以红旗泡水库淡水冰为研究对象,分别对冰与冰、冰与雪、冰与木板及冰与混凝土板间摩擦系数进行了测定,并分析得出了动摩擦系数随拖曳速度的变化趋势,并用水膜理论进行了解释。

2 试验设计

冰样取自红旗泡水库(位于大庆市与安达市交界处,库区面积达 35 km^2,库容 1.1 亿 m^3,水深较浅,是一座典型的大型平原水库),该水库纬度较高,每年结冰厚度都在 1 m 左右。[2]

试验分为高速试验(速度约 1 m/s)和低速试验(速度小于 0.05 m/s),高速试验由人工控制来拖拉冰样,用两条绳子,用一条绳子一端拴住冰样拖曳筐底端,另一端连接在

* **基金项目:**海岸和近海工程国家重点实验室(大连理工大学)开放基金(LP0903),国家自然科学基金(50879008)。

100 kg 测力传感器上,另一条绳子连接在测力传感器另一端,用来牵引冰样分别在广阔的冰面、雪面、水泥地和长木板上以大约 1 m/s 的速度匀速滑行,测力传感器通过动态电阻应变仪连接在采集卡上,采集卡再与计算机相连,进行数据采集(见图 1)。计算机会自动采集到力的电压信号,同时记录下时间。

图 1　冰与冰面摩擦试验

低速试验由自行设计的压力机(该压力机上装有 100 kg 的测力传感器)推动冰样在木板和混凝土板上匀速前进,试验用动态电阻应变仪一端连接在压力机上的测力传感器上,另一端连接在采集卡的一个通道上,同时将激光测距仪直接连接在采集卡的另一个通道上,将其激光发射器固定在压力机上,观察冰样位移,最后将采集卡连接在计算机上。将电阻应变仪调节到适当的放大倍数,把力的电压信号放大后通过采集卡传到计算机上。计算机在工作过程中可以采集到位移的电压信号、力的电压信号并记录下时间。

3　试验结果

根据以下计算公式,整理试验结果。

高速试验($v = 1$ m/s):

$$F = f \times \beta / n$$

$$\mu = F / G$$

低速试验($v < 0.05$ m/s):

$$L = l \times \alpha$$

$$S = L_1 - L_0$$

$$v = S / \Delta t$$

式中:f 为力的电压值;n 为电压信号放大倍数;β 为力传感器标定系数;F 为拉力;μ 为摩擦系数;G 为冰样重量;l 为距离的电压值;α 为激光测距仪标定系数(0.01 m/V);S 为位移;L 为距离;Δt 为时间;v 为速度。

静摩擦力是指破坏相对静止状态并发生滑动所需要的最小力(即静摩擦力的极限值,广义静摩擦力与外力大小有关且为零和该极限值之间的任一数值)[3]。如图 2 所示,试样开始运动瞬间,摩擦力会出现一个极大值,称为最大静摩擦力,所对应的摩擦系数称为最大静摩擦系数。运动开始后,摩擦力会在某个值附近上下波动,这个值可通过在波动范围内取中值得到，称为平均动摩擦力(F)，其所对应的摩擦系数称为动摩擦系数(μ_k)。

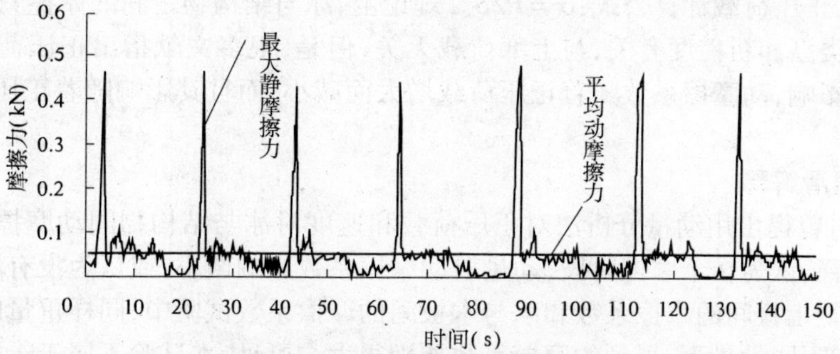

图2 冰与木板高速摩擦试验

表1给出了冰样与四种材料间的摩擦系数，表2给出了冰与混凝土板和冰与木板间摩擦系数在几种不同速度下的试验结果(表中数值均为多次试验的平均值)。

表1 冰样与四种材料间的摩擦系数

项目	速度(m/s)	静摩擦系数	动摩擦系数
冰面	1	1.2×10^{-4}	5.9×10^{-5}
雪面	1	0.726	0.143
混凝土板	1	0.750	0.120
木板	1	0.720	0.068

表2 两种材料在不同速度下的摩擦系数

项目	速度(m/s)	静摩擦系数	动摩擦系数
冰与混凝土板	0.000 5	0.820	0.510
	0.001 2	0.587	0.400
	1.00	0.750	0.120
冰与木板	0.001	0.850	0.374
	1.00	0.720	0.068

4 结果分析

动摩擦系数理论上应该是一个恒定的物理指标，但是由于整个滑道上不同位置冰样与摩擦材料之间的粗糙度存在差异，导致摩擦力围绕平均动摩擦力上下起伏，由此得到的动摩擦系数也处在不断的波动当中。

4.1 速度和正压荷载效应

事实上，动摩擦系数受很多因素的影响，其中拖曳速度就是影响动摩擦系数的主要因素之一，也是确定冰与结构物之间摩擦所必须考虑的关键指标。本试验对冰与混凝土板间的摩擦系数做了三种速度试验：0.000 5 m/s、0.001 2 m/s、1 m/s；对冰与木板间的摩擦系数做了两种速度的试验：0.001 m/s、1.00 m/s，从中均可以看出动摩擦系数随着拖曳速度的增大而减小。

动摩擦系数还会受到正压荷载的影响，所谓正压荷载，是指作用于试验材料表面上的垂直总压力,包括冰样自身重量在内。冰样与试验材料的接触面积可由冰样底面尺寸直接计算得到,正压荷载计算公式:$\sigma = P/S$。理论上,冰与结构物之间的摩擦只与两者接触面间的粗糙类型和粗糙度有关,与上部荷载无关,但是,很多文献指出正压荷载对冰的动摩擦系数有影响,动摩擦系数随着正压荷载增大而减小,而且其影响随着正压荷载的增大而减小。

4.2　水膜润滑解释

文献[3]曾提出用动量分析法对正压荷载和速度对冰与结构物间动摩擦系数的综合作用进行解释,认为在干摩擦阶段,动量对动摩擦系数影响微小,或认为没有影响。但是,这里冰与混凝土板间的摩擦系数和冰与木板间的摩擦系数试验中,同样重量的冰样,在不同速度下,即不同动量下,得到的摩擦系数差别很大。可见,本试验不属于干摩擦。

最近,美国伯克利加州大学的化学家萨姆和物理学家胡福在回答冰为什么这么滑时,做了一个试验。他们利用电子束轰击冰面,同时使用仪器记录下从冰面弹回的电子的角度和速度。出乎意料的是,电子弹回的轨道并没有预计的那么简单,和从固体表面弹回的物体所沿循的轨道不一样,电子撞击到冰面似乎是变化不定的,使电子沿多个方向散乱弹回。萨姆认为原因只能是一个,就是冰表面并没有真正冷凝,而是在表面附着一层薄薄的水膜。这层水膜起着永久润滑作用[4]。当正压荷载增大时,水就被压到冰面的细微裂缝处或是凹处,使得润滑作用更加明显。

很多文献认为,试验过程中,冰与结构物之间摩擦会使接触面处冰样温度升高融化,在接触面处形成一层水膜,该水膜的存在可以起到润滑作用,进而降低冰样与结构物间的动摩擦系数。速度和正压荷载的增大,会使得摩擦升温现象更加显著,从而使润滑作用也更明显,导致测到的动摩擦系数降低。

无论是哪种解释,都承认是冰面出现水膜的原因使得冰面更加光滑,而且正压荷载和速度的增大会使得这种水膜作用更加明显,从而导致摩擦系数下降。

另外,在试验过程中会不断有碎的冰屑脱落下来,散在混凝土板或木板上也会使得摩擦系数降低。同样,速度和正压荷载的增大会使得这种效应更加明显。

5　结论

冰与结构物之间的摩擦受多种因素的影响,正压荷载和拖曳速度均对动摩擦系数有作用。相同重量下,天然淡水冰的动摩擦系数随着拖曳速度的增大而减小,并且这种现象可以通过水膜理论进行解释。冰的表面附有一层水膜使得冰的摩擦系数很小,而运动速度的增大,会使得摩擦产生的热量增大,使得接触面上的冰融化,导致水膜的润滑作用更加明显,引起摩擦系数下降。

参考文献

[1] 李志军,孟广琳,隋吉学,等.海冰与材料表面摩擦系数的动能分析[J].海洋工程,1990,8(1):69－75.

[2] 王川,李志军,贾青,等.红旗泡水库破冰槽观测与研究[J].黑龙江水专学报,2009,36(3):119－122.

[3] 孟广琳,张明元,隋吉学.海冰与材料的摩擦系数实验分析[J].海洋环境科学,1995,14(1):74－80.

[4] 长江.冰为什么这么滑[J].课堂内外:高中版,2007,6(1):64.

黄河内蒙古防凌分洪区布设研究初探*

邓 宇[1,2]

（1. 黄河水利科学研究院，郑州 450003；
2. 水利部堤防安全与病害防治工程技术研究中心，郑州 450003）

摘 要 通过对黄河内蒙古河段防凌问题的深入分析，阐述了目前在黄河内蒙古河段设置防凌分洪区的必要性和紧迫性。提出了该河段设置防凌分洪区的布局原则，以及乌兰布和沙漠分洪区、河套灌区及乌梁素海分洪区、小白河分洪区、杭锦淖尔分洪区、蒲圪卜分洪区、昭君坟分洪区等6个具体防凌分洪区的布设位置、布设方式。研究成果为黄河内蒙古防凌分洪区的设置和黄河内蒙古河段防凌防洪安全体系建设提供了技术支持，为保障该河段的防凌安全提供了可供借鉴的参考。

关键词 分洪区；防凌；黄河；内蒙古

1 概述

黄河内蒙古河段由于河道淤积，使滩槽高差减小、河道调整、河势摆动频繁。同时，现有河道整治工程少，难以控制河道的摆动，已建的河道整治工程绝大部分工程长度短，控制不了河势顶冲的上提下挫，河道的摆动、顶冲对防洪大堤也构成了严重的威胁。据不完全统计，从1950年至2008年发生凌汛灾害95次，冲毁堤防239.94 km，受灾农田6.19万 hm^2，冲毁房屋27 473间，冲毁公路281.68 km，受灾人口达11.12万人[1]。

目前，黄河内蒙古河段堤防高度不足，断面小，堤身质量较差，部分河段堤防残缺不全，穿堤建筑物数量多、标准低。河道淤积，水位升高，堤防两侧坑塘和临河侧顺堤行洪严重威胁堤防安全，背河侧屡屡发生流土、管涌、散浸等险情，支流洪水泥沙淤堵黄河主槽，易出现新的险工险段。该河段河道整治工程少，河势得不到有效控制，凌汛和伏秋汛洪水都易导致堤防决口造成洪水灾害，防凌防洪压力越来越大。为尽快减轻防凌防洪压力，尽最大努力保护沿河两岸人民群众的生命和财产安全，内蒙古河段迫切需要布设应急分洪区。

2 内蒙古河段防凌防洪存在的主要问题[2]

2.1 凌汛防护问题

（1）干流堤防大部分堤段的高度、宽度不足，缺口多，支流堤防残缺不全，有可能被洪

*基金项目：黄河水利科学研究院中央级公益性科研院所基本科研业务费专项资金资助（编号 HKY-JBYW-2009-14）。

水漫决和冲决,堤防安全存在重大隐患。

(2)堤防两侧坑塘对堤防安全也构成严重威胁。

(3)支流回水段堤防薄弱。

(4)穿堤建筑物多且标准低,已成为防洪安全的重大隐患。

(5)河道整治工程少,已建工程长度短,河势未能得到有效控制,堤防存在被冲决的可能。

(6)缺乏控制性工程,凌汛和伏秋汛洪水得不到有效控制。

(7)黄河内蒙古河段开河流凌期出险,由于土地还没有解冻,抢险取土困难,延误抢险时间,凌洪灾害不易控制。

2.2 设置凌汛分洪区非常必要和紧迫

分析可知,黄河内蒙古河段防凌存在的问题严重,由于在防凌防洪工程上的投入欠账太多,要使防凌防洪工程达到设计标准,满足防凌防洪要求的模板在短时间内难以实现。由于凌洪灾害仍得不到有效控制,沿河人民群众每逢凌汛都在提心吊胆地过日子,生活在凌汛灾害恐慌之中。

迅速缓解黄河内蒙古河段防凌防洪压力,是当前急需解决的问题。针对内蒙古防凌防洪工程的现状,加之气温升降的骤变、槽蓄水量集中释放、河道边界条件、河势变化等因素,以及卡冰结坝的时间、地点、壅水高度等要素都具有突发性、随机性和不确定性的特点,即使堤防工程达到设计标准,也极有可能发生危及堤防工程的险情。兴建防凌分洪区,则可以根据发生险情或出险情况适时进行分洪削峰减量,降低下游河道水位,减小凌洪损失,为排除险情提供保障,也可缓解上游水库调度难以控制下游水量的不利局面。兴建应急分洪区是十分必要的,也是十分紧迫的[3]。

3 防凌分洪区布局原则

(1)按照应急分凌工程的建设任务、目标,分洪区的布局应体现不同河段的不同功能。三盛公水利枢纽以上河段,主要作用是分滞槽蓄水量、消减凌峰、减缓下游凌汛压力;三盛公以下河段为易出险河段,当发生卡冰结坝而水位壅高危及堤防安全时,应急分洪可以消减凌峰,降低下游出险段河道水位,减轻或消除凌汛威胁。

(2)分洪区布置要满足应急分洪大局的需要,也应尽量照顾当地利益。凌汛险情频发段考虑大局安危,一旦有应急分洪要求无疑必须充分满足,但设置时要兼顾地形和地貌条件,做到少占地、少移民,不使当地环境恶化,不影响当地人民群众正常生活、生产和当地社会经济可持续发展。

(3)分洪区的布设应便于分洪,做到"分得进、蓄得住、退得出、保安全、效果显著"。

4 防凌分洪区布设

根据搜集的沿河1/10 000地形图和规划人员现场查看、调查了解,从地形地貌、水利工程现状、土地利用现状及堤防溃决淹没等情况综合考虑,选定了6处防凌分洪区,其中左岸3处,即巴彦淖尔市磴口县乌兰布和沙漠分洪区、河套灌区及乌梁素海分洪区、包头市小白河分洪区;右岸3处,即鄂尔多斯市杭锦旗杭锦淖尔分洪区、达拉特旗蒲圪卜分洪区、昭君坟分洪区。

4.1 乌兰布和分洪区

内蒙古自治区水利水电勘测设计院1985年编制的"内蒙古黄河防洪及河道治理规划"及1996年编制的"内蒙古黄河防洪防凌近期工程可行性研究报告"均提出在二十里柳子修建分洪口,防御超标准洪水。乌兰布和分洪区位于磴口县粮台乡,分洪口位于三盛公水利枢纽拦河闸上游二十里柳子,距拦河闸19.4 km的库区围堤上。乌兰布和分洪区库区为乌兰布和沙漠,分洪区不占耕地,分洪不存在淹没损失,而且对防治该处沙漠化、生态恢复都十分有利,同时还可减少乌兰布和沙漠入黄沙量。

4.2 河套灌区及乌梁素海分洪区

利用河套灌区骨干渠道、排干沟及灌区尾部的天然海子和乌梁素海分洪。通过三盛公枢纽总干渠及上游的沈乌干渠分洪,由于有三盛公枢纽的调度,分洪能够做到灵活、方便、快捷,是十分理想的防凌分洪区。2008年凌汛期,面对严峻的凌汛形势,按照自治区防汛指挥部的统一调度,从3月10日到3月24日,通过总干渠向乌梁素海分水,最大分水流量275 m^3/s,共计分水2.27亿m^3,极大地减轻了下游的防凌压力,为夺取内蒙古黄河防凌的最后胜利发挥了关键的作用。

4.3 杭锦淖尔分洪区

杭锦淖尔分洪区位于黄河右岸鄂尔多斯市杭锦淖尔乡境内,距上游三盛公水利枢纽拦河闸225.4 km,距上游三湖河口水文站20.6 km。分洪区北依防洪大堤,南到吉巴公路,西起东口子村(杭锦淖尔乡政府所在地杭锦淖尔以东),东抵隆茂营村。该分洪区是三盛公至毛不拉孔兑入黄汇口间地势最低的地段,也是2008年凌汛杭锦旗独贵特拉奎素堤防溃决淹没区。2008年3月20日杭锦旗独贵特拉奎素堤防溃决,出堤凌水流向堤内下游,淹没面积达106 km^3,受灾3 885户,受灾人口累计达10 241人,倒塌房屋20 526间,倒塌棚圈6 939处,276户个体工商户被冲被淹。洪灾过后市、旗两级政府根据该区域的地理条件和淹没区的受灾情况,从淹没区生产生活长远考虑,决定对淹没区实施整体安置搬迁,考虑将该区域作为防凌应急分洪区。

4.4 蒲圪卜分洪区

其位于黄河右岸鄂尔多斯市达拉特旗恩格贝镇境内,距上游三盛公枢纽拦河闸269 km,距上游三湖河口水文站约68.4 km,距下游昭君水文站40 km,分洪区西起恩格贝镇所在地以东500 m,东到黑赖沟,北依防洪大堤,南到蒲圪卜、林儿湾村北及吉巴公路。1996年3月26日凌水漫堤,乌兰乡受淹,蒲圪卜分洪区一带地势低洼,1996年凌洪致使拟建分洪区内村庄全部搬迁。该处建设分洪区社会矛盾较少,地形低洼,是比较理想的分洪区。

4.5 昭君坟分洪区

其位于黄河右岸鄂尔多斯市达拉特旗昭君镇境内,距上游三盛公枢纽拦河闸305 km,距上游三湖河口水文站约100 km,距下游昭君坟水文站4 km,分洪区西起侯家圪堵、玉泉奎村东,北抵黄河大堤,南至昭君坟、二狗湾城拐高地,分洪区地形低洼,曾几次被凌、洪汛期洪水淹没,是理想的分洪区之一。

4.6 小白河分洪区

其位于黄河左岸包头市境内,距上游三盛公水利枢纽拦河闸 326 km,距上游三湖河口水文站 122 km,距上游昭君坟水文站 17 km,距画匠营子冰情站约 7.5 km,分洪区西起包西铁路,东到四道沙河右堤,南依防洪大堤,北到包头市奶业公司。小白河分洪区分洪口位于包神铁路桥上游 6.5 km,小白河下游为包神铁路及 210 国道上下跨黄河桥梁,桥长在 800 m 左右,三座桥的长度较短,缩窄河道过水断面,对黄河防凌防洪影响较大。1990 年 2 月 6 日包神铁路束冰,上游卡冰结坝,造成右岸大树湾堤防溃决成灾。小白河分洪区地形低洼,一旦下游发生冰塞、冰坝,适时利用小白河分凌,可以减轻包神铁路、210 国道桥梁附近凌汛险情,是该地区最合适的分洪区。

为应对 2007~2008 年度的严重凌汛,内蒙古自治区应急建设了杭锦淖尔、蒲圪卜、昭君坟三个临时分滞洪区,可分别滞蓄洪水 3 500 万 m^3、3 600 万 m^3、3 400 万 m^3。

5 结语

黄河内蒙古河段防凌形势日趋严重,凌汛险情频出,出险次数、凌灾损失均呈上升趋势,而防凌分洪区作为预防和减轻凌汛灾害的主要措施,是黄河防洪防凌体系不可缺少的组成部分。本文就是在分析黄河内蒙古河段现状的基础上,通过对防凌分洪区布局原则与具体布设位置的初步研究,以期为黄河内蒙古河段防洪防凌工程体系的建立提供技术支持。

参 考 文 献

[1] 谢学东,李万义,李玉姣. 黄河内蒙古段各级洪水的河床冲淤变化[J]. 内蒙古水利,2006(4):14-15.

[2] 魏军,李旭东,于海泓. 黄河上游防汛存在的问题及建议[J]. 人民黄河,2007(9):18-22.

[3] 翟家瑞. 黄河防凌与调度[J]. 中国水利,2007(3):34-37.

黄河三角洲海域冰情时空分布与冰级特征

王相玉

（国家海洋局北海预报中心，青岛 266033）

摘 要 本文根据20世纪海冰监测资料和2005~2009年连续5个冬季的海冰监测资料以及相邻海域的海冰监测资料，分析研究了该海域海冰的基本特征和变化规律。给出了该海域的冰日、冰期、结冰范围、冰型、浮冰流向流速和冰级特征及海冰灾害特征等。

关键词 黄河三角洲；冰情；时空分布；冰级特征

1 海冰环境

1.1 地理环境

黄河三角洲是1855年以来，在黄河冲积作用下形成的冲积扇区。它以垦利县宁海为轴点，北起套儿河口，南至淄脉河口，海岸线全长350.34 km（见图1）。千百年来，黄河径流挟带大量的泥沙在此沉积。因此，其整个海域的地质状况基本为泥沙沉积物。

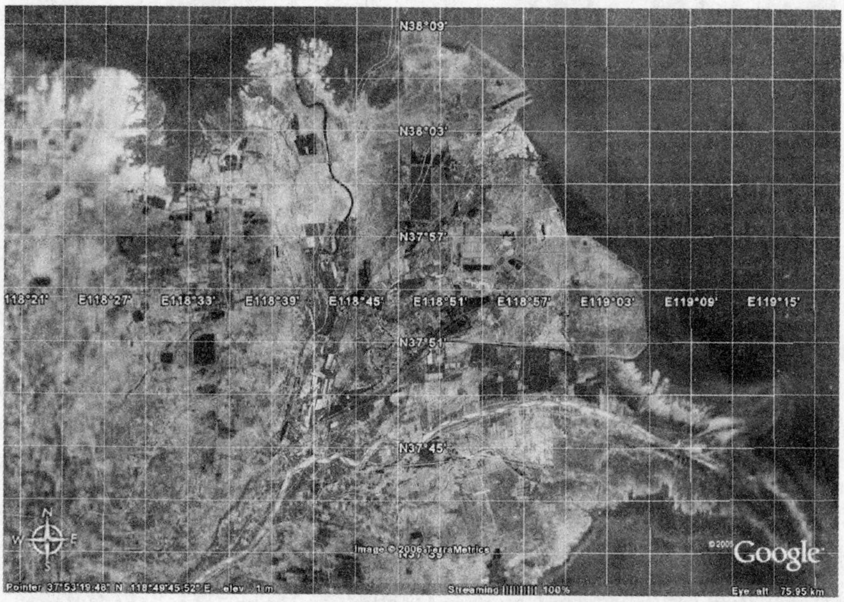

图1 黄河三角洲海域示意图

20世纪60年代以来，黄河每年平均造陆面积为50 km^2，海岸线平均每年向海延伸为0.5 km。

该海域沿岸有许多河流、岬湾、海堤和宽阔的浅滩。浅滩上潮水沟渠纵横交错,低潮时可裸露海底,高潮时又可全部淹没。0 m 至岸线滩涂面积10.19万hm^2。-10 m 等深线以内浅海面积为4 800 km^2。这种特殊的地理环境为海水结冰提供了充分和必要的条件。

1.2 气候环境

从北半球500 hPa 环流场和距平场可看出,黄河三角洲海域处于典型的季风气候带,冬季受欧亚大陆高压所控制,西北风和西风占主导地位。每当强冷空气(寒潮)入侵时,往往伴随着大风、降雪和急剧的降温过程。

该海域年平均气温为11.65 ℃,其中,冬季平均气温为-2.5 ℃,最低气温曾达-18.8 ℃。月平均气温和月最低平均气温均出现在每年的1月份,分别为-3.5 ℃和-6.3 ℃,其次是2月份(见表1)。

表1 黄河三角洲海域逐月气温 (单位:℃)

月份	1	2	3	4	5	6	7	8	9	10	11	12	全年
平均	-3.5	-2.2	3.2	11.8	18.9	22.1	24.9	25.9	20.8	14.3	5.3	-1.7	11.65
最高平均	2.4	2.3	8.4	18	23.3	27.2	28.8	28.7	24.9	19.5	10.5	3.3	16.44
最低平均	-6.3	-4.1	0.1	7.8	13.7	19.2	22.5	22.5	17.6	10.8	2	-4.8	8.42
极高	9.5	14.1	19.6	31.2	36.3	39.6	36.6	35.3	34.5	30.3	21.8	18.6	39.6
极低	-16.6	-12.7	-8	-2	5	11.5	17.3	16.4	10.1	-2.6	-8.2	-18	-18

1.3 水文环境

黄河三角洲海域岸形曲折,浅滩、岬湾、引堤和人工岛众多。其潮汐性质非常复杂,大部分岸段的潮汐为不规则半日潮。但潮汐主要受老黄河口附近M_2分潮无潮点的影响,同时还受秦皇岛附近M_2分潮系统和渤海海峡K_1分潮系统以及浅海分潮的影响。

该海域沿岸河流较多,受其影响,沿岸平均盐度低于28.2‰,较其他海域偏低。

2 冰情时空分布特征

冰情时空分布是指海冰随水文气象因素在时间和空间上的生消变化过程及海冰在海面上的分布状况。

2.1 冰情时间分布

冰情时间分布包括冰日和冰期。冰日包括有关结冰海区的初冰日、严重冰日(盛冰日)、融冰日和终冰日,冰期则包括初冰期、严重冰期、融冰期和总冰期。

2.1.1 冰日

表2是近5年黄河三角洲海域的冰日状况和多年平均状况。可以看出该海域一般于每年的12月上旬或中旬开始结冰,翌年1月中旬或下旬进入严重冰期,2月上旬末或中旬初开始融冰,终冰日结束于2月中旬或下旬。

表 2　黄河三角洲海域冰日表

年度冬季	初冰日	严重冰日	融冰日	终冰日
2005 ~ 2006	12 月上旬中	1 月下旬末	2 月中旬初	2 月下旬初
2006 ~ 2007	12 月中旬中	1 月上旬末	1 月中旬中	2 月上旬中
2007 ~ 2008	12 月下旬末	1 月下旬中	2 月上旬中	2 月下旬初
2008 ~ 2009	12 月上旬中	1 月中旬初	1 月下旬末	2 月中旬末
2009 ~ 2010	12 月中旬中	1 月上旬末	2 月中旬初	2 月下旬末
多年平均	12 月中旬初	1 月中旬中	2 月上旬末	2 月下旬中

2.1.2　冰期

表 3 是近 5 年黄河三角洲海域的冰期状况和多年平均状况。可以看出该海域的结冰期为 75 d 左右,其中初冰期为 35 d 左右,严重冰期为 20 d 左右,终冰期为 20 d 左右。

表 3　黄河三角洲海域冰期

年度	初冰期(d)	严重冰期(d)	终冰期(d)	冰期(d)
2005 ~ 2006	52	12	11	75
2006 ~ 2007	25	8	15	48
2007 ~ 2008	28	20	12	60
2008 ~ 2009	35	18	20	73
2009 ~ 2010	25	30	26	81
多年平均	35	20	20	75

初冰期是海冰形成和发展的一个重要过程。该时期为冰情发展阶段,冰情趋势由轻到重,但不够稳定,经常会因水、气温的回升或下降导致冰情加重或减轻,甚至消失。

初冰期期间,该海域浮冰最大外缘线冰型主要为初生冰(N)和冰皮(R),间有尼罗冰(Ni)和莲叶冰(P)(见图 2、图 3)。

图 2　初冰期冰情(一)

图 3　初冰期冰情(二)

严重冰期期间,该海域的冰情呈相对稳定状态,其冰量(固定冰量和浮冰量)密集度、结冰范围(固定冰宽度和浮冰外缘线)、海冰厚度都比较大。

严重冰期期间,该海域的浮冰冰型主要为灰冰(G)和尼罗冰(Ni),间有少量的莲叶冰(P)和灰白冰(Gw)(见图4~图7)。

图4　严重冰期冰情(一)

图5　严重冰期冰情(二)

图6　严重冰期冰情(三)

图7　严重冰期冰情(四)

终冰期由于水温随气温回升,海冰逐渐融化,冰量由多变少,密集度由密变疏,冰块由大变小,冰情迅速减轻直至消失。但这一时期由于冬春交替,常有强冷空气入侵。因此,冰情会再次加重,个别已经终冰的海区还会再次结冰。这种情况就是通常所说的“返冻”现象。

2.2　冰情空间分布

冰情空间分布是指海冰在海面上的自然分布状况。它包括固定冰宽度、浮冰外缘线、海冰类型和冰厚等要素在海面上的分布状况。

2.2.1　固定冰

初冰期,沿岸固定冰主要分布在黄河三角洲海域北部(飞雁滩以西)的河口、浅滩和岬湾附近,其宽度一般为几十米至几百米,最大可达上千米,冰型主要为搁浅冰(Si)和冰脚(If)。

严重冰期,黄河三角洲海域北部(飞雁滩以西)沿岸的固定冰宽度一般为1 000~

2 000 m,最大为4 000 m左右;冰型主要为搁浅冰(Si)和沿岸冰(Ci),平整冰厚一般为30~40 cm,最大为50 cm左右;堆积高度一般为0.6~0.8 m,最大1.5 m以上。黄河三角洲海域东部和南部沿岸冰情一般要轻于北部沿岸冰情,其固定冰宽度一般为500~1 000 m,最大为2 000 m左右,冰型主要为沿岸冰(Ci)。

终冰期,黄河三角洲海域沿岸的固定冰主要为搁浅冰(Si)。随着水温、气温回升,一部分固定冰融化,另一部分固定冰破碎滑入海中,变为浮冰。

固定冰冰型见图8~图11,固定冰特征值见表4。

图8 搁浅冰(一)

图9 搁浅冰(二)

图10 沿岸冰

图11 冰脚

表4 黄河三角洲海域固定冰特征值

年度	主要冰型	最大宽度(m)	最大厚度(cm)	最大堆积量(%)	最大堆积高度(m)
2005~2006	Si、Ci、If	2 500	40	30	0.9
2006~2007	Si、If、Ci	1 500	20	20	0.6
2007~2008	Si、If、Ci	2 000	40	20	0.8
2008~2009	Si、Ci、If	2 800	50	30	1.0
2009~2010	Ci、Si、If	3 500	60	40	1.5
多年平均	Si、Ci、If	3 000	50	40	1.2

2.2.2 浮冰

严重冰期,黄河三角洲海域浮冰最大外缘线离岸 10 ~ 20 n mile,冰型主要为尼罗冰(Ni)和灰冰(G),间有莲叶冰(P)和冰皮(R);平整冰厚一般为 5 ~ 10 cm,最大为 20 cm 左右;冰量和密集度 >60% 的日数为 15 ~ 25 d。从 2005 ~ 2009 年 4 个冬季的海冰监测来看,冰情严重期间浮冰冰型主要为尼罗冰和莲叶冰,间有灰冰和冰皮(见表 5)。

表 5　黄河三角洲海域浮冰特征值

年度冬季	主要冰型	冰量		密集度		平整冰厚(cm)		外缘线(n mile)
		%	d	%	d	一般	最大	
2005 ~ 2006	Ni、G、P	≥60	15	≥70	15	5 ~ 15	20	11
2006 ~ 2007	Ni、P、R	≥60	8	≥70	8	3 ~ 6	10	2
2007 ~ 2008	Ni、P、G	≥60	20	≥70	20	5 ~ 10	15	11
2008 ~ 2009	Ni、G、P	≥60	25	≥70	25	5 ~ 15	20	18
2009 ~ 2010	G、Ni、P	≥60	35	≥70	35	10 ~ 20	35	25
多年平均	Ni、G、P	≥60	30	≥70	30	10 ~ 20	25	15 ~ 25

3　浮冰流速流向

黄河三角洲北部海域,浮冰漂流方向主要为 WNW—ESE 向,其次为 W—E 向,大致与海岸线和主潮流方向一致。落潮流海冰由偏西方向向偏东方向漂流,涨潮流海冰由偏东方向向偏西方向漂流;浮冰漂流速度一般为 0.3 ~ 0.4 m/s,最大 0.8 m/s 左右;黄河三角洲东部五号桩附近海域,海冰漂流方向会呈逆时针方向变化,但主要为 NNW—SSE 向,基本与海岸线和主潮流方向一致,浮冰漂流速度一般为 0.4 ~ 0.5 m/s,最大 1.2 m/s 左右。

4　冰级特征

根据 20 世纪 60 年代以来的航空监测、卫星监测、沿岸调查、船舶调查等海冰资料,参照我国 1973 年制定的"渤海及黄海北部冰情等级",以结冰范围和厚度为标准,将黄河三角洲海域的冰情划分为五个等级,即冰情轻冰年、偏轻冰年、常冰年、偏重冰年、重冰年(见表 6)。

表 6　黄河三角洲冰情等级

冰情等级	轻冰年	偏轻冰年	常冰年	偏重冰年	重冰年
外缘线(n mile)	<5	5 ~ 15	15 ~ 30	30 ~ 40	>40
一般冰厚(cm)	<3	3 ~ 5	5 ~ 15	15 ~ 25	25 ~ 35
最大冰厚(cm)	5	10	25	40	>40

4.1 轻冰年

轻冰年，该海域除河口、浅滩、岬湾会出现小范围短期的固定冰外，其他平直岸段一般不会出现固定冰；浮冰最大外缘线离岸一般小于 5 n mile，浮冰冰型主要为初生冰(N)和冰皮(R)，平整冰厚一般小于 3 cm，最大 5 cm。因此，该海域的冰情对海上交通运输、生产活动和海上设施无甚影响。

4.2 偏轻冰年

偏轻冰年，该海域浮冰最大外缘线离岸 5～15 n mile，冰型主要为冰皮(R)和尼罗冰(Ni)，间有莲叶冰(P)；平整冰厚一般 3～5 cm，最大为 10 cm；冰量和密集度 >60% 的日数为 10～15 d；沿岸浅滩、岬湾和河口附近的固定冰宽度一般在 500～1 000 m，最大 2 000 m 左右，基本没有固定冰堆积现象。因此，偏轻冰年的冰情对该海域海上交通运输、生产活动和海上设施相对安全。

4.3 常冰年

常冰年，该海域浮冰最大外缘线离岸 15～30 n mile，冰型主要为莲叶冰(P)、灰冰(G)和尼罗冰(Ni)；平整冰厚一般为 5～15 cm，最大为 25 cm；冰量和密集度 >60% 的日数为 15～25 d；沿岸固定冰宽度一般为 1 000～2 000 m，最大 3 000 m 左右，固定冰最大堆积高度可达 1.0 m 以上。

冰情严重期间，海冰对海上交通运输、生产活动和海上设施有一定影响，特别要注意防范特殊环境局部海域突发性严重冰情。

4.4 偏重冰年

偏重冰年，该海域浮冰最大外缘线离岸 30～40 n mile，北与渤海湾、南与莱州湾的结冰区连为一体；浮冰冰型主要为灰冰(G)和灰白冰(Gw)，间有冰皮(R)和尼罗冰(Ni)；平整冰厚一般为 15～25 cm，最大 40 cm；冰量和密集度达 60% 以上的日数为 25～35 d；沿岸固定冰宽度一般为 2 000～3 000 m，最大可达 4 000 m 以上，固定冰最大堆积高度可达 1.5 m以上。

冰情严重期间，海冰对海上交通运输、生产活动和海上设施有较大的影响，甚至造成港湾、航道和局部海区的严重冰封，给海上工程设施和生产活动带来重大危害。

4.5 重冰年

重冰年，该海域浮冰最大外缘线可延伸至渤海中部，浮冰以灰冰(G)、白冰(W)、灰白冰(Gw)为主；平整冰厚一般为 25～35 cm；冰量和密集度达 60% 以上的日数为 35～45 d；沿岸海域基本被固定冰所覆盖，固定冰最大堆积高度可达 2.5 m 以上。

冰情严重期间，海上交通运输、生产活动和油气开发将被迫中断，海上设施和港工设施将遭受毁灭性破坏，甚至造成船毁人亡等重大事件，给国民经济带来重大损失。

基于MATLAB工具箱的BP神经网络模型在年径流预报中的应用*

张傲妲[1]　冀鸿兰[1,2]　陈守煜[2]　徐　晶[1]

(1. 内蒙古农业大学水利与土木建筑工程学院,呼和浩特　010018;
2. 大连理工大学土木水利学院,大连　116024)

摘　要　人工神经网络具有强大的自组织、自学习和高容错性等功能,广泛应用于解决复杂的非线性问题。利用MATLAB的神经网络工具箱提供的有关神经网络设计、训练以及仿真的函数,实现了新疆伊犁河雅马渡站年径流量预测的BP网络模型。结果表明:模型构建合理,且拟合效果良好,预报精度较高,预报方法具有一定的通用性。

关键词　MATLAB工具箱;BP神经网络;年径流量;预报

1　引言

水文预报对于水利水电资源的开发利用有着至关重要的作用。随着水文预报预见期的增加,许多影响因素变化的不确定性和不精确性也随之明显,因此中长期预报仍然是水文科学领域内的一项难题[1]。关于径流预测的方法很多,但由于影响年径流量的因素较多且关系复杂,因此径流预测还处于探索阶段,预报精度有待于提高。

人工神经网络模型能够模拟复杂的非线性系统的输入输出关系。近年来,人工神经网络技术已被广泛应用于水文水资源领域,以BP神经网络应用最为广泛[2]。本文采用MATLAB编程实现,其工具箱函数提供了许多有关神经网络设计、训练以及仿真的函数,避免了繁杂的数学运算及代码编辑,从而实现BP网络对新疆伊犁河雅马渡站年径流量的预测,取得了良好的效果。

2　BP(Back Propagate)神经网络的原理及MATLAB神经网络工具箱

BP神经网络是多层前向网络,是1974年哈佛大学的P. Werbos提出来的。BP神经网络模型由输入层、输出层和隐含层组成。相邻层之间的神经元由权重系数互相连接;同一层内的神经元之间是平行、无连接的关系[3]。一个神经网络的具体功能是通过神经元之间的不同连接决定的,也就是说,通过调整连接就可以使整个神经网络具有不同的功能。这个连接叫做权值,这个调整过程叫做神经网络的训练。通过网络的输出和期望的

* **基金项目**:国家自然科学基金(59979008)。

输出目标进行比较,然后对权值作出调整,直到输出和目标完全一致或者基本一致,这样就完成了对这个网络的训练。所以,为了使网络具有特殊的功能,常常需要很多的输入和目标来对网络进行训练。一般来说,当我们建立一个神经网络后都需要对网络的权值进行调整或者说对网络进行训练,这样才能使网络具有我们期望的功能。根据学习好的网络权值,以及给定需要判别的输入向量,通过该网络求得与输入向量相对应的输出向量,达到预报径流量的目的[4]。

隐含层在 BP 网络中起着很重要的作用,具有高度的抽象功能,它可从输入单元中提取特征。1989 年,Robert Hecht Nielsen 证明了用一个 3 层网络即可模拟任意复杂的非线性问题[5],表明一个由三层神经元构成的前向网络能够形成任意复杂的判决区域,可以完成任意的 n 维到 m 维的映射。因而,在实际的研究工作中,多采用三层的 BP 网络结构模型。本文采用 1 个输入层、1 个隐含层和 1 个输出层的三层 BP 网络模式,如图 1 所示。

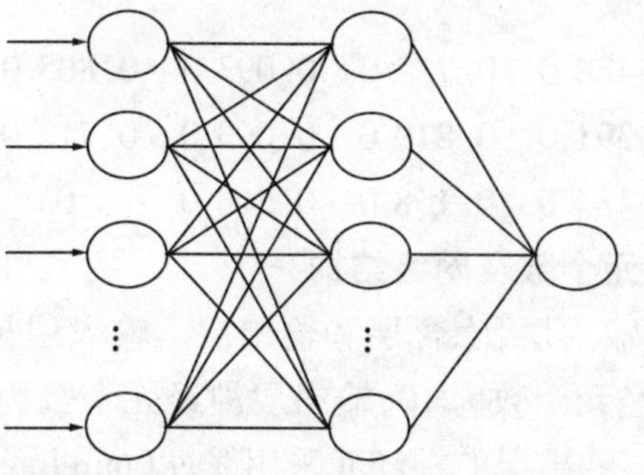

图 1　BP 神经网络结构

构造一个 BP 网络需要确定网络的拓扑结构(隐含层的层数及各层的神经元数目)及其神经元的变换函数、网络的初始化、误差计算、学习规则及网络训练、训练参数及训练样本的规格化处理等工作。一般地,隐层中的神经元采用 S 型变换函数,输出层的神经元可采用 S 型或线性变换函数。

在 MATLAB 7.5 神经网络工具箱(Neural Network Toolbox)中,几乎囊括了现今有关神经网络研究的最新应用成果,其中常用的、已经比较成熟了的神经网络主要有感知器、线性网络、BP 网络、径向基数、自组织网络和回归网络等[6]。它针对各类网络模型的特点,集成了许多神经网络学习算法,可供用户学习及使用。

3　新疆伊犁河雅马渡站年径流预报

3.1　确定训练样本数据及数据的预处理

新疆伊犁河雅马渡站 23 年实测年径流量及其相应的 4 个预报因子特征值见文献[7],其中前 19 年样本对网络反复训练,后 4 年样本进行预测。为保证网络在训练过程中收敛,需对预报因子和预报对象进行规格化处理。

预报因子规格化矩阵:

$$X=\left[\begin{matrix} 0.3880 & 0.4690 & 0.3370 & 0.6830 & 0.2870 & 0.3890 & 0.6120 & 0.5010 & 0.2140 & 0.0560 \\ 0.8500 & 0.6330 & 0.6170 & 0.4830 & 0.9330 & 0.2500 & 0.4330 & 0.1830 & 0.6000 & 0.8170 \\ 1.0000 & 0.4690 & 0.8440 & 0.6250 & 0.1560 & 0.8130 & 0.5940 & 0.6250 & 0.3750 & 0.2500 \\ 0.0970 & 0.0320 & 0 & 0.1190 & 0.4700 & 1.0000 & 0.8270 & 0.8110 & 0.5140 & 0.2320 \end{matrix}\right.$$

$$\begin{matrix} 0.2190 & 0.3240 & 0.1170 & 0.5590 & 0.2340 & 0 & 1.0000 & 0.1600 & 0.3010 & 0.2750 \\ 1.0000 & 0.3830 & 0.6170 & 0.7500 & 0.7500 & 0.4000 & 0.3330 & 0 & 0.7170 & 0.6170 \\ 0.5630 & 0.6250 & 0.0310 & 0.3130 & 0.4690 & 0.3130 & 0.3440 & 0.3440 & 0.2810 & 0 \\ 0.1300 & 0.0860 & 0.0110 & 0.0540 & 0.1570 & 0.2860 & 0.4320 & 0.5410 & 0.5030 & 0.2050 \end{matrix}$$

$$\left.\begin{matrix} 0.4200 & 0.2230 & 0.2750 \\ 0.4000 & 0.5000 & 0.6000 \\ 0.6560 & 0.1560 & 0.1250 \\ 0.3950 & 0.1460 & 0.1190 \end{matrix}\right]$$

年径流量规格化矩阵：

$$Y=[0.3070\quad 0.6050\quad 0.4880\quad 0.7720\quad 0.0930\quad 0.8050\quad 1.0000\quad 0.9210$$
$$0.2140\quad 0.2140\quad 0.3910\quad 0.8190\quad 0.0930\quad 0.7120\quad 0.2600\quad 0.0420$$
$$0.9440\quad 0.5670\quad 0.4840\quad 0.1580\quad 0.5630\quad 0\quad 0.0980]$$

3.2　确定网络隐含层神经元个数及网络结构

设定3层网络结构，即输入层、隐含层和输出层。输入层神经元个数为4(预报因子数)，试算后确定隐含层神经元个数为10，输出层神经元个数为1。模型中隐含层的神经元采用sigmoid型传递函数，输出层的神经元采用线性(purelin)传递函数。

3.3　初始化权值阈值

根据已知的输入向量x、输出向量y、隐含层层数及各层神经元的传递函数，就能够通过函数initff对BP网络进行初始化，得到输入层与隐含层的权值、阈值的输出结果为：

$$w_1=\begin{bmatrix} 2.5210 & 0.7754 & -3.1206 & -2.8202 \\ -2.8539 & 2.9078 & -1.5773 & 2.2894 \\ 0.9059 & 4.0473 & 2.8665 & -0.4862 \\ -0.1886 & 1.5561 & -3.5812 & 3.0389 \\ 3.4267 & -2.2982 & -2.5284 & -0.0000 \\ 3.6371 & -1.6194 & -3.5691 & -1.4462 \\ 0.6126 & 3.0301 & -2.0248 & 3.0524 \\ -3.3327 & 3.6060 & 0.5302 & 1.1935 \\ 3.1534 & -0.8274 & -2.2577 & -2.9603 \\ -0.5926 & 3.5452 & -2.9149 & 1.5976 \end{bmatrix}$$

$$B_1=[-0.4541\quad 0.7999\quad -4.9038\quad 0.0708\quad 1.4009\quad 0.8785\quad -3.0394$$
$$-0.9226\quad 3.4598\quad -3.6786]^{\mathrm{T}}$$

隐含层与输出层的权值、阈值的输出结果为：

$$w_2=[0.7446\quad 0.1008\quad -0.0016\quad -0.1745\quad -0.2442\quad -0.5569\quad -0.7592$$

$-0.8475 \quad -0.1435 \quad -1.3131]$

$B_2 = 0.3139$

3.4 网络训练及其训练参数的设置

本文设定最大训练次数 epochs = 10 000,最小均方误差 goal = 0.001,训练显示间隔 show = 200,学习速率 $lr = 0.01$。经过 10^8 次训练后,网络误差基本达到要求。

3.5 网络性能的检验及年径流量的预测

经检验,样本输出 y 与目标输出 t 拟合的效果比较好,二者的相关关系为 $y = 0.98t + 0.0061$,相关系数达到了 0.995。预测结果为:0.137 8 0.640 5 0.002 2 0.116 4,将其转换,得到预测检验结果,见表 1,并将本次预测结果与文献[9]预测结果进行比较,文献[9]预测结果见表 2。

表 1 预测检验结果(一)

样本序列号	预测值(m^3/s)	实测值(m^3/s)	相对误差(%)
20	309.627	314	1.39
21	417.707 5	401	4.17
22	280.473	280	0.17
23	305.026	301	1.34

表 2 预测检验结果(二)

样本序列号	预测值(m^3/s)	实测值(m^3/s)	相对误差(%)
21	447.679	401	11.64
22	343.174	280	2.14
23	306.969	301	1.98

由表 1、表 2 的比较,并参照《水文情报预报规范》中有关规定[8],该模型预报的精度较高,预测合格率为 100%,能够满足中长期水文预报的精度要求。从图 2 可以看出,拟合效果十分理想,说明模型构建合理,可用于后 4 年的径流预测。

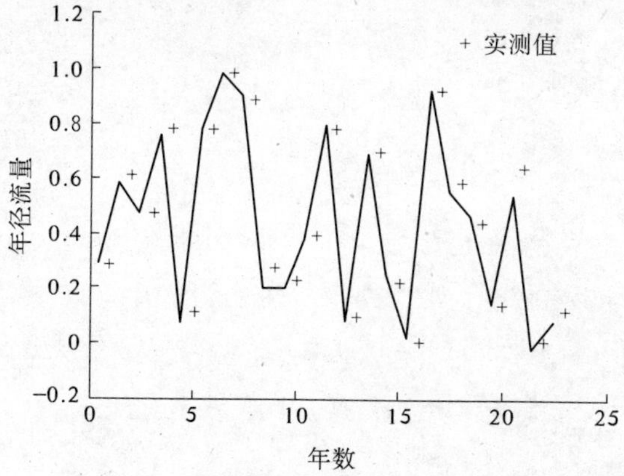

图 2 预测值与实测值拟合效果图

4 结语

(1)MATLAB 作为实用的编程工具,语句简单,内涵丰富,避免了以往编程的繁杂运算,尤其适于不太擅长编程的初学者。另外,其方便的绘图功能也给用户带来极大的方便,可以更形象、更直观地说明问题。

(2)本文采用的 trainscg 训练函数与其他共轭梯度法相比,节约时间,更适合大型网络。

(3)基于 MATLAB 编程实现的 BP 神经网络用于水文中长期年径流量预报,精度较高,表明神经网络模型对年径流量预测的适应性较强。

(4)神经网络方法具有较强的通用性,可用于径流预报以外的其他领域。

参考文献

[1] 朱永英,周惠成,等. 粗集-模糊推理技术在水文中长期预报中的应用研究[J]. 水力发电学报,2009,28(1):45.

[2] 张少文,张学成,王玲,等. 黄河上游年降雨-径流预测研究[J]. 中国农村水利水电,2005(1):41-44.

[3] 焦李成. 神经网络系统理论[M]. 西安:西安电子科技大学出版社,1999.

[4] 蔡煜东,姚林声. 径流长期预报的人工神经网络方法[J]. 水科学进展,1995,6(1): 61-65.

[5] Hecht Nielsen R. Theory of the back propagation neural network [J]. Proc, of IJCNN. 1989. 1:593-603.

[6] 施阳,李俊. MATLAB 语言工具箱 TOOLBOX 实用指南[M]. 西安:西北工业大学出版社,1998.

[7] 陈守煜. 系统模糊决策理论与应用[M]. 大连:大连理工大学出版社,1994.

[8] SL 250—2000 水文情报预报规范[S].

[9] 冀鸿兰,朝伦巴根,陈守煜. 基于智能预报模型的年径流量预报研究[J]. 内蒙古农业大学学报,2009,30(1):199.

【作者简介】张傲妲(1985—),女,内蒙古赤峰人,硕士研究生,主要从事水文水资源研究。E-mail:zhangaoda. happy@ 163. com。

黄河下游丁坝冲刷坑量测及分析*

张宝森[1,2] 李建忠[3] 张 攀[1,2] 谢志刚[1,2] 曾 贺[1,2]

(1. 黄河水利科学研究院,郑州 450003; 2. 水利部堤防安全与病害防治工程技术研究中心,郑州 450003; 3. 河南省商丘市虞城县水务局,商丘 476000)

摘 要 河道受种种因素影响可能发生较大变化,丁坝会影响所在位置相关河道的特性,诸如洪水时的河床高度、流速,冲刷坑位置、形态等,因而很难对丁坝的力学稳定性进行理论设计,要预测其变化更为困难。因此,为充分研究丁坝设置地点的特性和丁坝的水力学特性,采用 ADCP 测量黄河下游不同结构的丁坝在 4 000 m^3/s 流量级条件下所产生的冲刷坑深度、冲刷范围和流速分布,不仅有利于提高已建丁坝的稳定性,对今后更合理地进行丁坝设计也至关重要。

关键词 冲刷坑;丁坝;ADCP 测量;黄河下游

1 概况

丁坝作为河道整治、护岸工程中的常用建筑物,其挑流促淤、保滩护岸的作用已得到广泛认同[1]。我国松花江、漳河、长江、钱塘江、珠江和汉江等各大江河均大量应用了丁坝群。在世界上如美国、法国、日本等也广泛采用丁坝作为护岸导流的水工结构。

黄河下游现有河道整治工程以柳石结构为主,遇较大水流强度冲刷,经常出现基础坍塌或根石走失,需要不断抢险加固,这种被动抢险负担重且费用高,正常的防汛经费远远不能满足需要[2]。基础变形、坍塌和根石走失是河道整治工程出险的主要形式,护根是坝垛设计中的重要环节,护根措施不同,保护效果和投资有很大差异,应根据工程实际运用条件和当地建筑材料合理确定[3]。

若不能及时加固冲刷坑防护,将导致建筑物破坏[4]。当冲刷坑形成时,丁坝坝高相对增加,在自重和水流作用下整体稳定性明显减弱。当冲刷坑不断扩大逼近丁坝根部时,会造成坝垛原有坡脚破坏,导致根石及坦石失稳,形成险情。

抢险主要是加深加大坝垛基础,是丁坝修建的延续。在水流强度较弱时,坝前冲刷坑的发展比较缓慢,丁坝险情较轻,这时如上部抢险料物跟进及时,丁坝基础会迅速得到加固,险情不会扩大。

必须指出的是,这种加强丁坝基础的抢险加固常常是很被动的,上游来流的情况以及能否及时发现险情等均成为制约抢险成效的重要因素。在实践中往往由于冲刷坑发展过

* **基金项目**:2010 年黄河水利科学研究院中央级公益性科研院所专项资金项目(HKY-JBYW-2010-08)。

快,当险情发现较迟或抢险料物投入不及时,一旦造成坝身土胎外露,土体迅速被水流带走,使险情恶化。

丁坝以河岸为基础伸向河道,对水流形成障碍,推开水流,降低水流靠近河岸的流速[5]。这样流水会在丁坝前部集中,在丁坝周围造成冲刷。丁坝头部附近的河床冲刷可使丁坝前部保持适当水深,但也可能导致丁坝毁坏,因此需要评估以及预测丁坝头部周围的冲刷深度和冲刷范围。2009 年黄河调水调沙期间,在 4 000 m^3/s 流量时,采用 ADCP 测量技术对黑岗口上延工程丁坝、马渡工程丁坝、南裹头透水桩试验坝进行了冲刷坑深度和流速量测。

2 测量原理

2.1 测验原理

ADCP 测量基本原理是物理学中的声学多普勒效应。当一个声源在移动时,它相对于接收者的频率将因为在介质中传播而发生相应变化。其频率为:

$$f_1 = (u + v_0)/(u + v_s) \cdot f \tag{1}$$

式中:f_1 为变化后接收者收到的频率;f 为波源的固有频率;u 为波在静止介质中的传播速度;v_0 为测量者相对于介质的速度;v_s 为波源相对于介质的传播速度。

在水流速度不是很大、河底没有流沙的河道,ADCP 采用底跟踪系统对反射回来的声波信号进行处理。ADCP 通过接收与处理河底反射回来的信号来确定船体的绝对速度和实测断面处的平均水深,并通过接收与处理断面水体中的颗粒物反射回来的信号来确定水流相对于 ADCP 体的速度,从而得出水流的绝对速度。而当泥沙输移量较大时,河床上部会发生变化,在这种情况下,船只的运动必须通过卫星系统(DGPS)确定。

2.2 测验方法

测量中,可以将河锚体用船体拖拉、人工拖拉或缆道拖拉的方法在实测断面上行驶,将信号接收器放在岸上无线接收,或在船上直接用电缆线连接接收采集数据。无线采集数据的方式为抢测洪峰提供了安全保障。ADCP 量测具有以下特点:

(1)传统流速仪法是静态方法。流速仪是固定的。ADCP 方法是动态方法。ADCP 在随测量船运动过程中进行测验。

(2)传统流速仪法要求测流断面垂直于河岸。ADCP 方法不要求测流断面垂直于河岸。测船航行的轨迹可以是斜线或曲线。

(3)ADCP 所测的垂线(子断面)可以很多,每条垂线上的测点也很多,见图 1。

(4)宽带 ADCP 对水深和含沙量季节性变化的适应性较好。因为宽带 ADCP 盲区较小,垂向空间分辨率较高。因此,较低频率的宽带 ADCP 既适用于枯水期水较浅的情况,也适用于洪水期水深较大、含沙量较高的情况。

3 测量结果及分析

3.1 黑岗口上延工程丁坝

2009 年 6 月 30 日在黑岗口上延量测,调水调沙水流演进表现平稳,河势总体平顺,次生流减弱。黑岗口上延 8# 坝附近主溜北移 50 m,工程着边溜,坝前流速 0.6 m/s,坝后

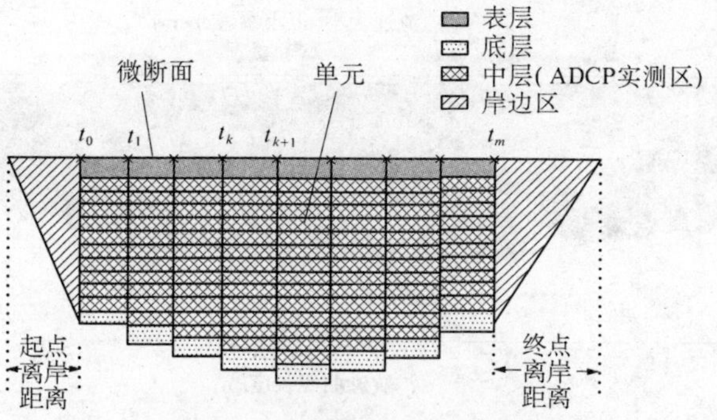

图1　ADCP测量单元示意图

0.4 m/s,畸形河势得到一定程度改善;11#至16#坝受到大溜顶冲。

测线沿坝前按16 m、36 m布置1—1测线和2—2测线。在流量3 900 m^3/s时(含沙量为2~3 kg/m^3),8#坝轴线处最大水深和流速分别为8.80 m、0.20 m/s;13#坝坝头处最大水深和流速分别为15.370 m、2.74 m/s。测量成果见图2~图4。

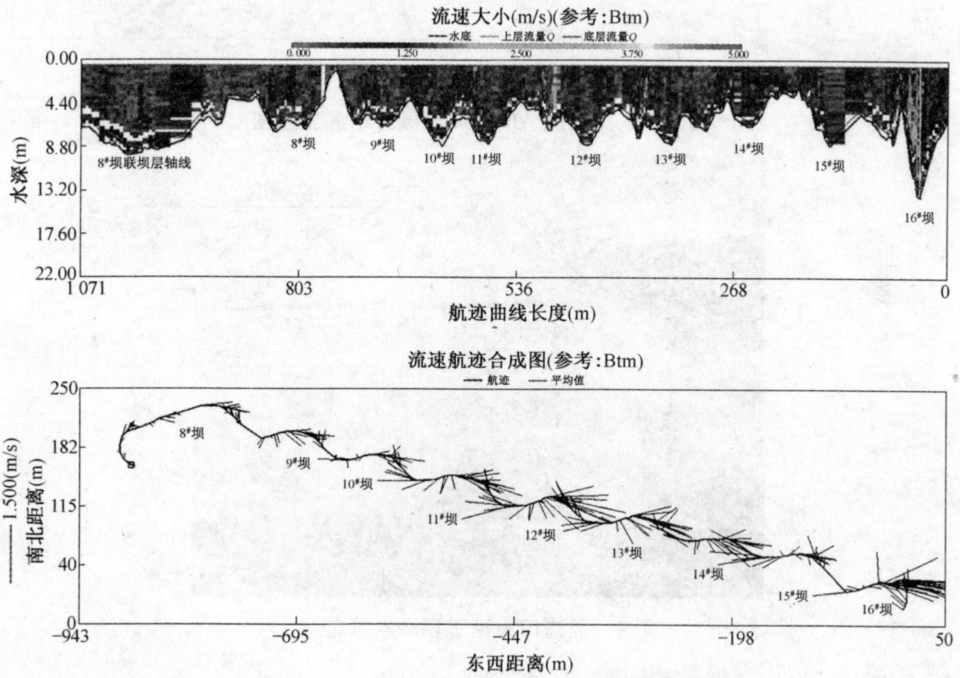

图2　1—1测线ADCP轨迹展开水深流速图

3.2　马渡工程丁坝

2009年7月2日在马渡工程测量,花园口流量2 700 m^3/s,含沙量为10~12 kg/m^3,坝前水流顶冲,坝后有回流现象。

1—1测线在坝上游处,最大水深和流速分别为9.07 m、0.77 m/s;2—2测线在坝下游处,最大水深和流速分别为7.87 m、1.39 m/s;坝头处最大水深和流速分别为8.47 m、2.00 m/s。测量成果见图5、图6。600 kHz频率的ADCP既适用于枯水期水较浅的情况,

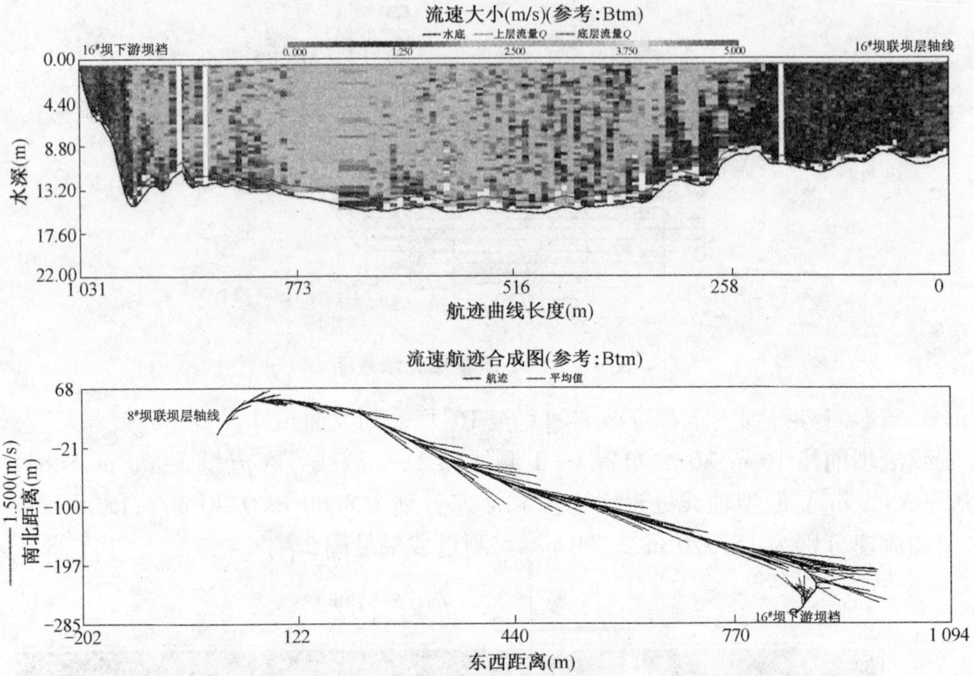

图3　2—2 测线 ADCP 轨迹展开水深流速图

图4　黑岗口上延丁坝冲刷坑量测

也适用于洪水期水深较大、含沙量较高的情况。

3.3　南裹头透水桩试验坝

测线布置见图7,其000 测线在坝上游约700 m 处;001 测线在坝上游约375 m 处;005 测线在坝下游约50 m 处;006 测线在坝下游约230 m 处;003 测线在坝北侧约30 m 处;007 测线在坝南侧约36 m 处;008 测线在坝上游约16 m 和50 m 处,下游约30 m 和65 m处;北侧约12 m 和26 m 处,南侧约10 m 和22 m 处。015 测线在北侧约0.5 m。测量成果见图8 ~ 图10。

(1)2009 年6 月30 日对南裹头试验桩坝进行了 ADCP 测量;水面海拔为95.7 m

图5 马渡工程 ADCP(GPS 跟踪)水深流速测量成果图

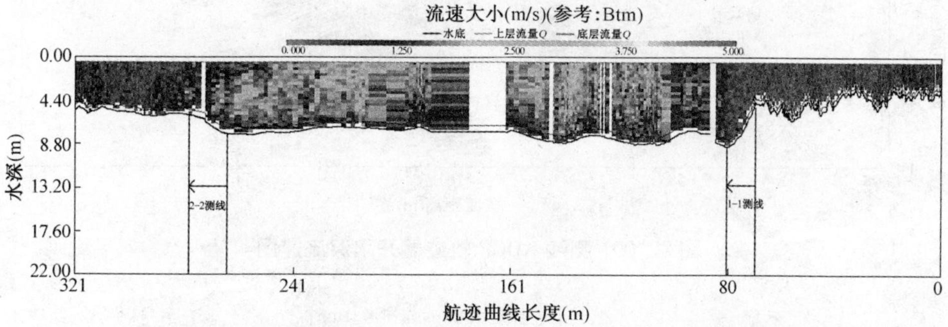

图6 1—1 测线和 2—2 测线 ADCP 轨迹展开水深流速图

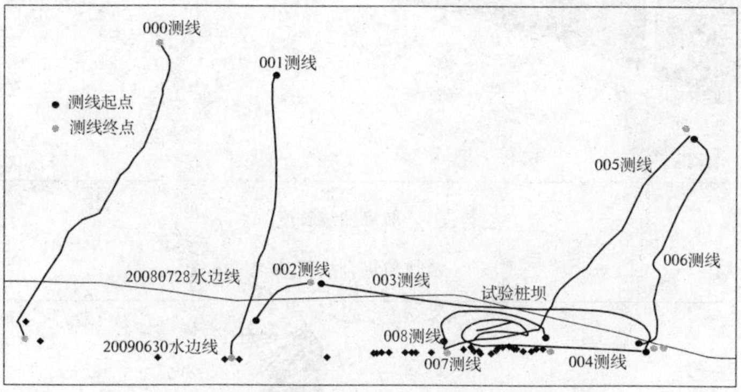

图7 ADCP 测量(GPS 跟踪)轨迹平面布置图

(GPS 测量),当天花园口流量 3 900 m^3/s,河宽 530 ~ 600 m,坝前水流顶冲,水流与坝轴线夹角约 20°,坝后有回流现象;桩前侧水面距桩顶 0.40 cm 左右,桩后侧水面距桩顶 0.45 cm左右,上游桩端有壅高水位与坝顶平;9 单元和 11 单元已倒缺失,10 单元露出水面。

(2)2008 年 7 月 28 日至 2009 年 6 月 30 日期间,000 测线和 005 测线滩岸坍塌分别为 117 m 和 65 m。

(3)坝前 0.5 m 处 D13 最大水深和流速分别为 12.00 m、2.22 m/s,003 测线在坝北侧

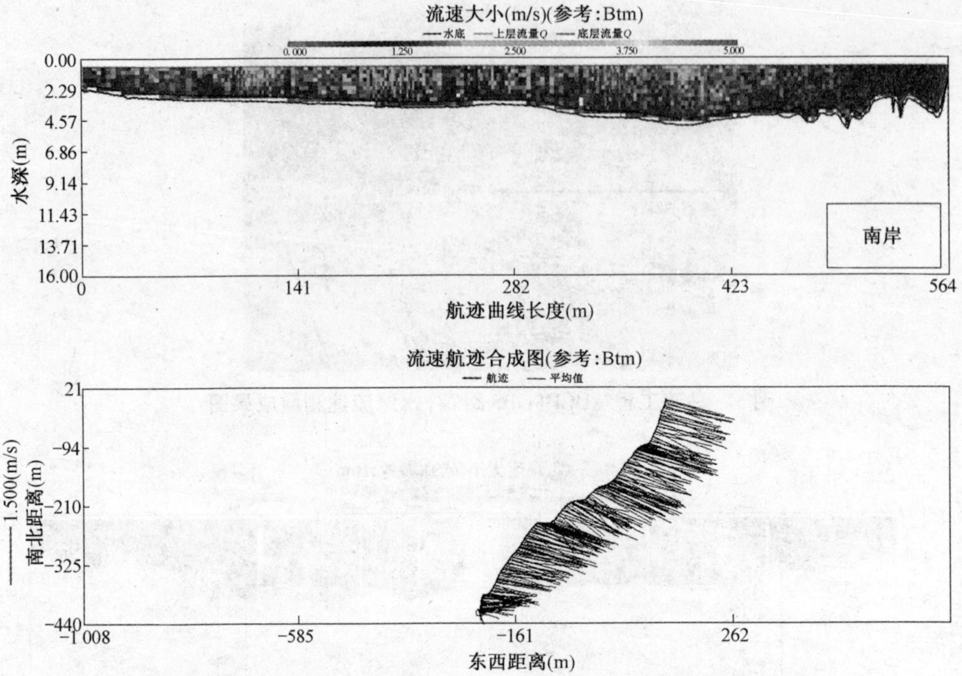

图 8　001 测线 ADCP 轨迹展开水深流速图

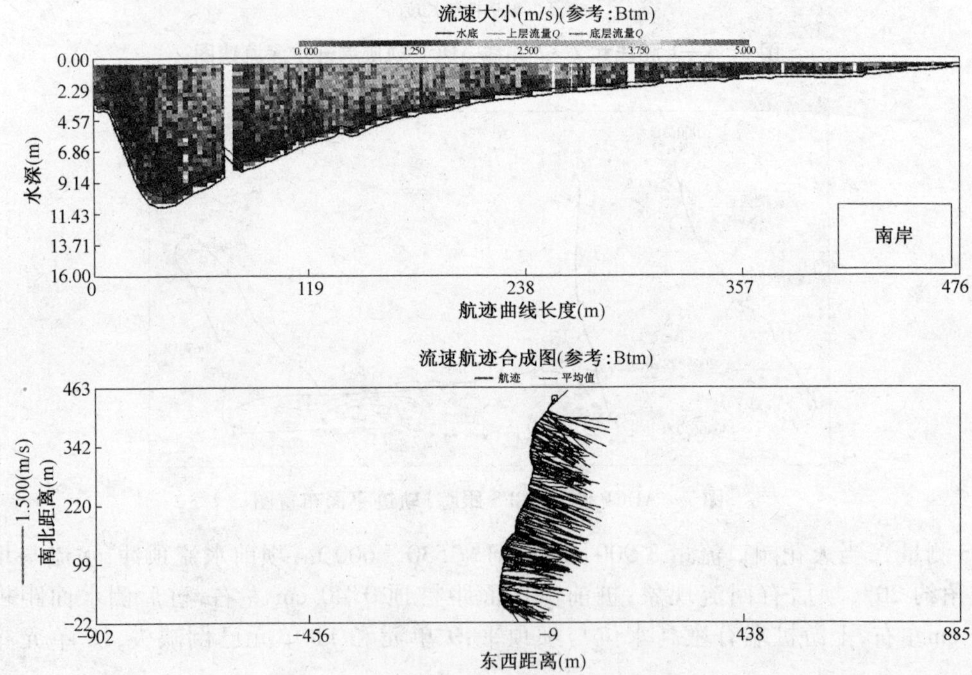

图 9　005 测线 ADCP 轨迹展开水深流速图

约 30 m 处,最大水深和流速分别为 8.47 m、2.02 m/s;坝后 3 m 处 D10 最大水深和流速分别为 11.47 m、0.70 m/s,007 测线在坝南侧约 36 m 处,最大水深和流速分别为 5.47 m、

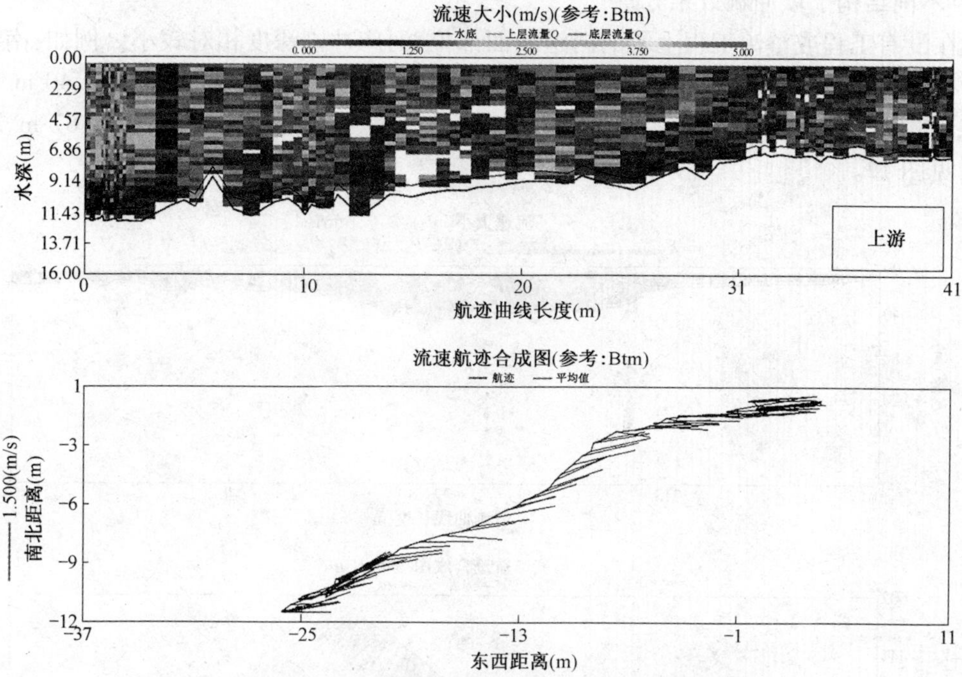

图10 015测线ADCP轨迹展开水深流速图

0.52 m/s;在缺口处的最大水深和流速分别为12.00 m、2.70 m/s,见图11。

图11 ADCP(河底跟踪)水深流速测量

(2009年6月30日花园口流量3 900 m^3/s,在缺口处测量)

(4)001测线在坝上游约375 m处,河宽600 m,最大水深和流速分别为5.17 m、1.40 m/s;005测线在坝下游约50 m处,河宽476 m,最大水深和流速分别为10.87 m、1.88 m/s;006测线在坝下游约230 m处,最大水深和流速分别为9.37 m、2.20 m/s。

(5)坝上游冲刷坑影响范围约50 m,坝下游冲刷坑影响范围约300 m,说明垂直桩坝具有非常强的导流输沙效果。

(6)通过试验观测,4 000 m^3/s流量单桩最大冲刷坑深度为12.00 m,在水中单桩临界入土深度为桩长的0.25,单桩设计稳定入土深度可取桩长的1/3。

3.4　不同结构丁坝冲刷效果分析

在没有工程或整治工程上游的河道断面部位,河床冲刷深度相对较小。例如:南裹头透水桩试验坝上游约 375 m 处,河宽 600 m,最大水深和流速分别为 5.17 m、1.40 m/s,见图 8;黑岗口上延工程上游 700 m 处,河宽 854 m,最大水深和流速分别为 6.67 m、2.02 m/s,见图 12。

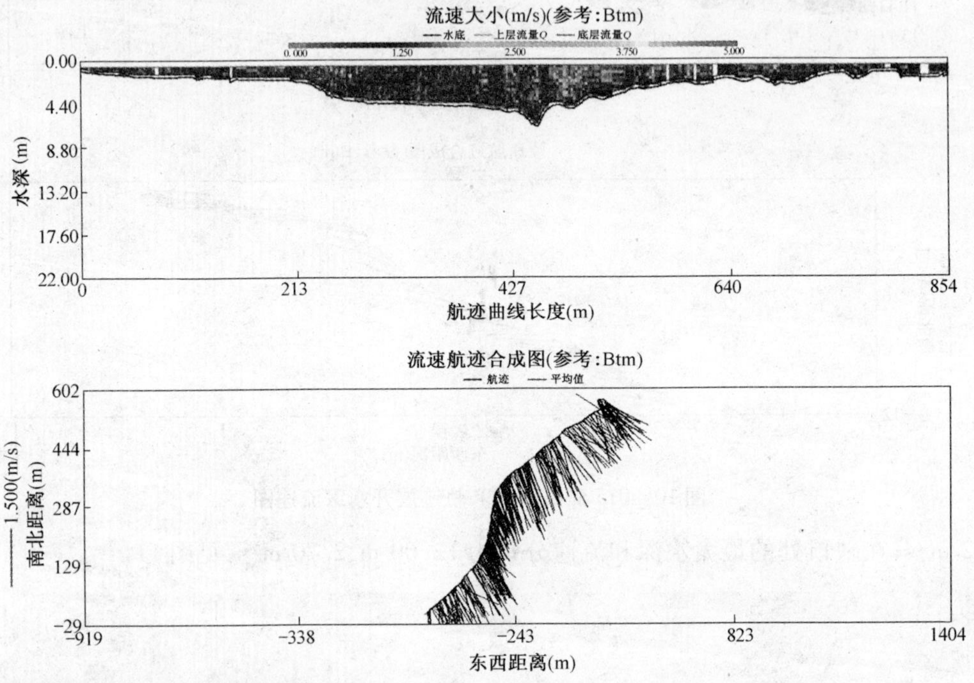

图 12　黑岗口上延工程上游 700 m 处 ADCP 轨迹展开水深流速图

南裹头透水桩试验坝属于透水性丁坝,透水性丁坝的结构可透过水流,丁坝成为糙率因素,可降低坝后流速、防止冲刷,如布置恰当还可产生使泥沙淤积的效果;但因长度不够,使其在结构上与护岸等构筑物及河滩没有形成一体,造成坝后整体过洪。黑岗口上延工程属于不透水性丁坝,不能透过水流,不透水性丁坝弹水效果好,但丁坝尖端部和丁坝的下游部特别容易被冲刷,因而大多必须在丁坝周围设置抛石护基。

传统丁坝在绕坝水流作用下,河床刷深,经常在丁坝坝头、坝身上游坡脚和坝根三个部位形成较大较深的冲刷坑,从而导致坝脚挂空、坝身断裂、坝头冲失,甚至丁坝失稳破坏。而险情往往从枯水位以下部位开始,早期难以发现,给日常抢险维护带来较大困难,始终存在着保护困难、屡修屡坏的顽疾,长期以来得不到有效根治,每年被动抢险,岸边丁坝年运行维护费用非常高。为彻底改变这种被动局面,工程技术人员提出了一种可生根的桩式丁坝结构形式,即以排桩为主体并通过连系梁加以连接形成的排桩式直立丁坝。排桩式丁坝的基础很深,基本不依赖堆石防护,自身便能维持稳定,有效地解决了丁坝的稳定性问题,因而和传统形式的堆石丁坝相比,不易损毁,运行期维修工程量小,较堆石丁坝经济,并且避免了频繁抢修的弊端。

4 结论

(1)2009 年 6 月 30 日在南裹头透水桩试验坝量测,在流量 4 000 m^3/s 时,坝上游冲刷坑影响范围约 50 m,坝下游冲刷坑影响范围约 300 m,说明垂直桩坝具有非常强的导流输沙效果。通过试验观测,4 000 m^3/s 流量单桩最大冲刷坑深度为 12.00 m,在水中单桩临界入土深度为桩长的 1/4,单桩设计稳定入土深度可取桩长的 1/3。在缺口处的最大水深和流速分别为 12.00 m、2.70 m/s。

(2)2009 年 6 月 30 日在黑岗口上延工程量测,在流量 3 900 m^3/s 时,调水调沙水流演进表现平稳,河势总体平顺,次生流减弱。黑岗口上延 8#坝附近主溜北移 50 m,工程着边溜,坝前流速 0.6 m/s,坝后 0.4 m/s,畸形河势得到一定程度改善,8#坝轴线处最大水深和流速分别为 8.80 m、0.20 m/s;11#至 16#坝受到大溜顶冲,13#坝坝头 36 m 处最大水深和流速分别为 15.370 m、2.74 m/s。

(3)南裹头透水桩试验坝同样对水流具有挑流作用,在工程上游 375 m 处,断面最大水深和流速分别为 5.17 m、1.40 m/s;下游约 230 m 处,断面最大水深和流速分别为 9.37 m、2.20 m/s。

(4)2009 年 7 月 2 日在马渡工程测量,花园口流量 2 700 m^3/s,含沙量为 10 ~ 12 kg/m^3,能够较好地完成水深流速测量。说明 600 kHz 频率的 ADCP 既适用于枯水期水较浅的情况,也适用于洪水期水深较大、含沙量较高的情况。

(5)在同等流量条件下,宽河断面河床较浅,窄河断面河床较深,而且河床较深断面都在河道整治工程范围内,说明河道整治工程具有规顺河势、刷深河槽的作用,可明显增大河道的输沙排洪能力。

(6)桩式丁坝应用于河道整治时,相比于散抛石丁坝,能有效避免水流冲刷导致的块石大量流失,达到少抢险或不抢险,减少后期维修养护,降低维护成本,提高工程效率,节省工程造价,因此是优点诸多的新一代新型桩式不抢险结构丁坝,值得在黄河下游河道治理开发中加以推广。

参考文献

[1] 罗庆君. 防汛抢险技术[M]. 郑州:黄河水利出版社,2000.
[2] 张宝森,朱太顺,陈银太,等. 黄河治河工程现代抢险技术研究[M]. 郑州:黄河水利出版社,2004.
[3] 江恩惠,梁跃平,张原峰,等. 新形势下黄河下游游荡性河道整治工程设计有关问题探讨[J]. 泥沙研究,1999(4).
[4] 应强,焦志斌. 丁坝水力学[M]. 北京:海洋出版社,2004.
[5] 张红武,马继业,张俊华,等. 河流桥渡设计[M]. 北京:中国建材工业出版社,1993.

【作者简介】 张宝森(1965—),男,河南洛阳人,高级工程师,主要研究方向为防汛抢险技术及水利工程管理。E-mail:zbshnzz@163.com.

水下驱赶泥沙观测技术研究

杨　勇[1]　牛长喜[2]　鲁立三[1]　高德松[2]　李　黎[1]

(1.黄河水利科学研究院,郑州　450003;2.三门峡库区水文水资源局,三门峡　472000)

摘　要　射流水下驱赶泥沙是清淤作业的方式之一,利用射流冲击河床,使沉积物与水流混合形成潜流,将沉积物带离清淤区域。水下流场分布与潜流层的含沙量变化是分析清淤效果、优化清淤作业的重要依据之一,但是由于现场作业环境较为复杂,缺乏有效的原型观测技术。通过分析,水下驱赶泥沙可以分为三个观测区域:射流冲刷区、过渡区、输移区。根据不同区域水流特点,利用ADCP、核子测沙仪、清浑水界面探测仪等仪器,结合人工取样等方法,可观测各个区域的流速和含沙量,实现原型观测的目的。

关键词　射流;流场;含沙量

1　引言

黄河是一条多泥沙河流,黄河泥沙主要分布在河道和水库内,其中水库内泥沙是黄河泥沙的一个重要组成部分,研究库区泥沙处理技术与设备对塑造淤积形态、延长水库使用寿命有着十分重要的意义。泥沙的有效起动与输移,需要水沙资料的监测,作业效果也需要通过水沙监控确定。

射流水下驱赶泥沙是清淤作业的方式之一,利用射流冲击河床,使沉积物与水流混合形成潜流,在水下将沉积物带离清淤区域[1]。这种技术简单实用,成本较低,但是其作业时需要根据水下流场分布与潜流层的浓度变化进行调整。因此,选择合适库段进行现场水下驱赶泥沙试验,优选作业参数,能够为清淤生产提供技术支撑,但是现场试验环境较为复杂,必须研究有效的观测技术,获取翔实的水沙资料。

2　观测仪器

ADCP利用多普勒效应原理进行流速测量[2]。主要技术指标:最大剖面深度是800 m;测流精度是±1%;方向测量范围是0~360°;精度为±5°。

核子测沙仪利用核技术进行含沙量测量,采用铝-钢窗电离室[3]。主要技术指标:当5 kg/m^3<含沙量≤20 kg/m^3时,最大误差≤10%;20 kg/m^3<含沙量≤100 kg/m^3时,最大误差≤5%;含沙量>100 kg/m^3时,最大误差≤1%。

清浑水界面探测仪:利用清浑水对红外线不同的传感强度分辨清浑水界面,灵敏度高,跟踪性好。

激光测距仪:激光测距仪是一种利用激光进行测距的仪器,它可以在无标尺的情况下测出仪器距被测目标的距离。另外,此类测距仪的测量盲区一般是15 m。

旋桨式流速仪:测速范围为0.10~7.0 m/s;工作水深>0.1 m。

其他仪器:横式采样器等。

3 水下驱赶泥沙现场试验

射流水下驱赶泥沙试验在水库静水中进行。试验船只固定,两个射流管前后布置。前者射流角度80°,主要起到破土作用;后者射流角度10°,主要作用是将冲起的泥沙在水下向前驱赶。试验过程中对浑水的流速及含沙量进行观测。

通过分析,水下驱赶泥沙可以分为三个阶段[4]:射流冲刷、过渡、输移过程。射流冲刷是指射流将河床上的泥沙冲起的破土过程,这一过程中水流流速和含沙量很高;过渡过程是指冲起的泥沙由于强烈的紊动,将邻近处原来静止的水体以及淤积的泥沙卷吸到射流中,两者掺混在一起共同向前运动,这一过程流态非常复杂,同时由于静止水体以及淤积泥沙的掺入发生动量交换而产生阻滞作用,使得原射流流速降低;输移是经过过渡过程的掺混作用,流速趋于稳定后,形成的高含沙水流在水下以潜流的方式将淤积物带离清淤区域的过程。

射流冲刷区的流速很大,采用事先率定流速的方法可以减少现场试验中的观测难度和工作量。过渡区和输移区的水沙变化资料都是在试验过程中利用各种仪器进行现场量测。

4 试验观测

4.1 射流冲刷过程观测

射流喷嘴的流速采用了一种"人工渠道"的方法进行率定。在试验现场的岸边按要求开挖一条用于率定的标准渠道,让试验管道的水流流入渠道内并向前流动,水流稳定后,在渠道的合适位置设立断面,利用旋桨式流速仪观测断面流速,进行断面流量的计算,根据此流量和管道出口面积计算管道出口流速。通过率定,管道出口直径为180 mm,水泵转速1 400 r/min,管口出口流速为11.5 m/s。

利用射流进行水下驱赶泥沙试验,冲刷区范围在10 m以内。利用横式采样器在管口前3 m左右冲刷坑位置取样,含沙量与历时关系如图1所示。利用旋桨式流速仪在距管口7 m贴近河床位置测量,流速为1.8 m/s。

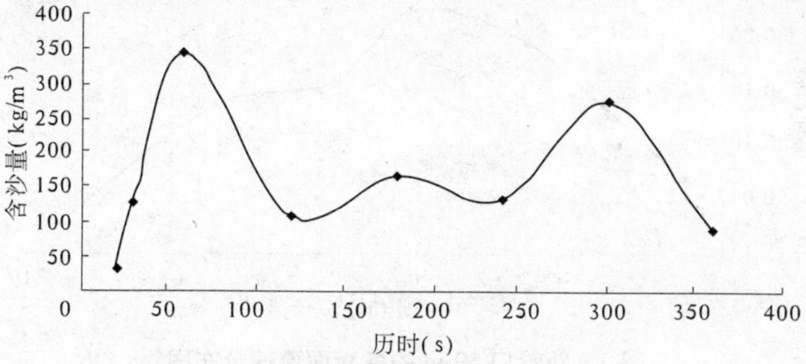

图1 含沙量与历时关系

4.2　过渡区观测

过渡区浑水的流态非常复杂,射流冲起的泥沙形成高含沙水流,呈现出复杂的运动状态,其流速与含沙量非常不稳定。由于含沙量以及气泡的影响,这一过程 ADCP 测量流速误差较大,采用旋桨式流速仪对流速进行测量。利用核子测沙仪对含沙量进行实时测量,利用激光测距仪观测断面距离。

理论上射流过渡区范围较近小,距管口 10 ~ 20 m。距管口 10 m、15 m、20 m,距河底 0.5 m处最大含沙量分别为 210 kg/m³、128 kg/m³、51.4 kg/m³,最高流速分别为 1.2 m/s、0.8 m/s、0.6 m/s。

4.3　输移区观测

在输移区,浑水流速与含沙量进一步衰减。利用 ADCP 观测射流影响范围内的各位置流速。ADCP 自身具有定位的功能,可以记录量测过程的运动轨迹,获取各断面流场资料。在射流反作用力及风力的影响下,船只会有一定程度的起伏和摆动,由于输移区距射流管口距离较远,浑水位置会出现较大幅度的偏移,必须结合清浑水界面探测仪界定浑水位置,使用横式采样器采样,完成对含沙量的观测。

输移区水下 1.5 ~ 2.5 m 位置,沿程平均流速如图 2 所示,在距管口 120 m 以内,平均流速大于 0.1 m/s。另外,根据观测资料,也可以得到不同位置的横断面流速分布,如图 3 所示为距管口 50 m 的横断面流速分布图。距管口 30 m、50 m,距河底 0.5 m 处最大含沙量分别为 18.5 kg/m³、5.32 kg/m³。

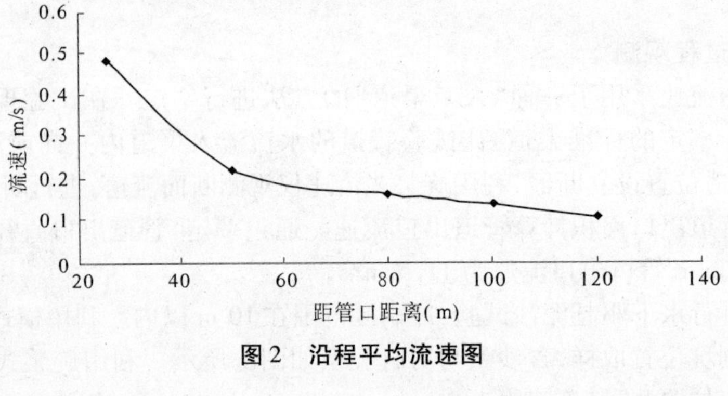

图 2　沿程平均流速图

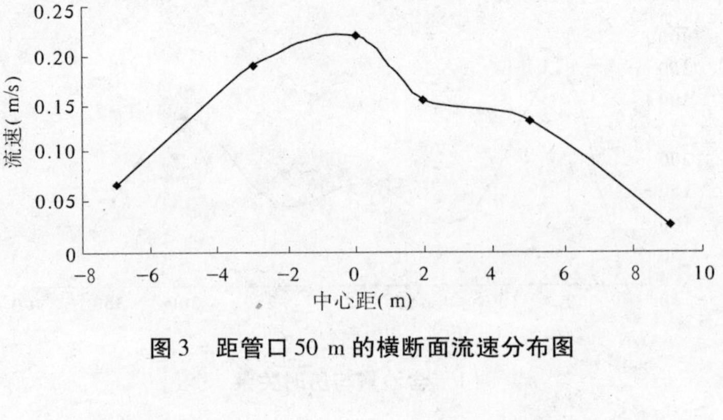

图 3　距管口 50 m 的横断面流速分布图

5 结语

为提高射流水下驱赶泥沙的效果,需要跟踪水下流场及含沙量的变化以调整作业参数。现场试验中,环境较为复杂,观测难度较大。根据水沙变化特点划分不同观测区域,使用不同量测仪器,可以得到较好的观测结果。

ADCP 利用多普勒效应原理进行流速测量,能够测出断面的流速剖面。在含沙量较低时,可以获得较为详细的流场资料。对于含沙量量测,由于射流反作用力等因素影响,距管口位置越远,浑水位置变化较大,需要利用清浑水界面探测仪界定浑水位置。另外,观测过程中,含沙量变化较为复杂,需要进一步提高含沙量实时监测技术研究水平。

参考文献

[1] 高传昌,尚宏琦,王为术,等.小浪底水库清淤方案——射流冲沙的人工异重流[C]//黄河小浪底水库泥沙处理关键技术及装备研讨会论文集.郑州:黄河水利出版社,2007.

[2] 朱巧云,高健.ADCP 在潮汐河段走航施测的脉动性分析[C]//第六届全国泥沙基本理论研究学术讨论会论文集.郑州:黄河水利出版社,2005.

[3] 李景修,刘雨人.高精度含沙量核子测量仪[C]//第六届全国泥沙基本理论研究学术讨论会论文集.郑州:黄河水利出版社,2005.

[4] 陆宏圻,付礼英.水下射流采沙装置研究[J].武汉水利电力大学学报,1994(12).

水库排沙管道吸泥头浓度控制模型试验研究

吴国英[1]　赵秀凤[2]　宋莉萱[1]

(1. 黄河水利科学研究院，郑州　450003；2. 河南省郑州水利学校，郑州　450008)

摘　要　为了解决日益严重的水库淤积问题，设计了在库区淤泥清除管道系统上使用的水库自吸式排沙管道吸泥头吸泥浓度控制装置。为了验证此种控制装置的实用效果，黄河水利科学研究院做了水库库区清淤管道排沙系统试验。结果表明：通过控制管道入口与浆体液面的位置关系，在管道排沙运行时可准确、稳定地控制管道泥沙浓度，达到了管道系统安全、高效、稳定输沙的功能要求。

关键词　浓度控制；排沙管道；库区泥沙；水库

管道排沙清淤主要借助操作船、吸头、管道、连接建筑物等组成的系统装置进行，这种水库清淤方式利用水库自然水头作为动力，具有成本低廉、无污染、高水头运用等特点[1,2]。为了使排沙效果更为安全有效，需要控制管道排沙系统中的泥沙浓度。黄河水利科学研究院设计了自吸式排沙管道吸泥头装置，并应用于模型试验予以效果验证。

1　吸泥头形式

一共设计四种不同形式的吸泥头，并通过试验来对比各种形式吸泥头的优劣。

1.1　位控型吸泥头

位控型吸泥头示意见图1，模型照片见图2。吸泥头依靠拖曳绳索在淤泥表面上水平移动，进行不同位置的吸泥操作。

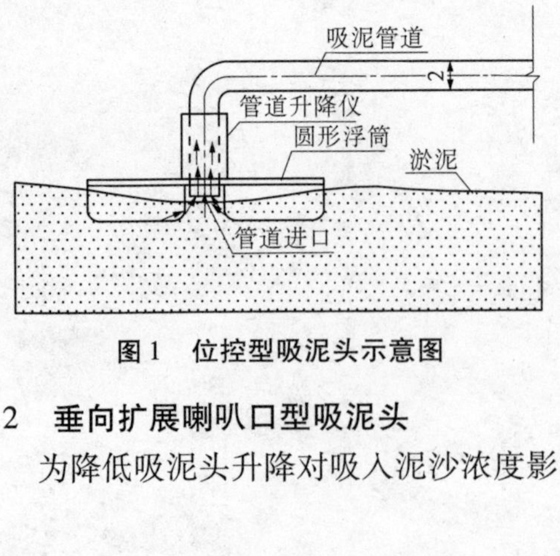

图1　位控型吸泥头示意图

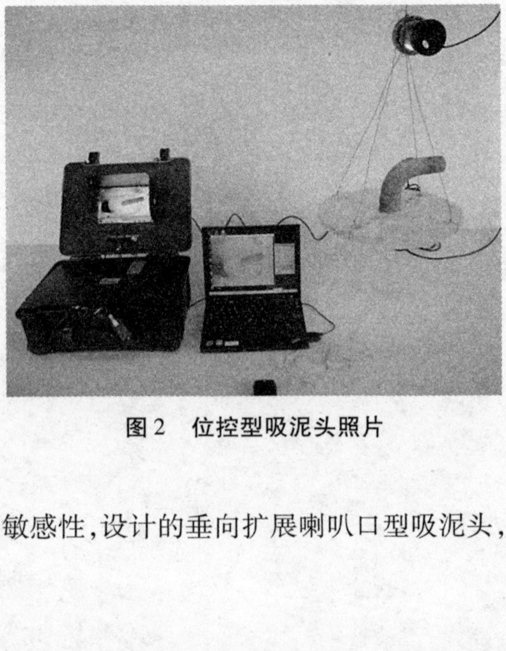

图2　位控型吸泥头照片

1.2　垂向扩展喇叭口型吸泥头

为降低吸泥头升降对吸入泥沙浓度影响的敏感性，设计的垂向扩展喇叭口型吸泥头，进口垂直方向扩展至 6 m 左右,尾部通过渐变管与管道连接。

垂向扩展喇叭口型吸泥头增大了垂向吸泥有效控制范围,降低了吸泥头对垂向位置细微变化的敏感程度,同时可以仅仅依靠牵引缆绳调整吸泥头浸入淤积泥沙深度,达到稳定控制泥沙浓度的目的。垂向扩展喇叭口型吸泥头示意见图 3,模型照片见图 4。

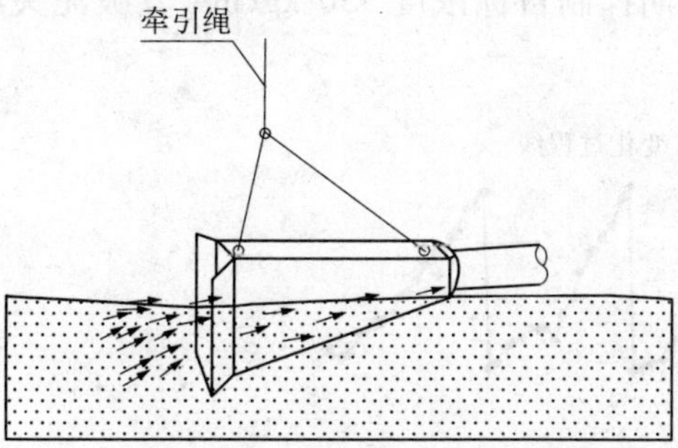

图 3 垂向扩展喇叭口型吸泥头示意图

图 4 垂向扩展喇叭口型吸泥头照片

1.3 防护罩型吸泥头及配重型吸泥头

另外两种吸泥头为防护罩型吸泥头及配重型吸泥头。防护罩型吸泥头示意见图 5,模型照片见图 6。

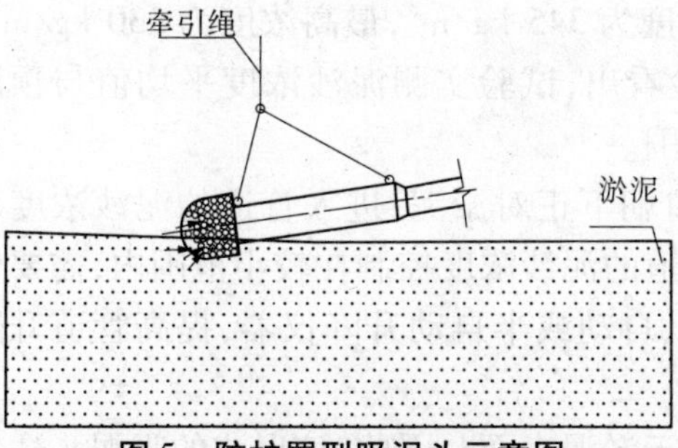

图 5 防护罩型吸泥头示意图

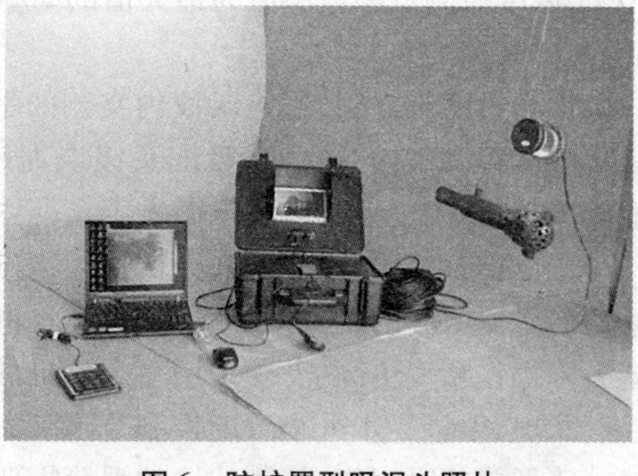
图 6 防护罩型吸泥头照片

配重型吸泥头示意见图 7,模型照片见图 8。

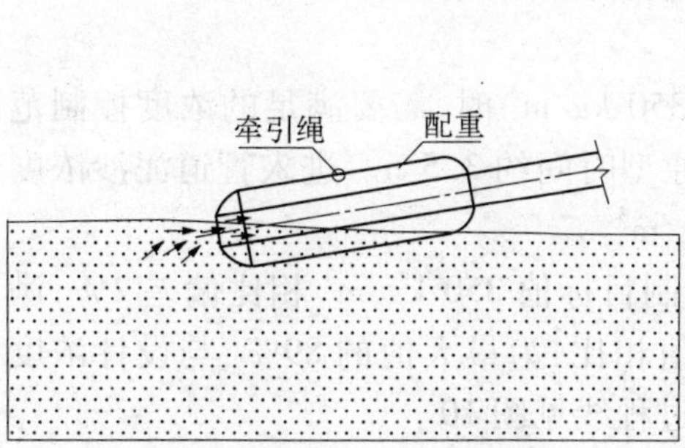

图 7 配重型吸泥头示意图

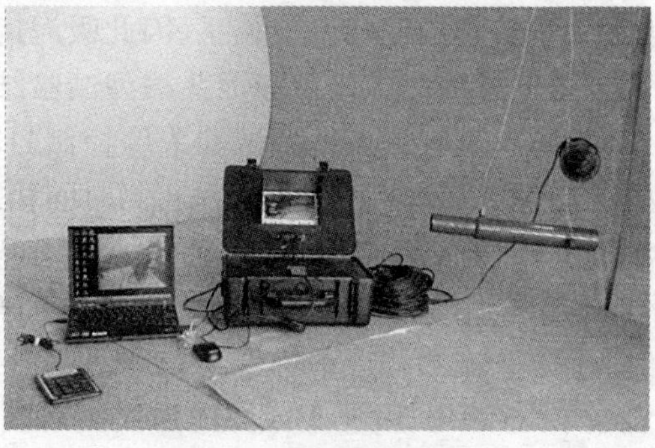
图 8 配重型吸泥头照片

2　吸泥头模型试验结果

2.1　位控型吸泥头模型试验结果

位控型吸泥头汲取泥沙浓度控制模型试验,进行了管道浓度连续观测(模型试验时管道进口控制采用人工控制上下位置)。试验预期控制目标浓度 350 kg/m³,其吸泥头汲取泥沙浓度变化过程见图 9。

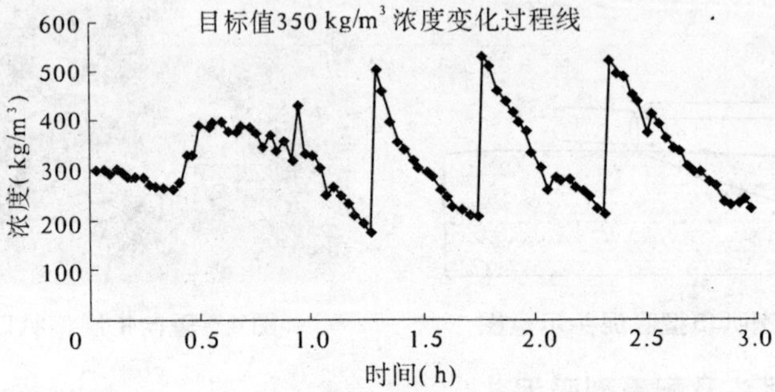

图 9　位控型吸泥头汲取泥沙浓度变化过程

设计方案中,泥沙设计浓度为 350 kg/m³ 时,按照设计浓度为浓度控制范围最大值的 70%,浓度控制范围最小值为最大值的 50% 计算,试验需要达到的浓度控制范围为 250 ~ 500 kg/m³。

该形式的吸泥头,试验时段内实测的平均浓度为 345 kg/m³,最高浓度为 530 kg/m³,最小浓度为 254 kg/m³。从吸泥头汲取泥沙试验看出,试验实测泥沙浓度平均值与预测值较为接近,浓度控制范围略微大于预期浓度范围。

根据模型试验操作观察,分析认为,管道进口朝下正对淤泥,进入管道的泥沙浓度对管道与淤泥之间的距离十分敏感,因此将进入管道的泥沙浓度控制在较小范围内,需要管道升降操作精度更高,需要采用一定的机械设施、自动或半自动升降仪器,提高管道升降控制状况,以进一步减小浓度控制范围。

该形式的吸泥头,控制位置的浮筒需要悬浮于淤泥表面。因此,该形式的吸泥头适用于淤积泥沙密度稍高的状况。

采用位控型吸泥头进行管道排沙运行,需要布设吸泥头深水自动升级设施,有效调整吸泥头进口与淤泥间位置关系,因此吸泥运行复杂程度有所增加。

2.2　垂向扩展喇叭口型吸泥头模型试验结果

喇叭口型吸泥头模型试验浓度控制目标值 350 kg/m³ 时,需要满足的浓度控制范围为 250 ~ 500 kg/m³。试验过程实测时间相当于原型时间约 3.5 h。进入管道泥沙浓度平均值为 344 kg/m³,浓度变化范围为 255 ~ 387 kg/m³。

从试验结果看出,时段内平均浓度范围与控制目标值 350 kg/m³ 相比偏差 2%,满足设计要求。实测浓度平均值与控制范围的最大值相比,为最大值的 89%,与设计浓度相比提高了 19%。吸泥头汲取泥沙实测浓度变化过程线见图 10。

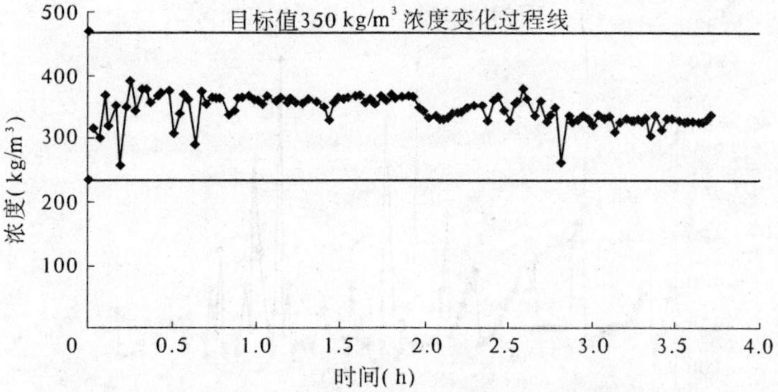

图10 垂向扩展喇叭口型吸泥头汲取泥沙实测浓度过程线(目标值350 kg/m³)

吸泥头吸泥运行过程中,汲取泥沙浓度变化范围与设计要求相比也有较大的缩窄,其范围仅仅为要求值的40% ~54%。吸泥头吸泥运行时段泥沙平均浓度为最大浓度的86% ~89%,与方案设计输沙量采用的浓度相比提高16% ~19%。

试验测量结果表明,吸泥运行可控范围的减小,有利于使设计浓度更接近管道安全运行最大允许浓度,从而可以大大提高管道排沙系统清淤效率。

从试验数据看出,该种形式的吸泥头汲取泥沙浓度变化可以控制在设计吸泥浓度范围之内,达到较好控制吸泥头汲取泥沙的目的,满足管道系统对吸泥头汲取泥沙浓度的要求,可以有效保证管道排沙系统达到设计的清淤效果,甚至有利于进一步优化输沙浓度设计参数,实现管道系统更高效率的排沙运行。

垂向扩展喇叭口型吸泥头结构比较简单,管道进口朝向较为稳定,因此除了有利于稳定控制汲取泥沙外,吸泥头仅仅需要一根悬吊、牵引缆绳进行升降、迁移运行,吸泥头吸泥操作也比较简单,适宜于小浪底库区自吸式管道排沙系统。

2.3 配重型及防护罩型吸泥头模型试验结果

配重型及防护罩型吸泥头试验泥沙浓度过程线见图11、图12,目标值均为350 kg/m³。

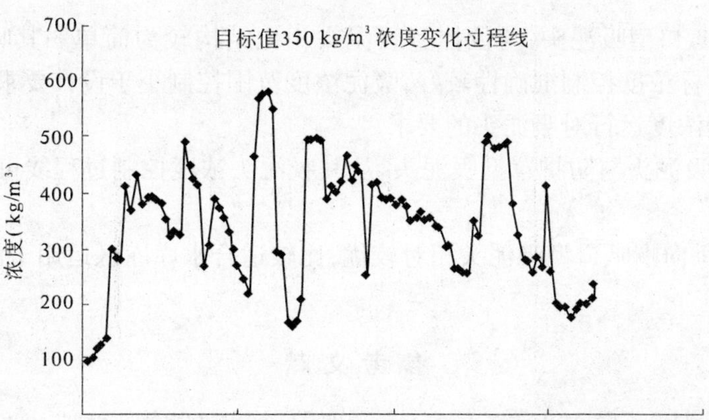

图11 配重型吸泥头吸泥浓度过程线

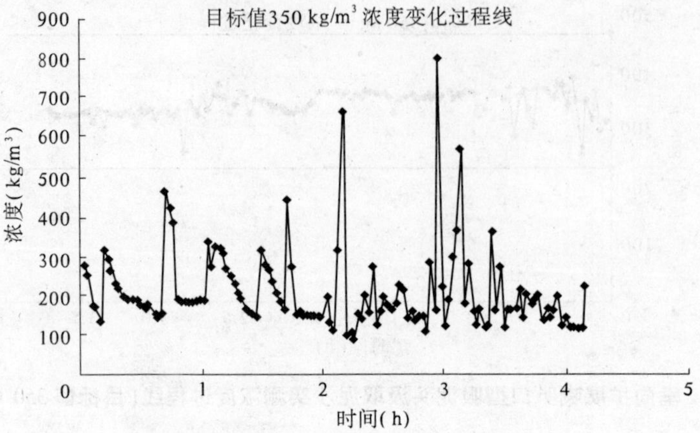

图12 防护罩型吸泥头吸泥浓度过程线

上述两种形式的吸泥头,结构最为简单,吸泥运行十分简易。但试验发现上述两种吸泥头浓度控制精度较低。分析原因认为,两种形式吸泥头进口尺寸未扩展,汲取泥沙的浓度对吸泥头进口高度非常敏感,高程改变引起管道浓度变化太大,而单根缆绳控制吸泥头高度精度相对较低,浓度控制范围时大时小,不易把握。因此,这两种形式的吸泥头暂不作为小浪底管道系统推荐吸泥头形式。

3 吸泥头选型结论

通过吸泥头吸泥浓度控制试验,可以看出:

(1)位控型吸泥头必须通过在浮筒上安装管道升降机械设施,如管道自动升降仪等,才能更准确控制吸泥头高程位置,来满足管道排沙系统对吸泥头浓度范围控制的要求。但该形式的吸泥头结构较为复杂,管道进口高程需要通过布设在吸泥头浮箱上的水下管道自动升降仪操作,吸泥运行精度相对要求较高。另外,位控吸泥头需要依靠浮箱悬浮在水下淤积物表面(不依靠缆绳调整高程,仅仅通过缆绳改变吸泥位置区域),稳定悬浮设计难度较大。

(2)垂向喇叭口型吸泥头,与位控型吸泥头相比结构较为简单。其吸泥运行可以依靠缆绳操作。目标浓度控制准确性较好,吸泥浓度范围控制小于设计要求的范围,可以满足管道系统不同浓度运行对吸泥头的要求。

(3)配重型吸泥头与防护罩型吸泥头,从其吸泥头浓度控制过程线可以看出,吸泥浓度控制难度较大。

综上所述,垂向喇叭口型吸泥头相对较优,比较适合水库库区运用于泥沙处理管道排沙系统中。

参 考 文 献

[1] 甘肃省水库排沙清淤试验研究成果汇编[R]. 兰州:甘肃省水利科学研究所,1987.
[2] 汪臣江,王彦春,白铁良. 北引工程水库淤积及防治措施[J]. 黑龙江水利科技,2005,33(2):87-89.

锦州港海域水文要素观测及调和分析

曹媛媛 倪文军

（交通运输部天津水运工程科学研究所，天津 300456）

摘 要 本文以锦州港海域潮位、潮流流速和流向等水文要素的观测和调和分析为例，介绍了潮位、潮流测站的布设、观测的方法以及调和分析的方法，进而分析得出所调查海域的潮流类型、运动形式、潮流水质点的运移距离以及余流等要素。本文提出的水文资料测量站的布设充分考虑当地的水文特征和现有潮位站的布设，采用目前最先进的测流手段，选取合理的调和分析方法，对同类项目的研究具有一定的参考价值。

关键词 水文；观测；调和分析

1 引言

对近海水域潮流特征的分析，可以为港口设计、建设、运营等提供重要的技术依据。目前，水文要素的观测及调和分析较之潮汐分析、预报的研究而言，还相对落后，因此对观测手段和调和分析方法的研究具有重要的理论价值。另外，锦州港是辽宁省沿海规划中的重要组成部分以及渤海湾中的重要港口，对锦州港的水文要素观测和调和分析方法的研究，对于辽宁省沿海以及渤海湾具有十分重大的现实意义。

2 水文资料测量

通过使用ADCP（声学多普勒流速剖面仪）、Garmin手持GPS、水准测量仪等设备，对潮位、流速、流向等水文参数进行长期测量，为调和分析提供精准的实测数据。下面我们将从站点布设和观测方法两个方面阐述水文资料的测量过程。

2.1 测验布置

2.1.1 潮位站布设

本次调查工程布设临时验潮站1个，在锦州港3号港池外集装箱码头处（S1）。临时验潮站与现场调查工程同步观测。锦州港临时验潮站高程引自G3水准点（高程为6.192 m），按照规范要求进行四等水准测量，按照“后—后—前—前”的顺序进行往返测量[1]，此次水准测量往返测路线长约1 km，往返测的高差闭合差为10 mm，满足规范要求，测量结果和已知高程点成果见表1，潮位基准面为当地理论最低潮面。

2.1.2 水文测站布设

本次潮流观测布设4个测点（L01 ~ L04），分别在大、小潮期间进行流速、流向昼夜连续观测（见表2）。

表1　高程点成果

点号	高程(m)	备注
G3	6.192	已知高程点
S1	5.000	临时验潮站

表2　2008 年 3 月水文潮测验站位坐标

站位号	大地坐标	
	L	B
L01	121°00′34.43″	40°46′30.95″
L02	121°04′43.20″	40°44′32.35″
L03	121°08′59.53″	40°46′03.39″
L04	121°07′58.27″	40°48′44.84″

2.2　观测方法

垂线测点根据测站瞬时水深情况,采取不同的测量方法。当水深小于 2 m 时,采用一点法,只测 0.6H 层(H 为瞬时水深,下同);水深 2 ~ 5 m 时,采用二点法,测量 0.2H、0.8H;水深 5 ~ 8 m 时,采用三点法,测量表层(水面下 0.5 m,下同)、0.6H、底层(海底上 1.0 m,下同);水深 8 ~ 11 m 时,采用五点法,测量表层、0.2H、0.6H、0.8H、底层;水深大于 11 m 时,采用六点法,测量表层、0.2H、0.4H、0.6H、0.8H、底层,整点观测,测速历时 120 s[2]。

3　潮流调和分析

3.1　潮流调和常数

潮流分析一般有两种方法,一种是“引入差比数法”,即用最小二乘法处理以准调和分潮潮高表达式所组成的矛盾线性方程组时,引入了半日分潮流 M_2、S_2 和全日分潮流 O_1、K_1 等分潮调和常数的差比数;另一种是“不引入差比数法”,即组成矛盾线性方程组时,不引入以上差比数。本次采用“不引入差比数的方法”进行了准调和分析,表 3 为 L01 站的分析结果(其余站点略)。

3.2　潮流类型

依据《海洋调查规范》规定的方法,对此次海流观测资料进行了准调和分析,求得该海区各主要分潮流的调和常数[3],据此可对本海区的潮流作进一步分析。

潮流性质可分为规则半日潮流、不规则半日潮流、规则全日潮流和不规则全日潮流,其判别标准依下式划分:

表 3　L01 站准潮流调和常数及椭圆要素

层次	调和常数					椭圆要素			
	分潮	北分量		东分量		长轴(cm/s)	旋转率 K	方向(°)	时间(h)
		迟角(°)	振幅(cm/s)	迟角(°)	振幅(cm/s)				
0.2H层	O_1	8	2.5	152	2.8	3.5	-0.32	130	12
	K_1	36	4.6	191	5	6.6	-0.22	312	1.5
	M_2	31	15	248	14.1	19.5	-0.34	317	1.7
	S_2	101	3	320	4.8	5.4	-0.31	299	4.3
	M_4	286	2.6	181	1.7	2.7	-0.6	165	2
	MS_4	81	1	250	0.9	1.4	-0.1	318	1.3
0.8H层	O_1	341	2	160	3.1	3.6	0.01	122	11.6
	K_1	351	3.4	194	5.2	6.1	-0.19	302	0.5
	M_2	32	16.3	249	12.7	19.7	-0.32	323	1.6
	S_2	113	3.4	316	3.3	4.7	-0.2	315	4.2
	M_4	319	1.5	163	0.7	1.6	-0.16	156	2.5
	MS_4	36	0.8	253	0.9	1.2	-0.33	313	1

$$\frac{W_{O_1}+W_{K_1}}{W_{M_2}} \leqslant 0.5 \quad \text{规则半日潮流} \tag{1}$$

$$0.5 < \frac{W_{O_1}+W_{K_1}}{W_{M_2}} \leqslant 2.0 \quad \text{不规则半日潮流} \tag{2}$$

$$2.0 < \frac{W_{O_1}+W_{K_1}}{W_{M_2}} \leqslant 4.0 \quad \text{不规则全日潮流} \tag{3}$$

$$4.0 < \frac{W_{O_1}+W_{K_1}}{W_{M_2}} \quad \text{规则全日潮流} \tag{4}$$

$$F = \frac{W_{O_1}+W_{K_1}}{W_{M_2}} \tag{5}$$ [4]

式中：W_{K_1}、W_{O_1}和 W_{M_2}分别为 K_1、O_1 和 M_2 分潮潮流椭圆长半轴之值。

计算结果表明：L01 站各层的 F 值均大于 0.5，故 L01 测站的潮流性质属不规则半日潮流，而其余 L02、L03、L04 三个站的各层 F 值均小于 0.5，故这三个测站的潮流性质属规则半日潮流。

3.3　运动形式

潮流的运动形式分旋转流和往复流，通常以椭圆率 K 的绝对值大小来判断，当 $|K|=1$时（K 值为旋转率），潮流椭圆成圆形，各方向流速相等，为纯旋转流；当 $|K|=$

0 时,潮流椭圆为一直线,海水在一个方向上做运动,为典型往复流。$|K|$ 值通常在 0 ~ 1 之间,$|K|$ 值越大,旋转流的形式越显著,$|K|$ 值越小,往复流的形式越显著。

测验海区各测站进行准调和分析后,各分潮流中,M_2 分潮流在潮流中起着绝对的控制作用。

除 L01 测站 0.2H、0.8H 层 M_2 分潮的 $|K|$ 达到 0.34、0.32 外,其余 3 站的 M_2 分潮的 $|K|$ 均不大于 0.2,表明:L01 站潮流的运动形式为具有一定旋转流特征的往复流,L02、L03、L04 站潮流的运动形式为略呈旋转流特征的往复流。

3.4 潮流的平均最大流速和可能最大流速

3.4.1 潮流的平均最大流速

用准调和分析方法分析的结果确定潮流椭圆要素,并用下列公式计算大、小潮期间潮流的平均最大流速矢量。

对半日潮流区:

$$\vec{V}_{M_S} = \vec{W}_{M_2} + \vec{W}_{S_2} \tag{6}$$

$$\vec{V}_{M_n} = \vec{W}_{M_2} - \vec{W}_{S_2} \tag{7}$$

对全日潮流区:

$$\vec{V}_{M_S} = \vec{W}_{K_1} + \vec{W}_{O_1} \tag{8}$$

$$\vec{V}_{M_n} = \vec{W}_{K_1} - \vec{W}_{O_1} \tag{9}$$ [4]

式中:$\vec{V}_{M_S}$ 和 $\vec{V}_{M_n}$ 分别为大、小潮平均最大流速矢量;$\vec{W}_{M_2}$、$\vec{W}_{S_2}$、$\vec{W}_{K_1}$ 和 $\vec{W}_{O_1}$ 分别为主太阴半日分潮流、主太阳半日分潮流、太阴太阳赤纬日分潮流和主太阳日分潮流的椭圆长半轴矢量。

大、小潮期间潮流的平均最大流速矢量计算结果分别见表 4。

表 4 各测站点潮流平均最大流速

潮型	站名	L01		L02			L03			L04		
	层位	0.2H	0.8H	表	0.6H	底	表	0.6H	底	表	0.6H	底
大潮	流速(m/s)	0.21	0.23	0.51	0.47	0.41	0.42	0.40	0.34	0.38	0.35	0.30
	流向(°)	298	318	26	25	25	40	40	43	29	30	30
小潮	流速(m/s)	0.20	0.17	0.25	0.23	0.20	0.31	0.31	0.28	0.22	0.21	0.18
	流向(°)	335	331	27	30	29	32	32	34	34	33	33

由表 4 可以看出,各测站潮流变化趋势明显,表层潮流的平均最大流速最大,底层潮流的平均最大流速最小,中层介于两者之间。大潮期间的平均最大流速出现在 L02 测站的表层,达到 0.51 m/s,流向为 26°;小潮期间的平均最大流速出现在 L03 测站的表层,达到 0.31 m/s,流向为 32°。各层各测站点的平均最大流速方向均为涨潮流方向,各测站测点之间的主流方向变化不大。

3.4.2 潮流的可能最大流速

潮流的可能最大流速 $\vec{V}_{max}$ 按下式计算:

对规则半日潮流海区

$$\vec{V}_{\max}=1.295\vec{W}_{M_2}+1.245\vec{W}_{S_2}+\vec{W}_{K_1}+\vec{W}_{O_1}+\vec{W}_{M_4}+\vec{W}_{MS_4} \tag{10}$$

对规则全日潮流海区

$$\vec{V}_{\max}=\vec{W}_{m_2}+\vec{W}_{S_2}+1.600\vec{W}_{K_1}+1.450\vec{W}_{O_1}\text{[4]} \tag{11}$$

对不规则日潮和不规则半日潮流区则取上式中较大者。

式中$\vec{W}_{M_4}$和$\vec{W}_{MS_4}$分别为太阴 1/4 分潮流和太阴太阳 1/4 分潮流的椭圆长半轴矢量,计算结果如表 5 所示。

表 5 各测站点潮流可能最大流速

站名	L01		L02			L03			L04		
层位	0.2*H*	0.8*H*	表	0.6*H*	底	表	0.6*H*	底	表	0.6*H*	底
流速(m/s)	0.34	0.33	0.66	0.44	0.38	0.59	0.59	0.52	0.53	0.51	0.44
流向(°)	311	319	20	22	21	39	37	42	31	31	30

注:*H* 代表各测站的瞬时水深。

由表 5 可以看出:各测站潮流变化趋势明显,是逐层递减的。表层潮流的可能最大流速最大,底层潮流的可能最大流速最小,中层介于两者之间。表层可能最大流速出现在 L02 测站,为 0.66 m/s,流向为 20°;中层可能最大流速出现在 L03 测站,为 0.59 m/s,流向为 37°;底层可能最大流速出现在 L03 测站,为 0.52 m/s,流向为 42°。各层各测站点的可能最大流速方向均为涨潮流方向,测站测点之间的主流方向变化不大。

3.5 潮流水质点的运移距离

3.5.1 潮流水质点的平均最大运移距离

大、小潮期间潮流水质点的平均最大运移距离可用下式计算[4]。

对半日潮流海区

$$\vec{L}_{M_S}=142.3\vec{W}_{M_2}+137.5\vec{W}_{S_2} \tag{12}$$

$$\vec{L}_{M_n}=142.3\vec{W}_{M_2}-137.5\vec{W}_{S_2} \tag{13}$$

对全日潮流海区

$$\vec{L}_{M_S}=274.3\vec{W}_{K_1}+295.9\vec{W}_{O_1} \tag{14}$$

$$\vec{L}_{M_n}=274.3\vec{W}_{K_1}-295.9\vec{W}_{O_1} \tag{15}$$

式中:$\vec{L}$代表潮流水质点的运移距离矢量;其他符号含意同前。

计算结果见表 6。

表 6 各测站点潮流水质点平均最大运移距离

潮型	站名	L01		L02			L03			L04		
	层位	0.2*H*	0.8*H*	表	0.6*H*	底	表	0.6*H*	底	表	0.6*H*	底
大潮	距离(m)	3 489	3 444	6 872	6 332	5 440	6 344	6 261	5 337	5 377	5 122	4 334
	方向(°)	313	322	28	27	27	36	36	38	29	30	29
小潮	距离(m)	2 081	2 165	4 205	4 000	3 413	3 817	3 622	3 242	3 032	2 831	2 367
	方向(°)	323	325	23	25	25	38	41	44	35	37	37

由表6可以看出:水质点的平均最大运移距离变化趋势明显,由表层到底层逐层递减,表层水质点平均运移距离最大,底层水质点平均运移距离最小,中层介于两者之间。

大、小潮期水质点平均最大运移距离均出现在L02测站的表层,大潮期为6 872 m,方向为28°;小潮期为4 205 m,方向为23°。

各层各测站点的水质点平均运移距离均为涨潮流方向,各测站测点之间的主流方向变化不大。

3.5.2 潮流水质点的可能最大运移距离

对规则半日潮流海区

$$\vec{L}_{\max}=184.3\vec{W}_{M_2}+171.2\vec{W}_{S_2}+274.3\vec{W}_{K_1}+295.9\vec{W}_{O_1}+71.2\vec{W}_{M_4}+69.9\vec{W}_{MS_4} \quad (16)$$

对规则全日潮流海区

$$\vec{L}_{\max}=142.3\vec{W}_{M_2}+137.5\vec{W}_{S_2}+438.9\vec{W}_{K_1}+429.1\vec{W}_{O_1} \quad (17)$$ [4]

对不规则半日潮流区和不规则全日潮流区,采用上两式中较大者。式中$\vec{L}$代表潮流水质点的运移距离矢量;其他符号含意同前。计算结果见表7。

表7 各测站点潮流水质点可能最大运移距离

站名	L01		L02			L03			L04		
层位	0.2*H*	0.8*H*	表	0.6*H*	底	表	0.6*H*	底	表	0.6*H*	底
距离(m)	6 602	6 054	10 732	6 127	5 149	10 744	10 434	9 057	8 982	8 542	7 288
方向(°)	302	308	36	54	54	48	48	52	39	39	38

由表7可以看出:水质点的最大运移距离变化趋势明显,由表层到底层逐层递减,表层水质点最大运移距离最大,底层水平点最大运移距离最小,中层介于两者之间。表层水质点最大运移距离出现在L02测站,为10 732 m,方向为36°。中层水质点最大运移距离出现在L03测站,为10 434 m,方向为48°。底层水质点平均运移距离出现在L03测站,为9 057 m,方向为52°。各层各测站点的水质点最大运移距离均为涨潮流方向。

3.6 余流

这里的所谓余流是指从实测海流中扣除潮流后各种海水流动的总和。本次观测各测站不同层位的余流列于表8。从表中可以看出:最大余流出现在L01测站的0.2*H*层,余流流速为0.09 m/s;最小余流出现在L03测站的表层和0.6*H*层,余流流速均为0.005 m/s。计算结果表明:本海区余流速度很小。

表8 各站点层位平均余流

站名	L01		L02			L03			L04		
层位	0.2*H*	0.8*H*	表	0.6*H*	底	表	0.6*H*	底	表	0.6*H*	底
流速(m/s)	0.09	0.019	0.063	0.061	0.052	0.005	0.005	0.007	0.011	0.015	0.015
流向(°)	220	208	311	311	311	116	4	186	89	65	69

4 结语

本文从实际项目出发，以大量的实测数据入手对潮流水文数据进行调和分析，详细地描述了潮流数据的调和分析方法。码头、航道等港口工程的设计、施工以及运营受潮流的类型、潮流的运动形式、流速、流向等水文要素影响很大，正确的监测方法、先进的监测仪器以及合理的调和分析都能直接决定水文要素的结果，并最终决定港口工程的设计是否合理和营运期的安全运行。因此，加强水文要素监测和分析方法的探讨和研究对港口的建设运营具有非常重要的理论价值和现实意义。

参考文献

[1] GB 12898—1991 国家三、四等水准测量规范[S].

[2] JTJ 203—2001 水运工程测量规范[S].

[3] GB 12763.1 海洋调查规范 总则[S].

[4] GB 12763.2 海洋调查规范 海洋水文观测[S].

基于时域反射仪的盐碱土与细砂垂向含水率对比测定试验

戴长雷[1,2]　吕雅洁[1,2]　李欣欣[1,2]　李治军[1,2]

(1. 黑龙江大学水利电力学院,哈尔滨　150080;2. 黑龙江大学寒区地下水研究所,哈尔滨　150080)

摘　要　采用对比试验,利用 TDR 测定盐碱土及细砂含水率。试验得出一系列盐碱土和细砂含水率变化数据,分析得出土质对相同环境下盐碱土和细砂含水率的垂向变化的影响。验证 TDR 测量盐碱土和细砂含水量的适用性。

关键词　时域反射仪;盐碱土;细砂;土壤含水率;测定

1　引言

土壤水分对土体物理力学指标的影响非常大,在水文、气象和农业科学领域土壤水分含量测定中是必不可少的基本资料[1]。TDR(Time Domain Reflectometry,时域反射仪法)是一种较精确测定土壤含水率的方法,使用操作方便灵活,可适用于不同用途的土壤水分测量[2-6]。

本文采用 TDR 法对盐碱土及细砂两种不同类型土壤对比进行土壤含水率测定,通过试验数据分析对比盐碱土和细砂在相同环境下含水率的垂向变化差异,验证 TDR 测量盐碱土和细砂含水量的适用性。

2　试验设计

2.1　试坑设计

试验地点为哈尔滨黑龙江大学。哈尔滨全年平均气温 2 ~ 4 ℃,平均最高气温 8 ~ 10 ℃,平均最低气温 -2 ℃,平均相对湿度 65% ~ 70%,冰期长达半年之久。4 月的哈尔滨依然寒气袭人,月平均气温 6 ℃,平均最低气温 -2 ℃,相对湿度 50% ~ 55%,多风少雨,气候干燥,积雪陆续融化。

试验场地选在黑龙江大学校内气象站,四周无高大建筑和树木的遮挡,远离学校的教学和生活区,周围有铁网围墙,减少了外界环境对试验的干扰,确保了试验的准确性。

试验采用柱状土体测量土壤垂向含水率,开挖两个 1.0 m × 1.0 m 的正方形试验坑,将试验盐碱土和细砂装入试坑内形成试验用的两个土柱,并用塑料布将试验用土与基坑底部土壤和基坑侧壁土壤分隔开,阻止试坑与周围土壤的水分流动,仅保留上层界面与外界保持水分流通,避免侧向水分流动对土壤含水率的影响。

试验共设置两个人工开挖试坑，采取盐碱土和细砂填充，对照试验。两试坑设置情况如表1所示。

表1 试坑设置情况

试坑号	形状及直径(m)	填埋土壤类型	深度(m)
试坑Ⅰ	正方形 $D=1.0$	盐碱土壤	0.7
试坑Ⅱ	正方形 $D=1.0$	细砂土	0.8

2.2 土壤处理

试验分别采用均质细砂和黑龙江安达闭流区的盐碱土。盐碱土自安达闭流区取回后，经过筛分处理，去除大颗粒杂质并筛分形成均质盐碱土，装入1 m深基坑内，填充深度约为0.7 m。对比试验中用的均质砂，也是经过筛分后形成的均质细砂。将盐碱土和细砂逐层放入试验坑中，并逐层压实即为试验用土柱体。

2.3 监测项目及监测仪器

监测项目包括土壤含水率及其他影响土壤含水率的气象要素共5项，详见表2。

表2 监测项目与监测仪器

监测项目	盐碱土和细砂含水率	日降水量	日蒸发量	空气湿度	风速
监测仪器	TRIME－T3 管式 TDR 土壤含水率测量系统	SM1 型雨量计	AM3 型蒸发皿	ZJ1 型自记温湿度器	风速仪

测量土壤含水率采用TRIME－T3管式TDR土壤含水率测量系统。该系统可埋设多组测量测管，还包括一组TDR LEVEL读数，可通过度数标定后显示土壤含盐量。仪器测深最大为3 m。T3探头的测量范围为0至田间含水率；含水率0～40%时测量精度为±2%，含水率40%～60%时为±3%；被测量物电导率0～1 dS/m。表层探头测量范围为0～70%；含水率0～40%时测量精度为±1%，含水率40%～70%时为±2%；被测量物电导率0～2 dS/m。

降雨量测量采用气象场内SM1型雨量计。测量颈口直径200 mm，内部储水瓶容量2 000 mL。雨量器安置在空旷平坦的气象场内，周围无影响降水测量的障碍物，口缘离地面700 mm高，盛水器口保持水平。每日8:00与20:00观测两次，使用雨量杯测量当日降水量。

AM3型蒸发皿逐日监测试验场地的蒸发量。铜皿口径φ200 mm，深度约110 mm。皿边壁上装有倒水小嘴，口缘带有刃口。铜皿上配有栅栏形的防禽圈。

ZJ1型自记温湿度器，测量每日空气湿度。温度范围：－35～45 ℃，精确度：±1 ℃，湿度范围：30%～100% RH。

使用气象场的风速仪测量风速及风向。

2.4 监测时间与监测频率

试验从4月27日开始，到5月11日结束，共监测15 d，监测盐碱土和细砂不同深度含水率数据720条。每日3组含水率数据经算取平均值后得到240条土壤含水率数据。

每日20:00读取时域反射仪所测量试坑内盐碱土和细砂5 cm、25 cm、40 cm、60 cm四个不同深度的含水率。测量时将T3探头放入事先布置好的测试管中,每日读取数据时,读取第一组数据后将探头转动60°,读取第二组数据,再将探头转动60°后,读取第3组数据,求其平均值记为当日数据。每日8:00读取ZJ1型自记温湿度器所记录空气湿度,记录当日空气湿度变化范围。每日8:00与20:00观测两次,测量当日降水量和蒸发量,试验过程共记录降雨量数据、蒸发量数据各15条。

3 成果分析

3.1 试验成果

汇总持续监测15日的试验数据,对监测数据进行分析后选取有效数据。从4月27日到5月11日,逐日对盐碱土和细砂含水率的监测数据各汇总60条,如表3所示,对影响土壤含水率的气象要素如降水、蒸发、湿度、风速等测量值60条如表4所示。

表3 土壤含水率逐日变化

监测日期	试坑Ⅰ				试坑Ⅱ			
	5 cm	25 cm	40 cm	60 cm	5 cm	25 cm	40 cm	60 cm
4月27日	31.4	26.3	10.3	11.3	7.3	10.8	11.8	23.4
4月28日	33.5	25.9	11.9	12.9	9.8	12.8	13.7	27.2
4月29日	35.7	29.5	13.1	14.4	9.8	13.4	14.9	28.5
4月30日	32.1	23.3	11.8	12.3	6.9	12.5	13.5	25.9
5月1日	33.1	26.7	12.3	12.9	8.3	11.3	13.7	29.3
5月2日	49.7	31.1	12.8	13.4	14.9	18.9	19.5	40.5
5月3日	42.9	28.3	12.6	13.6	12.5	16.8	19.0	49.0
5月4日	17.6	20.9	26.1	51.6	48.1	29.6	13.3	13.5
5月5日	41.9	37.9	18.2	14.7	15.8	22.2	46.5	57.1
5月6日	30.0	30.5	24.6	23.2	25.1	29.3	39.9	45.6
5月7日	37.5	40.1	18.2	13.6	15.2	21.5	47.1	50.9
5月8日	34.7	39.9	22.0	14.4	14.8	20.9	47.8	50.9
5月9日	34.1	40.2	18.3	13.7	14.8	20.4	46.5	52.3
5月10日	30.0	40.0	19.2	13.9	14.7	20.1	44.0	51.5
5月11日	23.7	33.6	15.1	13.4	13.3	19	43.9	46.1

3.2 土壤含水率随深度变化特征

根据汇总数据,绘制连续监测的15 d内盐碱土和细砂在相同环境下含水率沿深度变化曲线15组,如图1所示。

表4 影响土壤含水率的各气象要素逐日变化

监测日期	降水量(mm)	蒸发量(mm)	空气湿度(%)	风速(10分钟平均)(m/s)
4月27日	0	39	50~60	2.1
4月28日	1	26	70~86	2.5
4月29日	0	24	57~65	1.8
4月30日	0	52	55~61	2.8
5月1日	15	24	51~81	2.0
5月2日	36	0	45~110	2.5
5月3日	1	97	100~110	6.0
5月4日	164	0	90~115	0.6
5月5日	0	0	82~90	1.1
5月6日	0	6	60~82	0.8
5月7日	0	6	70~105	1.0
5月8日	0	10	45~90	1.0
5月9日	8	0	50~85	0.6
5月10日	0	5	50~65	0.8
5月11日	0	39	55~61	2.1

由图1对比分析，当土壤深度均较小的时候，因两种土壤的渗透特性有较大差异，所以在相同条件下浅层土壤含水率的值相差较大[7]，深度较大的时候，土体接近饱和，渗透速率较低，两种土壤入渗的差异性不大。

以两种土壤4月27日含水率为初始含水率，在无降水情况下，盐碱土与细砂的含水率变化随深度的变化趋势并无明显改变。4月28日、5月1日少量降水后，根据曲线对比可知，深度较浅的盐碱土含水率会明显增加，而沿深度并无大幅变化。砂土垂向含水率会随着降水而均匀增加。5月4日，大量降水后细砂含水率随深度迅速均匀地增加，而盐碱土表层含水率迅速增长，深层含水率直至5月5日才发生变化。

细砂与盐碱土含水率在外界环境改变时的变化，与土壤性质不同有关。盐碱土孔隙度含水率均因土壤盐碱化而降低，影响水分的渗透，致使降水过后的盐碱土壤不能迅速渗透，而是表面积留水分。

3.3 土壤含水率随时间变化特征

根据汇总数据，绘制连续监测的15 d内土壤含水率变化曲线，5 cm、25 cm、40 cm、60 cm四个不同深度含水率随时间变化如图2~图5所示。

以4月27日为初始含水率，由图2~图5通过对两组试验数据的分析可知，浅层细砂及盐碱土与外界降水、蒸发量变化趋势基本吻合。土壤深度达到40 cm后，因细砂渗透性较好，而盐碱土的吸水速度慢，透水性差，所以降水时，40 cm深度盐碱土含水率变化，要滞后于40 cm深度细砂含水率变化。当土壤深度达到60 cm后盐碱土含水率将保持在较低状态，与外界降水、蒸发影响不大。

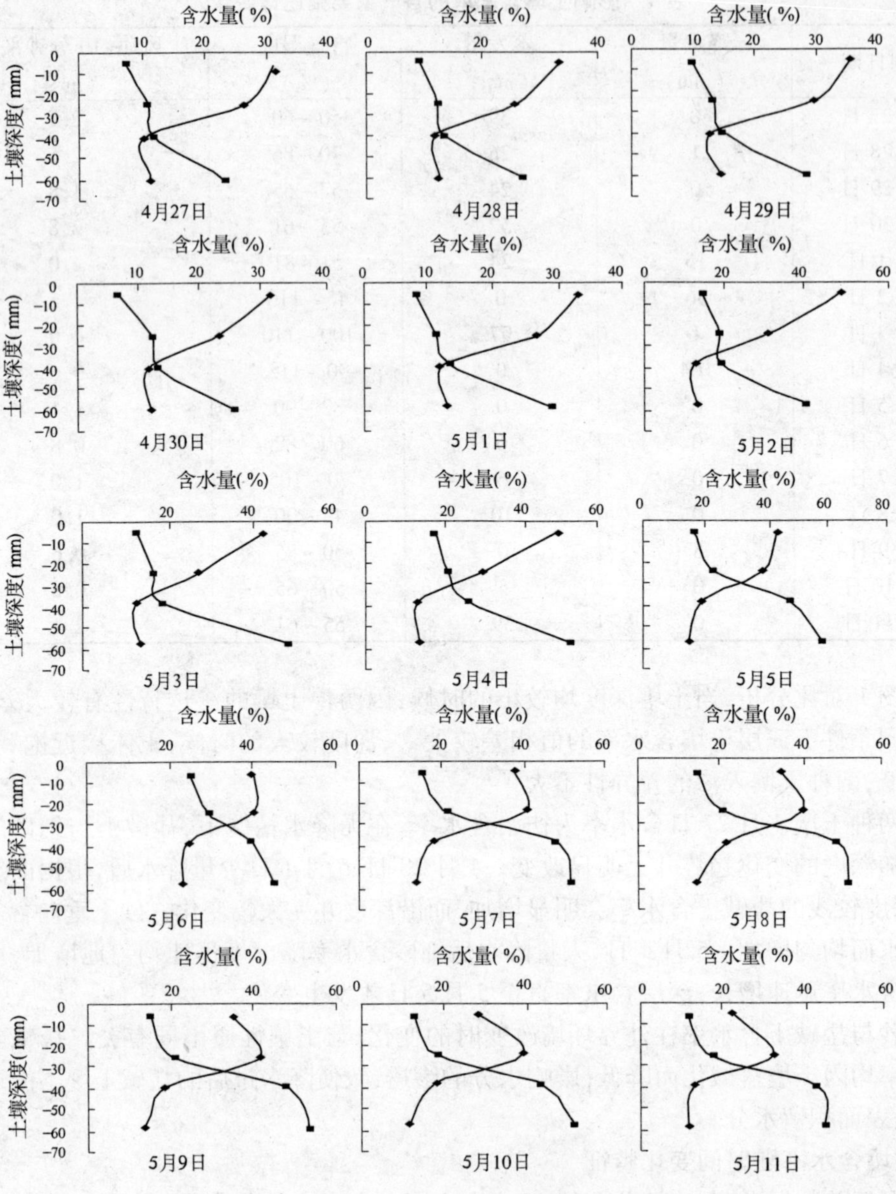

图1 盐碱土与细砂含水率随深度变化曲线

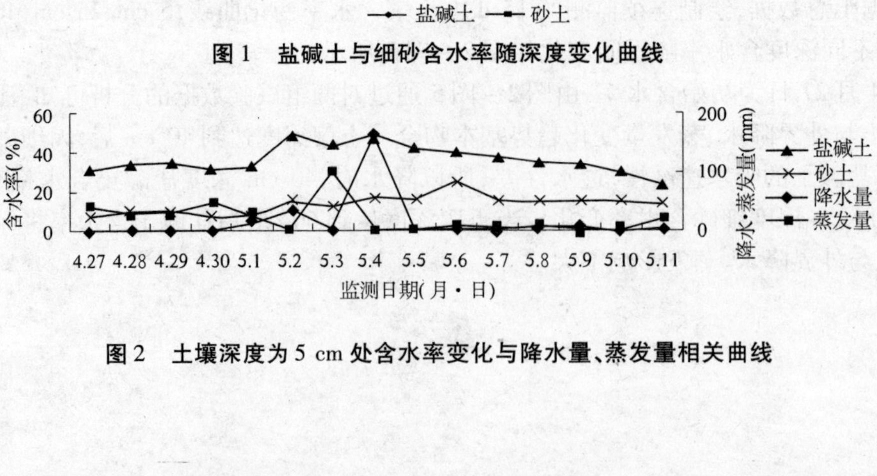

图2 土壤深度为5 cm处含水率变化与降水量、蒸发量相关曲线

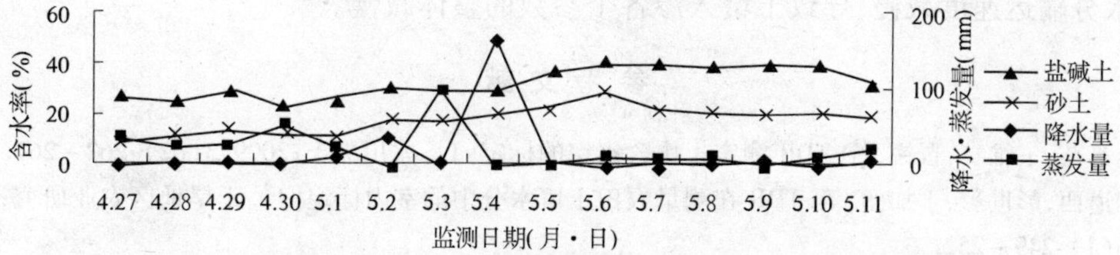

图3　土壤深度为25 cm处含水率变化与降水量、蒸发量相关曲线

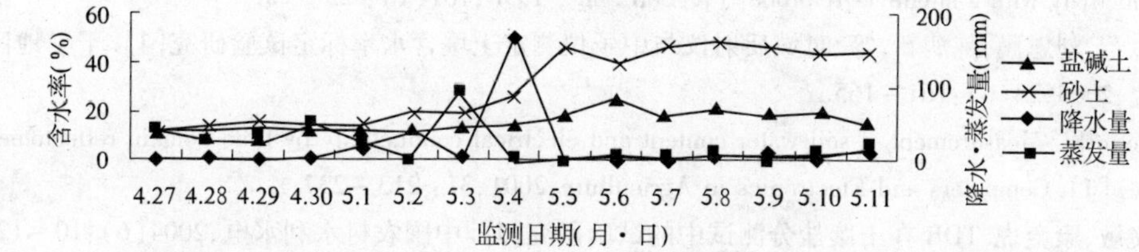

图4　土壤深度为40 cm处含水率变化与降水量、蒸发量相关曲线

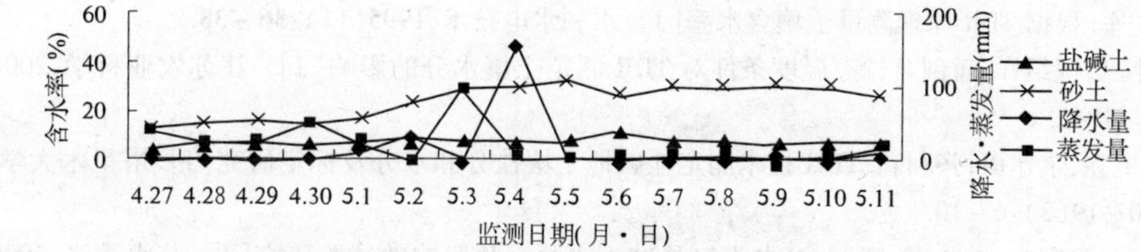

图5　土壤深度为60 cm处含水率变化与降水量、蒸发量相关曲线

3.4　试验方案

试验前充分考虑了试验环境和条件对数据的影响,采取塑料布将试验用土与基坑底部及侧向土壤分隔开,并全程监测影响土壤含水率的其他因素。但是试验过程中仍然遇到了一些问题,如降水后试坑表面雨水无法及时排除,盐碱土对TDR测量土壤含水率的影响,风速和日蒸发情况与试坑条件的参照性不强,这些问题都对正常监测和数据的准确性产生了影响,在以后的试验中应进行改进。

3.5　TDR的适用性

使用TDR测土壤含水率,可以准确地测定未冻结土壤含水率。该方法可以定位测量,重复测定一点的土壤含水率而不破坏土壤结构[8]。但在应用TDR野外测定土壤水分时,会受到土壤环境条件的影响,如土壤温度、土壤类型等,而且土壤各层次的影响程度和大小各不相同[9]。TRIME－TDR技术能适用于大多类型的土壤[10-12]。

4　结论

4月27日试验数据为初始含水率,表层细砂因其土质疏松,孔隙率大,受日照及风力条件影响蒸发较快,而盐碱土吸水速度慢,透水性差。因此,受两种土壤土质影响,表层细砂含水率较低,盐碱土壤表层在降水后存在积水现象,入渗困难,含水率偏高。在外界水分大量补给的情况下,盐碱土空隙减小,进而土壤的导水性和透水性相对减弱,也就是土壤的水分输运速度减慢,导致土壤入渗各个参数的整体减慢。

参考文献

[1] 吴月茹,王维真,晋锐,等. TDR 测定土壤含水率的标定[J]. 冰川冻土,2009,31(2):262-267.

[2] 李道西,彭世彰,丁加丽,等. TDR 在测量农田土壤水分中的室内标定[J]. 干旱地区农业研究,2008,26(1):249-252.

[3] Noborio K, Mcinnes K J, Heilman J L. Measurement of soil water content, heat capacity, and thermal conductivity with a single TDR probe[J]. Soil Sci., 1996,161(1): 22-28.

[4] 尹志芳,刘恩民,陈炳新,等. 时域反射仪与中子仪测定土壤含水率标定试验研究[J]. 干旱地区农业研究,2005,23(6):161-165.

[5] Noborio K. Measurement of soil water content and electrical conductivity by time domain reflectometry: A review[J]. Computers and Electronics in Agriculture,2001,31: 213-237.

[6] 马文敏,康金虎. TDR 在土壤盐分测试中的试验研究[J]. 中国农村水利水电,2004(6):10-12.

[7] 王宇,韩兴,赵兰坡,等. 苏打盐碱土结构性与持水特性的改良研究[J]. 吉林农业大学学报,2006,28(5):545-548.

[8] 程先军. 根据 TDR 原理测量土壤含水率[J]. 水利水电技术,1995(11):36-38.

[9] 姜小三,倪绍祥,潘剑君,等. 温度条件对 TDR 测定土壤水分的影响[J]. 江苏农业科学,2004(4):102-104.

[10] 席琳乔,余建勇,张利莉. TDR 技术测定盐碱地土壤盐分和水分及标定研究[J]. 塔里木大学学报,2007,19(3):6-10.

[11] 罗朋,张富仓,李晓军,等. 入渗水头对盐碱土水盐运移影响的试验研究[J]. 节水灌溉,2006(6):4-7,11.

[12] 张智慧,康尔泗,金博文,等. TRIME-TDR 技术在黑河流域观测试验中的应用[J]. 冰川冻土,2003,25(5):574-579.

深海 Spar 平台升沉板阻尼的试验研究*

王春宝　柳淑学　滕　斌　李金宣　李广伟

（大连理工大学海岸和近海工程国家重点实验室，大连　116024）

摘　要　本文对深海 Spar 平台中不同厚度升沉板在不同弹性系数的弹簧拉力作用下进行了自由振荡的试验研究，分析了升沉板在不同的振动初始位移、不同的振动频率条件下的黏性阻尼系数和附加质量系数。将试验所得的位移时间历程应用差分法得到自由振动的速度和加速度；然后根据 Morison 公式，利用最小二乘法对试验数据进行拟合，得出各种情况所对应的黏性阻尼系数和附加质量系数；并分析了随着初始幅值和频率变化时，黏性阻尼系数和附加质量系数的变化情况。

关键词　Spar 平台；黏性阻尼；试验研究

1　前言

随着全球人口的增加与当今科学技术的发展，人类生存空间逐步向海洋拓展。目前已探明的海洋石油储量 80% 以上在水深 500 m 以内，而全部海洋面积的 90% 以上的水深在 200 ~ 6 000 m，所以大量的海域面积还有待查明。深海油气资源的开发是未来能源开发的主要方向之一。同时，各种新型的采油平台也纷纷出现，为了减少结构物的激振运动，需要在设计这些新型结构物时使其自然频率远离波浪功率谱的最大频谱。

Spar 平台是一种用于深海石油的开采、生产、处理加工和储存的平台结构形式[1]。升沉板作为 Spar 平台的重要构件，安装在平台主体的底部，可以大大减小平台的垂荡运动。升沉板可为平台提供额外水动力阻尼并提高其附加质量，使 Spar 平台获得很大的运动附加质量，在满足平台运动性能要求的同时，减少吃水、增大了垂荡周期，从而大幅度地降低平台的建造成本，经济性显著提高[2]。Johnson 和 Prislin 等[3] 曾分别对多块、单块垂荡板的水动力系数进行过自由衰减方面的试验研究，并得到附加质量系数的经验公式。Tao Longbin[4] 针对打孔垂荡板的水动力特性受到垂荡幅值和频率等的影响做过试验研究。Krish[5] 用数值方法研究了板厚对阻尼的影响。深入研究升沉板的阻尼系数以及附加质量系数对升沉板的优化设计具有重要的理论指导价值和广泛的工程应用前景，但至今关于升沉板的阻尼和附加质量的计算尚无公认的统一计算方法。

本文结合实际工程应用，进行了单块升沉板在水下的自由震荡试验，分析了升沉板在不同状况下的阻尼系数以及附加质量系数，可为今后平台升沉板的设计与计算提供参考依据。

* 本文得到国家科技重大专项课题项目的支持。

2　试验条件

2.1　试验仪器及模型布置

试验在大连理工大学海岸和近海工程国家重点实验室的非线性波浪水槽(长60.0 m,宽4.0 m,深2.5 m)中进行,水槽的工作水深为0.2~2.0 m,试验水深为1.6 m。

根据具体深海Spar平台的直径尺寸及试验所用设备的条件,在不影响试验模拟效果的情况下,模型中使用的升沉板为正方形的普通玻璃板,边长为400 mm,并选择了四种不同厚度的升沉板。与常用的Spar平台升沉板比较,试验模型比尺约为1∶100。

试验为方形升沉板在静水中、弹簧的拉力作用下做竖直方向上的自由振动。具体的试验布置见图1,用螺丝杆穿过升沉板中心,并将其两者用螺母固定;然后分别在螺丝杆两端连接相同弹性系数的弹簧,并将弹簧固定在水槽的顶部和底部;在上部弹簧和顶部固定处连接一个拉压传感器1,同样对应底部位置连接拉压传感器2,用以测量升沉板振动过程中的恢复力;在升沉板上固定一个加速度传感器,用以测量升沉板振动过程中的加速度;在水槽的边缘处安放一个高速摄像机,用以获取升沉板振动的位移。试验水深为1.6 m,升沉板所处水深为0.8 m。

(a)模型布置示意图　　(b)模型布置照片

图1　试验布置示意图

2.2　试验方法

根据Morison公式,试验所测的升沉板垂荡结构系统运动方程表示为[3]:

$$(M+\rho L^3 C_a)\ddot{X}+\frac{1}{2}\rho C_d L^2|\dot{X}|\dot{X}+KX=0 \tag{1}$$

式中:M为系统的质量;C_a为附加质量系数;C_d为黏性阻尼系数;L为升沉板的边长;K为弹簧的弹性系数;X、$\dot{X}$、$\ddot{X}$分别为升沉板运动的位移、速度和加速度。

升沉板在垂荡运动中引起的小振幅流动,主要取决于两个无量纲参数K_C(Keulegan－Carpenter Number)和Re(Reynolds number)[6,7]:

$$K_C = \frac{2\pi a}{L} \tag{2}$$

$$Re = \frac{a\omega L}{\upsilon} \tag{3}$$

式中：L 为升沉板的直径；a 和 ω 分别代表振幅和频率；υ 是流体运动的黏性系数。

为了求得附加质量系数 C_a 和黏性阻尼系数 C_d，可以通过试验测定震荡过程中的位移、速度和加速度，然后代入到式(1)中进行求解，但是这种同时获得位移、速度和加速度的方法十分困难，而且大大增加了试验成本和技术难度。基于现有的试验条件和合理性，本试验通过对高速摄像机采集的影像进行处理得到升沉板在自由衰减运动中位移的时间历程，然后经过两次差分，分别得到相对应的速度和加速度。将试验测得的加速度与通过求导得到的加速度进行比对，则确定出由差分法得到的速度和加速度的合理性。将得到的位移、速度、加速度代入到式(1)中，然后选取振动过程的第2～3周利用最小二乘法进行拟合，即能得出附加质量系数 C_a 和黏性阻尼系数 C_d。

为了进一步考察所用差分方法和最小二乘法的准确性，将某一组试验数据利用最小二乘法进行计算拟合，得到 C_a 和 C_d。令

$$\frac{1}{2}\rho C_d L^2 |\dot{X}| / (M + \rho L^3 C_a) = 2\varepsilon,\ K/(M + \rho L^3 C_a) = \omega_0^2 \tag{4}$$

则有阻尼的自由振动方程可以表示为：

$$\ddot{X} + 2\varepsilon\dot{X} + \omega_0^2 X = 0 \tag{5}$$

解微分方程(4)得：

$$x(t) = \mathrm{e}^{-\varepsilon t}\left(x_0 \cos\sqrt{\omega_0^2 - \varepsilon^2 t} + \frac{v_0 + \varepsilon x_0}{\sqrt{\omega_0^2 - \varepsilon^2}} \sin\sqrt{\omega_0^2 - \varepsilon^2 t}\right) \tag{6}$$

将初值 x_0、v_0 和已知的 K、M 以及所得到的 C_a 和 C_d 代入到上述式中，可以得到位移随时间变化的表达式。然后对其两次求导，最终得到位移、速度、加速度随一定时间间隔的离散值，然后再利用最小二乘法重新拟合出 C_a' 和 C_d'。计算发现 C_a' 和 C_d' 与 C_a 和 C_d 的误差小于2%，证明了本试验所采用的差分法和最小二乘法计算黏性阻尼系数与附加质量系数的准确性。

3 试验结果

试验所用水深为1.6 m，升沉板所处位置为0.8 m。试验包括在3种不同弹簧刚度拉力作用、4种不同初始幅度、4种不同升沉板厚度下的情况，具体的试验参数见表1。

表1 试验参数

水槽	弹簧系数	升沉板厚度	初始幅值
面积 4 m×60 m	K_1 333.3 N/m	t_1 3 mm	a_1 40 mm
水深 1.6 m	K_2 400 N/m	t_2 4 mm	a_2 60 mm
板所在的位置深度 0.8 m	K_3 600 N/m	t_3 5 mm	a_3 80 mm
板边长 0.4 m		t_4 7 mm	a_4 100 mm

3.1　位移、力、加速度的时间过程

以 $K_3t_4a_1$ 为例,经过试验数据处理,在弹簧系数为 600 N/m,升沉板厚度为 7 mm,初始幅值为 40 mm 的情况下,升沉板在自由振动过程中试验测得所受到的拉力以及位移的时间历程如图 2 所示。

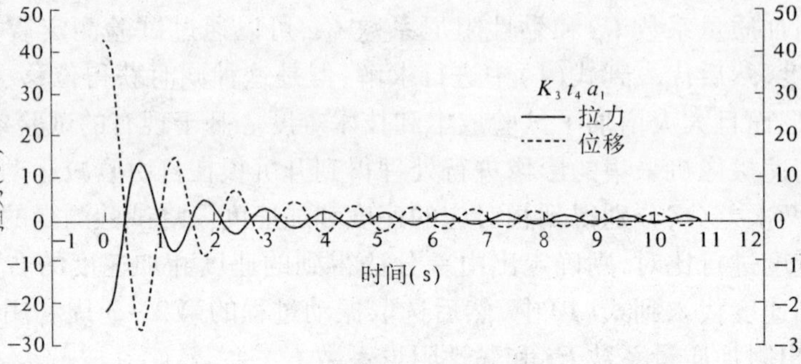

图 2　拉力和位移的时间历程($K_3t_4a_1$)

通过对试验所得的位移,经过两次差分得到加速度。为了验证差分方法的准确性,将计算得到的加速度值与试验中实测的加速度值进行对比,如图 3 所示。粗线表示计算值,细线表示实测值,结果显示,加速度计算值和实测值能比较好的吻合,同时也验证了差分方法的可行性以及试验结果的准确性。

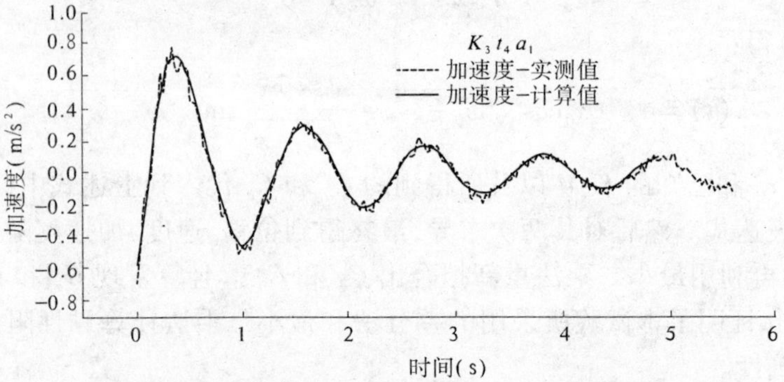

图 3　加速度实测值和计算值的对比($K_3t_4a_1$)

3.2　水动力系数分析结果

试验中,使用了三种不同弹性系数的弹簧,随着弹簧系数的增大,自由振动的周期减小,频率增大。图 4 和图 5 分别为 4 种不同厚度的升沉板在 3 种弹簧作用下,K_C 数分别为 0.63、0.94、1.26、1.57 时所对应的黏性阻尼系数 C_d 和附加质量系数 C_a 值。

由图 4(a)可以看到,对于同一板厚度而言,随着 K_C 数的增大,C_d 值逐渐减小。对于不同厚度的升沉板而言,t_1 厚度所对应的 C_d 值基本与 t_2 相同或者略小于 t_2,而 t_3 和 t_4 与之相比较则是板厚度越大所对应的 C_d 值越小。图 4(b)和(c)与(a)具有一致性。但是随着 K(弹簧系数)的增大,即振动周期减小、频率增大时,整体而言 C_d 值也会相应的增大。

图 5 给出了不同板厚度对 C_a 值的影响。由图 5(a)可以看到,对于同一厚度的升沉板而言,随着 K_C 的逐渐增大,C_a 值逐渐增大。而对于厚度不同的升沉板,C_a 值并没有多大的

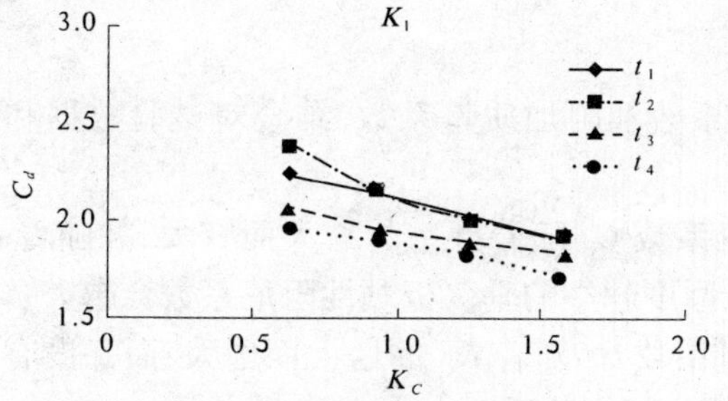

(a) K_1=333.3 N/m

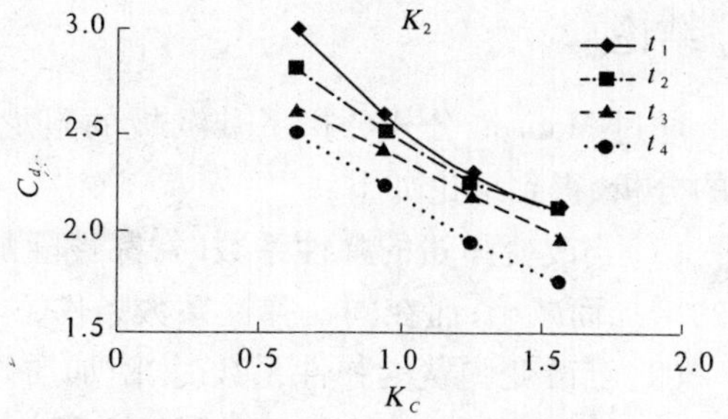

(b) K_2=400 N/m

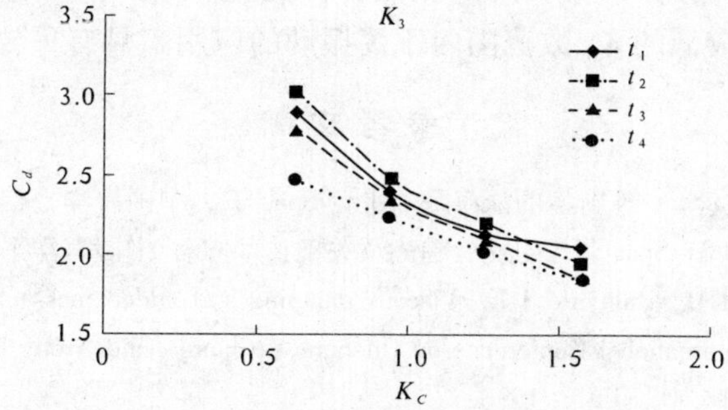

(c) K_3=600 N/m

图 4 不同弹性弹簧作用下,板厚度对 C_d 的影响

变化。结合图 5 中的(a)、(b)、(c)整体来看,相同的 K_C 值所对应的 C_a 值基本相同;不同的弹簧系数 K 所对应的 C_a 值基本相同,即振动频率发生变化时,C_a 值并没有随之改变。

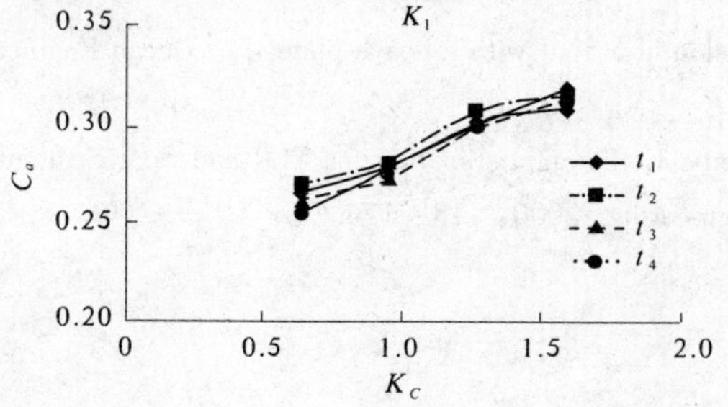

(a) K_1=333.3 N/m

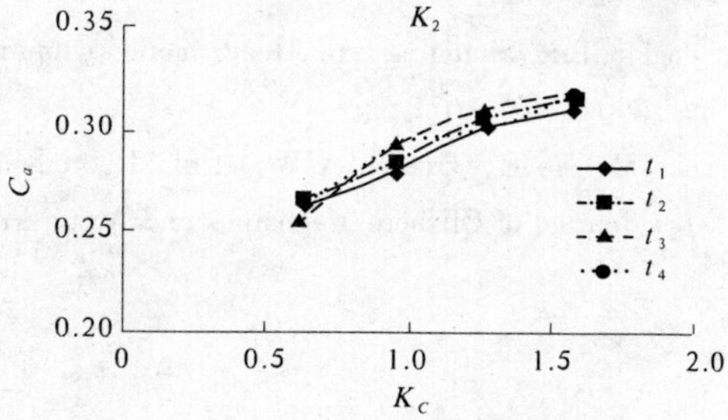

(b) K_2=400 N/m

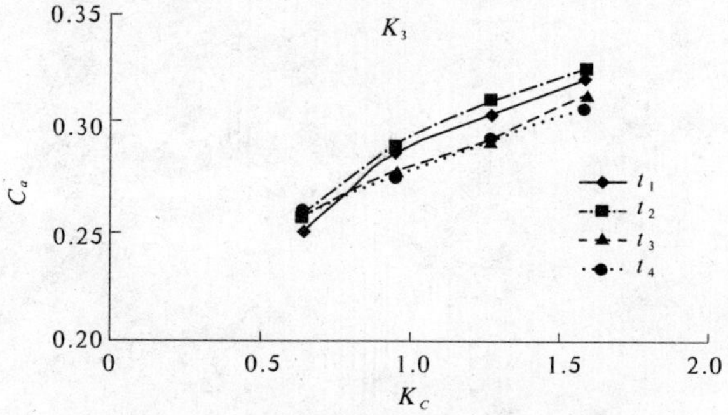

(c) K_3=600 N/m

图 5 不同弹簧作用下,板厚度对 C_a 的影响

4　结论

通过 Morison 公式分析了升沉板的阻尼系数和附加质量系数,结合对试验数据和结果的分析,得到结论如下:

(1)当改变弹簧的弹性系数时,黏性阻尼系数 C_d 随着频率的增大而变大,并随着 K_C 数的增加而减小;而在同一弹性系数条件下,厚度越小的垂荡板黏性阻尼系数会越大。

(2)当改变弹簧的弹性系数时,附加质量系数 C_a 随着 K_C 的增大而增大,而并没有随频率改变而发生改变,结果显示附加质量与震荡频率关系不大。

(3)垂荡板在较低的 K_C 数和周期较低时,都能产生相对较高的黏性阻尼,这对于深海 Spar 平台能够在较低的 K_C 数范围内垂荡振动的应用上具有重要意义。

参考文献

[1] 张智,董艳秋,芮光六. 一种新型的深海采油平台 Spar[J]. 中国海洋平台, 2004, 19(6):29 - 35.

[2] 张帆,杨建民,李润培. Spar 平台的发展趋势及关键技术[J]. 中国海洋平台, 2005, 22(2):9 - 13.

[3] Prislin I, Blevins R D, Halkyard J E. Viscous damping and added mass of solid square plates[C]// Proceeding of the International Conference on Offshore Mechanics and Arctic Engineering. Lisbon, Portugal: ASME, Fairfield, NJ, USA, 1998.

[4] Tao Longbin. 深水平台上垂荡阻尼板的水动力特性实验研究[C]//第十三届中国海洋(岸)工程学术讨论会论文集, 2007:67 - 73.

[5] Thiagarajan Krish P. Influence of heave plate geometry on the heave response of classic spars[C]// Proceeding of OMAE'02 21st International Conference on Offshore Mechanics and Arctic Engineering, 2002: 621 - 627.

[6] Longbin Tao, Shunqing Cai. Heave motion suppression of a Spar with a heave plate[J]. Ocean Engineering, 2004: 670 - 671.

[7] Lake M, He H, Troesch A W, et al. Hydrodynamic Cofficient Estimation for TLP and Spar Structures [J]. Journal of Offshore Mechanics and Arctic Engineering, 2000: 118 - 124.

中国第4次北极科考冰情可视监测系统快速固定方法*

常 婷 柳 鹏 傅先平

（大连理工大学，大连 116024）

摘 要 本文根据冰面裂缝可视监测技术设计、改进，以期用更简便快捷的方式实现极地环境中的船侧 CCD 走航冰情断面厚度监测；直升机航拍技术无人值守；冰面融池形态连续监测记录。这些技术改进可以保证在新的极地科考中最大程度地获取可视图像数据，并且将在中国第4次北极科考中应用。

关键词 北极；科学考察；海冰；厚度；密集度；融池

1 前言

近年来，由于全球气候急剧变化，中国北方和极地海冰的研究受到越来越多的关注。表征冰情的重要参数包括冰厚度、冰密集度和冰面裂缝等，获取这些参数最直接的方法就是现场测量，但由于冬季恶劣的环境气候条件限制了人类的活动和降低了设备的性能，获取直接数据非常困难，而且数据有时不系统、不连贯，难以进行统计分析[1]。如 2008 ~ 2009 年冬季大庆水库冰面裂缝发育可视监视受到摄像机高度限制。经过总结极地海冰可视监测技术并进行改造，技术具备雏形，但 2009 ~ 2010 年冬季降雪不断，又覆盖了冰面，无法直接发现冰裂缝。回顾极地海冰的可视监测技术也存在一些缺陷。我们根据冰面裂缝的技术改进，反过来改进极地冰情可视监测技术，以期在 2010 年中国第4次北极科考中得到应用。这些改进包括船侧 CCD 监视系统可以根据实际情况调整倾斜拍摄，将海冰厚度信息更多地包括在所获取的图像内；改进 CCD 保护箱使摄像机的拆卸快速简便；直升机航拍系统能够完成定时拍摄，并由 GPS 记录拍摄点的位置，数据同照片叠加和保存；用数码相机跟踪融池的连续变化，获得融池形态的时空变化。

2 技术原理

2.1 船侧 CCD 监测走航路线冰情固定系统

中国第19次、第21次、第22次南极科考和第2次、第3次北极科考中使用船侧录像自动记录走航路线上冰层厚度。中国第3次北极科考在船侧安装了 JVC GZ - MG575AC

* **基金项目**：2009 年大连理工大学大学生创新项目（2009145），国家自然科学基金（40930848），国际极地年中国行动计划——第四次北极考察项目。

数码摄像机,垂直向下捕捉破冰船通过冰层时破碎冰块的横断面。当船在有冰海域行驶时,冰层被破冰船压碎,破碎的冰块沿船外侧滑动,并随船体宽度增加在船中部的外侧位置翻转,破碎冰层完整断面可以露出水面。为获取冰厚度的绝对值,在船侧水位线附近位置放置了一个已知直径的红球作为参照物,摄像的场景包括破碎冰块横断面及参照球。参照球的直径已知,在获取的图像中分别测出参照球直径和冰层厚度,通过比例可以求出海冰的实际厚度[2]。CCD 架水平杆可在水平方向上转动,便于研究人员检查摄像机和下载录像。为防水防冻,用一个密封的长方形铁盒作为保护箱放置摄像机。摄像机通过螺丝固定在一个铁片上,再将铁片安装在保护箱中靠近玻璃板处的凹槽内,使得摄像机得到固定。此装置存在一定的局限性:①摄像机架外伸长度有限,这样在摄像机捕捉的画面中,船身占有较大比例(有的甚至占据图像的 75%),拍摄海冰断面情况有限,失去一些捕捉机会;②为保证气密性,保护箱后盖和玻璃板均用螺丝固定。当研究人员要检查摄像机时,需要将保护箱后盖打开,拆掉摄像机与电源的连接导线,才能拿到摄像机,操作过程十分烦琐。

因此,我们将 CCD 架做了如下改进,如图 1、图 2 所示。为得到 CCD 架在实际操作中的倾角,进行了多组试验来确定 JVC GZ－MG575AC 的视角。首先将摄像机水平固定好,在距离摄像机 L 的墙面上垂直固定钢尺,使钢尺落于摄像机视野中间,调整摄像机焦距改变其视角。借助墙上的钢尺,可以读出摄像机竖直方向可以覆盖的长度 H,则摄像机半视角 $\tan\beta=\dfrac{H}{2L}$。试验所得半视角 β 的变化范围在 2°～17°。在实际拍摄过程中,如图 3 所示,AB 为 CCD 架伸出船外部分,可绕 A 在竖直面内转动,设摄像机在某一视角下 AB 的倾角为 α。在 B 点固定摄像机,摄像机机身垂直于 AB。摄像机至海平面 CD 的垂直距离在 8 m 左右。为减小船身所占比例,CE 段的距离控制在 2 m 左右为佳。当摄像机半视角为 2°时,$\alpha=0$,即摄像机垂直向下即可满足要求;当摄像机半视角为 17°时,根据几何关系 $\tan(\beta-\alpha)=\dfrac{AB\cos\alpha}{8-2}$,可得 α 约为 12°。所以,CCD 架倾角 α 在 0～12°内改变。实际拍摄时,选择一个清晰的画面,根据此时的视角由上述公式获取 AB 倾角,调整 CCD 支架。

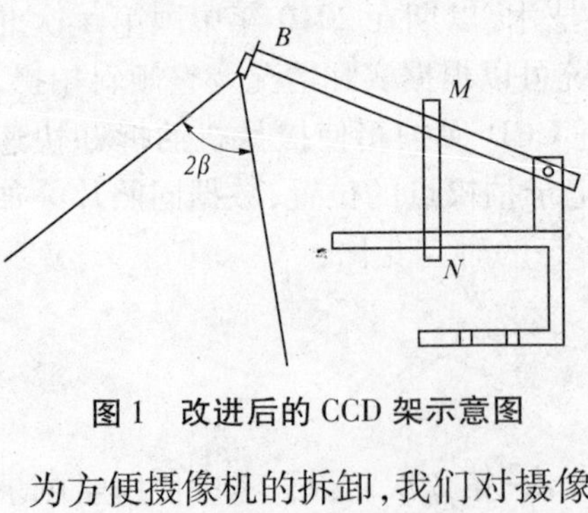

图 1　改进后的 CCD 架示意图

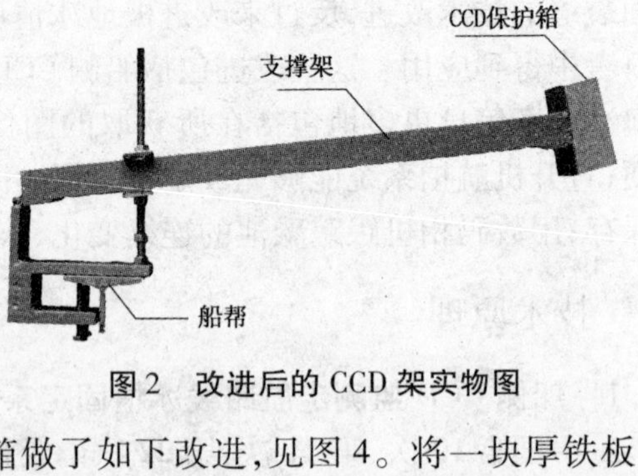

图 2　改进后的 CCD 架实物图

为方便摄像机的拆卸,我们对摄像机保护箱做了如下改进,见图 4。将一块厚铁板、保护箱底部及 CCD 架通过螺丝固定在一起,将摄像机通过螺丝固定在一块 L 形铁板上,再将 L 形铁板通过螺丝固定在磁性表座上。磁性表座可以直接吸附在厚铁板上,也就固定在了保护箱中。我们进行了一组试验来测定磁性表座与铁板之间的静摩擦力,试验得平均静摩擦力为140 N,远远大于摄像机重量,所以使用磁性表座可以解决摄像机的固定问题。当研究人员要检查摄像机时,只需将保护箱的上盖打开,旋转磁性表座旋钮即可取出摄像机,十分方便。

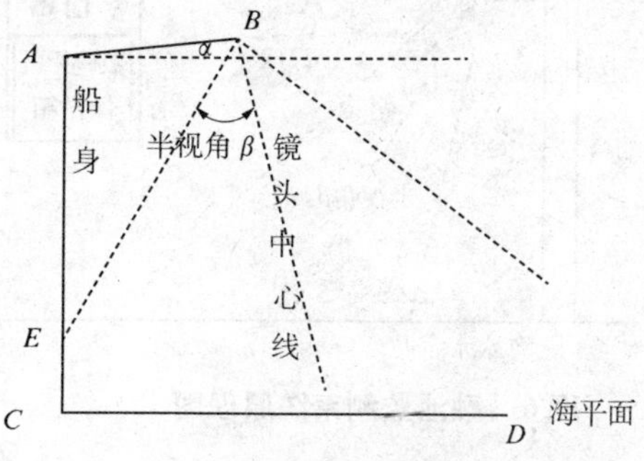

图3 改进后的船侧CCD架视角及拍摄范围

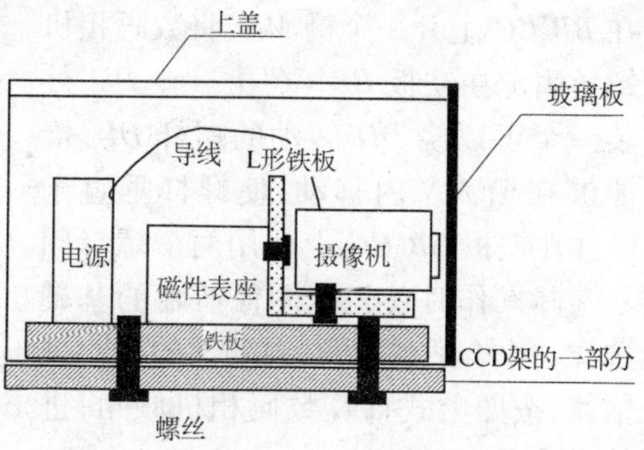

图4 改进后的CCD保护箱剖面图

2.2 直升机航拍固定方法

中国第2次、第3次北极科考,第19次,第21次南极科考中,运用了直升机航拍技术获取了大量海冰冰情参数,见图5。具体方法为:在专用的塑料密封箱内安装照相机和录像机,然后把铁箱固定在直升机左侧,由信号电缆把塑料箱内的设备和直升机内的计算机连接,由计算机控制相机的工作状态和图像储存,同时在塑料密封箱内安装GPS设备记录当时的经纬度。该方法需要科考人员登上直升飞机启动电脑通过控制计算机拍摄图像。为节约人力,本次改进为采用Nikon D5000数码照相机,其直接连接GPS,可以实现用相机本身程序控制拍摄,并将GPS位置数据同照片叠加,加上外接电源,就不再需要科考人员登上直升机,实现无人值守。固定GPS及数码照相机的塑料密封箱原理同图4,方便拆卸。

图5 直升机航拍固定系统

2.3 融池形态变化监视系统固定方法

为得到海冰厚度及融池形态的时空变化,本次极地科考采用冰面裂缝拍摄方式,在冰面上架设6 m高伸缩塔,使用数码相机垂直向下拍摄来获取其形态的时空变化。由于拍摄高度有限,如果遇到较大面积的融池,所获取的融池信息不连贯。为了扩大拍摄范围,对此固定方法做了如下改进,如图6所示。由几何关系可知,拍摄范围 $PQ=\dfrac{6}{\tan(\alpha-\beta)}-\dfrac{6}{\tan(\alpha+\beta)}$。使用Nikon P6000数码相机拍摄,现场要根据融池大小调整摄像角度,所以数码相机的倾角也要随实际情况调整。同测量数码摄像机JVC GZ - MG575AC视角一样,进行多组试验测量Nikon P6000半视角范围,经计算,为7°~23°。基本原理:在伸缩塔上部用螺丝固定一个直角铁板 $DD'AA'BB'$，铁板 $BB'CC'$ 和 $BB'AA'$ 在 BB' 处由碟铰连接，即铁板 $BB'CC'$ 可以绕 BB' 转动，并在 $BB'CC'$ 上开一个槽 MN，将数码相机用螺丝固定在铁板 $BB'CC'$ 上。在 DD' 处安装一个可以绕 DD' 转动的螺杆 DE，恰好能够在槽 MN 内移动，使螺杆垂直于 MN，并在铁板 $BB'CC'$ 上下用两个螺母固定。实际操作时首先在图像清晰的基础上选择一个合适的视角，对融池的大小进行估算，按照上式计算数码相机倾角，进行拍摄。

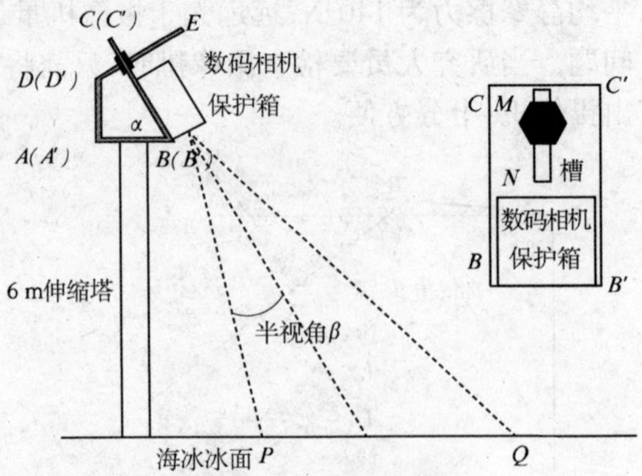

图 6　融池监测系统原理图

3　讨论

船侧 CCD 监视走航系统固定装置采用磁性表座固定摄像机、摄像机倾斜拍摄方法，该方法使得摄像机的拆卸极为简便。因为摄像机倾斜拍摄，所以后期处理时必须要考虑到图像变形的影响，这个问题在理论和实践中已得到解决[4,5]。

直升机航拍固定装置中，采用自动拍摄的方法。此方法实现了无人值守，但是数码相机参数在直升机飞行之前无法确定，起初需要科研人员随机观测几次，以保证最好的拍摄效果。

在融池形态变化监测系统中，由于数码相机采用倾斜拍摄，在后期图像处理中必须要考虑图像的变形问题[4,5]。此外，伸缩塔与融池之间的距离要适宜，过远得到的图像范围有限，过近会有融池扩大导致伸缩架倾覆的可能性存在。

参考文献

[1] Richard J H, Nick H, Peter W. A systematic method of obtaining ice concentration measurements from ship-based observations[J]. Cold Regions Science and Technology, 2002, 34: 97 – 102.

[2] 卢鹏，李志军，董西路，等. 基于遥感影像的北极海冰厚度和密集度分析方法[J]. 极地研究，2004，16(4)：317 – 323.

[3] 雷瑞波，程言峰，郭井学. 利用 CCD 成像技术进行渤海海冰观测讨论[J]. 海洋预报，2008，25(4)：71 – 77.

[4] 卢鹏，李志军，哈斯 · 克里斯蒂安. 从船侧倾斜拍摄图像中提取海冰密集度的方法[J]. 大连海事大学学报，2009，35(2)：15 – 18.

[5] Lu Peng, Li Zhijun. A method of obtaining ice concentration and floe size from shipboard oblique sea ice images[C]. IEEE Transaction on Geoscience and Remote Sensing, 48(7), DOI: 10.1109/TGRS.2010.2042962.

流速仪和五孔探针在大型低扬程泵站测流中的应用

郑　源　韩更生

(河海大学水利水电学院,南京　210098)

摘　要　本文结合南水北调东线工程某泵站机组的改造,运用流速仪和五孔探针进行测流试验,测量结果表明,两种方法绝大多数工况下相对误差小于2%,测流规律一致,均适用于此类泵站的测流。

关键词　泵站;现场测流;流速仪;五孔探针

1　引言

南水北调工程是解决我国北方水资源严重短缺的重大战略举措,其东线一期工程在原有泵站的基础上,需要新建21座泵站,新安装大型水泵95台(套),总装机功率23.39万kW[1]。由于南水北调泵站具有扬程低、流量大的特点,且一般带有较短且形状较为复杂的进出水流道,因此给现场测流带来了更多的困难。目前,泵站测流常用的方法有流速仪法、盐水浓度法、差压计法等[2,3]。这些方法在测试精度、安装的繁简程度、测试工作量大小等方面各有特色,但至今尚没有一种公认的既简便可靠,成本较低,又具有较高精度的测试方法。某大型泵站是南水北调东线主力泵站,采用轴流式机组,额定扬程7.8 m,为我国较早建成的大型泵站,刚刚完成机组的技术改造,是国内具有一定典型性的泵站。我们同时运用五孔探针法与流速仪法对该泵站进行效率测试试验,进而对两种方法进行比较,为此类泵站的测流试验提供一定经验。

2　五孔探针法测流原理

五孔探针法采用流速面积法,测流断面选择在水泵叶轮进口前附近,流速分布较为均匀,已经得到数值计算和大量模型实测资料的验证。通过五孔测针可以很准确地测得水泵叶轮进口前的三维流速分布,继而求得轴向流速分布,由此再经数学积分就可计算出测流断面的过流量,即单机流量。

五孔探针测试装置示意图见图1,五孔探针与液流夹角的关系见图2。

测流时将装置布置在半肘形弯管进水流道的椎管上,测流断面布置在泵叶轮的进水侧,位于叶轮室进口法兰下方26 cm处。

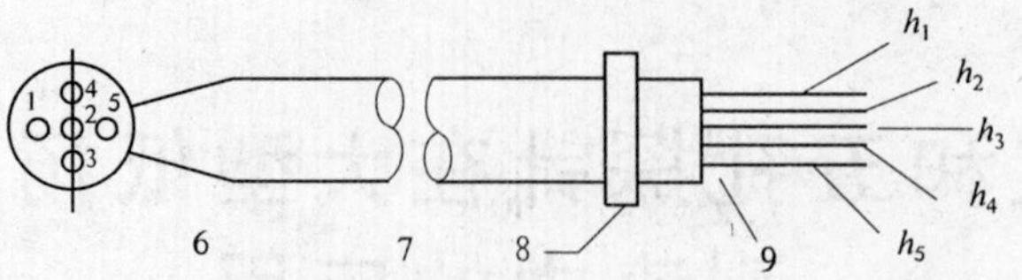

1～5—侧压孔;6—探针头;7—连杆;8—装向刻度盘;9—侧压接出管

图1　五孔探针测试装置示意图

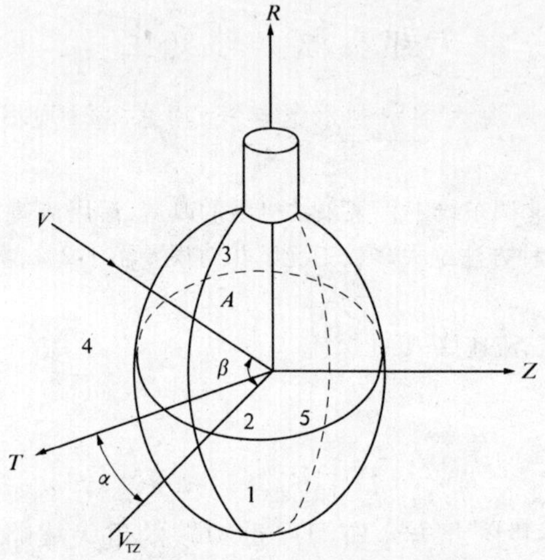

图2　五孔探针与液流夹角的关系

测试时,把五孔探针放入到流场中的待测位置,绕支杆轴线转动探针,当使4、5号两测压孔压力相等时,通过读数,可记录下角度 α 及各测压孔的感压值 h_1、h_2、h_3 和 h_4。

β 角的计算:为求出液体的速度,还需要确定出 β 角的值。通过计算校正系数 K_β,根据 K_β 在五孔探针预先标定的校正曲线上查得 β 角的值,K_β 的计算公式为:

$$K_\beta = \frac{h_3 - h_2}{h_2 - h_4} = \frac{h_{31}}{h_{24}} \tag{1}$$

式中:h_2、h_3、h_4 为各测压孔的感压值。

β 角求出后,就可以求出液流速度 V,以及液流的3个分速度:切向速度 V_T、轴向速度 V_Z 和径向速度 V_R。各量的计算公式为:

$$V = \sqrt{\frac{\gamma}{\rho}}\left(\frac{h_{31}}{K_{31}} + \frac{h_{24}}{K_{24}}\right) \tag{2}$$

$$V_T = V\cos\alpha\cos\beta \tag{3}$$

$$V_Z = V\sin\alpha\cos\beta \tag{4}$$

$$V_R = V\sin\beta \tag{5}$$

式中:ρ 为气体的密度;γ 为压力计中液体的比重;K_{31}、K_{24} 为动压校正系数,可在事先标定给出角度 β 与校正系数 K_β 的关系校正曲线上查得。

为了在尽量短的量测时间里增加测点数量,提高测流精度,设计了计算机数据采集与处理系统。

3 流速仪法测流原理

3.1 测流原理

流速仪是一种装有转轮的仪器。当水流作用在仪器桨叶上时,旋桨将产生回转运动,螺旋桨有四个叶片,其中两个反光面,当桨叶转动一周时,发出两个脉冲信号, 然后经导线传递给计算机,通过率定水槽而事先确定的回转率 n 与流速 V 之间的函数关系,即 $V=f(n)$,可计算出水流速度。

流速仪法测流基于速度面积法,测流时必须在断面上布设测速垂线和测速点,以测量断面面积和流速,测速方法一般采用积点法。

根据现场情况,本次测试测流断面布设在进口闸门槽处。

3.2 测点布置

在速度梯度大的边壁附近,测点间距应小些;在流道中间部分,流速分布较均匀,测点间距可大些。本次测量的两个进水口支架每个设 7 条测速垂线,每条垂线设 8 个测点,共 112 个测点。

总的支架面积是 2.5 m×2.4 m,但考虑到排挤系数,最后有效面积整合为单孔面积 5.28 m^2。

3.3 流量计算

流量是根据各测点流速仪的测量而得到整个测流断面的流速大小分布状况,由此获得断面的平均流速, 然后乘以断面面积, 即可得到流量。断面的流量可用逐次图解积分法求得,即

$$Q=\int_0^h \mathrm{d}h\int_0^b V\mathrm{d}b \tag{6}$$

式中:h 为测流断面的高度或水的深度;b 为测流断面的宽度。

其中边界流速可采用插补法求得,插补流速 V_x 由卡门定律导出公式:

$$V_x=V_a\left(\frac{X}{a}\right)^{\frac{1}{m}} \tag{7}$$

式中:V_a 是已知最边壁一个测点的实测流速值;a 为该点离边壁距离;X 为补插点至管壁距离;m 值一般为 4~10,对于粗糙壁,m 用小值,而光滑壁取大值。

4 测流结果与误差分析

4.1 测流结果

测流泵站扬程低、流量大、流道短,两个侧壁平行,流道顶、流道底渐变收缩,由于泵站引河内设有倒 Y 形导流墩及底坎的整流工程措施,消除了进水引河内水流的大尺度回旋和泥沙淤积[5]。测流比较采用流速仪法与五孔探针法同步测流的方法。为保证测流结果的可靠性,测试流量的范围包括 −2°、0°、+2°三种叶片角度,进行共 17 个工况的测流比较。相对偏差

$$\varepsilon=(Q_1-Q_2)/Q_2\times 100\% \tag{8}$$

式中:Q_1 为五孔探针法所测流量;Q_2 为流速仪法所测流量。

各叶片角下试验测试数据见表 1 ~ 表 3。

表 1　现场测试数据(叶片角度 -2°)

扬程 h(m)	五孔探针 Q_1(m^3/s)	流速仪 Q_2(m^3/s)	相对误差(%)
9.13	10.51	10.357 5	1.472
8.88	10.93	11.037 6	-0.975
7.76	12.08	12.294	-1.693
6.63	13.21	13.298	-0.662
6.11	13.76	13.696 6	0.463
4.79	14.69	14.455 7	1.621

表 2　现场测试数据(叶片角度 0°)

扬程 h(m)	五孔探针 Q_1(m^3/s)	流速仪 Q_2(m^3/s)	相对误差(%)
9.01	11.51	10.915 4	2.456
8.75	11.79	11.932 1	-1.197
7.75	12.93	12.832 2	0.775
6.66	14.10	13.997	0.736
6.05	14.60	14.395	1.439
4.98	15.71	15.331	2.494

表 3　现场测试数据(叶片角度 2°)

扬程 h(m)	五孔探针 Q_1(m^3/s)	流速仪 Q_2(m^3/s)	相对误差(%)
8.82	11.84	11.616 7	1.935
7.67	13.80	13.530 8	2.024
6.74	14.80	14.481 1	2.205
6	15.29	14.995 4	1.996
5.2	16.38	16.079 8	1.842

4.2　误差分析

由流量测试结果可以看出,两种测流方法三种叶片角下绝大多数工况的流量相对偏差的绝对值小于 2%,且最大小于 3%,对于相对误差比较大时,一方面是由此时进出水口水面的波动影响大且紊流比较多造成进水口的回流比较复杂,影响了流速仪旋桨的旋转;另一方面,是水流中的气体含量改变复杂,对无孔探针水压力的稳定准确测量有复杂的影响。不同叶片角度下的两种方法流量测量值随扬程变化的相对误差见图 3。

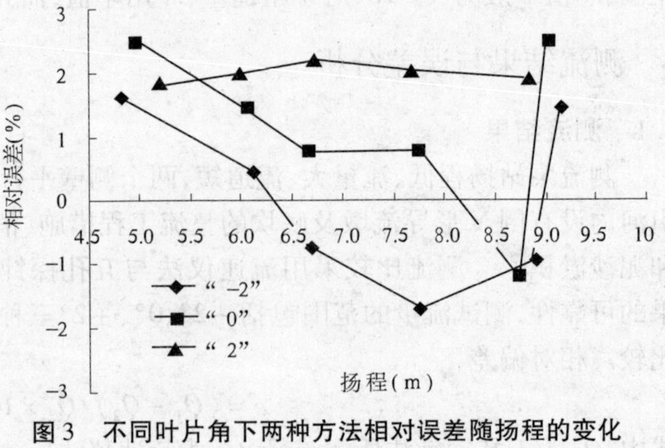

图 3　不同叶片角下两种方法相对误差随扬程的变化

根据现场情况，流速仪法的综合误差主要是测试现场中的支架布置在闸门槽中，水流中的杂质比较多，不同工况时，杂质的运动变化复杂，影响水流正常流动或卡住流速仪转桨，对测量的稳定性影响比较大。五孔探针的综合误差主要来自水中气体的影响，低扬程时影响尤为严重（见表4）。

表4 现场测试方法综合误差比较

测试方法	五孔探针法	流速仪法
综合误差（%）	±1.924	±2.03

5 结语

（1）通过两种方法的实测可以看出，两种方法的测流结果在绝大多数工况下相对误差绝对值小于2%，且测流规律一致，两种方法均适用于此类泵站测流。

（2）全方位校准的五孔探针进行流量测量，精度较流速仪法高，实用性强，仅需在水泵叶轮进口前的座环上沿圆周方向钻小孔，稍加处理即可安装测针进行测量，十分简便，对生产无任何影响，随时可以实施。但数据处理复杂，由于手工计算无法与数采系统配合进行现场处理，因此必须采用自动处理法得到所需流场，但随着处理技术的改进，可广泛应用于类似大型泵站现场测试中。该方法对于进水流道复杂的泵站比较适合。

（3）流速仪法稳定可靠，数据处理相对比较简单，但前期的准备工作较多，测流费用和设备费用较高，且对测流的水质有一定要求。若测流现场水流含杂质较少且水流比较稳定，流道比较规整，可选用此法。

参考文献

[1] 刘宁. 南水北调工程水泵模型同台测试[M]. 北京：中国水利水电出版社，2006.

[2] 刘曼，胡毓麟. 某泵站的现场测试及结果分析[J]. 排灌机械，2004，22(4)：31－34.

[3] Dong Y, Lakshminarayana B. Rotating probe measurements of the pump passage flow field in an automotive torque converter[J]. ASME J Fluids Eng, 2001, 123(1):81－91.

[4] Treaster A L, Yocum A M. The calibration and application of five-hole probes[J]. ISA Transactions, 1979, 18(3):23－34.

[5] 汤正军. 江都抽水站引河流态改善的模型试验[J]. 排灌机械，2007，25(6)：42－45.

混流式机组效率及振动试验研究

郑 源 翟晓娟

(河海大学水利水电学院,南京 210098)

摘 要 结合浙江某水电站5号机组2009年进行的机组减振增容改造,以及对水轮机转轮、发电机定子进行的更新改造,为验证改造后转轮效率特性及机组稳定性,对5号机组进行全面测试,试验结果表明,经改造后水轮机效率及机组稳定性均有一定的提高。试验实测的效率值与由转轮特性曲线得出的效率值变化规律一致,最高效率为95.78%,比改造前同水头下效率高出约1.25%。振动试验所测得不同工况下机组各部分振动及摆度幅值基本控制在允许值范围内。

关键词 机组改造;效率试验;振动试验

1 引言

针对当前水电厂运行年代久远,受当时设计、制造水平限制,水轮机抗汽蚀、抗磨损、抗振动性能差[1],加之设备日益老化,水轮机运行条件恶劣,存在安全隐患。因此,全世界范围内水电站都在有计划地进行水轮机改造更新,使得机组能够长期安全可靠地运行,以保证用电需求和供电质量。在机组的各项改造中,水轮发电机组的增容改造投资省、见效快、收益高,并能提高水能利用率和机组安全运行水平,缓解电力紧缺[1]。文献[1]中显示,对15个国家已进行增容改造的389台水轮发电机的调查表明,绝大部分经过增容改造的水轮发电机可靠性和经济性与一台新的水轮发电机一样好。

到1994年底,据不完全统计,全国13个水电厂(站)39台水电机组经过多年的技术改造,在原总的最大出力305.35万kW的基础上,改造成总的最大出力为347.65万kW,增加出力达42.3万kW,提高了13.8%[3]。到21世纪,转轮的改造在各水电站更为常见:葛洲坝水电站[4]、东江水电站[5]、丰满水电站[6]、湖南镇水电站[7]等均进行了水轮机转轮的增容改造,经机组运行表明,改造后的水轮机效率及稳定性均有不同程度的提高。

本文所述浙江某水电站在投产后的运行中,发现机组在某些运行工况中,机组有较大的振动,威胁机组的安全运行。为此,曾对机组各部位的振动进行了全面的测试,经大修,大轴增加10只中心补气阀及恢复原有的吸出管补气,通过尾水锥管更换不锈钢里衬以及尾水管基础清渣等措施,改善了机组的运行状况。近期又对机组进行了减振增容改造,对水轮机转轮、发电机定子进行了更新改造,为验证改造后机组的整体运行稳定特性和转轮效率特性,对其进行了全面测试。

本次改造主要将机组额定容量从原来的114.286 MVA增加到133.33 MVA;此外,发电机型号、额定电流、额定功率因数均有相应的提高。

2 试验原理

2.1 效率试验

水轮机效率试验是评价水轮机性能的重要指标，利用模型综合特性曲线根据相似理论换算所得的水轮机运转特性曲线是否能正确地反映原型机组的运行性能，是全行业最关心的问题之一[2]。

水轮机的效率可用下式表示：

$$\eta = \frac{P}{9.81QH} \tag{1}$$

式中：P 为水轮机输出功率，kW；Q 为水轮机流量，m^3/s；H 为水轮机水头，m。

由此可见，进行水轮机的原型效率试验时，实际上是测定水轮机的流量、水头和发电机的输出功率。

（1）水轮机输出功率。发电机输出的有功功率即是水力机组的输出功率，是水力机组效率计算的重要数据之一，试验中需作精确地测量，其测量的准确度，取决于测量方法和使用测量仪器的精度。

实际上，发电机的效率达不到100%，上述公式中所涉及的 $P = N_g/\eta_g$，N_g 为所测发电机输出功率，η_g 为发电机效率，通过发电机的效率特性曲线查得，本次试验取 $\eta_g = 0.979$。

（2）水轮机流量。水轮机流量可由下式求得：

$$Q = K\sqrt{\Delta H} \tag{2}$$

本次试验机组的水轮机蜗壳流量系数根据以往测量经验，取 $K = 17.331$。若测得蜗壳差压 ΔH，则由式（2）可求出流量 Q。

（3）水轮机水头。水轮机水头定义为水轮机进口断面与尾水管出口断面的总能量之差，可用下式表示：

$$H = \left(z_1 + \frac{P_1}{\gamma} + \frac{\alpha_1 V_1^2}{2g}\right) - \left(z_2 + \frac{P_2}{\gamma} + \frac{\alpha_2 V_2^2}{2g}\right) \tag{3}$$

式中：z_1 为水轮机安装高程，m；P_1 为蜗壳进口压强，MPa；V_1 为蜗壳进口断面平均流速，m/s；z_2 为尾水位高程，m；P_2 为尾水管出口压强，MPa；V_2 为尾水管出口断面平均流速，m/s；γ 为水的重度，N/m^3；α_1 为蜗壳进口断面流速分布不均匀系数；α_2 为尾水管出口断面流速分布不均匀系数；g 为当地重力加速度，m/s^2。

取 $\alpha_1 = \alpha_2 = 1$，$g = 9.81\ m/s^2$。

通过测定蜗壳进口压力，可由式（3）求出水轮机工作水头。

由于在试验过程中水头有所波动，因此计算时取其平均水头，并将流量及水轮机输出功率换算成平均水头流量和功率，换算公式为：

$$\overline{H} = \sum_{i=1}^{n} H_i/n \tag{4}$$

$$\overline{P}_i = P_i\left(\frac{\overline{H}}{H_i}\right)^{3/2} \tag{5}$$

$$\overline{Q}_i = Q_i\left(\frac{\overline{H}}{H_i}\right)^{1/2} \tag{6}$$

式中:H_i、P_i、Q_i 分别为各工况下的水头、功率以及流量;n 为工况点数。

则水轮机的效率为:

$$\eta = \frac{\overline{P_i}}{9.81\ \overline{Q_i}\ \overline{H}} \tag{7}$$

本次效率试验的主要内容为:机组变负荷运行时,改变机组有功负荷,测量机组的有功功率、蜗壳进口压力及压差、上下游水位和导水叶开度等。

2.2　振动试验

近30年来,国内外的一些大中型机组中,部分水轮机出现了不同程度地影响机组安全运行的振动问题。此次试验机组自投产以来,在某些运行工况中,机组有较大的振动,甚至可以听到尾水管中发出的低频“放炮”声,并造成尾水管中补气短管的多次损坏及工作轮叶片裂纹等,威胁机组的安全运行。

本次振动性试验采用北京英华达电力电子工程科技有限公司EN90便携式旋转机械振动分析系统、CWY-04型电涡流传感器、EJA-430型智能压力变送器,以及WT2000DP4S压差变送器(所有检测用仪器设备均经计量认证合格)测得所需数据。

检测系统框图如图1所示。

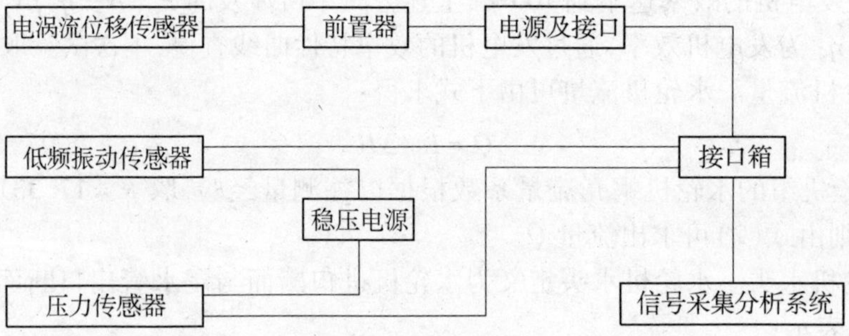

图1　检测系统框图

振动试验主要内容包括:分别在变转速试验、空载变励磁试验、定有功变无功以及机组效率试验(变负荷运行)中随着工况的改变测量各工况点的上机架、推力机架、定子机架等部位的振动;上导、水导、法兰等的摆度及水压脉动、噪声等。

3　试验结果及分析

3.1　效率试验

本次效率试验水头基本保持稳定(控制在93 m±2%范围内),满足效率试验通用条件的偏差不超过平均水头的±2%。在水头为92.92 m时,试验实测效率曲线(见图2)光滑,各工况点没有明显的离散,变化趋势符合理论规律;当水轮机出力在80~120 MW范围内时,水轮机效率在90%以上,高效率区域较宽。因此,在92.92 m水头下,水轮机宜在此范围内运行。

试验实测的效率值与由转轮特性曲线得出的效率值,其变化规律是一致的(见图3),且大部分工况的实测效率值高于理论计算效率值,最高效率为95.78%,发生在导叶开度为80.54%、出力为117.03 MW时。对照改造前本机组效率试验报告知,当换算至平均水头92.92 m时,改造后的水轮机效率较改造前有明显提高(约1.25%)。

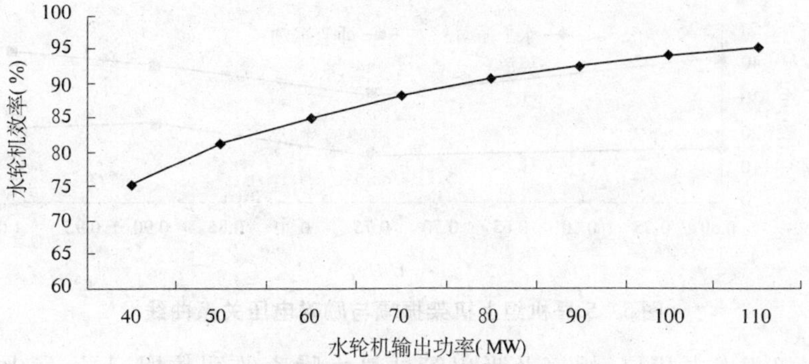

图2　5号机组水轮机效率曲线(H=92.92 m)

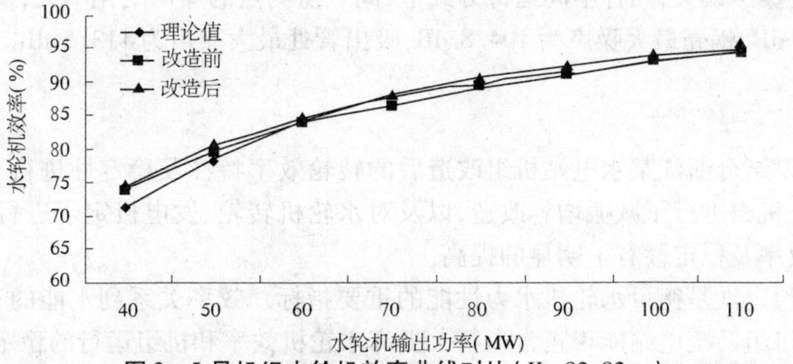

图3　5号机组水轮机效率曲线对比(H=92.92 m)

效率试验的误差:通过对流量计的测量误差、水头测量误差、随机误差的分析和综合得到试验的综合误差为±1.52%,符合国际规程《IEC》规定的±1.5%～±2.5%(置信度95%)的要求,因而所得到的效率曲线是符合要求的。

3.2　振动试验

(1)5号机组经各种运行工况的试验,所测得定子机架、上机架、推力机架以及顶盖的水平振动最大幅值分别为18 μm、42 μm、8 μm、24 μm,各振动幅值均未超过规定的允许值;所测得的上导、水导、法兰处的摆度最大幅值分别为326 μm、383 μm以及679 μm,均未超过规定的允许值,说明安装检修质量完好。

(2)5号机组经变转速试验、空载变励磁试验、定有功变无功试验以及变负荷试验,上机架的水平振动不随机组转速的升高、励磁电流的增加等因素而明显地增大(见图4、图5)。说明该机组的转动部分质量、磁拉力及水力基本平衡。

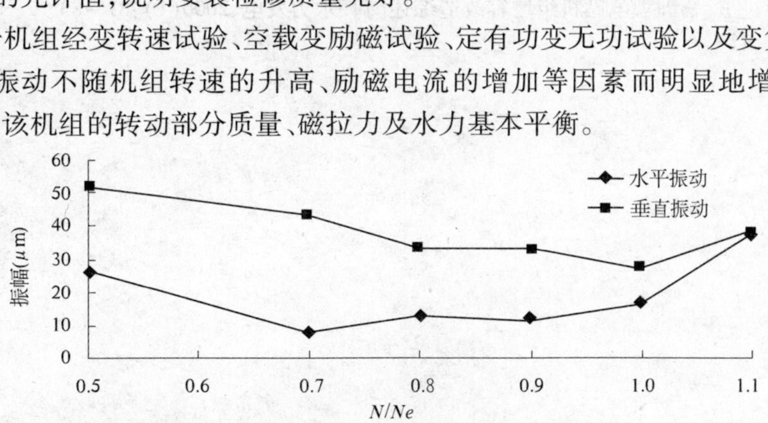

图4　5号机组上机架振幅与转速关系曲线

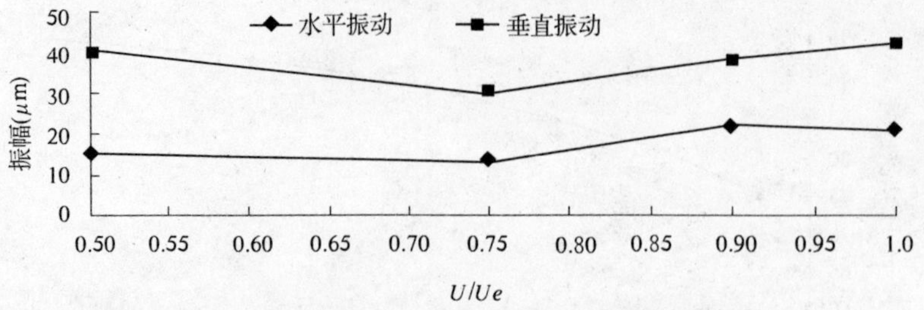

图5 5号机组上机架振幅与励磁电压关系曲线

(3)根据机组发电机层、蜗壳及吸出管处最大噪声监测数据记录,发电机层噪声最小,吸出管处噪声最大;四种不同运行方式下,同一监测点的噪声变化不大;发电机层最大噪声为97.4 dB,蜗壳最大噪声为104.8 dB,吸出管处最大噪声为113.5 dB。

4 结语

本文主要结合浙江某水电站机组改造后的转轮效率特性及稳定性进行了验证,由试验结果可知,机组进行了减振增容改造,以及对水轮机转轮、发电机定子进行了更新改造后,水轮机效率及稳定性有了明显的提高。

效率及稳定性是衡量水轮机水力性能的重要指标。效率关系到水能的利用程度,稳定性关系到机组乃至电站能否正常运行。提高水轮机效率和机组运行的稳定性是电厂减振增容改造的主要目的。增容改造不仅使机组能安全稳定运行,产生直接的经济效益,而且经过增容改造后不仅增加了系统调峰容量,还增加了系统事故备用容量,所产生的社会效益远远大于其直接经济效益。

参考文献

[1] 李吉川.水轮发电机组的增容改造[J].广西电力技术,1999(1):58-60.
[2] 阎宗国,周凌九,孔德铭,等.小浪底水电站1号机组效率试验研究[J].水力发电学报,2007(4):124-128.
[3] 涂长庚,周建中,常黎.谈华中电网水电机组改造和扩机增容[J].湖北水力发电,2002(2):5-10.
[4] 艾友忠,卢进玉.葛洲坝电站机组增容改造综述[J].水力发电,2006(1):81-83.

混凝土磨蚀计及其测量方法

戴晓兵　李延农　刘路平　谢　帆

（中国水电顾问集团中南勘测设计研究院，长沙　410014）

摘　要　在含沙高速水流作用下混凝土表面的侵蚀危及水工建筑物安全，不可掉以轻心，文章介绍了作者研制的混凝土磨蚀计专利产品，介绍了该产品的基本结构、工作原理和使用方法。混凝土磨蚀计适用于水利水电工程泄水建筑物混凝土表面磨蚀深度的测量，2008 年 8 月获得国家知识产权局的专利授权。混凝土磨蚀计的工作原理简单、测量方法简便，是一种值得大力推广的泄水建筑物安全监测仪器，有必要纳入大坝安全监测系统。混凝土磨蚀计已经在向家坝二期导流底孔和三板溪溢洪道的安全监测中成功应用。

关键词　混凝土磨蚀计；测量方法；磨蚀深度测量；专利

1　技术背景

在水利水电工程中，泄水建筑物是必不可少的结构物之一。在高含沙水流或高速水流作用下，泄水建筑物的混凝土表面会产生磨损破坏或空蚀破坏。浅层的磨损或空蚀破坏可能不会对结构带来致命的危害，但随着磨损或空蚀深度的进一步加剧，可能造成水流的边界分离，形成恶劣的水流流态；或者造成结构缝的止水破坏、钢筋外露等各种不利于结构稳定的现象，危及泄水建筑物安全。

为了能够及时掌握泄水建筑物混凝土表面的性状，尤其是洞式泄水建筑物、消力池等不易直接观测的混凝土部位，迫切需要能够测量和监控混凝土表面的磨损或空蚀破坏程度的仪器，以实施实时监控。目前国内外尚无测量混凝土磨蚀深度的相关仪器设备，实际上我国对混凝土表面磨损或空蚀破坏程度并无明确的划分标准。

针对上述存在的问题，我们研制成功了一种用于测量混凝土磨损或空蚀深度的传感器，通过该传感器能够测量出泄水建筑物的混凝土表面在含沙水流作用下产生的磨损破坏深度，或在高速水流作用下产生的空蚀破坏深度。

2　混凝土磨蚀破坏划分标准

混凝土磨蚀破坏具有磨损破坏和空蚀破坏两层含义，是混凝土磨损破坏和空蚀破坏的组合。

混凝土磨损破坏是指泄水建筑物表面在含沙水流的摩擦侵蚀作用下产生的混凝土表面材料的流失。

混凝土空蚀破坏是指由于高速水流中空泡溃灭时产生超声波引起的微射流的冲击作用导致泄水建筑物混凝土表面材料的流失。

由此可知,混凝土磨蚀破坏是指由于含沙水流磨损和空化水流空蚀共同作用导致泄水建筑物混凝土材料的流失。

在含沙高速水流作用下混凝土磨蚀破坏是含沙水流磨损破坏和空化空蚀破坏相结合的过程。其主要特征是:泄水建筑物混凝土表面在含沙水流的作用下,以沙粒磨损为先导,沙粒的冲击、摩擦和切削使混凝土表面出现凹凸不平,形成空化源。空泡溃灭,产生空蚀。混凝土表面粗糙则加剧了水流的紊动,又促使沙粒的紊动能大为提高,从而加速了混凝土的磨损。在磨损和空蚀的共同作用下,形成恶劣的空化水流流态,水流分离明显,水流紊动剧烈,导致恶性循环,进而形成较大的破坏面乃至整体破坏。

自1935年巴拿马麦登坝泄水道进口发现严重破坏以来,泄水建筑物的破坏时有发生。在总结前人经验教训[1]和广泛进行工程调查的基础上,将数据分析和感官印象相结合进行判断,充分考虑混凝土表面磨蚀对混凝土结构物的影响程度,拟定了混凝土表面磨蚀破坏程度划分标准[2](见表1)。

表1　混凝土表面磨蚀破坏程度划分标准

破坏程度划分标准	轻度级(Ⅰ级)	中度级(Ⅱ级)	重度级(Ⅲ级)	破坏级(Ⅳ级)
磨蚀深度 d(mm)	$0<d<20$	$20\leqslant d<50$	$50\leqslant d<100$	$d\geqslant 100$
混凝土表面性状	混凝土表面浅表层粗糙或砂浆层剥离	粗骨料外露,并有磨损痕迹。保护层剥离,偶有钢筋出露	钢筋大量出露,并有磨损痕迹,钢筋偶有剪断或拉断现象	混凝土大面积损毁,钢筋剪断或拉断,结构缝止水破坏

3　磨蚀计工作原理与测量方法

为了测量混凝土磨蚀深度,作者研制成功了一种混凝土磨蚀计。磨蚀计的工作原理简单,测量方法简便,已于2008年8月获得国家知识产权局的专利授权(专利号:ZL200720065086.1)[3]。

3.1　磨蚀计结构

混凝土磨蚀计,包括用混凝土(砂浆)材料制成的本体A、本体内的一根基准导线E,以及多根分别与基准导线连接的引线。各引线与磨蚀计顶面依次存在不同间距,最接近顶面的一段平行于顶面(见图1)。

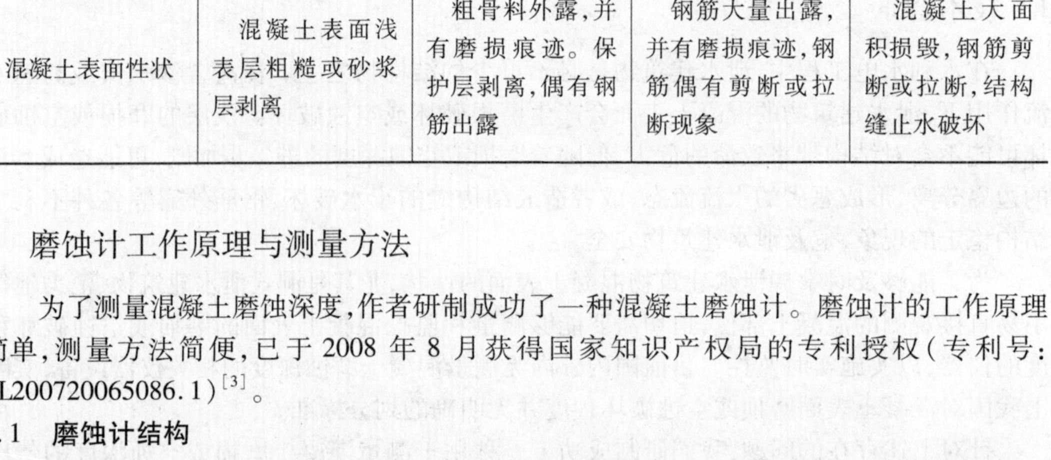

图1　工作原理图与样本照片

3.2 磨蚀计工作原理

磨蚀计垂直安装在被测混凝土材料中,磨蚀计顶面与混凝土表面齐平。初始状态时,基准导线以及各引线之间均处于连通状态。当混凝土表面受到磨蚀破坏时,相应地,磨蚀计也开始从顶部受到磨蚀破坏,随着破坏的深入发展,相应深度的引线与基准导线出现断开状态。通过测量引线与基准导线是否处于连通状态,就可以分级判断混凝土磨蚀深度。

3.3 磨蚀计测量方法

磨蚀计测量方法具体步骤为:

(1)当第一根引线以及其他引线与基准导线均处于连通状态时,混凝土表面未发生磨蚀。

(2)当第一根引线与基准导线断开时,可以判断出混凝土表面开始发生了磨蚀;当第一根引线与基准导线处于断开状态,同时第二根引线以及其他引线与基准导线均处于连通状态时,混凝土磨蚀深度 D 为:$0 < D < d_1$。

(3)当第二根引线与基准导线处于断开状态,同时第三根引线以及其他引线与基准导线处于连通状态时,混凝土磨蚀深度 D 为:$d_1 \leqslant D < d_1 + d_2$。

(4)当第 i 根引线与基准导线处于断开状态,同时第 $i+1$ 根引线与基准导线处于连通状态时,混凝土磨蚀深度 D 为:$d_1 + \cdots + d_{i-1} \leqslant D < d_1 + \cdots + d_{i-1} + d_i$。

(5)依次类推,通过测量引线与基准导线连通或断开状态,就可以分级测量出磨蚀计磨蚀总长度,即混凝土磨蚀深度。

4 磨蚀计的应用

混凝土磨蚀计适用于所有混凝土泄水建筑物过流表面的磨蚀深度测量,如:溢洪道、泄洪洞的溢流面和导墙,消力池底板和边墙,泄水孔和有压洞室,引水渠和泄水渠,其他存在磨蚀破坏的建筑物。

依据表1混凝土表面磨蚀破坏程度划分标准,在磨蚀计的具体实施中,采用5芯水工电缆作为信号输出线,其中1根芯线作为基准导线,另外4根芯线作为引线,每根引线与磨蚀计顶面的间距依次为0 mm、20 mm、50 mm、100 mm。

通过测量引线与基准导线连通或断开状态,就可以分级测量出磨蚀计磨蚀总长度,即混凝土磨蚀深度。例如:当测量得出第三根引线与基准导线断开,同时第四根引线与基准导线连通,则混凝土磨蚀深度 D 为:$d_1 + d_2 \leqslant D < d_1 + d_2 + d_3$,即 $50\ \text{mm} \leqslant D < 100\ \text{mm}$。根据表1得知混凝土磨蚀程度为重度(Ⅲ级),表明钢筋大量出露,并有磨损痕迹,钢筋偶有剪断或拉断现象。

混凝土磨蚀计已经在向家坝二期导流底孔和三板溪溢洪道中采用,并将在向家坝消力池底板、边墙中广泛应用。2009年汛期,混凝土磨蚀计成功地实现了对向家坝二期导流底孔的实时监测。监测结论如下:

(1)导流底孔底板轻度(Ⅰ级)磨蚀;

(2)边墙和顶拱无磨蚀;

(3)导流底孔处于安全运行状态。

5　结语

混凝土磨蚀计的工作原理简单、测量方法简便,适用于水利水电工程泄水建筑物的混凝土表面磨蚀深度测量,混凝土磨蚀计已经在向家坝二期导流底孔和三板溪溢洪道的安全监测中成功应用,是一种值得大力推广的泄水建筑物安全监测仪器,有必要纳入大坝安全监测系统。

参考文献

[1] 水利水电泄水工程与高速水流信息网,东北勘测设计研究院科学研究所.泄水建筑物的破坏与防治[M].成都:成都科技大学出版社,1996.

[2] 戴晓兵,李延农.混凝土表面磨蚀破坏划分标准初议.水力学与水利信息学进展[M].西安:西安交通大学出版社,2009.

[3] 戴晓兵,李延农,刘路平,等.一种用于测量磨蚀或空蚀深度的传感器[P].专利号:ZL200720065086.1,专利权人:中南勘测设计研究院.

【作者简介】 戴晓兵(1963—),男,湖南衡山人,教授级高工,主要从事水工水力学研究。E-mail:msjldai@163.com。

最新"瑞智"型相控阵河流 ADCP 简介及新功能验证探讨

席占平[1,2] 弓增喜[2] 席东杰[2] 安 鹏[2] 王 帆[2]

(1. TRDI 中国上海办事处,上海 200122; 2. 黄河水利委员会水文局,郑州 450004)

摘 要 最新"瑞智"型(RiverRay)相控阵河流 ADCP,使用美国 TRDI 公司的相控阵、宽带等专利技术,提供一个体积小、重量轻的平面传感器,减小对水流的扰动。相控阵列组成的波束水平流速测验不受声速变化影响(即水平流速测量不受盐度变化的影响)。新一代智能流量测验系统,其全自动的操作模式,使表层、深层单元的布设达到最优化,与以往的各型号ADCP相比,实测流量占总流量的百分比和精度都大幅提高,已在中外江河流场、流量测验中批量使用。经在美国和中国典型的大中河流比测验证,其实用性和精度完全能满足国家流量测验规范要求,其简便快捷的流量测验方法和新功能,可大大节省人力、物力和有效地扩大应用范围。

关键词 相控阵河流 ADCP;RiverRay;专利技术;智能全自动流量测验;平面阵列传感器;高精度

1 前言

声学多普勒流速剖面仪(以下简称 ADCP)的声信号处理技术是从窄带—脉冲相干—宽带[1]发展过来的;ADCP 的传感器技术也是从活塞式—双频(或多频)—相控阵发展过来的。TRDI 公司的声信号处理和传感器制造技术一直处于 ADCP 行业的领先地位,因其雄厚的技术实力以及独享的多项专利技术使传感器跳过传感器的双频(或多频)阶段,直接从活塞式发展到相控阵。相控阵河流 ADCP 体积成倍减小,功能大幅提高,操控更加简便,测量精度稳定可靠,是科研、水利、环保等行业流量、流场精确测量的新一代智能测验系统。为验证其功能和精度,我们分别在美国的密西西比河、中国的长江和北江与当前广泛应用的"瑞江"型河流 ADCP 进行了比测。

2 "瑞智"型相控阵河流 ADCP(RiverRay ADCP)简介

TRDI 新产品河流"瑞智"型相控阵 ADCP 是一款新型的用于走航测量流量的 ADCP,此款产品的设计理念在于提高精度及简化操作。河流"瑞智"型相控阵 ADCP 系统的设计引进了一系列新措施以满足改善性能,更好地适应不同作业环境的需求。这些措施包括:采用 TRDI 的 600 kHz 相控阵专利技术,内装智能全自动流量测量系统,改善底跟踪性能,采用新型 NGSP 电子技术、改进三体船浮力系统等。"瑞智"型相控阵河流 ADCP 的这些突破性特点将给用户提供一个全新的、精确的流量、流场测验的方法和方案。

2.1　平面相控阵传感器

在“瑞智”型相控阵河流 ADCP 中,采用一种很小的由 2 529 个阵元组成的平面换能器(见图 1),对流场干扰很小,测量水平流速数据时不受水流盐度的影响,盲区减小,测量范围增大,体积更小,重量更轻。该换能器生产借助于对某列单元脉冲发射时的相位延迟,形成一个方向性主瓣,也即一定角度的波束。4 个与垂线呈 30°夹角的窄波束,4 个波束呈 Janus 配置,以便获得最佳的精度。600 kHz 河流“瑞智”型相控阵 ADCP 在低功耗条件下,测量距离为 40 m(适用于不同环境条件),600 kHz “瑞智”型相控阵河流 ADCP 的底跟踪速度受流速偏差的影响比高频 ADCP 小,这个流速偏差指的是因河底有轻微“动底”引起的流速偏差。由于这个缘故,较高频率的 ADCP 对“动底”的抵御能力要弱一些,测出的流量一般都稍偏小。但使用 “瑞智”型相控阵河流 ADCP 测流量,因其对“动底”的抵御能力要强一些,测出的流量的准确度会有所提高。

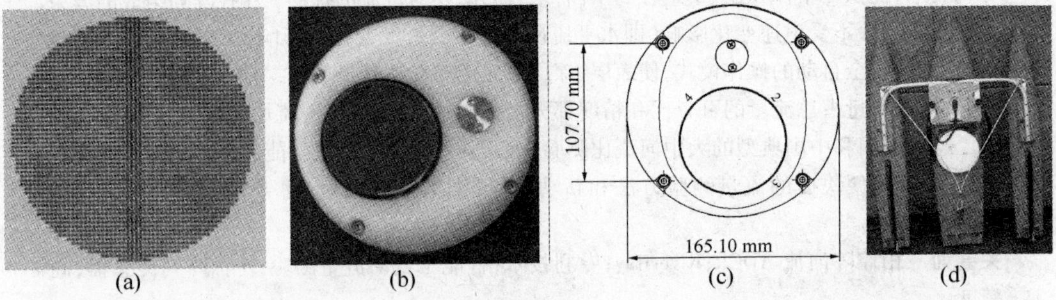

图 1　河流“瑞智”型相控阵 ADCP 阵元排列、传感器、外形尺寸、总装系统图

2.2　智能全自动流量测量系统

“瑞智”型相控阵河流 ADCP 采用智能全自动作业方式,用户无需进行任何设置,软件启动后就自动完成设置,在从河流此岸驶向彼岸的过程中,无论水深、流态如何变化,这个智能化全自动系统将连续地优化测量设置。在浅水河段,每个波束独立设置,以便在靠岸河段能够得到最佳的底跟踪精度。此外,“瑞智”型 ADCP 还加入一种新的、独立的表层小单元,以改善河流表层的流量计算。智能全自动作业方式和表层小单元、深层大单元测量方式兼容。也就是说,在走航测量过程中,水深变化时是表层单元、深层单元的设置在变化(见图 2)。为使脉冲发射参数达到最优化,采用了自适应发射过程。ADCP 根据环境水深、流速和紊流强度自动设置脉冲发射参数。最初按照大流速条件发射一个脉冲,然后 ADCP 依次逐步发射一系列测试脉冲,选出最能与环境条件相匹配的最佳脉冲参数或模式。也就是说,流速变化时,流速测量模式也在变化。

2.3　专用浮体

河流“瑞智”型相控阵 ADCP 装在一条三体船上,配有快速装卸装置,极易安装。该三体船由 OceanScience 公司制造,它呈流线状,水流阻力小,减小扰流,既适用于大流速河流测量,也适用于小流速河流测量。

2.4　系统集成

河流“瑞智”型相控阵 ADCP 装在一个小巧的塑料圆柱型耐压壳体内(见图 1(b)),耐压壳体内装有 4 块电子线路板和一个平面换能器,耐压壳体通过一根小电缆与 12VDC

电池连接,电池就装在三体船上。数据通过蓝牙或无线通信设备传输到岸上,设有极性保护装置。相控阵换能器还可以进一步升级,即增加一个垂直波束,用来测量河底深度。如果河流有“动底”现象,则可直接用 DGPS 信息与数据合成,进行修正。

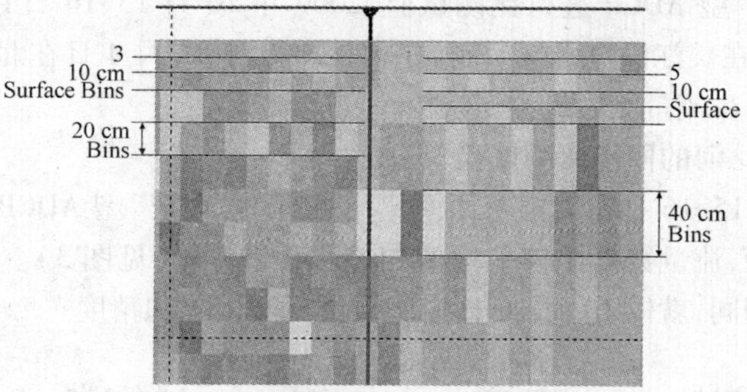

图 2 表层、深层单元自动调整实例

2.5 WinRiver Ⅱ软件

TRDI 公司的 WinRiver Ⅱ软件和河流“瑞智”型相控阵 ADCP 硬件、固件完全兼容,WinRiver Ⅱ软件是一个易于运行的软件,在美国、中国和世界各地都获得广泛的应用,它用于采集、显示、记录流量,同时还提供回放、后处理功能,能够输出数据、挑选特征值、提供报表。

2.6 河流“瑞智”型相控阵 ADCP 的技术参数[5]

河流“瑞智”型相控阵 ADCP 可用于 0.4 ~40 m 的范围进行量测;测速范围 ±20 m/s;测深范围 0.3 ~70 m;底跟踪的速度范围 ±9.5 m/s。技术指标如表 1 所示。

表 1 河流“瑞智”型相控阵 ADCP 的主要技术指标

水剖面技术指标		底跟踪技术指标	
测速模式	宽带或脉冲相干,自动转换	底跟踪测速模式	宽带
流速范围	±5 m/s (默认), ±20 m/s(最大)	速度范围	±9.5 m/s
流速剖面范围	0.4 ~40 m	最大深度	70 m
准确度	±0.3% 水速 ±2 mm/s	准确度	±0.3% 船速 ±2 mm/s
分辨率	1 mm/s	分辨率	1 mm/s
单元数	自动,一般 25,最多 200	深度测量	
单元尺寸	自动,10 cm 最小	范围	0.3 ~70 m
表面单元范围	25 cm	准确度	1%
数据输出速率	1 ~2 Hz	分辨率	1 mm
标准传感器			
传感器	温度	姿态	罗盘
范围	-5 ~45 ℃	±15°	0 ~359.99°
准确度	±0.4 ℃	±0.5°	±2°
分辨率	0.01 ℃	0.01°	0.01°

3　“瑞智”型相控阵河流 ADCP 与“瑞江”型 ADCP 的流量测验同步比测试验

为了验证河流“瑞智”型相控阵 ADCP 的各项技术指标和实用性，我们选择了大家公认的经典型“瑞江”型 ADCP 进行比测试验，2009 年 10 月 15、16 日在美国密西西比河，2009 年 12 月 2 日在长江汉口水文站测流断面，2009 年 12 月 4 日在北江石角水文站测流断面分别进行了同步流量测验比测。

3.1　美国密西西比河的同步比测试验

2009 年 10 月 15、16 日在美国密西西比河进行了“瑞智”型 ADCP 与“瑞江”型 ADCP 流量同步比测试验，流量数据比较平均值相差小于 0.1%（见图 3）。因相邻两天同步比测期间情况基本相同，就以 10 月 16 日为例探讨比测情况和精度。

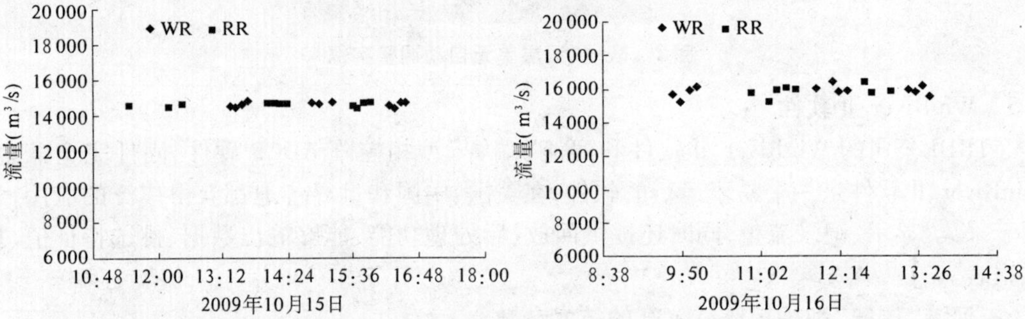

图 3　“瑞智”型（RR）与“瑞江”型（WR）ADCP 同步比测流量过程

此次同步比测试验“瑞智”型相控阵 ADCP 共实测 8 个测次，测验结果及统计见表 2。“瑞江”ADCP 共实测 12 个测次，测验结果及统计见表 3。从表 2、表 3 可以看出，“瑞智”型相控阵 ADCP 测量结果总流量的均值为 15 981 m^3/s，“瑞江”型 ADCP 测量结果总流量的均值为 15 976 m^3/s，两者相差 5 m^3/s，仅占 0.035%。若用《水文资料整编规范》[7] 的计数统计方法两者均为 16 000 m^3/s，完全相同，但总流量的标准差“瑞江”ADCP 为 308 m^3/s，“瑞智”相控阵 ADCP 为 229 m^3/s，“瑞江”总流量的标准差大于“瑞智”。“瑞智”型相控阵 ADCP 实测流量的均值为 12 397 m^3/s，实测流量的标准差为 208 m^3/s。“瑞江”型 ADCP 实测流量的均值为 13 497 m^3/s，实测流量的标准差为 249 m^3/s，“瑞江”ADCP 实测流量的标准差稍大于“瑞智”相控阵 ADCP。

表 2　“瑞智”型 ADCP 测量记录及统计

文件名	开始时间	总流量（m^3/s）	ΔQ（%）	实测流量（m^3/s）
RR000	10:54:14	15 645	−2.10	12 202
RR001	11:09:38	15 876	−0.66	12 261
RR002	11:16:39	15 946	−0.22	12 444

续表 2

文件名	开始时间	总流量 (m^3/s)	ΔQ (%)	实测流量 (m^3/s)
RR003	11:25:07	16 134	0.96	12 476
RR004	11:33:03	15 684	-1.86	12 062
RR005	12:36:05	16 135	0.96	12 692
RR006	12:42:26	16 203	1.39	12 590
RR007	13:00:20	16 226	1.53	12 452
平均		15 981	0	12 397
标准差		229	1.44	208
偏差系数		0.01	0	0.02

表 3 "瑞江"型 ADCP 测量记录及统计

文件名	开始时间	总流量 (m^3/s)	ΔQ (%)	实测流量 (m^3/s)
Rio000	9:41:51	15 769	-1.3	13 331
Rio001	9:48:34	15 342	-3.96	12 938
Rio002	9:56:17	16 002	0.17	13 491
Rio003	10:02:46	16 203	1.42	13 653
Rio004	11:52:34	16 068	0.58	13 564
Rio005	12:06:51	16 506	3.32	13 872
Rio006	12:14:06	15 853	-0.76	13 410
Rio007	12:20:20	15 946	-0.18	13 475
Rio008	13:16:52	16 089	0.71	13 578
Rio009	13:22:59	15 942	-0.21	13 570
Rio010	13:29:26	16 332	2.23	13 816
Rio011	13:35:33	15 654	-2.01	13 268
平均		15 976	0	13 497
标准差		308	1.93	249
偏差系数		0.02	0	0.02

挑选了"瑞智"相控阵 ADCP 和"瑞江"ADCP 各自第三次的实测断面流速等值线图见图 4。从图 4 可以看出:两者实测断面非常吻合,实测的航迹长度(及接近河流宽度)均为 812 m,说明"瑞智"相控阵 ADCP 和"瑞江"ADCP 的底跟踪一样可靠准确。

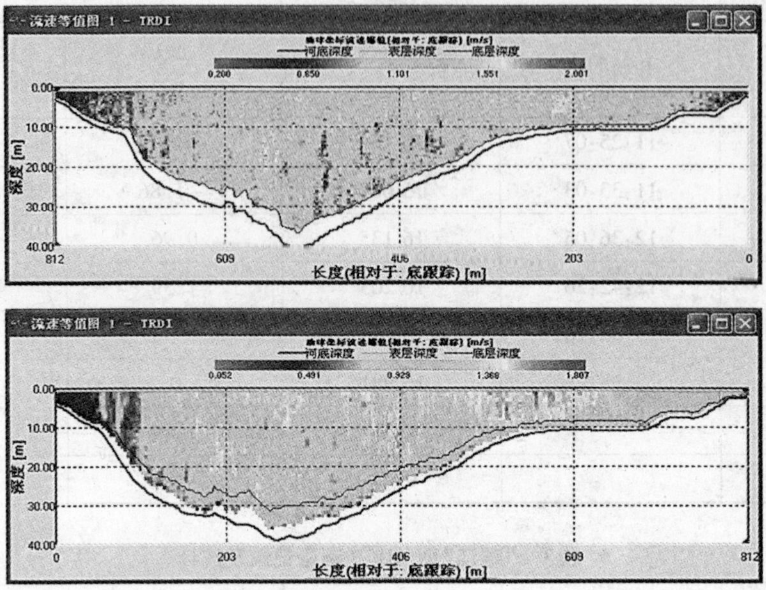

图 4　密西西比河“瑞江”、“瑞智”型 ADCP 实测断面流速等值线图

3.2　长江汉口水文站测流断面的同步比测试验

长江汉口水文站测流断面的“瑞智”型相控阵 ADCP 和“瑞江”ADCP 同步比测试验在 2009 年 12 月 2 日进行。试验期间河宽约为 1 500 m，最大水深为 11 m。

试验船为汉口水文站测船(见图 5)。“瑞智”型相控阵 ADCP 浮体按照规范[2,3]通过伸出测船左舷的一根长竿牵引，离测船边距离 4.5 m 左右，避开了测船航行时扰流对 ADCP 的影响。“瑞智”型相控阵 ADCP 与电脑之间通过“蓝牙”通信，运行 WinRiver Ⅱ 软件进行数据采集。该测船上配备有一台“瑞江”型 600 kHz ADCP，通过通信电缆和计算机通信。安装位置见图 5。两台仪器同船进行同步比测。

图 5　长江汉口水文站比测

试验中第一个测次考虑到参比的两台仪器发射频率均为 600 kHz，有可能发生互相

信号干扰,"瑞江"ADCP 只测了一半中途关闭,没有完全测完全断面[2]。后经测试虽然两台仪器间距只有4.5 m 左右,但是同时发射接收时并不会发生相互干扰,从第二个测次开始,采用两台仪器同时同步进行比测试验。"瑞智"型相控阵 ADCP 共进行了4个测次(即两个测回)的同步流量测验,"瑞江"型 ADCP 进行了3个测次同步测验。表4给出了"瑞智"型 ADCP 4个测次的流量测验成果,表5给出了"瑞江"型 ADCP 3个测次的流量测验成果。图6显示了第4个测次"瑞智"型 ADCP 与"瑞江"型 ADCP 数据回放的实测断面流速等值线图。需要指出的是,试验中发现该台"瑞智"型 ADCP 有一点故障,其表现为当水深大于3 m 时,底跟踪数据间歇性丢失(即每隔一个数据丢失一个)。由于"瑞智"型 ADCP 数据输出速率很高,在该次试验条件下为每0.6~0.7 s 输出一组数据[5]。尽管间歇性丢失底跟踪数据,但流量计算结果不受影响。图6回放的"瑞智"型 ADCP 数据是两组数据的平均值数据,因此基本看不到数据丢失。

表4 "瑞智"型相控阵 ADCP 测量记录及统计

文件名	开始时间	总流量(m^3/s)	ΔQ(%)	实测 Q(m^3/s)
Han2000	11:18:06	9 481	0.99	6 990
Han2001	11:33:46	9 358	-0.32	6 781
Han2002	11:47:42	9 454	0.7	6 914
Han2003	11:58:15	9 260	-1.36	6 926
平均		9 388		6 903
标准差		103.8	1.11	87.8
偏差系数		0.01	0	0.01

表5 "瑞江"型 ADCP 测量记录及统计

文件名	开始时间	总流量(m^3/s)	ΔQ(%)	实测 Q(m^3/s)
HK0	11:36:35	9 267	0.25	6 571
HK1	11:50:10	9 183	-0.66	6 615
HK2	12:00:58	9 282	0.41	6 755
平均		9 244		6 647
标准差		53.46	0.58	95.87
偏差系数		0.01	0	0.01

该断面在试验时河底存在推移质运动,俗称"移动底"。该测船配备有 DGPS,并与"瑞江"型 ADCP 集成进行流量测验。由于试验中"瑞智"型 ADCP 没有与 DGPS 集成,所以以上流量数据的比较是采用流速相对于底跟踪的结果。本次实测的流量结果有可能

比实际流量偏小10%左右,但在同样的有移动底的情况下,进行同船同时同步比测来测试仪器的性能是可行的。

从表4、表5统计可知,两个型号的仪器测量的总流量仅相差1.5%;总流量的标准差“瑞智”型相控阵ADCP稍大一些,但实测流量的标准差“瑞智”型相控阵ADCP较小;实测流量占总流量的百分比“瑞智”型相控阵ADCP比“瑞江”高2%。各测次流量与平均流量的偏差均在1.36%以内,小于规范[2]5%的规定,偏差系数均为1%。

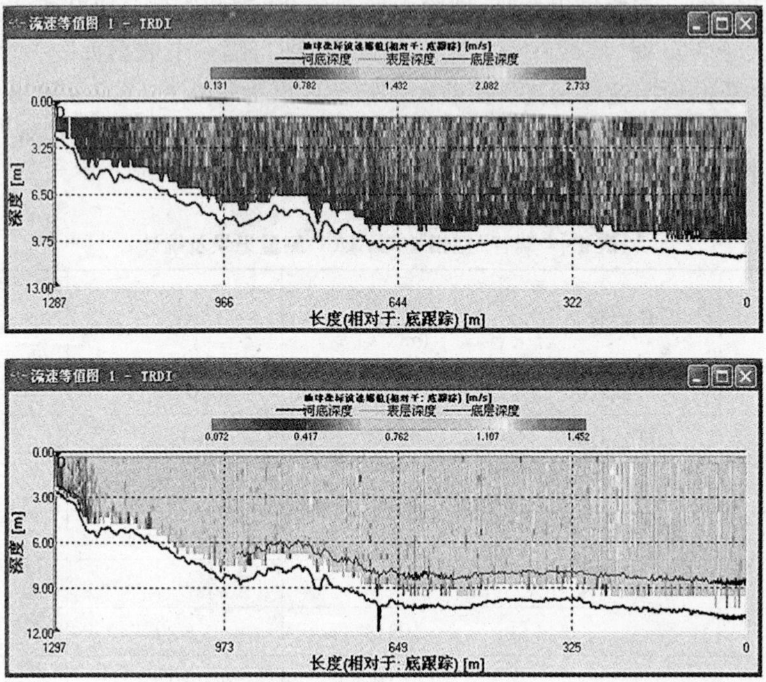

图6　长江汉口站“瑞江”、“瑞智”型ADCP实测断面流速等值线图

从图6可以看出,在比例基本相同的情况下,“瑞智”型相控阵ADCP的第一个单元到水面的距离明显小于“瑞江”ADCP,也就是说,同样的水流条件“瑞智”型相控阵ADCP的实测范围更大,实测流量的精度也就会高一些。从航迹长度来看,“瑞智”型相控阵ADCP和“瑞江”ADCP相距4.5 m,虽然同装在同一条测船上,但转轴半径“瑞智”型相控阵ADCP远大于“瑞江”ADCP,第4个测次是从右岸到左岸进行测量,实际航迹就要大4.5 m。统计航迹长度可知,“瑞智”型相控阵ADCP测量的航迹长度为1 297 m,“瑞江”ADCP测量的航迹长度为1 287 m,扣除安装距离相差4.5 m,在转轴半径大的影响下仅相差0.3%,说明两款仪器的跟踪精度都非常高。

从以上情况得出以下结论:从总流量、实测流量、流量标准差、航迹长度等指标来看,两个型号仪器的测量数值非常接近。

3.3　北江石角水文站测流断面的同步比测试验

北江石角水文站“瑞智”型相控阵ADCP与“瑞江”型ADCP同步比测试验于2009年12月4日在测流断面进行。试验期间河宽约420 m,河床最深处为2.7 m,属于典型的宽浅河流(见图7)。试验船为石角水文站测船“广东水文009”号。“瑞智”型相控阵ADCP

系统通过伸出测船右舷的一根长竿牵引,离船体 1.5 m 左右(见图 7)。"瑞智" 型 ADCP 与电脑之间通过"蓝牙"通信,运行 WinRiver Ⅱ软件进行数据采集。该测船上配备有一台"瑞江"型 1 200 kHz ADCP,装在测船的前部,通过通信电缆与另一台计算机通信,运行 WinRiver 软件[6]进行数据采集,设置为小单元尺寸[4]。

图7 北江石角水文站同步比测

同步比测各进行两个测回(4 个测次)的流量测验,测量记录及统计见表 6、表 7。总流量相差 2.4%;"瑞智"型相控阵 ADCP 实测流量占总流量的 61.2%;"瑞江"型 ADCP 实测测量占总流量的 51.5%;"瑞智"型相控阵 ADCP 实测流量占总流量的百分数比"瑞江"ADCP 高 9.7%。总流量的标准差"瑞智"型相控阵 ADCP 仅为 5.02 m^3/s,而"瑞江"ADCP 因其和测船是硬连接,受航行和波浪的影响,其总流量的标准差为 10.67 m^3/s。从采集的数据量来看,"瑞智"型相控阵 ADCP 平均采集数据组数为 422 个,是"瑞江"ADCP 采集数据组数的 3.06 倍,"瑞江"采用 WP4,所以数据组数量小。从表 6、表 7 和图 8 可以看出,无论是断面形状,还是断面流速控制,在宽浅河道的断面,在满足规范[2]要求的条件下,"瑞智"型相控阵 ADCP 还是稍优于"瑞江"ADCP。

表 6 "瑞智"型 ADCP 测量记录及统计

文件名	开始时间	总流量 (m^3/s)	ΔQ (%)	实测流量 (m^3/s)
Shi000	11:14:29	505	-0.62	312
Shi001	11:21:02	509	0.01	315
Shi002	11:26:45	504	-0.78	303
Shi003	11:31:32	515	1.38	314
平均		508		311
标准差		5.02		5.76
偏差系数		0.01		0.02

表7　“瑞江”型 ADCP 测量记录及统计

文件名	开始时间	总流量 (m^3/s)	ΔQ (%)	实测流量 (m^3/s)
sj_000r	11:14:55	497	0.07	259
sj_001r	11:20:44	491	-1.07	257
sj_002r	11:27:17	505	1.72	256
sj_003r	11:32:00	493	-0.72	251
平均值		497		256
标准差		10.67		3.28
偏差系数		0.02		0.01

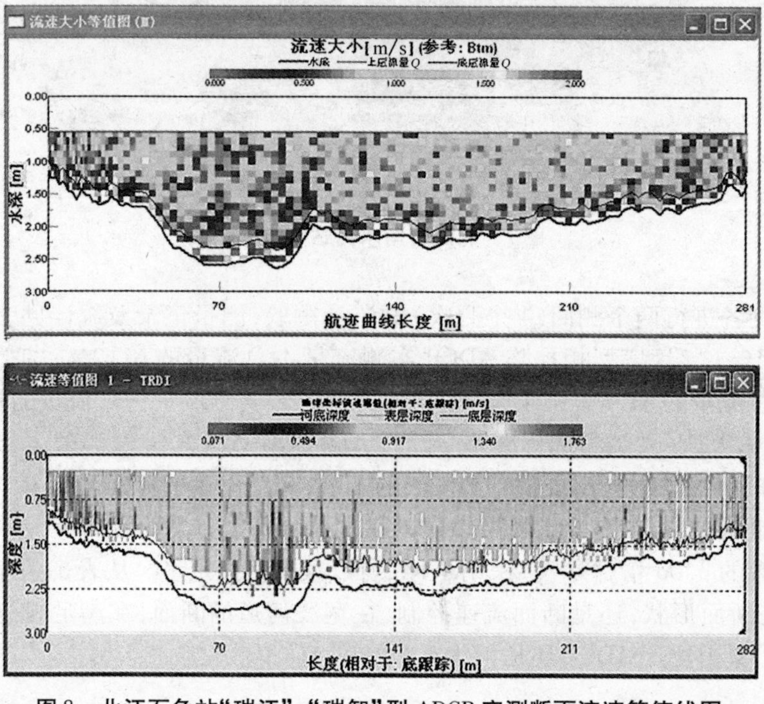

图8　北江石角站“瑞江”、“瑞智”型 ADCP 实测断面流速等值线图

4　结束语

美国 TRDI 公司利用宽带专利技术、相控阵专利技术设计生产的最新“瑞智”相控阵河流 ADCP(RiverRay ADCP)是新一代河流流量测量系统,配置高(最大单元数为 200 个)、体积小、重量轻,对水流扰动很小。经同步比测试验证明,河流流量测验适用范围广,北江石角水文站的比测资料还表明在宽浅河流流量测验中精度更高。专用的浮体克服了硬连接受测船航行、波浪的影响。全自动智能操作系统和先进的电子线路设计,使“瑞智”相控阵河流 ADCP 无论在深水、浅水、大流速、小流速等复杂条件下,都能动态自动选择模式配置参数和表层、深层单元尺寸,使流量测验方案最优化,确保了流量测验的准确度和时效性。

参考文献

[1] 黄河宁. ADCP 河流流量测验原理和方法[C]//田淳,刘少华. 声学多普勒测流原理及其应用[M]. 郑州:黄河水利出版社,2003.
[2] SL 337—2006 声学多普勒流量测验规范[S]. 北京:中国水利水电出版社,2006.
[3] GB 50179—93 河流流量测验规范[S]. 北京:中国计划出版社,1994.
[4] 席占平,弓增喜,郭相秦. 宽带声学多普勒流速剖面仪(ADCP)在宽浅河道流量测验中使用小单元尺寸的技术探讨[J]. 中国农村水利水电,2006(11).
[5] 黄河宁,席占平. RiverRay—“瑞智”型相控阵河流 ADCP 试验报告[R]. 2010.1.
[6] 席占平. WinRiver 软件操作速成 1.0[R]. 2006.2
[7] SL 247—1999 水文资料整编规范[S]. 北京:中国水利水电出版社,2000.

试验技术

激光多普勒流速仪 PMT 值影响试验研究

陈 红[1] 李聂贵[2] 王 浩[1]

（1. 河海大学水利水电学院，南京 210098；2. 南京水文自动化研究所，南京 210012）

摘 要 研究了激光多普勒流速仪系统参数光电转化电压对数据率、平均流速和脉动流速的影响，光电转化电压增加有利于提高数据率，而对平均流速和脉动流速的影响不同，试验表明光电转换电压对平均流速影响较小，对脉动流速影响较大，光电转化电压在 570 ~ 630 V 间，有利于测量脉动流速。

关键词 激光多普勒流速仪；光电转化电压；数据率

1 前言

1964 年 Yeh 和 Cummins 首次观察到了水流中的散射光频移，证实了可利用多普勒频移技术来确定流动速度，标志着激光多普勒测速仪（简称 LDV 或 LDA）的诞生。LDV 系统最初光学装置零散，性能和效率不高，操作极不便。随着光学系统和信号处理技术的发展，LDV 光路结构更集成，操作更方便。同时，LDV 系统具有不破坏介质流态、测量精度高、动态响应快、测速范围大、空间分辨率高、无需率定、可应用于腐蚀性流体测量等优点，在试验流体力学方面具有卓越的优势，已成为当前科学研究和实际工程中测量复杂流场流速的一种有力手段，应用范围从最初的流速测量流域扩展到风洞流速测量、边界层流测量、两相流测量以及喷气过程和燃烧过程等方面的研究[1]。

LDV 数据率表示采样时间内获取的有效数据个数，数据率与流速及脉动流速测量结果都相关。LDV 系统在水利学试验中，数据率受到水环境和 LDV 系统参数的影响，当环境参数无变化时，调整 LDV 系统参数将影响数据率。本文研究了 LDV 系统参数中光电转化电压（简称 PMT）变化对数据率、流速和脉动流速的影响。

2 LDV 原理及结构

2.1 LDV 原理

LDV 类似超声波多普勒流速仪，都基于多普勒效应理论。入射光照射示踪粒子后，被示踪粒子散射，散射光与入射光间的频率差，称为多普勒频差（或称为频移），该频差与入射光波长成反比，与光学系统几何参数及粒子运动速度成正比[1,3]。确定波长和几何参数后，通过检测多普勒频差，即可确定粒子运动速度。单光束测量时，由于激光频率高达 40 GHz，目前无仪器能检测具体频率变化，通常选用两束光形成差拍信号，通过测量差拍信号以得到频移量，从而获取粒子速度。

2.2 LDV 系统结构

LDV 系统典型装置由激光、分光器、光电转换器、传输光路、发射/接收探头、信号处理器和数据分析系统等组成,系统结构如图 1 所示。二维 LDV 系统,激光器产生的激光束经分光器形成绿、蓝三色四束单色光,被耦合进单模传输光纤,送入发射探头,聚集在测量点。示踪粒子通过该测量点时产生散射光,经接收器传送至光电检测器,与原光信号进行分光耦合,并通过光电转化器转换为电信号送入信号处理器,信号处理器将获取的频差数据送入数据分析系统,即可得到测量点的三维速度值。

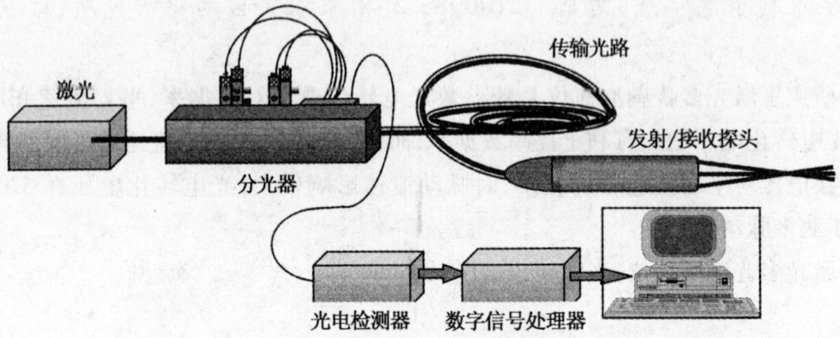

图 1　LDV 系统结构图

3　PMT

PMT 装置为光电倍增管,其作用是将光信号转换为电信号,光电转换装置分为三种[1],主要根据测量频率范围进行选择。对低速运动,所产生的多普勒频差为 1×10^3 左右,优先选用光电二级管;对于中速运动,多普勒频差为 1×10^6 左右,优先选用光电倍增管;对高速运动,多普勒频差为 1×10^8 左右,优先选用雪崩式光电二极管。LDV 系统通常选用光电倍增管。光电倍增管根据调节的 PMT 值工作。

示踪粒子通过测量体时发生散射,散射光信号经光电倍增管转换为电信号,PMT 值的设定直接影响到获取信号。一般情况,颗粒越大散射信号越强,颗粒越小散射信号越弱,对于 PMT,理论上越高越好,但实际上由于信号来源复杂,噪声多样,增加 PMT 值会使得部分信号振幅增加而被检测为有效信号,同时也导致大量噪声的叠加,对测量结果产生较大影响。PMT 电压偏低,部分有效粒子散射信号被丢失,增加 PMT 值有利于提高信噪比,当增加到一定程度后反而会降低信噪比,因此应合理设置 PMT 值,以保证较高的信噪比。

4　PMT 影响试验

4.1　试验设计

PMT 影响试验在矩形水槽中进行,试验水槽长 12 m、宽 0.42 m、高 0.7 m,水槽两侧为玻璃壁面,底面为光滑大理石板。水槽进水处设有长 20 cm 的蜂窝状平水格栅,水槽尾部设有旋转尾门,以调节水深。

测量断面距离进水口 8.4 m 处,位于水槽中后位置。试验测量位置为水槽断面中垂线。试验水深 6 cm,宽 42 cm,宽深比大于 5。

在较低的信噪比情况下比较不同 PMT 值对测量结果的影响。选取 PMT 值为 410 V、440 V、470 V、510 V、540 V、570 V、600 V、630 V、660 V、690 V、720 V、750 V、780 V、810 V、840 V、900 V 等 16 个工况进行比对研究，固定其他系统参数和环境参数测量比较数据率、平均流速和脉动流速。

4.2 试验成果

试验结果为数据率发生了变化，但平均流速未随 PMT 值的改变而变化，表明 PMT 电压改变对平均流速无影响。数据率随 PMT 值变化规律如图 2 所示，PMT 值在 720 V 以下变化时，数据率随着 PMT 值增大而迅速提高；当 PMT 值超过 720 V 后，数据率基本无变化，且存在下降趋势。

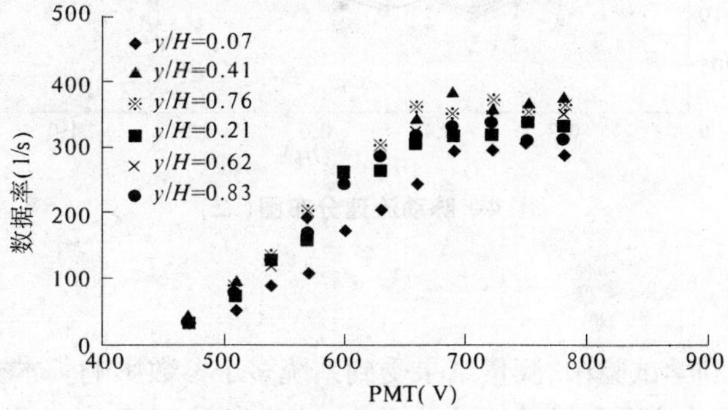

图 2 数据率—PMT 关系图

PMT 值增大虽平均流速无变化，但脉动流速变化较大，如图 3 所示。PMT 值大于 750 V 后脉动流速为负值。试验环境和 LDV 系统其他参数无变化，表明测量的瞬时数据发生了变化，除了检测到测量体内示踪粒子的散射光信号，测量体周围微小运动杂质的弱信号也因 PMT 值增大而被放大，原噪声数据被判定为有效数据，减小了信噪比，降低了脉动流速测量精度。

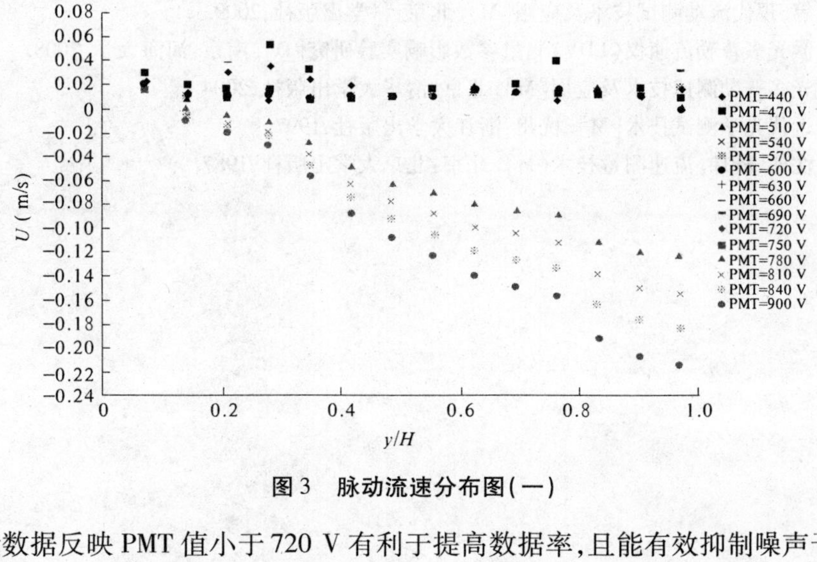

图 3 脉动流速分布图(一)

试验数据反映 PMT 值小于 720 V 有利于提高数据率，且能有效抑制噪声干扰。PMT

值较低时,脉动流速分布图如 4 所示,其脉动流速结果符合运动规律,但脉动流速除在 PMT 值为 570 ~ 630 V 范围内时比较稳定外,PMT 值较低(<570 V)或者较高(630 ~ 720 V)时脉动流速均存发散状,因此 PMT 值宜设置在 570 ~ 630 V 间,有利于脉动流速测量。

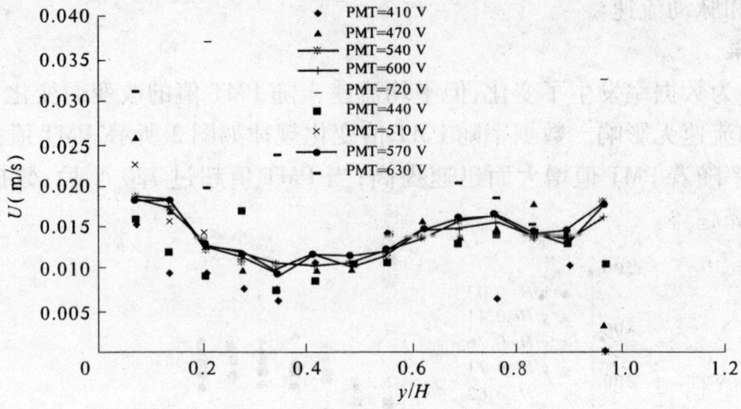

图 4　脉动流速分布图(二)

5　结论

LDV 系统在水利学试验中,测量结果受到系统多个参数影响。本文研究了 PMT 值对 LDV 测量数据率、平均流速和脉动流速的影响,试验表明 PMT 值对数据率和脉动流速的影响较大,合理设置 PMT 值,才能获取稳定的脉动流速值,试验中不能只关注高数据率,而过高设置 PMT 值。

本文只完成了单一流速情况 PMT 对数据率、平均流速和脉动流速的影响,为给出 PMT 各种测量情况的适宜值,还需进一步试验。

参 考 文 献

[1] 唐洪武,等. 现代流动测试技术及应用[M]. 北京:科学出版社,2009.
[2] 李聂贵. 激光多普勒流速仪(LDV)测量参数影响实验研究[D]. 南京:河海大学,2008.
[3] 沈熊. 激光多普勒测速技术及应用[M]. 北京:清华大学出版社,2004.
[4] 杨国光. 近代光学测试技术[M]. 杭州:浙江大学出版社,1997.
[5] 盛森芝,沈熊,舒玮. 流速测量技术[M]. 北京:北京大学出版社,1987.

瞬态脉冲干扰及其抑制方法浅析

武 锋[1] 冯 毅[2]

(1. 水利部淮河水利委员会水利科学研究院，蚌埠 233000；
2. 安徽省水利水电职业技术学院，合肥 230601)

摘 要 水电自动化系统中，控制继电器和继电保护器往往都工作在比较恶劣的电磁环境中，会受到各种电磁信号的干扰，严重影响系统的正常工作。干扰信号中，影响较大的是瞬态脉冲干扰。本文从分析瞬态脉冲干扰产生的原因着手，总结了各种瞬态脉冲干扰的特征，提出了一些抑制瞬态脉冲干扰的方法。

关键词 瞬态脉冲干扰；原因及特征；抑制方法

1 引言

在各种电子电力系统，特别是大功率的电器设备工作环境中都会存在较强的电磁干扰信号，在这些环境中工作的各种自动控制电路都会受到一定的电磁干扰，其中影响较大的是瞬态脉冲干扰。瞬态脉冲是一种具有短暂高能量的脉冲干扰源，它常通过信号的传输通道进入各种自动控制电路中，这些干扰对各种继电器及电器控制装置的正常工作有非常大的影响，严重时会损坏元器件和设备以至于造成整个系统瘫痪。瞬态脉冲干扰源的主要产生原因有雷电放电、静电放电、电力系统的开关动作过程等。常见的瞬态脉冲干扰源有电快速瞬变脉冲群干扰、静电放电干扰、浪涌(冲击)干扰。

目前水电自动化系统中，其继电器及其控制装置往往都工作在强电磁干扰环境中，所以了解瞬态脉冲干扰的产生原因、干扰途径和抑制方法对于提高各种水电自动化系统的抗干扰性和可靠安全运行是极为有利的。

2 瞬态脉冲干扰

2.1 瞬态脉冲干扰产生机理

开关断开电感负载电路的过程中，根据楞次定律，在电感上要产生反电势，这个反电势会向寄生电容 C 反向充电，随着充电电压的升高，当达到一定数值时，在继电器触点之间要出现击穿现象，形成导电通路。一旦出现导电通路，寄生电容 C 就要开始放电，使电压下降，当电压降到维持触点导通电压以下时，触点又将处于断开状态，此过程将重复到继电器触点的间距增大到电容上电压不能使触点间再次击穿为止。当寄生电容不能再通过击穿的触点放电时，就会通过电感回路放电，直至电感中能量消耗完为止。

在上述过程中，寄生电容 C 每次击穿触点时都要向电源回路反向充电，因此在电源回路上会形成很大的脉冲电流,由于电源回路也有阻抗存在,脉冲电流通过电源回路时,在其两端就要形成瞬间脉冲电压,而共用此电源回路的其他的电路(或继电器及其控制电路)就要受到该脉冲电压的影响,这就是瞬态脉冲干扰形成的原因。随着触点间隙的变化,击穿触点间隙所需要的电压是变化的。当触点间隙越来越大时,击穿电压越来越高,因此寄生电容C上的电压也会越来越高。当触点击穿所需要的电压越高时,寄生电容充电的时间就会越长,振荡波形的频率也就越低。

2.2 瞬态脉冲干扰的形成及特点

2.2.1 电快速瞬变脉冲群干扰

电快速瞬变脉冲群干扰是由于电路中断开感性负载时产生的。它的特点是干扰信号不是单个脉冲,而是一连串的脉冲群。这种电快速瞬变脉冲群干扰的危害主要表现在两个方面:一方面由于脉冲群可以在电路的输入端产生积累效应,使干扰电平的幅度最终可能超过电路的噪声容限;另一方面脉冲群的周期较短,每个脉冲波的间隔时间较短,当第一个脉冲波还未消失时,第二个脉冲波紧跟而来,对于电路中的输入电容来说,在未完成放电时又开始充电,因此容易积累达到较高的电压,这样就会对电路的正常工作产生很大的影响。

电快速瞬变脉冲群干扰源的电压大小取决于负载电路的电感量、负载断开的速度和介质的耐受能力。

这类干扰电压的特征是幅值高,频率高。当触点断开时,电感电路中的电流企图继续通过,在触点之间产生高压,并引起电弧的重燃,这样就会产生一连串的电压脉冲叠加到继电器及控制装置所连接的电源上。

电快速瞬变脉冲群干扰电压主要是共模电压,它是通过电容耦合间接传输至其他电路的,当由一个电路的电压产生的电场和第二个电路的导体交链时就会产生电容耦合。

2.2.2 浪涌(冲击)干扰

浪涌(冲击)干扰是雷电或大功率电器设备瞬间通断时在电缆上感应产生的干扰,它经常在大功率电气设备的开关断开过程中产生。冲击(浪涌)干扰的特点就是能量很大,在室内,浪涌(冲击)电压可达到6 kV,室外可达10 kV以上。浪涌(冲击)干扰不像电快速瞬变脉冲群干扰发生得那么频繁,但每发生一次产生的危害是十分严重的,甚至会导致电路以至于继电器及控制装置发生损坏。

2.2.3 静电放电干扰

由于人体或某些导电体在某些特殊环境条件下会产生较强的静电,当带有静电的人体或导电体接触继电器及控制装置后就会对继电器及控制装置产生静电放电现象,静电放电虽然也属于瞬态脉冲干扰,但它的耦合方式与其他瞬态脉冲干扰的耦合方式不同,一般瞬态脉冲干扰的耦合方式都为传导耦合,但静电放电干扰除有传导耦合外,还有辐射耦合,但从本质上看,应属于辐射干扰。静电放电会导致继电器及控制装置严重损坏和工作失常。静电放电能量传播方式有两种:一种是通过导电体表面传播,另一种是通过激励一定频宽的脉冲能量在空间传播。

3 瞬变脉冲干扰的抑制方法

3.1 电快速瞬变脉冲群干扰的抑制

3.1.1 电快速瞬变脉冲群干扰的途径

(1)如果受试产品在电源端没有良好的滤波性能,电快速瞬变脉冲群干扰信号就会通过传导耦合进入继电器及装置的电路中去。现在继电器及装置中的电子电路对脉冲干扰是比较敏感的。如果电子电路中含有数字电路,对脉冲干扰更为敏感。进入电子电路的电快速瞬变脉冲群的干扰信号通过直接触发和电感应耦合,使电子电路工作异常。

(2)对于进入电路的电快速瞬变脉冲群干扰信号还可以通印制线路板的地线共阻抗耦合到继电器及装置其他的敏感部分。由于任何地线都具有电阻和电抗,所以当有电流通过时就要产生电压降。对于电快速瞬变脉冲群干扰信号,其电流变化极快,并且含有大量高频分量。根据 $v=-L\dfrac{di}{dt}$ 可知,在公共地线上很容易产生电位差。当此电压低于电路的抗扰度电平时,就不会产生干扰,否则就可能对共用地线的其他电路产生干扰。

(3)由于继电器及装置的绑线不合理,当通过电快速瞬变脉冲群干扰信号时也会引起干扰。如强电和弱电回路的导线绑在一起或信号线与强电电源放在一起时,当干扰信号通过其中的电路时,由于电路之间的距离太近,它们之间相互耦合,产生“串扰”现象,造成继电器及装置的工作不正常。

3.1.2 抑制电快速瞬变脉冲群干扰的方法

①使用电快速瞬变脉冲群干扰的滤波器和吸收器,图 1 是一种典型的瞬变脉冲群干扰滤波器和吸收器的参考电路,必要时可多级串接使用;②减小印制线路板的地线共阻抗值;③将电快速瞬变脉冲群干扰源远离敏感电路;④在软件中加入抗干扰指令;⑤正确使用接地技术;⑥合理布线,强电、弱电、信号线应分别绑线,接入印制线路板的输入、输出线应尽量短。

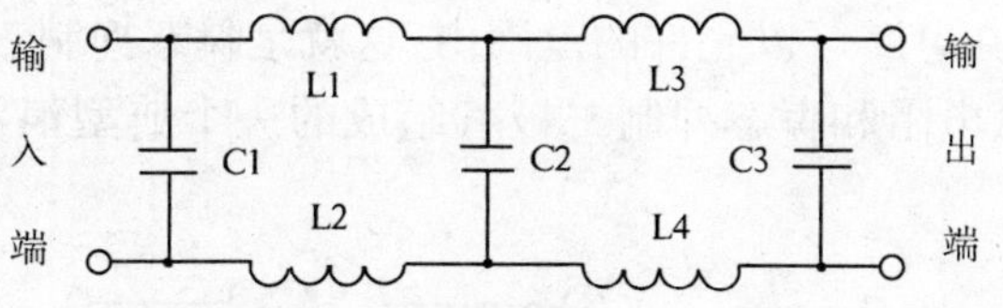

图 1 一种典型的瞬变脉冲群干扰滤波器和吸收器的参考电路

3.2 浪涌(冲击)干扰的抑制

浪涌(冲击)干扰是雷电或大功率电器设备瞬间通断时在电缆上感应产生的干扰,通常是通过各种引线电缆感应到电路中。对于浪涌(冲击)干扰应采用具有抑制浪涌特性的元器件来防范浪涌(冲击)干扰所产生的影响。

抑制浪涌(冲击)干扰的元器件主要有避雷管、压敏电阻和瞬态抑制二极管,这些元器件都属于对瞬态瞬变脉冲的吸收器件,其主要特性参数如表 1 所示。

表1 几种常用浪涌抑制器主要特性参数

参数名称	气体放电管	压敏电阻	瞬态抑制二极管
反应时间	<1 μs	<50 ms	<1 ns
典型电容量	1 pF	500 ~ 5 000 pF	50 pF
漏电流	<1 pA	5 ~ 10 μA	200 μA
最大放电电流(8 × 20 μs 波形)	2 000 A	650 A	50 A

(1)避雷管。避雷管又称气体放电管,管内充有一定种类和一定数量的惰性气体,当浪涌电压出现并达到一定的电压时,管内的惰性气体被电离,形成短路状态,于是避雷管两端电压迅速降低到一个很低的电压值,这样就可以使大部分的浪涌干扰所产生的干扰能量被泄放掉了,这就是避雷管抑制浪涌(冲击)干扰的工作原理。

避雷管具有很强的吸收浪涌电流能力的特点,它能承受的电流大,同时产生的寄生电容很小。另外,在起弧前还具有很高的绝缘电阻。

(2)压敏电阻。压敏电阻是电压敏感型器件,当加在压敏电阻两端上的电压低于标称电压时,它的电阻几乎是无穷大;一旦超过其电压值后压敏电阻的电阻值便急剧下降,从而将浪涌干扰中的能量泄放掉,并将浪涌电压的幅度限制在一定的范围内,整个过程的响应时间为 ns 级。

压敏电阻引线的感抗会影响压敏电阻的高速响应的特点,引线越长,由引线电感产生的附加感应电压越大。因此,在采用引线安装压敏电阻时要求其安装引线越短越好。

(3)瞬态抑制二极管(TVS)。瞬态抑制二极管全称是硅瞬变电压吸收二极管,它具有极快的响应时间和非常高的浪涌吸收能力,可用于保护继电器及控制电路免受静电、切断电感负载以及感应雷所产生的瞬态脉冲干扰。在正常时,瞬态抑制二极管是不工作的,当出现了瞬态脉冲干扰(包括冲击浪涌)时,器件中的硅 PN 结会发生雪崩效应,使瞬时过电压的尖峰电压限制在电路可以允许的范围内,这就是瞬态抑制二极管的工作原理。

采用避雷管、压敏电阻和瞬态抑制二极管组成的一个典型浪涌干扰抑制电路如图 2 所示。

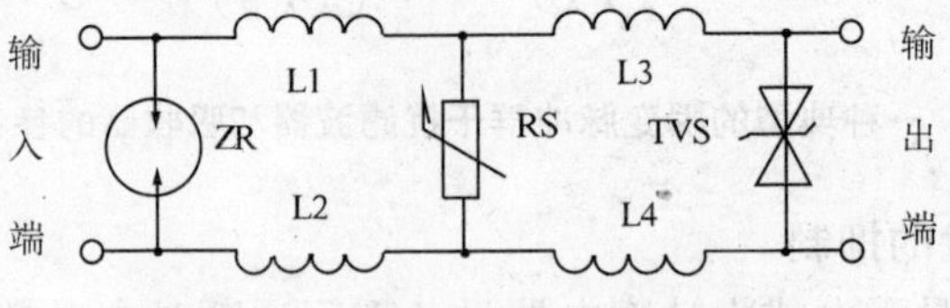

图2 一个典型浪涌干扰抑制电路

3.3 静电放电干扰的抑制

静电放电干扰的抑制可采用如下方法。

(1)按电磁兼容设计的原则设计一个完整的封闭金属导体外壳,但从电路到壳体之间还可能产生二次燃弧,发生传导耦合,因此在设计外壳时,在金属屏蔽体外再设计一个绝缘外壳,以加强金属壳体的绝缘性能;或者在金属壳体的局部(如面板部分)用绝缘材料,这样带电导体接触绝缘导体,就不会发生静电放电现象。另一方面,大多数外壳在保持完整性的基础上,设计有孔洞、排气口、螺杆等。对于这些壳体上的开孔,应遵循采用“用几个小孔代替一个大孔”的原则,这样对抑制电磁发射更有利。对外壳有缝隙边沿存在时,应在两缝隙间采用电连接,以减小电磁噪声。

(2)为继电器及控制电路设计一个良好的接地系统,即为静电放电电流提供一个低阻抗的放电路径,并将放电电流有效地限制在此路径中。

(3)采用加装滤波器方式阻止幅射干扰耦合到继电器及控制电路中。一般滤波器分为电容式或电感式或由电容与电感两种器件组成的混合式滤波器,混合式滤波器的抗干扰能力和滤波效果较好。

(4)通过印制线路板的设计来提高系统的抗静电放电干扰能力。因为印制线路板上的印制线可以成为静电放电中产生电磁发射的天线,为了降低这些天线的耦合作用,在设计印制线路板上的印制线时应尽可能短,印制线包围的面积应尽可能小。在设计时,所有的元器件应均匀分布于印制板的整个区域,以减小共模耦合。使用多层印制线路板和栅格的走线方式也可以减小耦合,抑制共模辐射干扰。

(5)在继电器及控制装置的软件设计中增加对静电放电的抑制措施,这对防止继电器及控制装置工作严重失常是有效的方法。软件措施包括设置定时“刷新”、“检查”并“恢复”等功能。其中,“刷新”过程涉及周期性复位到休止的状态变化,并及时刷新显示器和指示器状态。“检查”过程用于决定程序是否正确执行,它们在一定间隔时间被激活,以确认程序是否在正确完成某个功能,如果功能没有实现,则应及时激活启动一个“恢复”程序,使系统能及时恢复到一个特定的正确工作状态中。

参考文献

[1] 全国无线电干扰标准化技术委员会,全国电磁兼容标准化联合工作组,中国实验室国家认可委员会.电磁兼容标准实施指南[M].北京:中国标准出版社,1999.

[2] 陈伟华.电磁兼容实用手册[M].北京:机械工业出版社,1998.

[3] 林维勇.防大气和操作过电压以及防雷击电磁脉冲[J].《中国雷电与防护》网络版,2004(2):1-9.

船模航迹摄像定位测控仪的研发与应用

严　伟　周　赤

(长江科学院水力学研究所,武汉　430010)

摘　要　本文介绍船模航迹摄像定位测控仪的研发思路、原理及其应用,运用计算机图像智能识别系统结合船模试验获取所需航迹和操控的参数,完成实时处理和显示船模试验航行的姿态及航行参数,达到船模试验对所航行水域的通航水流条件作综合评估的目的。系统采用了高清摄像、千兆以太网传输、智能识别目标、曲变修正和图像压缩等高科技技术,提高了该设备的性能及测量精度,文中对此设备应用结果作了初步评价。

关键词　航迹摄像定位测控仪;船模;测试

1　前言

在水工模型试验中进行自航船模的试验研究对内河通航建筑物设计和航道整治有着重要的作用;国内船模试验技术源于20世纪70年代初期的葛洲坝通航问题的研究,随着计算机和无线遥控技术的发展,船模试验测试技术也逐步走向成熟,在内河坝区的通航、航道疏通与整治、船闸输水的影响、桥梁桥墩的选址选位、港口与码头的选址等涉及通航水力学的课题论证和研究中起着关键性的作用。当今航道水力学的研究和发展,也得益于船模试验研究技术的发展和完善,目前船模数值模拟技术在通航水力学领域,因边界条件及介质相对变换较复杂,难以建模,船模试验研究仍是航道水力学研究不可或缺的有效手段;国内外大江大河兴建大坝对上、下游航道均采用此方法来论证航道水流条件,船模试验能综合船舶(队)与水流运动相互作用的特性,判断航行条件的优劣,通过试验调整通航设施、边界条件和合理的整体布局,达到设计规范的要求和通航设施建设的经济性,为工程设计提供大量可行性的科技支撑。

由于是小比尺船模,排水量小,自身动力和控制设备都承载困难,不可能安装其他的测试设备,给准确测试航行参数带来一定的困难。目前国内外主要有几种测试方法,如水下超声波测量法,针对比尺较大的船模或船队,船模自身需安装陀螺仪等测定航向的辅助设备;早期的摄像测量法,主要靠船首、尾灯光的识别,实验室内要求背景灰暗,水面不能有其他干扰光源,测试环境要求较苛刻,图像处理和目标识别的能力较差,对操控船模者也带来不便;激光轨迹测量法虽能较好地解决非接触测量轨迹的问题,克服了上述测试设备的弊病,但实验室周边的光闪粒子(玻璃珠类物质)难以消除,常常会为抗光干扰缩小测试航区水域范围,此设备安装调试复杂,维护也较困难,不能较好适应山区河道的通航船模试验的测试。研制开发一套安装调试方便、操作简便、环境适应性强、测试精度高的船模试验测试设备是很有必要的。

2 实施方案

随着计算机处理能力和图像智能识别技术突飞猛进的发展，图像处理技术已广泛应用于各行各业的检测领域，基于上述计算机图像智能识别技术，同样也可运用于船模试验的航迹测试，可解决原摄像测试设备应用中存在的不足，大大提高了船模轨迹的测试性能和适应性，长江科学院与中科泛化测控科技有限公司合作共同开发了船模航迹摄像定位测控仪，该设备能快速、精确地得到模型试验研究区域内船模的航迹线、航速、用舵和漂角的过程等数据，按引航道、口门区、连接段区域分别统计各区段的航速、用舵量和漂角等数据的最大值、最小值和平均值，以及最大值和最小值发生的位置，测量结果可根据需要自动生成电子表格和图形输出等多种图表格式，并具备用户后续开发接口。其核心由船模航迹摄像定位系统和航行用车、用舵及反馈信号记录系统组成，具体实施方案如下。

2.1 船模航迹摄像定位系统

通过智能视觉模块组合成船模航迹测量的核心部分，具体实施方案如下：①由多台高分辨率摄像头来实现船模航行过程中的船位线、航迹线、航速过程线等，多相机同步拍摄、实时采集与处理；②采用千兆以太网的传输，解决了图像采集传输上的瓶颈，确保了图像采集率，图形化界面并实时显示；③高分辨率的摄像头保证了测试视觉范围 12.0 m×5.0 m，船模位移分辨能力达 0.28 cm，图像可根据不同光照度进行亮度、阈值等的调整，以突出目标点，调整到图像目标点不应该有拖尾现象，可保证全天候工作；④智能识别技术可设置区别于其他背景的图标作为船模目标，该目标保证了测试过程的目标不丢失，视频图像识别系统选用了红外感应较强的摄像头，实施上述措施后的抗干扰性更强；⑤图像处理采用智能曲变修正技术，较好地解决了镜头曲变带来的系统误差；⑥该系统视频图像与用舵过程、用车过程实时同步采集，操作简捷，性能稳定。其系统组成见图 1。

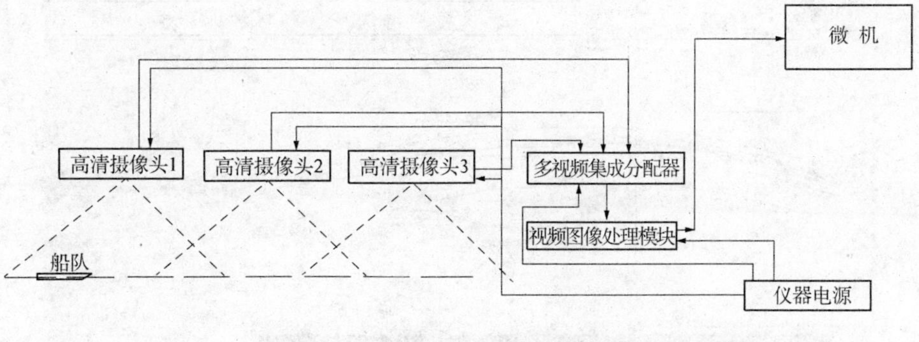

图 1 船模航迹摄像定位系统框图

2.2 航行用车、用舵及反馈记录系统

采用数据采集控制模块对航行用车、用舵及反馈信号实时同步记录，整个硬件系统见图 2。由具有 2.4 G 频段的接收机，进行接收信号的调制处理，再由同步响应舵机隔离转

换器,经过转换的船模控制信号的时间响应与发射机发出的信号应保持一致,误差小于 0.1 s;船模航行用车、用舵及反馈信号与视频图像信号可实时同步记录,确保分析处理时的航迹参数与操作控制参数一一对应。

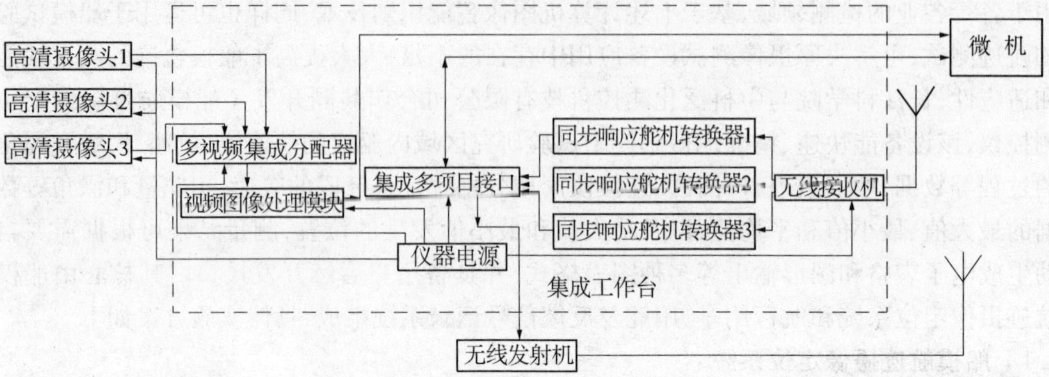

图2　船模航迹摄像定位测控仪系统框图

3　船模航迹摄像定位测控仪及其应用

其主要包括程序执行、拍照系统设置、建立数据库、数据分析等项目,设置功能依船模试验实际需求而设计,其操作简捷,视窗界面友好,设置参数一目了然(见图3),不需专业培训。具有快速、精确地得到模型试验研究区域内船模的航迹线、航速、用舵和漂角的过程等数据(见图4);可按引航道、口门区、连接段区域分别统计各区段的航速、用舵量和漂角等数据的最大值、最小值和平均值,以及最大值和最小值发生的位置;测量结果可自动生成电子表格和CAD图形输出等多种数据格式(见图5)。

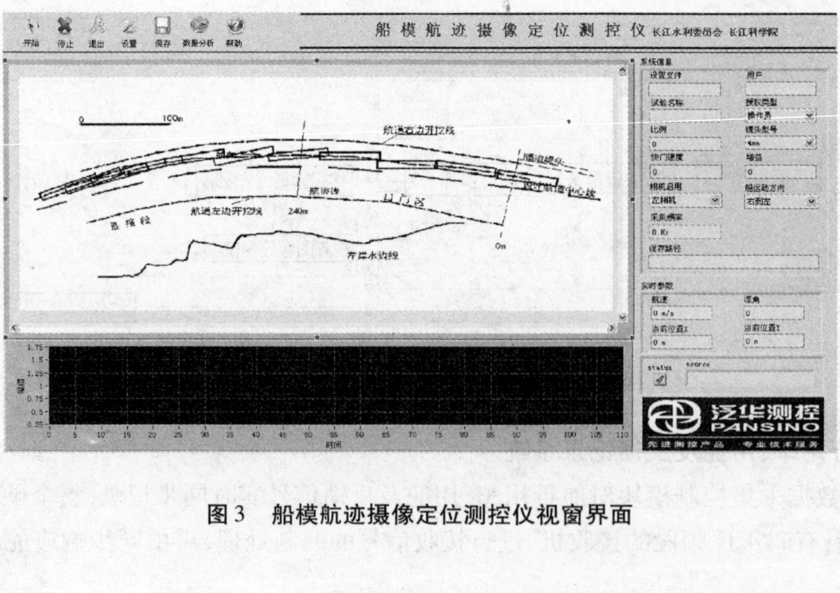

图3　船模航迹摄像定位测控仪视窗界面

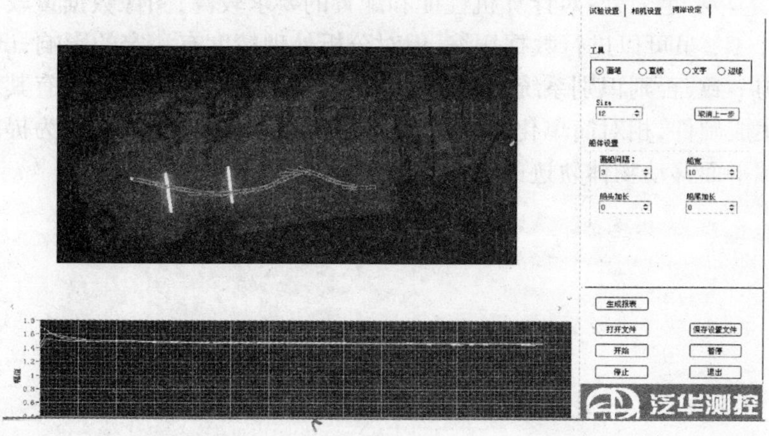

图 4　船模航迹摄像定位测控仪实时显示视窗

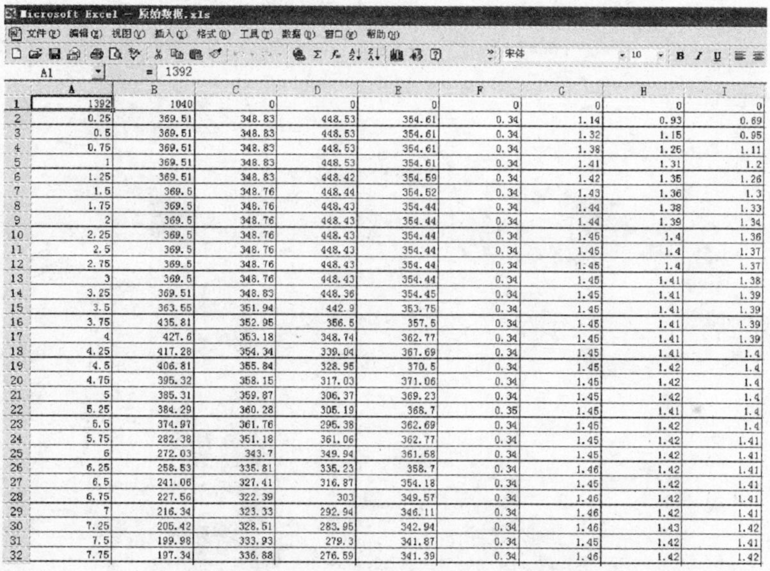

Microsoft Excel — 原始数据.xls

A1 = 1392

	A	B	C	D	E	F	G	H	I
1	1392	1040	0	0	0	0	0	0	0
2	0.25	369.51	348.83	448.53	354.61	0.34	1.14	0.93	0.69
3	0.5	369.51	348.83	448.53	354.61	0.34	1.32	1.15	0.95
4	0.75	369.51	348.83	448.53	354.61	0.34	1.38	1.25	1.11
5	1	369.51	348.83	448.53	354.61	0.34	1.41	1.31	1.2
6	1.25	369.51	348.83	448.42	354.59	0.34	1.42	1.35	1.26
7	1.5	369.5	348.76	448.44	354.52	0.34	1.43	1.36	1.3
8	1.75	369.5	348.76	448.43	354.44	0.34	1.44	1.38	1.33
9	2	369.5	348.76	448.43	354.44	0.34	1.44	1.39	1.34
10	2.25	369.5	348.76	448.43	354.44	0.34	1.45	1.4	1.36
11	2.5	369.5	348.76	448.43	354.44	0.34	1.45	1.4	1.37
12	2.75	369.5	348.76	448.43	354.44	0.34	1.45	1.4	1.37
13	3	369.5	348.76	448.43	354.44	0.34	1.45	1.41	1.38
14	3.25	369.51	348.83	448.36	354.45	0.34	1.45	1.41	1.39
15	3.5	363.55	351.94	442.9	353.75	0.34	1.45	1.41	1.39
16	3.75	435.81	352.95	356.5	357.5	0.34	1.45	1.41	1.39
17	4	427.6	353.18	348.74	362.77	0.34	1.45	1.41	1.39
18	4.25	417.28	354.34	339.04	367.69	0.34	1.45	1.41	1.4
19	4.5	406.81	355.84	328.95	370.5	0.34	1.45	1.42	1.4
20	4.75	395.32	358.15	317.03	371.06	0.34	1.45	1.42	1.4
21	5	385.31	359.87	306.37	369.23	0.34	1.45	1.42	1.4
22	5.25	384.29	360.28	305.19	368.7	0.35	1.45	1.41	1.4
23	5.5	374.97	361.76	295.38	362.69	0.34	1.45	1.42	1.4
24	5.75	282.38	351.18	361.06	362.77	0.34	1.45	1.42	1.41
25	6	272.03	343.7	349.94	361.58	0.34	1.45	1.42	1.41
26	6.25	258.53	335.81	335.23	358.7	0.34	1.46	1.42	1.41
27	6.5	241.06	327.41	316.87	354.18	0.34	1.45	1.42	1.41
28	6.75	227.56	322.39	303	349.57	0.34	1.46	1.42	1.41
29	7	216.34	323.33	292.94	346.11	0.34	1.46	1.42	1.41
30	7.25	205.42	328.51	283.95	342.94	0.34	1.46	1.43	1.42
31	7.5	199.98	333.93	279.3	341.87	0.34	1.45	1.42	1.41
32	7.75	197.34	336.88	276.59	341.39	0.34	1.46	1.42	1.42

图 5　船模航迹摄像定位测控仪测试生成的航行参数表截图

4　应用初步评价

应用过程初步可得出结论：该设备在船模测试技术上，采用当今较为先进的科技前沿技术，通过硬件和软件的组合，初步实现了船模航行过程中的船位、航迹、用舵过程等数据的实时同步采集与处理；高分辨率的摄像头保证了测试视觉范围 12.0 m×5.0 m，船模位移分辨能力达 0.28 cm，船模试验不受环境光源的影响；智能识别技术保证了测试过程的目标不丢失，抗干扰性强；千兆以太网传输较好地解决了图像采集传输上的瓶颈效应，确保了图像采集实时性；智能拼接技术，较好地解决了多图像拼接技术的难题；该设备操作简捷,性能稳定。不足之处:对计算机性能和配置的要求较高;图像数据量较大,一般为几个 G 到几十个 G, 虽可以进行数据压缩,但对分析处理精度有一定的影响;试验区域照明光源要求均匀一致,否则识别系统会带来误判。对比其他轨迹测试设备有其优越性,设备采用大规模集成硬件,相对简单化,没有烦琐的机电设备支持,可靠性大为提高,该设备适合于其他领域平面移动物体轨迹的测量、物体形状的识别与筛选等。

基于 FPGA & DSP 构建船舶导航系统

张洪平　孙文君　苏维嘉

（辽宁工程技术大学机械工程学院，阜新　123000）

摘　要　随着航海技术的不断发展，船舶设备也不断地进行改进和创新，以现代信息自动化为基础的便携式船舶导航系统也越来越重要了，可以客观地了解船舶航驶情况。阐述了以 FPGA & DSP 为核心基础的船舶航驶地理信息测量系统的研究，确定船舶航驶的最佳参数。在此基础上设计了一套便携式船舶导航参数检测装置。系统的硬件结构由前端电路、DSP 信息处理模块、FPGA 逻辑控制模块和自主导航驱动模块等组成；系统软件分为固件程序模块、导航信息采集模块、无线导航通信模块和信号处理模块等。

关键词　DSP320F2812；FPGA；数据采集；自主导航

1　前言

导航系统技术始于宇航，20 世纪 70 年代开始在航海事业中得到发展。随着船舶现代化程度不断提高，不仅要求提供准确的船位信息，而且要求导航系统与自动测量系统相结合，提供测量设备的各种精确数据。计算机技术的飞速发展和卡尔曼滤波技术的应用，为船舶导航系统的实现提供了现实基础。

在导航系统研究与应用方面，国内开展了大量工作，取得了不少成果。徐爱功等[1]从不同角度对船舶导航系统有所论述，但是他们只是理论性讨论，研究工作基本上都集中于提高导航系统的算法精度，且处理器的信息处理速度较慢，会影响计算精度和实时解算，并没有对硬件进行改进。因此，在导航系统的设计中，对硬件的改进是非常必要的。

传统的导航系统处理器功能单一，不能并行处理多条信息。其弊端是体积太大、自动化程度低、可扩展性差，并且反应速度慢，不利于在船舶中使用，也不能满足现代检测控制技术的数字化要求。

本文是基于 FPGA & DSP 为处理器设计的一种船舶导航系统测量装置。该装置的基本门控制电路均采用 EP1C3T114CB 编程完成，具有对导航系统的时钟分配、逻辑电平转换等功能。用现代高速数字信号处理方法实现了导航系统对船舶航驶的姿态检测，以提高运算效率和简化运算复杂度。

2　硬件电路

导航系统是航海技术中的一个重要设备，本装置应用了 FPGA & DSP 相结合而构成的船舶导航系统。本系统具有立体空间的小型化、集成化，缩短了设计周期等特点，提高了导航的精度和方便性，是一次无损检测技术在现代导航方面的应用尝试。整个系统分成五部分:前端电路、FPGA 逻辑控制模块、自主导航驱动电路、DSP 处理模块及无线通信协议模块。系统的硬件框图如图 1 所示。

在传统的船舶导航系统中,通常用航向陀螺测量船舶的航向角,用垂直陀螺或摆式加速度计测量船舶的俯仰角[2],这种方法很难直接测量出速度和位置分量。因此,传统的导航系统很难满足船舶精确导航要求。

便携式船舶导航系统是基于 GPS 和电子罗盘的联合导航系统,是一种方便的自主导航仪器。为了建立导航系统的数学模型,船舶保持在指定的定位和航向界限内,并使得推进系统的能量消耗、摩擦达到最小。为此,便携式船舶导航系统要建立导航空间三维模型,以数学模式的方式描述船舶航行的状态信息。导航系统中采用卡尔曼滤波器设计思路[3],通过导航系统的导航误差方程和惯性器件的误差估计出导航参数的误差,可以直接反映导航参数误差,并有效进行校正。

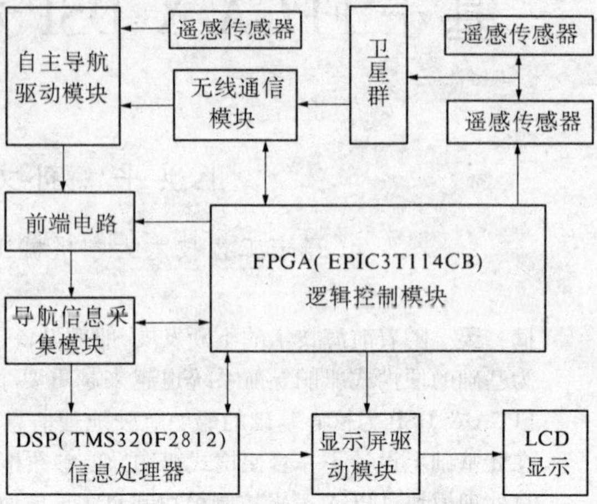

图 1　测量装置硬件组成框图

2.1　前端电路

信号的变换是由传感器和放大器来完成的。信号的输出为电荷信号,一般低至微伏数量级,若经过长距离传输,信噪比必然降低。因此,通过前置电路将信号提高一定幅度。传感器的输出阻抗较高,要求前置放大器具有阻抗匹配的功能,具备抗电冲击的保护能力和阻塞现象的恢复能力,并须具有比较大的输出动态范围。通常采用前置放大电路和滤波电路来输出幅度合适的信号。

为了避免噪声的影响,必须有带通滤波器单元,用以选择合适的“频率窗口”,二阶带通滤波器如图 2 所示。滤波器的工作频率根据环境噪声及材料本身发射信号的频率特性来确定。若系统的工作频率为 f,需要确定频率窗口的宽度,即相对带宽 $\Delta f/f$。若 $\Delta f/f$ 太宽,易于引入外界噪声,失去了滤波作用;若 $\Delta f/f$ 太窄,检测到的声发射信号太少,降低了检测灵敏度。因此,一般采用 $\Delta f = \pm(0.1 \sim 0.2)f$。此外,在确定滤波器的工作频率时,应注意滤波器的通频带要与换能器的谐振频率相匹配。

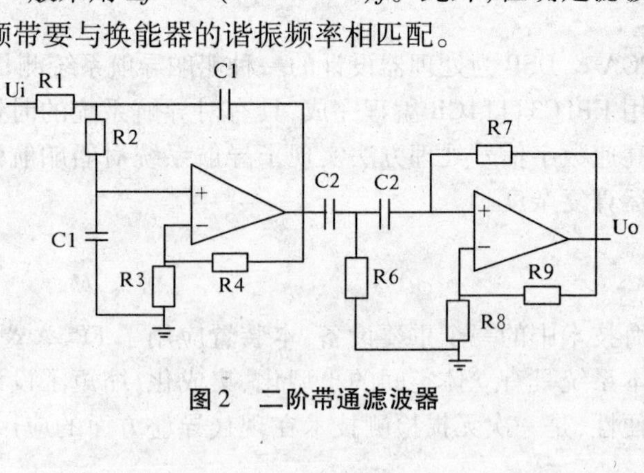

图 2　二阶带通滤波器

2.2 DSP 信息处理模块

该模块是整个系统的核心部分,主要由高速实时处理芯片 TMS320F2812 和可编程逻辑器件 FPGA 外加一些外围芯片组成,包括 SRAM、FLASH、A/D 等。对信号进行高速的 AD 采样、存储、计算,然后存储在 SRAM 中经显示器显示。其主要功能是完成导航系统的时序、功能控制和数据处理等功能。

基于 FPGA 设计的 AD 接口与调制脉冲同步自动进行采样,采样数据存入接口缓冲区。DSP 通过查询或中断方式读取数据到 DSP 内部数据存储器。STATUS(5)为 AD 采样结束标志,当 AD 在采样过程中时,该标志位为低电平,一旦采样完 1 024 点数据,则该标志位置高电平。当 DSP 读取全部 1 024 点数据后,该状态标志位被清零。

2.3 FPGA 逻辑控制模块

FPGA 是核心的功能模块,承载了全部的数字电路部分。FPGA 编程是通过 VHDL 设计技术[3]实现的。便携式船舶导航系统的逻辑控制功能主要通过 FPGA 编程来实现。为了减少系统面积,以及加快设计步伐,采用了 Cyclone 系列的 EP1C3T114CB 核心板,图 3 是典型的时钟模块。

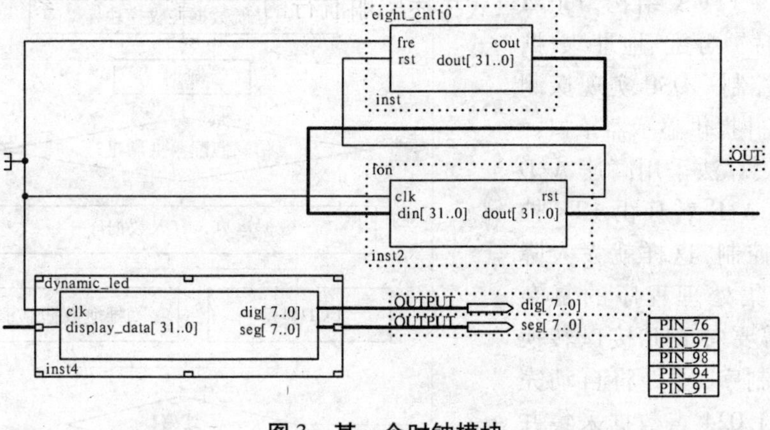

图 3 某一个时钟模块

在 FPGA 主动方式下,由 EP1C3T114CB 核心板来主动输出控制和同步时钟信号给 Cyclone 专用的串行配置芯片 EPCS1,在配置芯片收到命令后,就把配置数据发到 EP1C3T114CB 核心板,完成配置过程,通过其内部的异步接口 FIFO 来做不同时钟域间的隔离处理,将触发逻辑控制门阵列来传输导航数据。

2.4 自主导航驱动模块

随着航空航天技术的发展,GPS 导航技术已经很成熟了,但是我们发现 GPS 存在缺陷,即 GPS 盲区。目前,很多人都在进行此研究。本系统中采用 GPS 和电子罗盘技术联合实现全程自主导航功能。电子逻辑可以对 GPS 信号进行有效补偿,依靠地球磁场,保证导航定向信息正常有效。

三维电子罗盘在其内部加入了倾角传感器,克服了平面电子罗盘必须保持罗盘水平的严格使用限制。为了避免船舶行驶时易发生倾斜而使导航系统存在误差,系统中进行倾斜补偿和温度补偿,最大限度减少倾斜角度和指向角的温度漂移。本系统是通过电子罗盘和 GPS 联合测量航向信息,通过对传感器数据的综合处理来完成导航功能的。

3　软件子程序

导航系统的数据处理功能都是由 DSP 处理器来完成的。整个软件主要由以下几部分组成:系统初始化、喂狗程序、校验程序、自主导航驱动检测、导航信息采集、信号处理程序、显示驱动程序、无线导航通信子程序等,系统流程如图 4 所示。

3.1　导航信息采集模块

数据采集模块完成多通道的信号采集放大,数字信号处理模块采用 DSP + FPGA 结构,FPGA 用于多通道时钟分配、地址/数据总线的分时控制。DSP 实现探测的数据处理,并提供显示器接口。

数据采集算法采用高速 A/D 方式来完成,A/D 转换由 FTF 控制模块进行控制,这样就大大降低了数据采集处理程序的复杂度,程序只需要向 FTF 接口转换模块写入控制字,硬件将自动完成一个周期 1 024 点数据采集并将结果保存在 FIFO 中,程序等待硬件完成工作后读取数据,显示导航信息的参数值。

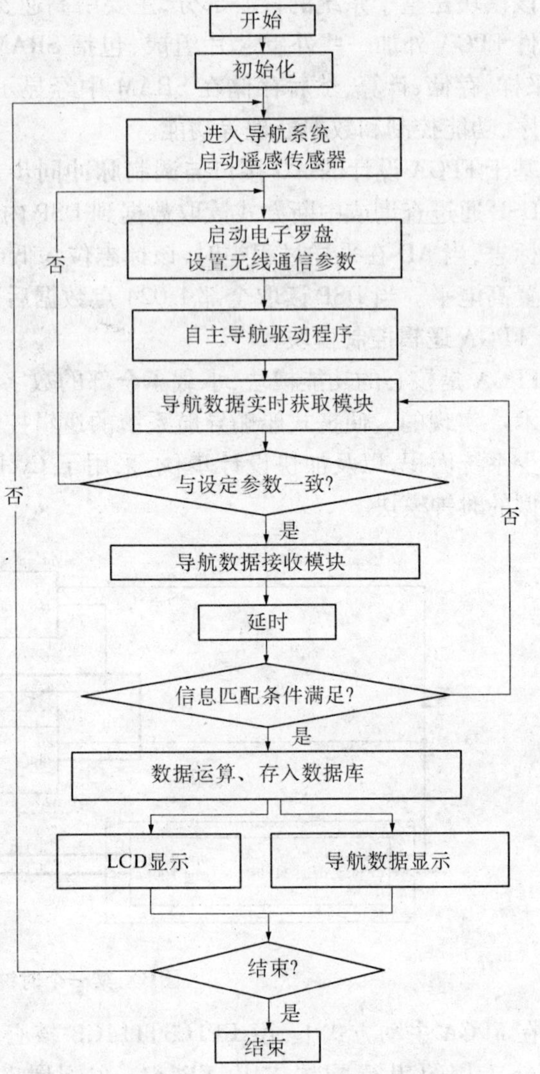

图 4　主程序流程图

3.2　信号处理与无线通信模块

当无线导航系统用于对远洋航行的船舶助航时,信号覆盖概率为 95%、误差不超过 100 m 的导航信息。

无线导航通信协议模块是完成导航系统与卫星通信功能,是本系统的通信纽带。船舶导航系统接收 4 颗及其以上的卫星信号,经过求解处理得到船舶的地球坐标及其他信息,然后依 NMEA－0183 标准格式输出并传送至导航系统,通过航位推算系统算法来完成各种功能,使其具有更好的可扩展性。

4　试验数据分析

根据研究保密性的相关规定,导航系统的部分调试数据如图 5 所示。通过导航显示的数据分析,可以确定船舶的导航信息。同时可以说明,除了卫星系统自身误差外,系统的主要工作模块运行正常[4]。

(a)开机界面

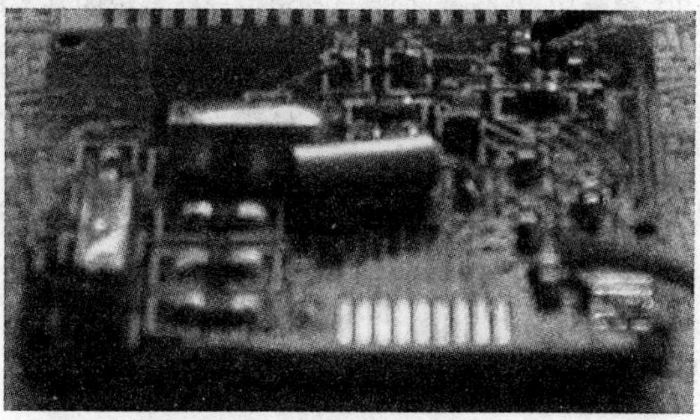

(b)系统中的电路板

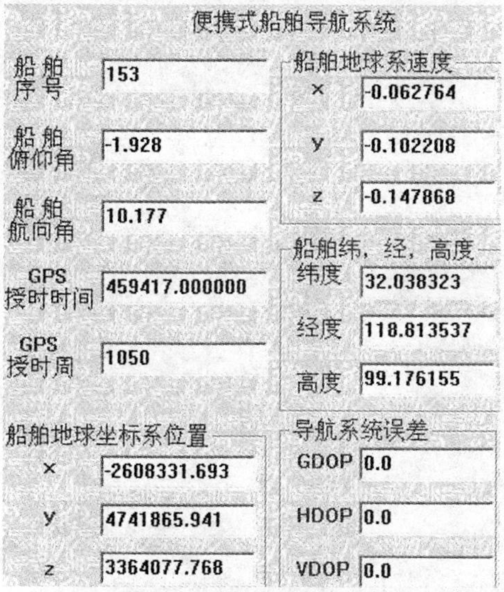

(c)在某一时刻的系统测试导航数据

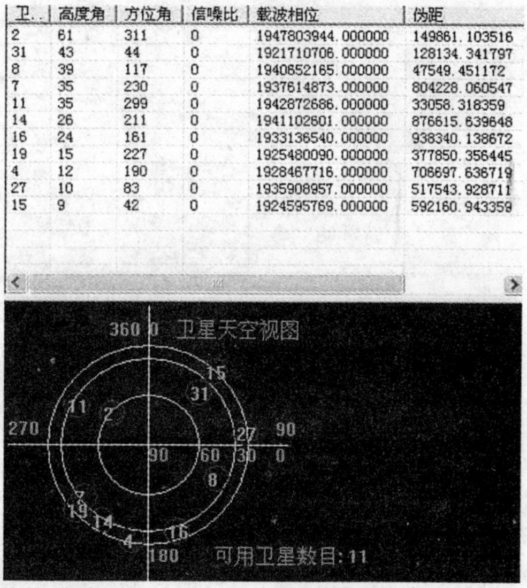

卫...	高度角	方位角	信噪比	载波相位	伪距
2	61	311	0	1947803944.000000	149861.103516
31	43	44	0	1921710706.000000	128134.341797
8	39	117	0	1940652165.000000	47549.451172
7	35	230	0	1937614873.000000	804228.060547
11	35	299	0	1942872686.000000	33058.318359
14	26	211	0	1941102601.000000	876615.639648
16	24	161	0	1933136540.000000	938340.138672
19	15	227	0	1925480090.000000	377850.356445
4	12	190	0	1928467716.000000	706697.636719
27	10	83	0	1935908957.000000	517543.928711
15	9	42	0	1924595769.000000	592160.943359

(d)在某一时刻GPS的运行状态

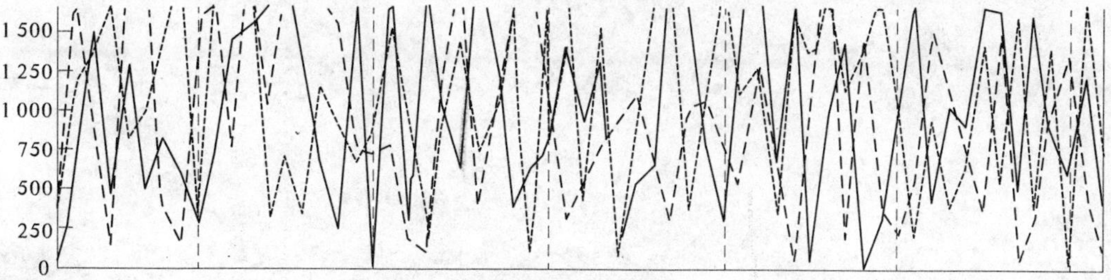

(e) 自主导航通信流量截图

图 5　导航系统的部分调试数据

参考文献

[1] 徐爱功,刘经南.车辆自动定位导航系统的基本模式与技术问题[J].测绘通报,1996(4):15-17.
[2] 于树本.船舶组合导航系统研究[D].西安:西安电子科技大学,2007.
[3] 崔平远,郑黎方,裴福俊,等.基于卡尔曼/粒子组合滤波器的组合导航方法研究[J].系统仿真学报,2009(1):220-223.
[4] Global Position System Standard Positioning Service Signal Specification [J]. NAVSTAR GPS. June. 1995.

【作者简介】 张洪平(1982—),男,辽宁丹东人,硕士研究生,主要从事检测技术方面的研究。E-mail:lngd128@163.com。

船模试验非接触式测量系统研究

孙 亮 倪文军

（交通运输部天津水运工程科学研究院，天津 300456）

摘 要 利用多个CCD摄像机进行非接触式测量，可实现对船模航行过程中的航迹线、船位线、对岸航速过程线和舵角过程线等船模参数的采集。系统从摄像机标定、舵角率定和船模位置的实时计算等角度阐述了提高测量精度的方法。应用于船模试验表明，系统实际的位置测量误差在0.3 cm以下，速度误差小于0.3 cm/s，舵角误差小于0.1°。

关键词 船模；CCD摄像机；非接触式测量

1 前言

船模在通航和航道等物理模型中扮演重要角色，业内人士历来都非常关注如何更精确地测量船模在这些物理模型水池中的运动状态和轨迹以便为工程设计和科学研究提供可靠的数据。本课题采用多个CCD摄像机组成了非接触式测量系统，系统研究了提高船模试验精度的方法，发现摄像机标定、舵角率定和船模位置的实时计算是涉及测量精度的关键因素。

2 摄像机标定

摄像机镜头不可避免地会产生畸变，这将导致拍摄的图像有一定的几何形变。根据形变图像计算船模位置必将导致船模位置计算出现偏差，对试验结果有一定影响。为纠正镜像变形带来的误差，不少研究者提出了校正公式。例如，禹明忠给出了一种校正镜头几何畸变的方法[1]，并给出了具体的计算公式，在使用广角镜头的情况下，能将误差控制在0.4个像素以内。

试验结果证明，图像的变形主要与各像素点离图像中心的距离 D 有关。先求出某像素点的方向角 β 和离中心的矢量长 D，设同一点校正后的矢量长的差值为 D_x，经过回归试算得出：

$$X = x + D_x \cos\beta \tag{1}$$

$$Y = y + D_x \sin\beta \tag{2}$$

式中：x、y 为校正前的坐标值；X、Y 为校正后的坐标值。经验证明利用该公式可以达到校正系统几何形变的目的，有一定的通用性。

3 船模舵角的率定

在每次船模试验前，都需要对舵角进行率定，通常的做法是采用线性最小二乘法找出电压和舵角的对应关系,但由于船模舵机在使用一段时间以后常常呈非线性,简单的线性拟合会使曲线两端出现较大偏差,因此在舵角率定时,采用正交多项式最小二乘法进行曲线拟合可得到较好的率定结果。为防止计算时其病态系数矩阵的出现,可采取如下公式计算[2]:

$$P_m(x)=a_0+a_1(x-\bar{x})+a_2(x-\bar{x})^2+\cdots+a_m(x-\bar{x})^m \tag{3}$$

其中

$$\bar{x}=\frac{1}{n+1}\sum_{k=0}^{n}x_k \tag{4}$$

4 船模图像的实时处理

4.1 标识点的设置

在图像采集时,为了获得船模的精确位置,我们设置了两个白色圆形光源作为标识点,在进行位置计算时,只要找到了这两个标识点的精确像素坐标也就确定了船模的模型和原型位置,这个方法在很大程度上降低了算法难度,并在一定程度上提高了系统的精度等级。

4.2 位置计算

设船头和船尾标识点的中心像素坐标为 P_1、P_2,位置计算时,我们应首先定位 P_1、P_2 所在的区域,然后通过插值和图像分割精确定位 P_1 和 P_2。

在摄像机拍摄的第一幅图像中,我们可以遍历图像的像素,通过二值化处理搜索到 P_1、P_2 所在的区域。

虽然搜索到了 P_1、P_2 所在的范围,但是该范围包含的像素点较多,且灰度分布不均匀,无法精确定位图像的中心位置,因此可以采用内插的方法来增强边缘的灰度,然后再将该区域作边缘提取,最后再定位轮廓的中心位置,即可得到 P_1、P_2 的精确像素坐标。

4.2.1 图像边缘灰度的增强

常用内插方法有三种:最临近点法、双线性内插法和三元卷积法。

最临近点法的优点是计算简单,耗时少,但插值后的图像亮度有明显的不连续性。

双线性内插法优点是连续性好,耗时少,缺点是图像轮廓模糊,不易进行边缘提取。

三元卷积法虽然能增强边缘,连续性较好且精度高,但计算量大,耗时长,不过用在少量像素点的处理上,该算法是可取的。

经过比较和分析我们选择三元卷积法来增强图像边缘灰度,见图1和图2。

三元卷积法[3]:利用三次多项式 $S(\omega)$ 来逼近理论上的最佳函数 $\mathrm{sinc}(\omega)$,其数学表达式如下:

$$S(\omega)=\begin{cases}1-2|\omega|^2+|\omega|^3 & |\omega|<1\\ 4-8|\omega|+5|\omega|^2-|\omega|^3 & 1\leqslant|\omega|<2\\ 0 & |\omega|\geqslant 2\end{cases} \tag{5}$$

计算时按周围16个点的灰度按下式进行内插:

$$f(x,y)=A\cdot B\cdot C \tag{6}$$

$$A=\begin{bmatrix} S(1+v) \\ S(v) \\ S(1-v) \\ S(2-v) \end{bmatrix}^{T} \tag{7}$$

$$B=\begin{bmatrix} f(i-1,j-1) & f(i-1,j) & f(i-1,j+1) & f(i-1,j+2) \\ f(i,j-1) & f(i,j) & f(i,j+1) & f(i,j+2) \\ f(i+1,j-1) & f(i+1,j) & f(i+1,j+1) & f(i+1,j+2) \\ f(i+2,j-1) & f(i+2,j) & f(i+2,j+1) & f(i+2,j+2) \end{bmatrix} \tag{8}$$

$$C=\begin{bmatrix} S(1+u) \\ S(u) \\ S(1-u) \\ S(2-u) \end{bmatrix} \tag{9}$$

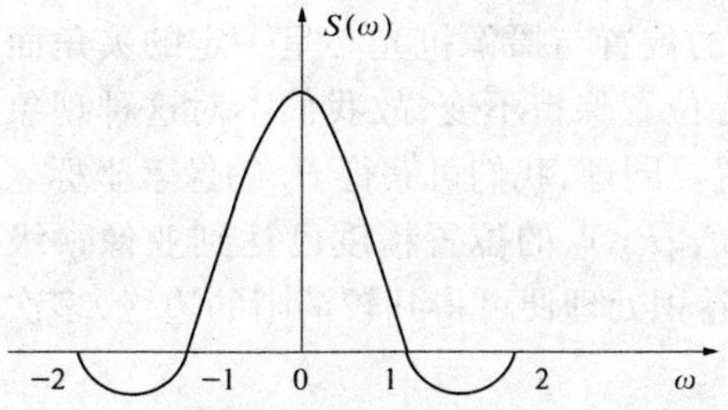

图1 $S(\omega)$函数曲线

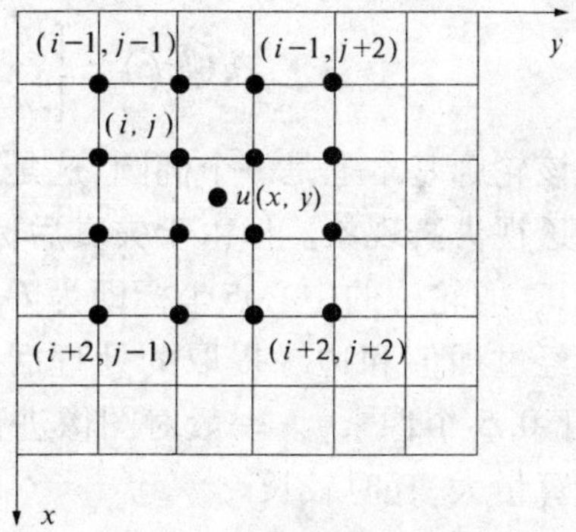

图2 三元卷积法插值原理

4.2.2 边缘提取

为了获得标识点的中心坐标 P_1、P_2，我们需要对 P_1、P_2 所在区域分别进行边缘提取，以获得图像轮廓。常用的边缘提取算法有边缘算子法、曲面拟合法、模板匹配法和门限化法。边缘算子法和曲面拟合法计算量较大，而模板匹配法如果模板选取不当将导致图像的匹配效果不佳，门限化法计算量较小且对已进行边缘增强的图像有较强的适应能力，适合使用。

门限化法[4]：简单说来就是利用阈值分割将图像划分为不等的灰度区间，用门限获得其区域或区域的边界，最常用的方法是将灰度设置成二值状态，对图像 $F(j,k)$ 有：

$$g(j,k)=\begin{cases}1 & F(j,k)\geqslant T \\ 0 & \text{其他}\end{cases} \tag{10}$$

或

$$g(j,k)=\begin{cases}0 & F(j,k)\geqslant T \\ 1 & \text{其他}\end{cases} \tag{11}$$

$$g(j,k)=\begin{cases}1 & T_1\leqslant F(j,k)\leqslant T_2 \\ 0 & \text{其他}\end{cases} \tag{12}$$

利用直方图确定标识点区域与背景区域的灰度突变位置，由于标识点区域为白色，而背景区域为灰黑色,突变位置较为明显,且出现在谷底,利用非线性最小二乘法进行三阶以上的曲线拟合可以轻松获得谷底的门限灰度。将直方图按该值划分为两个区域 A_1 和 A_2。第一次扫描时逐行对图像中相邻两个像素 $F(j,k)$ 和 $F(j,k+1)$ 进行比较,按下式进行扫描,并重新生成一个新像素矩阵 M_1

$$g_1(j,k)=\begin{cases}L_e & F(j,k)\text{与}F(j,k-1)\text{不同在}A_1\text{或}A_2\text{灰度区间内}\\ L_b & \text{其他}\end{cases} \tag{13}$$

L_e 和 L_b 为指定的边界和背景的灰度等级,第二次扫描针对 $F(j,k)$ 的每一列按下式进行扫描,并重新生成一个新像素矩阵 M_2

$$g_2(j,k)=\begin{cases}L_e & F(j,k)\text{与}F(j-1,k)\text{不同在}A_1\text{或}A_2\text{灰度区间内}\\ L_b & \text{其他}\end{cases} \tag{14}$$

最后按像素位置叠加矩阵 M_1 和 M_2,得到矩阵 M 即为标志点的轮廓,也可用下式表示:

$$g(j,k)=\begin{cases}L_e & g_1(j,k)=L_e\text{或}g_2(j,k)=L_e\\ L_b & \text{其他}\end{cases} \tag{15}$$

该轮廓基本上是一个椭圆,这是由于标识点的位置与摄像机光心呈一定的夹角而导致的透视失真现象。但由于失真后标识点的中心位置保持不变,故我们不对这种现象进行校正,取轮廓的中心点坐标即为 P_1 的最后位置。同理,我们可获得 P_2 的像素坐标。

经过插值和边缘提取的处理后,我们得到 P_1、P_2 点的位置精度已达到亚像素级别(小于0.5个像素)。一般对图像进行两次三元卷积处理便可得到较清晰的边缘,多次卷积计算量大,耗时较长。

4.2.3　快速搜索

将 P_1、P_2 作为下一图像搜索位置的起始点进行搜索,可在一定程度上减少搜索时间。由于 P_1、P_2 的搜索算法一致,我们只详述 P_1 的搜索过程。

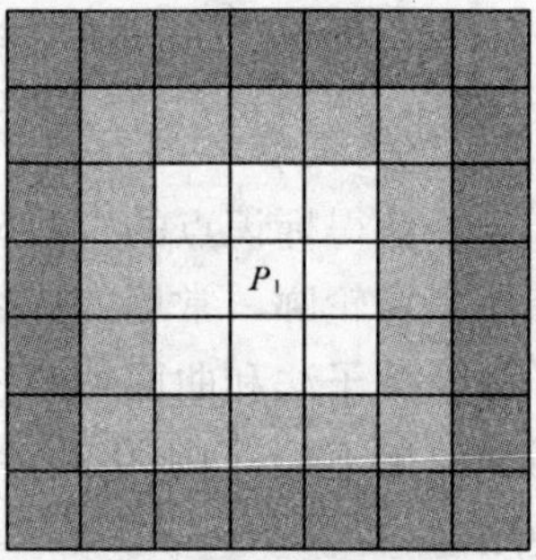

图3　P_1 位置搜索原理图

以 P_1 为中心,设置一个 3×3 的像素矩阵(图3中白色区域),并作二值处理,遍历该矩阵,则看是否有满足条件的像素点出现,如果有以该点为中心拓展得到的36个像素点区域,则看是否能满足标识点 P_1 的图像范围(由于标识点为光源,亮度较大,图像范围至少呈现为一个 3×3 的像素矩阵),以排除干扰;如果没有则仍以 P_1 为中心点设置一个 5×5 的矩阵(图3中浅灰色区域)来扩大搜索范围,但仅需对其边缘区域进行搜索(其 3×3 的范围已经搜索过,无需重新搜索),如果没有搜索到目标像素点,以2为步长扩大搜索范围,完成 7×7 的边缘搜索(图3中深灰色区域),依此类推,直至搜索到目标区域。

4.2.4　位置预估将提高搜索效率

在试验过程中,船模是实时运动的,如果简单地以 P_1、P_2 点的原始位置开始搜索,那么在船模运行速度较快时,势必会延长搜索时间。采用估计船模在下一张图片可能出现的位置的预测法可以明显提高搜索效率。根据 P_1、P_2 在前两幅图像中出现的位置,我们可以计算出船模的平均速度，由于在摄像机一次曝光周期内，船模速度不会发生突变，那么也就可以估计出 P_1、P_2 点在第二幅图像以后出现的位置，利用该位置作为搜索的起始点，使得搜索效率大大提高。

5 试验及结论

本系统成功应用在西部交通建设科技项目“山区河流通航建筑物引航道与河流主航道夹角的研究”中。试验时，为覆盖 17 m 长的试验区域，在模型上方 6 m 高处安装 5 个摄像机，每个摄像机拍摄的区域约为 400 cm × 320 cm，采用交叉覆盖可实现试验区域全覆盖。摄像机分辨率为 1 280 × 1 024，采样频率 7 帧/s。镜头选取 1/3″ 8 mm 镜头，在经过畸变校正后，其精度能控制在 0.3 个像素（见表 1）。舵角率定时选取 $m=3$ 进行拟合，得到了较好的拟合效果（见表 2）。经图像处理后标识点 P_1、P_2 的坐标精度达 0.5 个像素。系统从以上三个方面达到提高精度的效果，同时也就提高了其他导出参数的精度，最终为船模试验提供了精确可靠的数据。

表 1　各摄像机校正前后数据对比　　（单位：Pix）

摄像机	校正前 (x,y)	校正后 (x,y)	误差 $(\lvert dx\rvert,\lvert dy\rvert)$
1#	(50.4,33.7)	(50.2,33.5)	(0.2,0.2)
2#	(62.1,45.2)	(61.8,45.4)	(0.3,0.2)
3#	(45.6,35.4)	(45.5,35.2)	(0.1,0.2)
4#	(1 269.6,30.8)	(1 269.4,31.0)	(0.2,0.2)
5#	(1 242.7,20.9)	(1 242.4,20.6)	(0.3,0.3)

表 2　舵角线性拟合和三阶拟合的对比结果

舵机遥控装置读数	-30.6	-19.8	-11	0.4	10.7	20.5	30.8
线性拟合值	-32	-20.5	-10.6	1.1	11.7	21	31.7
三次曲线拟合值	30.7	-19.8	-11.1	0.4	10.7	20.4	30.7

图像的插值和边缘提取都是在内存中完成的，图 4 ~ 图 6 是将内存中的灰度数据保存成图片后的处理结果。

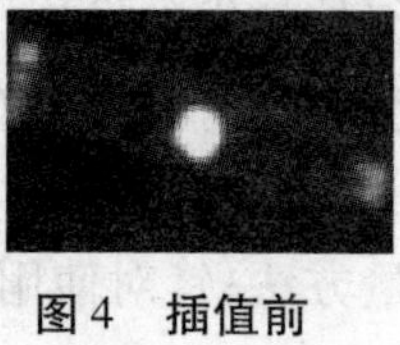

图 4　插值前

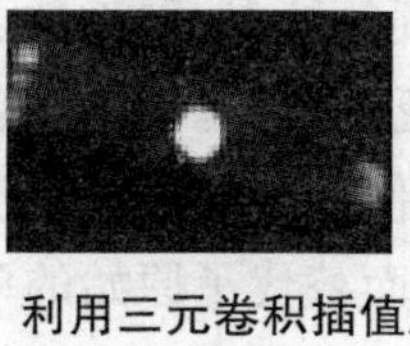

图 5　利用三元卷积插值后

图 6　利用门限化法边缘提取后

参 考 文 献

[1] 禹明忠，王兴奎，庞东明，等. PIV 流场量测中图像变形的修正[J]. 泥沙研究，2001(5)：59 - 62.
[2] 徐士良. 数值分析与算法[M]. 北京：机械工业出版社，2003.
[3] 沈庭芝，方子文. 数字图像处理及模式识别[M]. 北京：北京理工大学出版社，1998.
[4] 夏德深. 现代图像处理技术与应用[M]. 南京：东南大学出版社，2001.

红外热像仪测量环境水温时图像校正及误差修正研究

李迎燕[1] 任明轩[1] 贺益英[2] 郑 钧[3]

(1. 北京尚水信息技术有限责任公司,北京 100085;2. 中国水利水电科学研究院,北京 100013;3. 清华大学水利水电工程系,北京 100084)

摘 要 通常在采用 A40M 型红外热像仪测量环境水表面温度时,由于斜交拍摄产生的温度场图像变形导致温度量测误差较大。为了实现高精度大面积水温测量,作者根据红外热像仪成像基本原理提出了图像校正原理和实现方案,开发了水温修正软件,成功地实现了误差修正。为扩大拍摄场景,采用斜拍图像,利用空间中已知 4 点坐标进行图像正视校正,得到环境水温度场的正视图;利用高精度温度传感器测量标定点温度,根据传感器温度与红外热像仪测得温度差值,利用距离插值算法,进行整个温度场修正。经过图像校正和误差修正后的红外热像仪测量结果,具有精度高和拍摄范围广的特点,可以应用于室内模型水面温度场的监测。

关键词 红外热像仪;测温;图像几何校正;温度误差修正

1 前言

水温的变化会影响水溶性气体(如氧、二氧化碳等)的溶解度、水生生物和微生物活动、化学和生物化学反应速度及盐度、pH 值等。环境水温的升高和降低一定程度上反映了与水质及水生态相关的水体情况,所以环境水温是一个水资源及环境保护工作者密切关注的重要参数。

以往人们使用温度计测量水温,在大片水域上布置多个探头温度计,这样的测量方法存在操作复杂和对野外水域无干预的缺点,属于散点测量。随着红外技术的发展,采用红外技术测量温度已得到越来越广泛的应用。红外热像仪测量温度具有非接触、直观、大范围表面测量的优势,最为广泛的是使用红外热像仪测量固体表面温度。王阳祥[1]利用红外热像仪测量建筑物表面温度,从而替代了原始的单点接触的测量方法;针对使用红外热像仪测量温度场存在着精度不高、图像变形等问题,黄树青[2]对测量温度进行了温度修正以降低误差;对于图像温度场几何信息还原,刘高文[3]提出采用在被测表面设置红外可视校准网格的试验方法来建立物平面与像平面间的几何对应关系。

测点温度信息的准确性和测点几何位置信息的准确性,是红外测温技术要解决的关键问题,本文对采用红外热像仪测量水温时图像校正和温度误差分别进行了研究,并提出了解决方案。

2 红外热像仪成像原理

红外热像仪是由红外探测器、光学成像物镜、电子处理及视觉响应处理系统组成的，红外热像仪探测器接受被测目标的红外辐射能量，将红外辐射能量分布图形反映到红外探测器的光敏元上，在光学系统和红外探测器之间，有一个光机扫描机构对被测物体的红外热像进行扫描，并聚焦在单元或分光探测器上，由探测器将红外辐射能转换成电信号，经过电子处理，如通过放大处理等，转换成标准视频信号，通过电视屏或监测器显示红外热像图。其基本过程如图 1 所示。

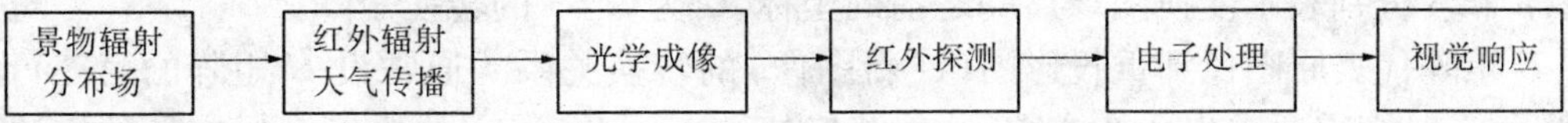

图 1　红外热像仪成像原理

这种热像图与物体表面的热分布场相对应；由于被测目标物体各部分红外辐射的热像分布图信号非常弱，与可见光图像相比，缺少层次和立体感，因此在实际使用中为更有效地判断被测目标的红外热分布场，常采用一些辅助措施来增加仪器的实用功能，如采用图像亮度、对比度的控制，实标校正，伪色彩描绘等技术。

水域水面会向外辐射红外线，形成红外热分布场，其红外辐射能量强度与温度成比例，而且水表面近似一个平面，为红外热像仪测量水温提供良好的环境。

3 红外测量大范围水面温度的关键技术

3.1 图像校正

3.1.1 图像校正原理

在使用热像仪进行物体表面温度测量时，一般采用正视拍摄机位，而对于大面积的水面目标，除航测外，正视拍摄仅会得到小范围的拍摄视场，为获得较大面积视场效果，常采用斜视拍摄水面目标来达到大范围测量的目的。这种斜视拍摄带来的问题是：所获得的图像几何变形变大，已不能直观地反映拍摄场景中各部分之间正确的相对位置关系。因此要对斜视拍摄的红外图像进行图像的几何校正。

图像校正即是把斜拍图像转换到正视图像。在正视面上得到目标真实形状。由于这种映射相当于将原图像重新投影到另一个成像面上，称之为重投影变换，并将映射后得到的图像称为重投影图像。图像的重投影变换示意图如图 2 所示。

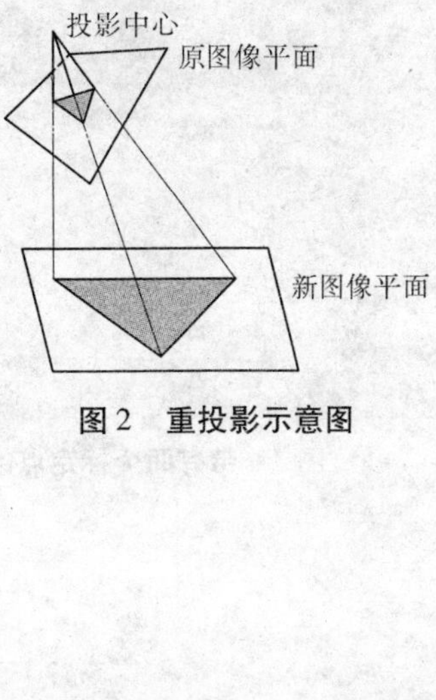

图 2　重投影示意图

重投影变换属于透视变换，而透视变换即为中心投影的射影变换，使用非齐次射影坐标表达时，具有如下的形式，见公式(1)：

$$\begin{cases} x' = \dfrac{a_{11}x + a_{12}y + a_{13}}{a_{31}x + a_{32}y + a_{33}} \\ y' = \dfrac{a_{21}x + a_{22}y + a_{23}}{a_{31}x + a_{32}y + a_{33}} \\ \begin{vmatrix} a_{11} & a_{12} & a_{13} \\ a_{21} & a_{22} & a_{23} \\ a_{31} & a_{32} & a_{33} \end{vmatrix} \neq 0 \end{cases} \tag{1}$$

换成矩阵的形式,见公式(2):

$$p' = \boldsymbol{U}p \tag{2}$$

其中 p'和 p 分别表示变换图像后和之前的坐标,$\boldsymbol{U}$ 为 3×3 的转换矩阵。

$\boldsymbol{U}$ 矩阵代表原图像到重投影图像(新图像)的转换关系。通常设 $\boldsymbol{U}$ 矩阵的第三行第三列 $a_{33}=1$,则需要求出 8 个参数,才能确定矩阵。因此,采用放置四个标定点的方法来确定 $\boldsymbol{U}$ 矩阵的值。

3.1.2 图像校正方案

本文采用的校正设计方案分如下几个步骤:

(1)固定相机,在相机拍摄水面上设置四个标定点,这四个点为矩形的四个顶点。进行斜视拍摄。

(2)求取四个标定点在斜视拍摄图像中的图像坐标。

(3)正投影后图像四点图像坐标求取,由于大倾角拍摄时近处拍摄精度大于远处精度,保留近处坐标点,即正透视投影后图像左下角坐标与斜视拍摄的图像坐标保持不变,其他三点由标定点在水域水面坐标与原图像坐标比例关系确定。

(4)以上可以看成是相机的重投影标定,根据第 3 步求取的矩阵进行图像重投影。

红外拍摄和自然光拍摄的光学原理是一致的,为了能清晰地说明方案,采用红外相机的可见光拍摄模式进行图像拍摄。

如斜拍一个 120 cm×90 cm(长宽比 1.33∶1)大小的矩形,用 OPenCv 图像处理库做处理得到图像,即图 3 所示可见光原图,图 4 为使用求得的 $\boldsymbol{U}$ 矩阵对图 3 进行图像校正后的新图。可以看出,原图中变形的矩形经过校正后,已变成原始目标的矩形形状,并且矩形长宽比例仍符合 1.33∶1 关系。

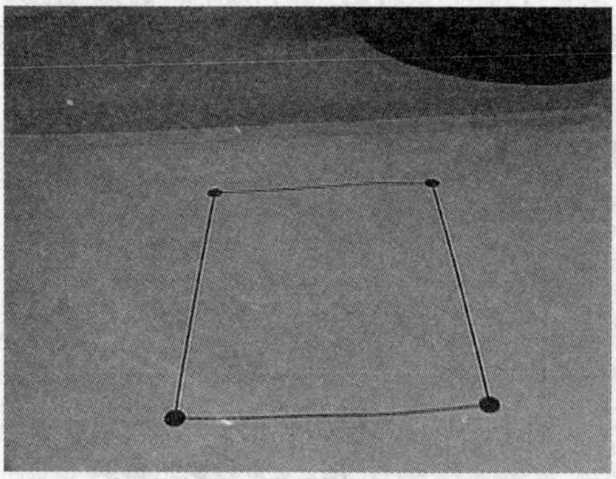

图 3 带有四个标定点的原图

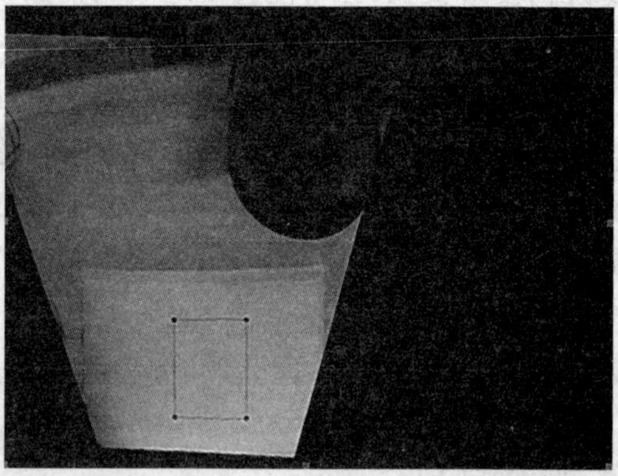

图 4 矩形大小为 120 cm×90 cm 的重投影效果图

3.2 坐标标定

为了将拍摄到的图像信息与真实的水域相对应,需要建立图像坐标与实际水域坐标的转换关系,即坐标的标定。

对于图像坐标系与校正后图像坐标系的关系已经在前文中加以说明,校正后图像坐标系与水域平面坐标系也存在着关系。因为经过校正后,图像坐标与水域坐标的二维空间上只存在尺度伸缩平移和旋转的关系。在二维空间里,总体步骤可用公式(3)、公式(4)和公式(5)表示。

(1)伸缩尺度。

$$\boldsymbol{A}_s = \begin{bmatrix} s & 0 \\ 0 & s \end{bmatrix}, s \geqslant 0 \tag{3}$$

(2)旋转。

$$\boldsymbol{A}_0 = \begin{bmatrix} \cos\theta & -\sin\theta \\ \sin\theta & \cos\theta \end{bmatrix}, 0 \leqslant \theta \leqslant 2\pi \tag{4}$$

(3)平移关系。

$$\begin{bmatrix} x' \\ y' \end{bmatrix} = \begin{bmatrix} x \\ y \end{bmatrix} + \begin{bmatrix} d_x \\ d_y \end{bmatrix} \tag{5}$$

根据图像校正后四个标定点中的两个对角线上的两个标定点,两个标定点在校正后图像上坐标与水域水面上的坐标,分别计算公式(3)~公式(5)中的 s, θ, d_x, d_y 的值,然后对校正后图像上网格点使用公式(3)~公式(5)进行转换,便可得到图像上温度点对应环境中温度点坐标。

3.3 温度误差修正

红外热像仪测量出的是物体表面的“皮肤”温度。环境水表面水温是指测量水下20~30 cm水层的水温,对实验室是1 cm水层,加上使用红外热像仪时多采用斜视拍摄,增加了红外温度测量与现场实测温度的偏差。所以,本文对其产生的偏差进行修正,以达到传统温度计测量的精度要求。

使用标定点温度传感器实测标定红外热像仪所测温度场。根据拍摄场景的大小将其拍摄面划分几个区域,每个区域内设置温度标定点,根据标定点处温度传感器测得温度与对应的红外测得温度的差值,采用距离插值法对测量点温度值进行修正。

比如,拍摄场景中有四个设置了温度传感器的标定点,其实测温度与红外测值之差分别为 $\Delta T_1, \Delta T_2, \Delta T_3, \Delta T_4$,待修正的某点的红外温度为 T_{ir},它与四个标定点的距离分别为 w_1, w_2, w_3, w_4,则该点修正后的温度 $T_{准}$ 为

$$T_{准} = T_{ir} + \frac{w_1^2}{w_1^2 + w_2^2 + w_3^2 + w_4^2}\Delta T_1 + \frac{w_2^2}{w_1^2 + w_2^2 + w_3^2 + w_4^2}\Delta T_2 + \frac{w_3^2}{w_1^2 + w_2^2 + w_3^2 + w_4^2}\Delta T_3 + \frac{w_4^2}{w_1^2 + w_2^2 + w_3^2 + w_4^2}\Delta T_4 \tag{6}$$

4 红外热像仪测量水温处理软件

通过上述技术方案,针对A40红外热像仪测量大面积水域温度场开发了温度场处理

软件(IrDataPro)。

本软件基于 Visual studio2008 平台,使用 OpenCv 开发。采用四点图像校正与距离插值算法对红外三维温度数据(平面坐标 x,y 和温度 T)进行处理,获取了大范围拍摄水域的温度场,其测得温度精度在要求范围内。

5 结论

针对红外热像仪测量环境水表面温度场时所产生的图像几何变形及温度偏差问题,宜采用四点标定法对图像进行几何校正;若采用高精度温度传感器的四标定点实测温度值,经距离插值算法对红外温度数据进行误差修正,可实现高精度大面积水域温度场测量。所开发的红外测温数据处理软件(IrDataPro),可实现红外摄像的非接触、广范围、高精度温度场测量。相对于传统的采用接触式温度传感器群测量温度场的方法,非接触红外量测温度场的方法具有简便和快速的优势,可明显提高测量效率、降低成本。

参考文献

[1] 王阳祥,方修睦,李延平,等.用红外热像仪测量建筑物表面温度的实验研究[J].暖通空调,HV&AC,2006,36(2):84-88.

[2] 黄树青,李宁,顾卫.热红外热像仪测量温度的误差分析和修正[J].气象科学,2007,27(增刊):1-4.

[3] 刘高文,郭一丁.红外热成像仪温度场测量的几何信息还原[J].红外技术,2004,26(1):56-59.

基于图像处理和PTV技术的浮冰运动检测系统

夏丽娟[1]　任明轩[1]　郑　钧[2]　李　杰[1]
(1. 北京尚水信息技术有限责任公司,北京　100085;
2. 清华大学水利水电工程系,北京　100084)

摘　要　介绍了一种基于数字图像处理及PTV测速技术,对浮冰运动进行测量的模拟检测系统。采用工业摄像机,对运动的模拟浮冰进行连帧拍摄,通过边缘提取、轮廓跟踪等图像处理方法获得浮冰的形状参数;根据逐帧的PTV计算,获得浮冰的流速和运动轨迹。试验测试结果表明,该种方法可以方便有效地、精确地计算浮冰运动相关物理参数,可应用于模型试验中的浮冰运动测量。

关键词　浮冰;图像处理;PTV;物理参数

1　前言

目前渤海和黄海沿岸增加了许多优良港口,航运业发展迅速,相应带动了石油平台等工程结构物的建设,维护这些工程的安全是一个重要的研究课题。渤海和黄海海域的海冰在冻结和融化过程中,会引起海况的变化,随着风、海流而漂移形成浮冰,浮冰的运动给通航和海洋工程结构的正常作业产生了巨大影响。因此,对于浮冰运动的检测研究是十分有意义的。

国内对于浮冰破坏方式和作用现象处于模拟试验的研究阶段,试验研究的关键点是测量浮冰的运动速度、面积等物理参数。程一轩[1]使用模型冰进行浮冰模拟试验,利用CCD摄像机抓取运动图像,分析计算得到模型冰的运动速度和面积,但在图像处理算法上还可以优化。浮冰的运动可以看做是大范围流场中的颗粒运动,王兴奎[2]、禹明忠[3]等在河工模型测量流场试验中,基于图像处理和PTV技术,采用摄像方式记录颗粒运动轨迹,经过图像处理计算得出大范围表面流场。

本文结合图像处理和PTV技术建立了浮冰运动检测系统,实现了对浮冰的物理形状及运动信息进行提取,从而为运动浮冰的进一步研究提供可行的测试方法及可靠的数据支持。

2　系统结构组成

系统主要由硬件和软件两部分组成,如图1所示,即将摄像机组拍摄的视频数据通过视频采集卡传输到主机,并由主机软件系统对该数据进行处理,从而获得浮冰运动的物理参数。

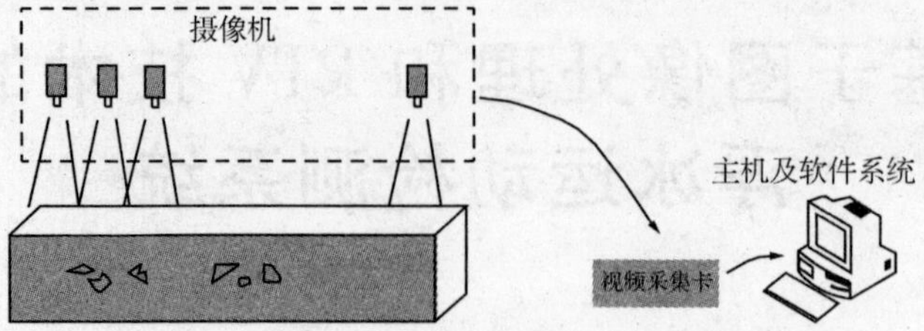

图1　系统结构图

为获得大面积水域的浮冰运动图像,可架设多个摄像头同时采集。在模型试验中,根据模型大小及摄像机固定在一定高度下的拍摄范围,确定采用摄像机的个数,从而保证摄像范围覆盖到所有研究区域。本系统中采用的视频采集卡,最多可以支持16个摄像头实时采集。软件系统一方面控制摄像头的采集方式,另一方面对采集的数据进行图像处理,计算浮冰形状及运动参数。对采集的视频数据进行图像处理,提取边缘轮廓坐标。根据边缘轮廓坐标,可计算获得中心点坐标、长轴、短轴和面积等物理参数。同时,检测多帧图片,以浮冰形状作为浮冰匹配的特征,完成浮冰跟踪。浮冰的中心点视做粒子,将PTV技术运用到浮冰速度计算中,从而获得浮冰当前速度。

3　浮冰运动测量原理

3.1　浮冰形状提取及轨迹跟踪

3.1.1　浮冰形状提取

浮冰形状提取,主要完成对采集图像中浮冰的边缘的提取,并逐一保存。具体处理流程图如图2所示。

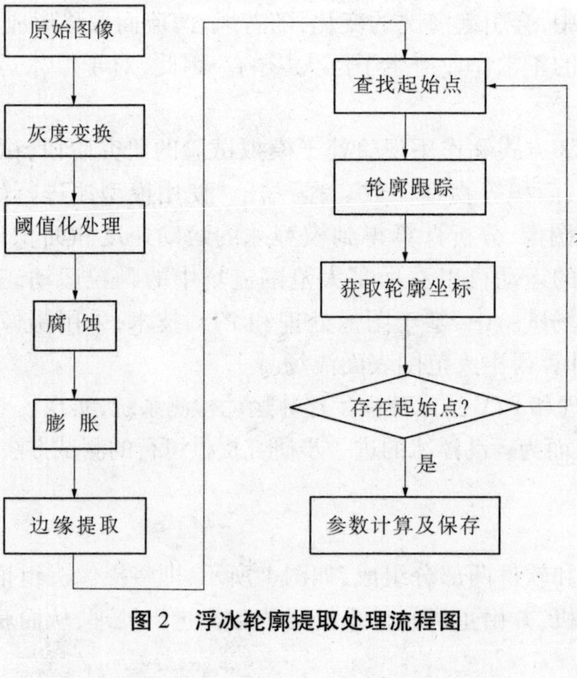

图2　浮冰轮廓提取处理流程图

根据摄像机的不同,对原始采集的图像数据需要进行不同程度的转换。如果采用彩色摄像机,则需要对图像进行灰度的转换,转换为 8 位的 bmp 格式灰度图。

阈值化处理是整个图像处理的重要前提。利用阈值,可以将图像分成目标和背景两个领域。因此,阈值设置的合适程度,将直接影响后续轮廓提取的难易。通过腐蚀和膨胀,可以消除一些无意义的物体,提高图像的处理速度。

采用 Sobel 算子进行图像的边缘检测,即图像中的每一个点都是图 3 中的两个模版的卷积[3],两个模版中一个对应像素点横向的梯度 G_x,一个对应像素点纵向的梯度 G_y,根据式(1),可以求得像素点的梯度,从而判断图像中是否有边缘以及边缘的位置。

−1	0	1
−2	0	2
−1	0	1

(a) G_x 模版

1	2	1
0	0	2
−1	−2	−1

(b) G_y 模版

图 3　Sobel 算子

$$|\nabla f(x,y)| = \mathrm{mag}(\nabla f(x,y)) = \sqrt{G_x^2 + G_y^2} \tag{1}$$

二值图像轮廓跟踪用于提取二值图像中的目标区域,以便对目标区域作进一步处理。系统中,采用链码方式获得图像轮廓。链码方式需要记录轮廓的起点和轮廓上每一点相对于前一点的链码值列表。如果为 8-领域链码,首先按照从左至右、从上至下的顺序查找轮廓起点;再按照右、右下、下、左下的顺序查找第二个轮廓点;然后按照右、右下、下、左下、左、左上、上、右上的顺序查找其他轮廓点,直到找到轮廓起点为止。

由于一幅图片中浮冰的个数要大于 1,需要逐一确定各个浮冰边缘的某一点,作为图像轮廓跟踪起始点。循环查询起点位置,逐个对图像轮廓进行跟踪并保存其像素坐标。

根据各浮冰轮廓的像素坐标,可计算出浮冰的中心点坐标、长轴、短轴等物理参数。

3.1.2　浮冰轨迹跟踪

浮冰轨迹跟踪是对目标浮冰连续采集图像,根据多幅图像中该目标的位置,绘制其运动轨迹。

设定某一目标浮冰,根据目标形状,从连续图像中查找该目标是轨迹跟踪的关键技术。轨迹跟踪主要有两种方式:一种是特征匹配,另一种是形状匹配。特征匹配,是根据之前获得的浮冰的物理参数,在多幅图片中查找一致的目标,并记录其中心点坐标。形状匹配,采用分段光滑曲线逼近法,由离散曲线演化和形状匹配两个步骤组成,匹配结果不受多边形旋转、变换和尺度大小的影响。

由于浮冰具有形状不规则性,因此本系统采用形状匹配方式,完成目标浮冰的轨迹跟踪。

3.2　浮冰运动速度测量

粒子跟踪测速 PTV 是一种瞬态全场速度测量的方法,直接跟踪流场中的示踪粒子的运动,避免了粒子图像测速 PIV 方法的平均效应,具有准确、直观的特点。

PTV 的图像处理过程主要分为图像识别和粒子配对过程。常用的图像识别过程多采用统一的灰度阈值方法。由于光照对于整个模型或水槽的不均匀,在本系统中,首先对摄像机采集视频图像逐一进行阈值调整。当获取粒子的图像信息后,需要采用粒子配对的算法,对粒子速度信息进行计算。

PTV 基本算法是,首先获取连续两帧粒子图像,时间间隔 Δt 一定且足够短,且被测速流体的运动速度在时间和空间上都没有剧烈突变,通过识别第一帧图像(t 时刻)上每个粒子在第二帧图像(Δt + 时刻)上的位置,计算两帧图像中各粒子与其配对粒子的形心坐标,计算可得粒子的运动位移 Δl,假设图像放大率为 M,则粒子的速度可以通过式(2)求得:

$$V = \frac{\Delta l}{M\Delta l} \tag{2}$$

因此,PTV 算法的关键问题是如何对两帧图像中的粒子进行正确的配对。本系统中,采用基于粒径配对度和形变配对度的 PTV 算法。

根据粒子在两帧图像中的最大位移做搜索半径,以第一帧图像(见图 4(a))中粒子的控件坐标为圆心,在第二帧图像(见图 4(b))中做圆,如图 4(c)所示,通过粒径配对度(D_p)计算筛选候选粒子,即

$$D_p = \exp(-|d_A - d_B|/d_A) \tag{3}$$

式中:d_A 是待配对粒子粒径;d_B 是配对候选粒子粒径。

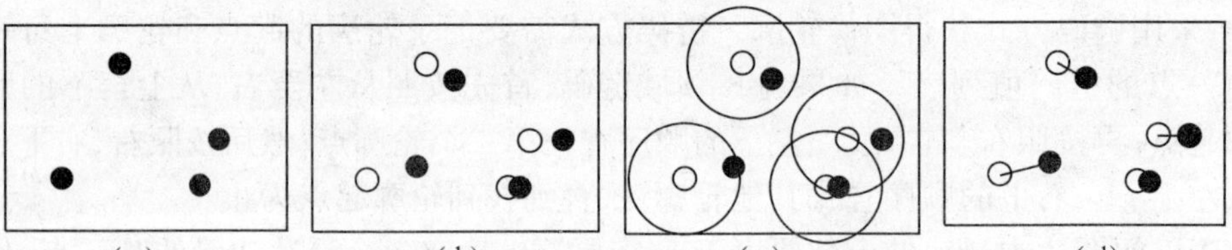

(a) (b) (c) (d)

图 4 粒子粒径配对

若设定粒径配对阈值为 T,而搜索区域中配对候选粒子与待配对粒子的 $D_p \geqslant T$,则该配对候选粒子保留候选身份。对于第一帧图像粒子的配对候选粒子,可以分为三种情况:第一种是搜索区域内符合 $D_p \geqslant T$ 的候选粒子只有一个;第二种是搜索区域内符合 $D_p \geqslant T$ 的候选粒子没有,此时判定该粒子为逃逸粒子,即没有与之配对粒子;第三种是搜索区域内符合 $D_p \geqslant T$ 的候选粒子出现多个,从而无法确定其配对粒子,需附加三角形形变程度来判断和选定配对粒子[4]。

4 浮冰运动模拟验证

4.1 浮冰运动模拟方案

浮冰试验在长 1.5 m、宽 0.2 m、深 0.4 m 的水槽中完成,摄像机安装在距离水面 0.27 m 的高度上,如图 5 所示。

采用4块大小形状不一的泡沫作为浮冰,手动控制水流的方向,从而使浮冰按照拟定的方向运行,在浮冰运动的过程中,获取摄像范围内浮冰的轮廓线,计算浮冰运动的速度大小及方向。同时,根据浮冰的轮廓线的位置坐标,计算各浮冰的长轴、短轴和中心点坐标等物理参数。

图6为浮冰运动图像处理过程。

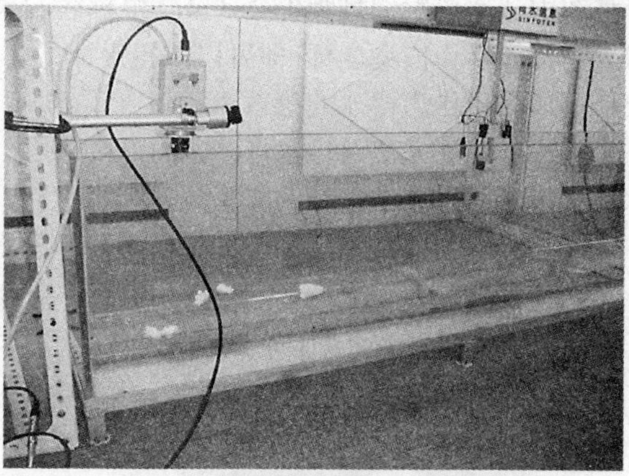

图5 试验水槽

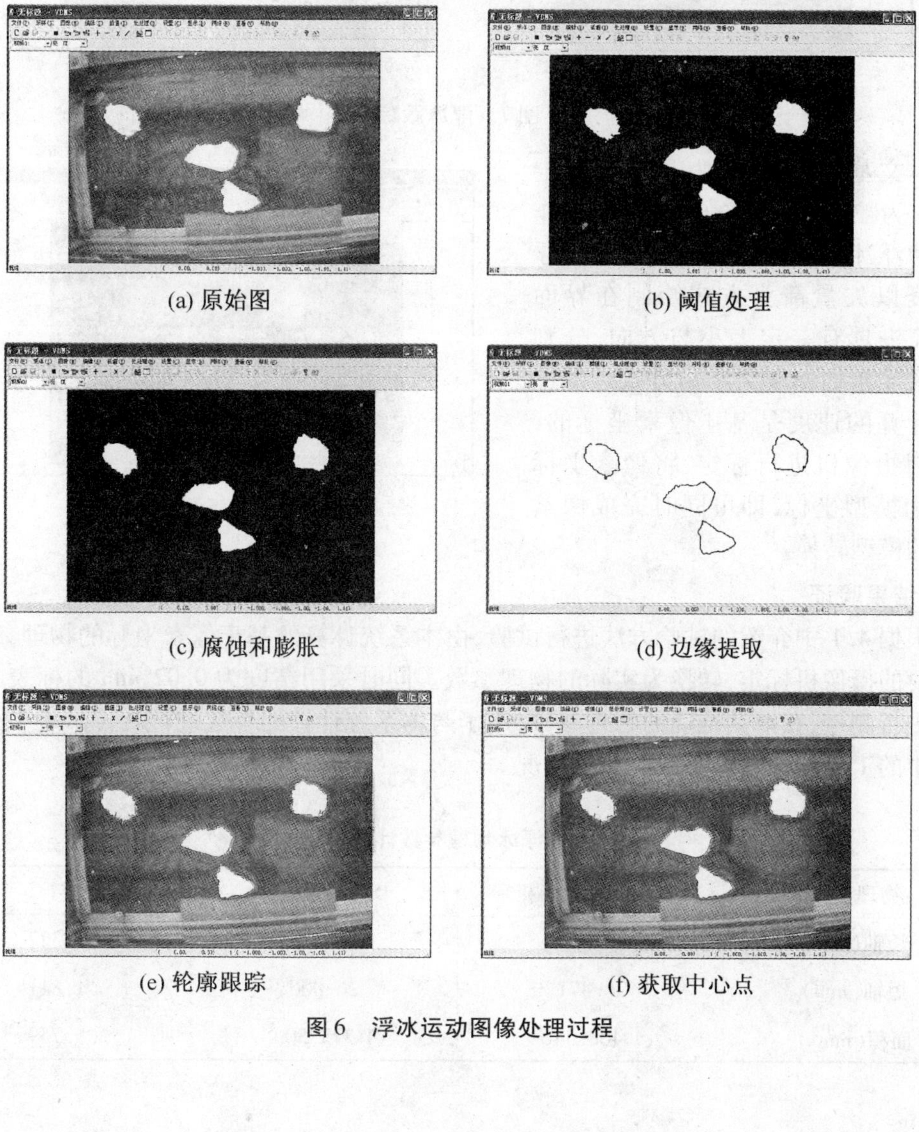

(a) 原始图　(b) 阈值处理

(c) 腐蚀和膨胀　(d) 边缘提取

(e) 轮廓跟踪　(f) 获取中心点

图6 浮冰运动图像处理过程

将图中浮冰依次编号为1、2、3、4。根据各自的轮廓坐标,计算长轴、短轴和面积,再将像素坐标转换为模型坐标,即可以获得浮冰的实际长轴、短轴和面积。本文以浮冰的最大外接矩形面积作为浮冰的等效面积。

采用形状匹配方法对运动浮冰进行跟踪,其跟踪结果如图7所示。对于静止的水槽,浮冰处于静止状态。在水槽的左上角,手动产生水流,使静止浮冰随之运动。由于4号浮冰在运动过程中光照及方向翻转的影响,没有跟踪上,其他均正确跟踪。

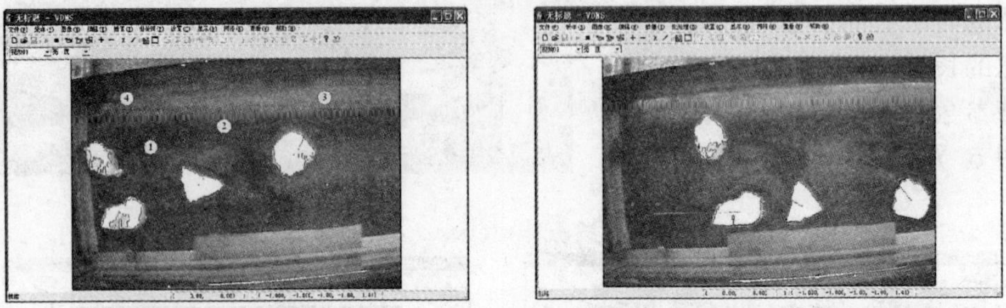

(a) 起始点(标记小)　　　　(b) 终点

图7　浮冰跟踪

本文基于PTV原理,以浮冰的中心点作为粒子,测量粒子的速度,并作为运动浮冰的速度。如图8所示,浮冰速度以矢量箭头方式绘制在界面上。箭头具有一定大小与方向,分别对应了浮冰的速度大小与方式。图像处理计算的速度是基于像素坐标的,需要对摄像机进行标定,将像素坐标转换为模型坐标,即可同时完成像素数据的模型转换。

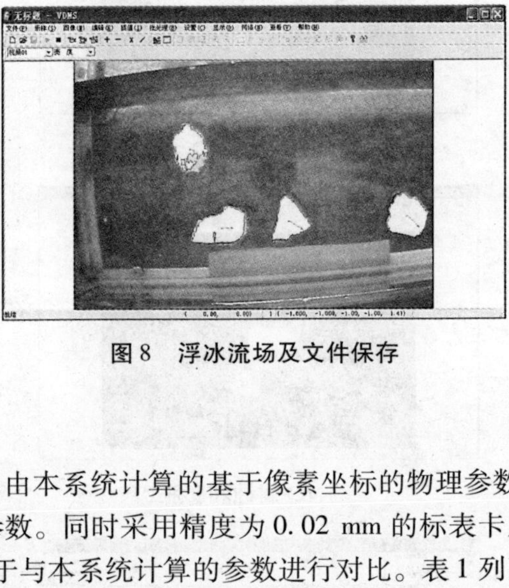

图8　浮冰流场及文件保存

4.2　结果验证

根据4.1中介绍的试验方法进行试验,由本系统计算的基于像素坐标的物理参数,通过必要的摄像机标定,转换为实际的物理参数。同时采用精度为0.02 mm的标表卡尺对浮冰进行测量,获取其准确的物理参数,用于与本系统计算的参数进行对比。表1列出了图7中的1号浮冰物理参数的对比情况。

表1　浮冰物理参数计算对比

物理参数	系统计算结果	卡尺测量结果	误差(%)
长轴(mm)	49.235	48.590	1.327
短轴(mm)	26.471	26.000	1.811
面积(mm^2)	1 468.446	1 373.500	5.759

5 结论

本文开发了一种基于数字图像处理及PTV测速技术,实现了对浮冰运动进行测量的模拟检测系统。通过对采集的浮冰图像进行数字图像处理,可以获得浮冰轮廓精确的像素位置,通过提取的浮冰轮廓可计算浮冰的中心点坐标、长轴、短轴、面积等物理参数,同时以轮廓形状作为浮冰的特征,根据形状匹配方式,实现了对浮冰运动的跟踪并绘制其轨迹。利用PTV技术,将浮冰中心点看做待测粒子,可以计算出浮冰的运动流速。

本系统在浮冰的跟踪中仍存在不足,比如由于外界影响,浮冰形状发生较大变化时,将无法对其进行跟踪,这点将在以后的工作中逐渐完善。

参考文献

[1] 程一轩,贾青,王国玉,等. 浮冰对码头结构撞击作用力的物理模拟方法[J]. 水利测量技术,2008(6):9.

[2] 王兴奎,庞东明,王桂仙,等. 图像处理技术在河工模型试验流场量测中的应用[J]. 泥沙研究,1996(4):21-26.

[3] 禹明忠. PTV技术和颗粒三维运动规律的研究[D]. 北京:清华大学,2002.

[4] 谢凤英,赵丹培. Visual C++数字图像处理[M]. 北京:电子工业出版社,2008.

[5] 胡永亭,邵建斌,陈刚. 几种PTV算法的比较研究[C]//第二十一届全国水动力学研讨会暨第八届全国水动力学学术会议暨两岸船舶与海洋工程水动力学研讨会文集. 北京:海洋出版社,2008.

PTV 匹配算法的对比分析

胡　涛　周才磊　辜伟芳　李丹勋

(清华大学水沙科学与水利水电工程国家重点实验室,北京　100084)

摘　要　粒子匹配算法是 PTV 技术中的研究重点。本文介绍了最近邻法、四帧图像跟踪算法、PCSS 算法、匹配几率法、Spring Model 算法和速度梯度张量算法等 6 种 PTV 匹配算法,并采用人工生成的规则流场图像序列对算法进行了检测,分析总结了各算法的优缺点及适用性。

关键词　PTV;匹配算法;图片序列

1　引言

粒子跟踪测速(PTV)法通过跟踪流场中示踪粒子的运动轨迹求得流速场[1],是一种无扰、瞬态、全场速度测量方法。与粒子图像测速(PIV)相比,PTV 技术直接跟踪流场中单个示踪粒子的运动,避免了 PIV 方法的平均效应,具有准确性和直观性[2]。但 PTV 方法只能应用于粒子浓度较低的流场,这也是该方法的局限性[3]。

PTV 匹配算法是目前 PTV 技术研究的一个焦点,已有文献中提出了多种 PTV 匹配算法。不同的算法有不同的特点,为了平衡精度和运算效率,需要针对不同的流动情况选择合适的算法。文献中已经对部分算法做过一些对比[4,5],然而这些研究通常仅对 2~3 种算法进行对比分析,研究对象也大多仅限于简单流场,其结论有一定的局限性。另外,随着计算机硬件的飞速发展,过去进行的一些对比分析已经无法代表现状。

本文对比分析了 6 种具有代表性的 PTV 匹配算法的优缺点,讨论各种算法实际应用中的适用性。本文结果可为 PTV 测量不同类型流场时选用合适的匹配算法提供参考。

2　常用 PTV 匹配算法

根据研究对象的不同,可以将已有的 PTV 匹配算法分为四类:单独研究单个粒子配对的 PTV 算法、结合附近粒子研究单个粒子配对的 PTV 算法(又叫互相关算法)、研究多个粒子整体配对的 PTV 算法、人工神经网络算法。总体来说,目前已有的算法以互相关算法居多,而且经过国内外学者数十年的研究和改进,这些算法已经广泛应用于固液、气固等两相流的测量当中,有较高的准确性和适用性。而人工神经网络算法还处于初步发展阶段,具有良好的应用前景。

本文整理了 6 种具有代表性的 PTV 匹配算法:最近邻法、四帧图像跟踪算法、PCSS 算法、匹配几率法、Spring Model 算法(SPG)、速度梯度张量算法。其中最近邻法和四帧图像跟踪算法属于单独研究单个粒子配对的 PTV 算法,其余四种属于互相关算法。

为比较各种算法的效率,引入算法的“时间复杂度”这一概念。每种算法都由一系列基本运算操作组成,其重复执行的次数可作为评价算法用时的标准。基本操作多数情况下是由算法最深层环内的语句表示的,基本操作的执行次数实际上就是相应语句的执行次数。比如,在下面的算法中,a[i][j] = i + j 属于基本操作,执行次数为 n^2,记为 $O(n^2)$。

```
for(i=1;i<n;i++)
    for(j=1;j<n;j++)
        a[i][j]=i+j; 该步骤属于基本操作,执行次数为 n²
```

(1)最近邻法:以第一帧图像中的一个粒子坐标为圆心,在一定的半径范围内在第二帧图像中寻找与第一帧中选定粒子距离最近的粒子,认为它就是与第一帧中选定粒子相匹配的粒子。算法中需要人工确定的参数是可能的配对粒子最大位移。由于该算法仅仅计算第二帧图像中的每个粒子与第一帧中目标粒子的距离,选取距离最小的作为配对粒子,故参数的选取对该算法的效率无影响,该算法的时间复杂度为 $O(n^2)$。

(2)四帧连续图像粒子跟踪算法(4 - PTV):该算法由 Nishino 等(1989)提出[4],使用四帧连续图像序列,首先在第二帧图像中寻找目标粒子的候选粒子,然后将其中一个候选粒子作为目标粒子,再从第三帧图像中寻找候选粒子,依次类推,最后选取位移和角度变化量的总量最小的一组粒子作为粒子运动轨迹。该算法根据四帧图像是否平滑来对每个粒子进行配对,能够应用于变形保持平滑的轨迹的流体流动。然而,当粒子的数量增加时,就很难配对粒子。算法中需要人工确定的参数是:每一帧图像的可能配对粒子范围。由于必须四个粒子均匹配正确才算正确的匹配,一旦某一帧图像中出现粒子消失或者出现,就会形成误匹配,所以该算法处理流场图像时效果可能较差。算法的时间复杂度为 $O(n^4)$。

(3)PCSS 算法:该算法由胡永亭等提出[5],首先在第一帧和第二帧图像中分别以目标粒子和候选粒子为圆心作查询区域,然后根据查询区域内的所有粒子计算其相似系数,选取相似系数最大的候选粒子作为配对粒子。算法中需要人工确定的参数是:可能的配对粒子最大位移、相似速度矢量粒子范围、距离偏差阈值和角度偏差阈值。由于实际流场中粒子消失和出现的情况会比较多见,这样计算出来的相似系数就不能代表目标粒子和候选粒子之间的相似程度,容易出现误匹配,所以该算法随着流场复杂程度的提高,误匹配率也提高。算法的时间复杂度为 $O(n^4)$。

(4)弹簧模型粒子跟踪算法(Spring Model Particle Tracking Method,SPG):该算法由 Okamoto 等(1995)提出[6],使用两帧连续图像序列。首先将目标粒子与其邻域粒子作为一个整体(弹簧模型),候选粒子与其邻域粒子组成一个弹簧模型,然后计算后者由于形变产生的压力,选取压力最小的模型作为配对模型,而该候选粒子也就是正确的匹配。这种算法由多个粒子组成一个整体进行研究,所以一旦出现某一个粒子消失或者出现的情况,其结果就会产生很大的偏差,算法的误匹配率较高。算法中需要人工确定的参数是:可能的配对粒子最大位移、相似速度矢量粒子范围、最大压力限。由于算法需要从粒子数多的一方随机选出与少的一方数量相等的粒子来进行计算,为了让计算更加准确,就需要考虑到所有可能的组合,而每一种组合中邻域粒子之间也要考虑所有可能的对应关系。于是一旦选取的参数不好,计算量就可能会非常大。随着参数的不同以及原始图像的不同,该算法的时间复杂度也不一样,最低可以达到 $O(n^3)$,效率较高,但精度会受到很大影响。所以,在调整参数以提高算法效率时,也要兼顾算法的精度。

(5)匹配几率法:该算法由 Baek 和 Lee(1996)提出[4],使用两帧连续图像序列,通过反复迭代计算目标粒子与第二帧图像中候选粒子的配对几率,得到配对几率最大的粒子作为匹配粒子。该算法仅仅依靠在目标粒子附近的一个小区域内是否能找到运动矢量相似的粒子来研究目标粒子能否被匹配,所以这种算法不能表现出流体流动的变形。对于比较规则的流场,相邻的粒子速度矢量都很接近,使用该算法一般都能得到正确的匹配结果,误匹配率会比较低。该算法的时间复杂度为 $O(n^4)$。

(6)速度梯度张量算法(Velocity Gradient Tensor, VGT):该算法是由 M. Ishikawa 等(2000)提出的一种新颖的算法[7],可以用来处理流体的变形,算法的适用范围比以往的算法大大提高,能够应用于许多复杂的流场中。该算法原理本质上与 Spring Model 算法比较类似,也是将目标粒子与候选粒子的邻域粒子一一对应,然后计算总的矢量偏差,偏差最小的即为正确的匹配。但是该算法对应邻域粒子时,仅仅是按照邻域粒子与目标粒子(或者候选粒子)的距离远近来排序,然后按顺序一一对应,这样的对应本身就存在很大的误差,所以算法得到的结果也必然有较大的误匹配率。而且该算法与 Spring Model 算法一样,随着参数的不同以及原始图像的不同,算法的时间复杂度也不一样。

根据以上分析,总结各种算法的优缺点及适用性如表 1 所示。

表 1　PTV 各算法的优缺点及适用性

算法	优点	缺点	适用性
最近邻法	原理简单,运算速度很快	原始图像中粒子间距太小时,误差大	粒子间距较大,速度较低,连续两帧图像时间间隔较短
四帧图像跟踪算法	原理比较简单,运算速度较快	对一般流场的处理精度很差,基本无法准确匹配	粒子分布均匀,速度基本一致,适用性差
PCSS 算法	精度较高	运算速度较慢,没有考虑无匹配粒子的情况	连续两帧图像时间间隔较短,流场流速较低,流场图像清晰
匹配几率法	运算速度较快,精度高,考虑了无匹配粒子的情况	原理复杂,参数较多	规则流场,相邻粒子速度矢量比较接近的流场
Spring Model 算法	原理较为新颖	编程复杂,对参数敏感,效率不确定,易错误匹配	流体存在较大变形的流场
速度梯度张量算法	可处理流体变形,适用范围广	对参数敏感,效率不确定,易错误匹配	流体存在较大变形的流场

3　常用 PTV 匹配算法对比试验

用实际处理效果来评价一种 PTV 匹配算法的优劣,主要从两个方面进行考虑:运算效率和算法精度,即算法运算所需的时间长短和算法处理结果的准确性高低。为了定量地对各种算法进行对比,引入 4 个参数:原图匹配率 Φ_r、算法匹配率 Φ_r'、误匹配率 Φ_e[8]和运算时间 T。其中运算时间 T 即为各种算法处理两帧(或四帧)图像所需时间;原图匹配率 Φ_r 为原图中的匹配粒子数(n)与全部粒子数(N)之比,即$\Phi_r = n/N$;算法匹配率 Φ_r'为通过匹配算法得到的匹配粒子数(n')与全部粒子数(N')之比,即 $\Phi_r' = n'/N'$;误匹配率 Φ_e 为通过匹配算法得到的错误匹配粒子数(m)与算法得到的匹配粒子数(n)之比,即 $\Phi_e = m/n$。对于各种算法而言,在规定的条件下,运算时间 T 越短,其运算效率就越高;算法得到的匹配率 Φ_r'越接近于原图匹配率 Φ_r,且误匹配率 Φ_e 越低,则该算法的精度也越高。

采用人工法生成了三种不同流场的图像序列以对比各种算法,图像序列分为水平粒子流动、波浪型粒子流动和漩涡型粒子流动。三种流场图片序列的流线图见图 1。

(a)水平粒子流动　(b)波浪型粒子流动　(c)漩涡型粒子流动

图 1　人工生成流动图片

图 1 中所示的流线图是生成两帧连续的粒子图,然后连接相对应的粒子形成的。图像大小为 1 000 ×1 000 像素,第一帧图像以坐标(25,25)为网格起点,每隔 50 像素设置一个网格节点,共有 20 ×20 =400(个)节点,在每个节点的水平垂直坐标各 ±15 个像素的范围内随机取一个点作为粒子所在位置,整幅图像共 400 个粒子。选择合适的粒子位移生成第二、三、四帧图像,并将图像中对应的粒子连起来形成流线图。文中选取的粒子位移为 20 ±5 像素。这样得到图像的粒子密度适中,粒子分布比较分散和随机,选取的粒子位移也比较合适,位移有一定的变化范围。总体而言,图 1 所示三种流场的图像序列具有较好的代表性。

使用各种算法对生成的图像序列进行处理,得到配对结果,再与原流线图进行对比,即可判断算法准确率,进而对比各种算法。

3.1　水平粒子流动

各算法处理结果如图 2 所示。匹配几率法得到的结果与原图最接近;最近邻法次之,得到的结果中出现少许的错误匹配;PCSS 算法得到的结果中错误匹配比最近邻法稍多;而 Spring Model 算法和速度梯度张量算法得到的结果中错误匹配较多,只能大致判断流动的方向;四帧图像跟踪算法得到的结果则非常杂乱,基本无法判断流动方向。

图 2 定性地显示对比各种算法处理水平粒子流动时的结果,其中对于可能的配对粒子最大位移和相似速度矢量粒子范围,选取了较大的值来进行计算(分别为 40 像素和 200 像素),以更好地检验算法精度,而且提高了算法运算时间,减少了误差影响。

为了定量分析各种算法的处理结果,表 2 列出了各种算法处理水平粒子流动时的其他参数选取、运算时间和误匹配率等数据。由于四帧图像跟踪算法与其他算法使用的原始图片数据不一样,不具有对比性,而且四帧图像跟踪算法的处理结果根据肉眼即可判断,故表 2 中只是列出了该算法的运算时间。

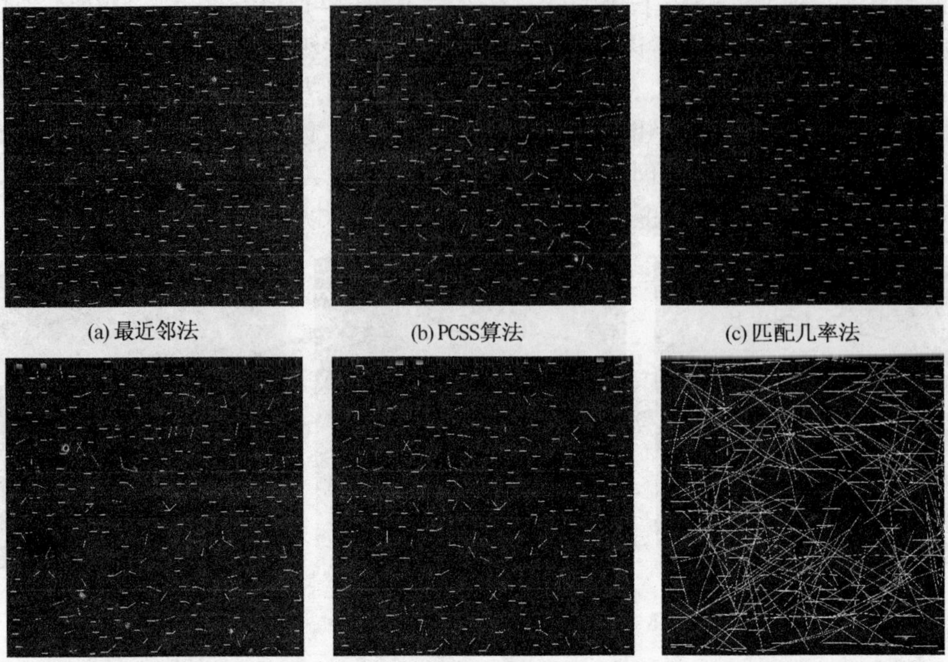

(a) 最近邻法　(b) PCSS算法　(c) 匹配几率法

(d) Spring Model算法　(e) 速度梯度张量算法　(f) 四帧图像跟踪算法

图 2　各种算法处理结果(水平粒子流动)

通过表 2 可以看出,最近邻法的运算时间几乎为零,运算速度很快,但其精度不高;PCSS 算法运算时间最长,其算法的效率不高,精度一般,误匹配率接近 25%;匹配几率法运算时间较短,而且其误匹配率远低于其他算法,仅有 1.53%,由此可见,匹配几率法效率和精度都很好。另外两种算法对参数的敏感度很高,使用时需要合理地选择参数,否则运算时间将急速增长,当参数选择合理时,速度梯度张量算法的运算时间也非常短,Spring Model 算法略长,两种算法的误匹配率都超过了 35%,精度都不好。

表 2　各算法对水平粒子流动的处理结果

算法	其他参数选取	运算时间(s)	原图匹配率 Φ_r(%)	算法匹配率 Φ_r'(%)	误匹配率 Φ_e(%)
最近邻法	无其他参数	0.000	98	99.5	21.3
PCSS 算法	距离偏差阈值取 10 像素,角度偏差阈值取 30°	0.188	98	99.5	24.0
匹配几率法	速度矢量偏差阈值取 10 像素,松弛系数 *A* 和 *B* 分别取 0.3 和 3	0.063	98	99.5	1.5
Spring Model 算法	最大压力限取 50	0.172	98	99.5	36.8
速度梯度张量算法	无其他参数	0.031	98	99.5	40.6
四帧图像算法	无其他参数	0.218			

注: Spring Model 算法和速度梯度张量算法在选用与其他算法相同的参数时,由于运算量过大没有得到结果,作者将相似速度矢量范围减小至 100 像素,即得到表中结果。

3.2 波浪型粒子流动

各算法处理结果流线图与水平粒子流动时类似。同样,为了定量分析各种算法的处理结果,表 3 列出了处理波浪型粒子流动时的其他参数选取、运算时间和误匹配率等数据。使用波浪型不等速粒子流动图像序列得到的结果与 3.1 的结果大体一致。最近邻法的效率最高,精度一般;PCSS 算法效率最低,精度也较差;匹配几率法的效率较高,精度也非常高;其余两种算法的效率都要视参数而定,精度很差。

表 3 各算法处理结果(波浪型粒子流动)

算法	其他参数选取	运算时间(s)	原图匹配率 Φ_r(%)	算法匹配率 Φ_r'(%)	误匹配率 Φ_e(%)
最近邻法	无其他参数	0.000	98.8	99.5	17.1
PCSS 算法	距离偏差阈值取 10 像素,角度偏差阈值取 30°	0.204	98.8	99.5	29.2
匹配几率法	速度矢量偏差阈值取 10 像素,松弛系数 *A* 和 *B* 分别取 0.3 和 3	0.063	98.8	99.5	1.3
Spring Model 算法	最大压力限取 50	0.141	98.8	99.5	47.4
速度梯度张量算法	无其他参数	0.031	98.8	99.5	55.5
四帧图像算法	无其他参数	0.297			

注:同表 2 注。

3.3 漩涡型粒子流动

各算法处理结果与水平粒子流动时类似。同样,为了定量分析各种算法的处理结果,表 4 列出了处理漩涡型粒子流动时的其他参数选取、运算时间和误匹配率等数据。使用漩涡型粒子流动图像序列得到的结果与 3.1 的结果大体一致。最近邻法的效率最高,精度一般;PCSS 算法效率最低,精度较差;匹配几率法的效率和精度都较高;其余两种算法的效率视参数而定,精度较差。

表 4 各算法处理结果(漩涡型粒子流动)

算法	其他参数选取	运算时间(s)	原图匹配率 Φ_r(%)	算法匹配率 Φ_r'(%)	误匹配率 Φ_e(%)
最近邻法	无其他参数	0.000	99.8	100	11.11
PCSS 算法	距离偏差阈值取 10 像素,角度偏差阈值取 30°	0.203	99.8	100	24.61
匹配几率法	速度矢量偏差阈值取 10 像素,松弛系数 *A* 和 *B* 分别取 0.3 和 3	0.063	99.8	100	0.25
Spring Model 算法	最大压力限取 50	0.141	99.8	100	50.38
速度梯度张量算法	无其他参数	0.031	99.8	100	58.73
四帧图像算法	无其他参数	0.156			

注:同表 2 注。

4 结论

对于规则流场的图像序列,最近邻法处理速度非常快,能够明显地判断流场方向,但处理前提是流场中相邻两帧图像粒子的位移相对粒子间距离而言较小(至少小于粒子间距的1/2),否则会得到大量的无匹配粒子,降低精度;四帧图像跟踪算法相比其他算法不同,需要对连续四帧图像序列进行处理,该算法精度非常差,处理得到的流场图像基本无法判断流场的方向;PCSS 算法运算时间长,但精度较高,处理得到的流场图像能够比较清晰地判断流场的方向;匹配几率法是最好的一种算法,不仅运算时间较短,效率较高,而且精度非常高,误匹配的粒子数较少,可清晰地判断出流场方向;Spring Model 算法对于相似速度矢量范围等参数比较敏感,如果参数选取过大,运算量将会急剧增大,导致无法得到配对结果,因此使用过程中需要选取合适的参数进行计算,提高运算效率,但精度一般,处理得到的流场图像大致能够判断流场方向;速度梯度张量算法与 Spring Model 算法一样,需要选取合适的参数进行计算,精度也一般,利用处理得到的流场图像能够判断出流场的方向。

本文结论主要依据三种特定的流场图像序列,若使用不同图像,可能得到不同结论。对 PTV 匹配方法的全面评价,需要更多的检验工作。

参考文献

[1] 康琦,申功析. 全场测速技术进展[J]. 力学进展,1997,27(1):106-120.

[2] 盛森芝,徐月亭. 90 年代的流动测量技术[C]. 北京:北京大学,1993.

[3] 许联锋,陈刚,李建中等. 粒子图像测速技术研究进展[J]. 力学进展,2003,33(4):533-540.

[4] Baek S J, Lee S J. A new two-frame particle tracking algorithm using match probability[J]. Experiments in Fluids, 1996(22):23-32.

[5] 胡永亭,邵建斌,陈刚. 几种 PTV 算法的研究[C]//第二十一届全国水动力学研讨会文集,2008.8.

[6] Okamoto K, Hassan Y A, Schmidl W D. New tracking algorithm for particle image velocimetry[J]. Experiments in Fluids, 1995(19):342-347.

[7] Ishikawa M, Murai Y, Wada A, et al. A novel algorithm for particle tracking velocimetry using the velocity gradient tensor[J]. Experiments in Fluids, 2000(19):519-531.

[8] 靳斌,杨冠玲,何振江,等. 一种利用示踪粒子群体运动特征的 PTV 算法[J]. 光学技术,2000,26(1):16-18.

【作者简介】 胡涛(1986—),男,硕士研究生,主要从事粒子图像测速技术的研究。E-mail:hut041@163.com。

静水中运动气泡变形特性的测量研究*

白云艳[1] 邵建斌[1] 曹 锋[1] 陈 刚[2] 张 淼[1]

(1.西安理工大学,西安 710048;2.安康学院,安康 711600)

摘 要 气泡表面曲率变形是影响气泡运动特性的关键因素之一。本文利用高速摄像机拍摄静水中单个气泡的上升运动过程,运用图像测量方法获取气泡沿程瞬时形状、速度等数据信息,系统地研究了气泡变形程度、变形频率与气泡大小及运动速度之间的关系。

关键词 气泡;图像测量;气泡变形;速度

1 前言

气泡广泛地存在于水利、化工、生物、医药、船舶减阻、热能、环境保护等各个领域,气泡在水中的运动规律受到国内外众多专家学者的关注。研究静水中气泡运动是基础性研究的重要内容,气泡在静水中的运动规律具有普遍意义。

单个气泡在液体中上升的终速度受到众多因素的影响,比如界面张力、浮力、气泡大小、气泡周围液体性质(密度和黏度等)等。同时,气泡形状与速度也相互影响并表现出一定的对应关系。从国内的相关文献来看,徐炯等[1]观察发现,气泡直径 <1 mm 时刚性较好;气泡直径 <3 mm 时不易发生变形,可视为圆球;而当气泡直径大于 3 mm 后,由于气泡易发生变形,不能再当做单一圆球点进行分析,并认为气泡直径在 0.5 ~4 mm 范围内时,气泡在高度方向运动随时间呈现良好的线性关系。程文等[2]将直径约为 5 mm 的小气泡视做球形处理实验数据。从国外的相关文献来看,Celata 等[3]认为黏滞力控制区气泡终速度随气泡直径的增大而增加;在表面张力控制区,气泡终速度随着气泡直径的变化可能增大、不变或减小;在惯性力控制区,气泡终速度随直径的增大而增大。Tomiyama[4]、Okawa 等[5]一些学者已经先后对气泡的变形进行了研究,并引入了无量纲参数雷诺数、Eotvos 数、莫顿系数。现有文献给出的气泡在静水中上升变形的临界粒径并不统一。比较统一的说法就是,随着气泡直径、上升速度、运动介质的变化,气泡会发生不同程度的变形,由球形到椭球、球冠直至破裂。

本文利用高速摄像机拍摄了静水中当量直径在 0.8 ~3.9 mm 范围内单个气泡的上升运动过程,运用图像测量方法获取气泡沿程瞬时形状、速度等数据信息。通过实验数据分析,研究了气泡大小与气泡变形程度、变形频率及运动速度之间的关系。

2 实验装置及方法

2.1 实验装置

实验装置如图 1 所示,透明有机玻璃槽体尺寸为:长 × 宽 × 高 = 100 mm × 100 mm ×

* 本文受陕西省重点学科建设专项资金资助。

500 mm。实验气源为压缩空气,经稳压装置后通过控制阀门开度调节进气流量以产生单个气泡。在实验条件温度下,采用自来水为气泡运动的载体,其物理性质如表 1 所示。采用日本 NAC 公司生产的 MEMRECAM GX - 1 型高速摄像机捕捉单个气泡在水中的上升运动过程。拍摄速度为 1 500 帧/s,对应像素值为 1 280 × 1 024 像素。拍摄过程中需要补光,补光方式为背投,光源为 500 W 卤素灯。

图 1　试验装置示意图

表 1　水的物理性质(20 ℃)

物理性质	符号	数值
运动黏性系数(Pa · s)	μ	0.001
表面张力(N/m)	σ	0.072
密度(kg/m³)	ρ_l	998

2.2　实验方法

采用电动台控制器调整实验台与摄像机的位置,使高速摄像机镜头与气泡发生平面垂直,且生成气泡的针孔位于视窗最底端。

分别采用规格为 0.45 ~ 1.6 mm 的医用针头向水中注入空气产生不同大小的气泡,气泡当量直径范围 0.78 ~ 3.94 mm。气泡发生高度距离自由液面 400 mm。本实验针对不同尺寸的气泡确定拍摄高度为 24 ~ 110 mm。通过高速摄像机得到气泡图像序列,存为非压缩 bmp 格式。

采用公式(1)计算气泡的当量直径:

$$d = \sqrt{\frac{4S}{\pi L^2}} \tag{1}$$

式中:d 为气泡当量直径,mm;S 为气泡图像所占像素个数,像素^2;L 为拍摄比尺,像素/mm。

2.3　图像处理方法

图像处理程序用 VC + + 2005 编写,气泡图像如图 2(a)所示,首先对其进行阈值计算,得到气泡的二值化图像,如图 2(b)所示,由于气泡透明,其中心部分未能正确识别,因此对图2(b)图像进行中心填充,得到图2(c),将图2(c)的边界与原气泡图像叠加,得到图2(d),由图2(d)可知,本文采用的图像处理方法能够较好地反映原图像的数据信息。将气泡正确识别后,计算得到气泡的形心坐标、形心瞬时速度、长宽比、面积等数据参数。

(a)原图像 (b)二值化图像 (c)中心填充图像 (d)叠加图像

图2 图像处理过程示意图

3 实验结果与讨论

3.1 不同尺寸气泡的上升速度

当气泡直径小于1.5 mm时,气泡加速段很短,脱离针孔后很快就可以达到终速度。其中,直径小于1 mm的气泡在脱离针孔后10 mm高度范围内就可以达到终速度状态;直径在1~1.5 mm范围的气泡脱离针孔30 mm高度后可以达到终速度。当气泡直径在1.5~2.5 mm范围内时,气泡加速段增长,在脱离针孔后30~40 mm高度范围内可以达到终速度。当气泡直径在2.5~4 mm范围内时,气泡运动出现较强的随机性,速度曲线震荡严重,气泡速度在经历数个较强烈的震荡周期后逐渐趋于平缓,认为达到终速度水平,此时运动高度在脱离针孔110 mm以上。推测这一现象是由于气泡Z字形或螺旋形轨迹上升运动造成的。

对于运动轨迹可能出现Z字形也可能出现螺旋形的现象,推测是由于此尺寸等级的气泡沿阻力最小的路径上升运动。Brücke[7]曾提出气泡升力由两部分组成,原因在于不对称尾迹产生的特殊压力场。其中分力一使气泡向一侧运动而另一分力(向心力)保持气泡在圆心路径上。这也许就能够解释为何气泡的运动轨迹是螺旋形的了。

本实验得到的上述趋势与Celata等[3]、Kulkarni等[7]、Haberman等[9]、张国强等[10]描述结果趋势一致。这也说明了本文实验方法的可靠性。图3就是一个典型的气泡瞬时速度V_t随上升高度z变化的函数关系图。由图5可以更直观地观察到不同尺寸气泡的上升速度和运动轨迹情况。

3.2 不同尺寸气泡的变形

随着气泡直径的增大,气泡在水中的上升过程出现变形现象,气泡以椭球形或近似于椭球形的形状上升。通常,以长宽比来表示气泡的变形程度。本文引用Marco[11]提出的长宽比公式来反映气泡的变形情况。

$$E=\frac{a-1}{b-1} \tag{2}$$

式中:E为气泡图像的长宽比;a为气泡图像的最小轴,像素;b为气泡图像的最大轴,像素。

由于受到表面张力与浮力的共同作用,气泡在脱离针孔的瞬间变形会出现明显震荡。图4列出了七组典型尺寸气泡长宽比随上升高度变化,当$d<1$ mm时,认为气泡始终保

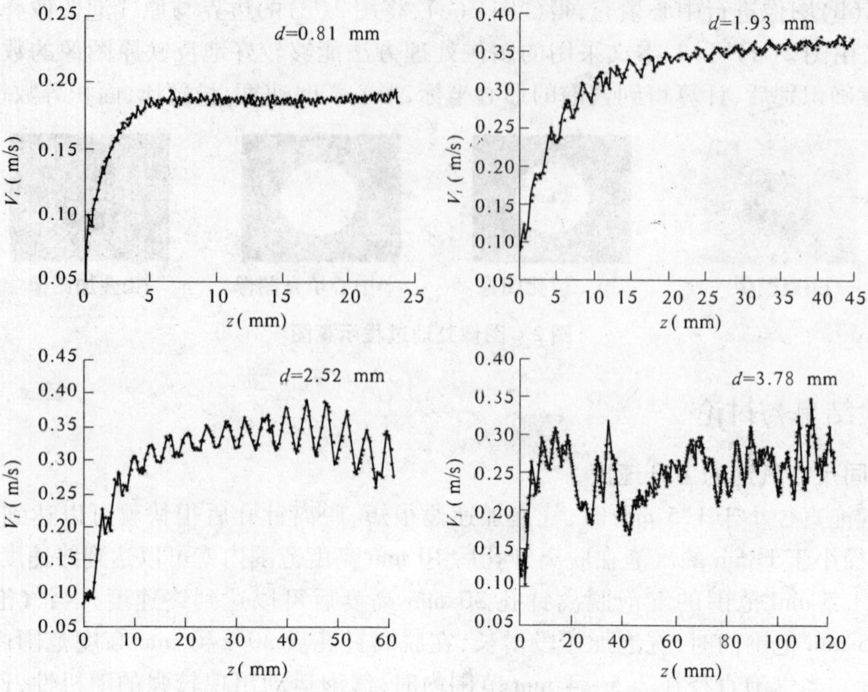

图3　典型的不同尺寸气泡速度 V_t 随上升高度 z 变化关系图

持球形状态上升运动，即便在上升加速段也没有发生明显变形，此时 $E>0.85$。当 1 mm $<d<$ 2 mm 时，气泡从脱离针孔开始至达到终速度过程中由球形逐渐变形至椭球形，E 值相应平滑递减，直到气泡达到终速度后 E 值也趋于稳定，此时 $E>0.45$。当 2 mm $<d<$ 2.5 mm时，E 值平滑递减且值较低，此时 $E>0.30$。随着气泡直径的增大，气泡运动过程越来越复杂。2.5 mm $<d<$ 4 mm 时，在加速段，气泡沿最小阻力方向运动，这时 E 值比小尺寸气泡低；当气泡回归运动轴时气泡形状会恢复，E 值相应回升且比小尺寸气泡大，当进入下一个运动周期时 E 值又降低。将气泡上升运动图像以20帧为单位叠加得到图5。

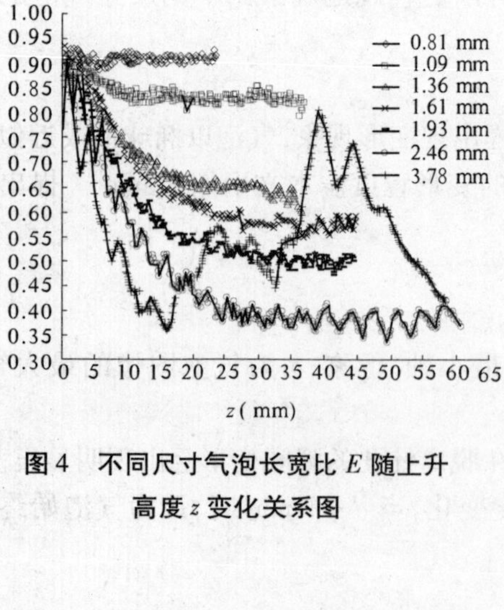

图4　不同尺寸气泡长宽比 E 随上升高度 z 变化关系图

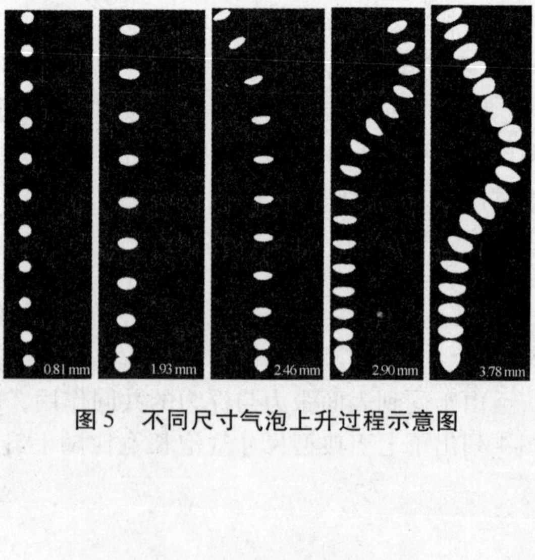

图5　不同尺寸气泡上升过程示意图

3.3 气泡变形程度、频率与速度的关系

在试验观察气泡尺寸范围内，气泡的长宽比曲线与速度曲线的变化趋势相反，曲线震荡几乎是同步的，两者非常相关，其对应关系如图6所示。在气泡加速段(包括气泡脱离针孔后的加速段和大尺寸气泡周期性出现的加速段)，其迎风面受到阻力作用开始变形，E 值出现减小趋势。待气泡逐渐达到终速度状态后，速度曲线出现波动，变形曲线也相应出现波动，两者极值错位对应即最大值对应最小值。由测量结果可以得到以下结论：即气泡直径越大，其 E 值震荡周期与速度震荡周期越长，振幅越大。

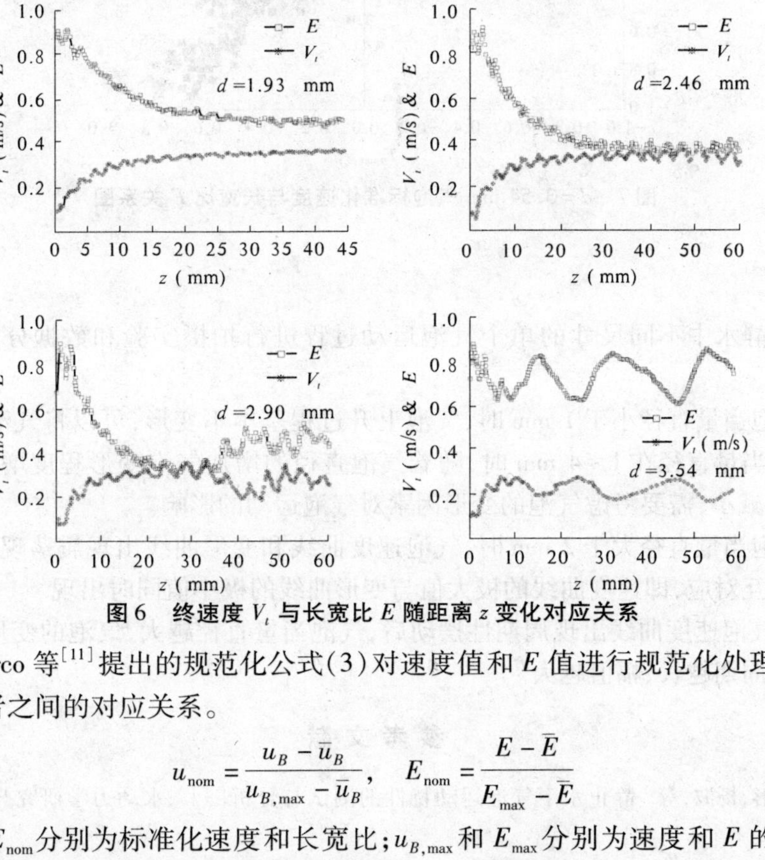

图6 终速度 V_t 与长宽比 E 随距离 z 变化对应关系

采用 Marco 等[11]提出的规范化公式(3)对速度值和 E 值进行规范化处理，以便更直接地观察两者之间的对应关系。

$$u_{\text{nom}} = \frac{u_B - \bar{u}_B}{u_{B,\max} - \bar{u}_B}, \quad E_{\text{nom}} = \frac{E - \bar{E}}{E_{\max} - \bar{E}} \tag{3}$$

式中：u_{nom} 和 E_{nom} 分别为标准化速度和长宽比；$u_{B,\max}$ 和 $E_{\max}$ 分别为速度和 E 的最大值；$\bar{u}_B$ 和 $\bar{E}$ 是总体平均值。

如图7所示，u_{nom} 和 E_{nom} 呈现良好的线性对应关系，数据点均匀地分布在直线 $y = -x$ 附近。

一些学者[12]指出，气泡形状的摆动可能是受到其表面的涡脱落强迫的。关于气泡上升运动变形的原因，除了认为是受气泡尾迹的影响，也有学者[11]提出是由于气泡脱离发生装置时的动摇引起的。也或许是由多方面因素共同决定的，这个问题无疑需要更进一步的探索。

气泡变形程度和频率能够从表观上反映气泡运动的状态，较直观地体现流场的参数变化。所以，更深入地研究气泡运动过程的变形规律能够为分析气泡流场信息提供必要的帮助。

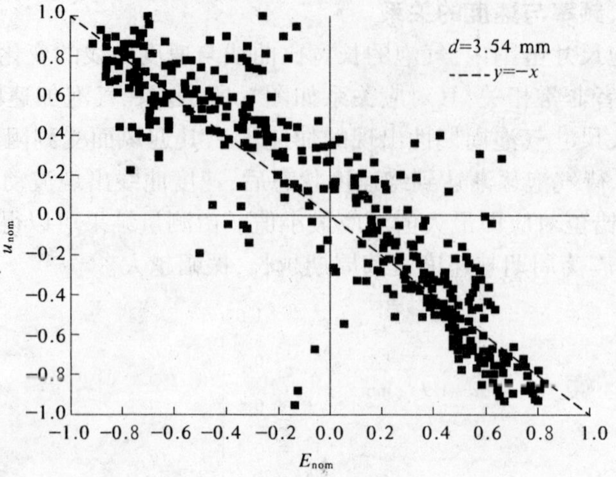

图7 $d=3.54$ mm 气泡标准化速度与长宽比 E 关系图

4 结论

通过对静水中不同尺寸的单个气泡运动过程进行拍摄实验和数据分析,得到如下结论:

(1)气泡当量直径小于1 mm时,气泡上升过程基本不变形,可以将气泡当做圆球处理。当气泡当量直径在1~4 mm时,随着气泡直径的增加气泡变形程度增大,气泡长宽比值 E 逐渐减小,需要考虑气泡的变形因素对气泡运动的影响。

(2)气泡当量直径大于2 mm时,气泡速度曲线和变形曲线出现震荡现象,且两者的震动极值相互对应,即速度曲线的极大值与变形曲线的极小值同时出现。

(3)当气泡速度曲线出现周期性摆动后,气泡当量直径越大,气泡的变形曲线与速度曲线的震荡周期越长、幅值越大。

参考文献

[1] 徐炯,王彤,杨波,等. 静止水下气泡运动特性的测试与分析[J]. 水动力学研究与进展. 2008,6:709-714.

[2] 程文,宋策,周孝德. 水中气泡上升速度的实验研究[J]. 西安理工大学学报,2000,16:57-60.

[3] Gian Piero Celata, Francesco D'Annibale, Paolo Di Marco, et al. Measurements of rising velocity of a small bubble in a stagnant fluid in one - and two - component systems[J]. Experimental Thermal and Fluid Science, 2007(31):609-623.

[4] Tomiyama A, Yoshida S, Hosokawa S. Surface tension force dominant regime of single bubbles rising through stagnant liquid[J]. UK - Japan Seminar on Multiphase Flow, 2001.

[5] Okawa T, Tanaka T, Kataoka I, et al. Temperature effect on single bubble rise characteristics in stagnant distilled water[J]. Int. J. Heat Mass Transfer, 2003,46:903-913.

[6] Mendelson H D. The prediction of bubble terminal velocities from wave theory[J]. AIChE J,1967, 13(2):250-230.

[7] Brücker C. Structure and dynamics of the wake of bubbles and its relevance for bubble interaction[J].

Phys. Fluids, 1999(11):1781 - 1796.

[8] Kulkarni A A, Joshi J B. Bubble Formation and Bubble Rise Velocity in Gas - Liquid Systems[J]. A Review, Ind. Eng. Chem. Res. ,2005,44:5873 - 5931.

[9] Haberman W L, Morton R K. An experimental study of bubbles moving in liquids [J]. Proc Am Soc Civ Eng, 1954, 80(1):379 - 427.

[10] 张国强,吴家鸣. 流体力学[M]. 北京:机械工业出版社, 2006.

[11] Di Marco P, Grassi W,Memoli G. Experimental study on rising velocity of nitrogen bubbles in FC - 72 [J]. International Journal of Thermal Sciences, 2003(42):435 - 446.

[12] Edge R M,Grant C D. The terminal velocity and frequency of oscillation of drops in pure systems[J]. Chem. Engrg. Sci, 1971(26):1001 - 1012.

HCS－W 型红外测沙仪

王娅娜　蔡　辉　马洪蛟

(河海大学港航学院,南京　210098)

摘　要　HCS－W 型红外测沙仪是专为改进模型实验测沙技术研发的新型仪器。该仪器基于浑水消光原理,通过测量经由含沙水体的后向散射光,得到传感器前方某点处的浊度值,再标定得到含沙量。本文在初步研制成功该测沙仪的基础上,进行了一系列的实测及比测实验。实验表明,该仪器具有良好的零点稳定度和线性度,能在低含沙量(＜10 g/L)条件下实现对悬沙含量的测量。该仪器结构简单,体积小巧,能实现不扰流的实时测量,配以先进的无线传输方式,能在模型实验中实现多点分布式垂线悬浮泥沙含量测量,是改进模型测沙技术的有益尝试。

关键词　光学后向散射;含沙量;实时量测;无线传输

1　前言

含沙量是模型实验中研究泥沙运动的主要参数,由于泥沙组成的复杂性及泥沙运动的随机性,快速准确地获取悬浮泥沙浓度数据是模型实验的技术难点。目前用于模型实验含沙量测量的方法主要有烘干称重法、比重瓶法、光学法及声学法。虽然电子天平的发展使烘干称重法和比重瓶法可获取较高测量精度的含沙量数据,但仅能获得一定时间间隔部分测量点的含沙量浓度,得到的是离散的含沙量数据,不能满足模型实验实时含沙量测量要求,而且费工费时,需要较熟练的技术才能进行。光学和声学测沙是近年发展起来的先进测沙技术,代表仪器是光学后向散射浊度计(OBS)[1]和声学多普勒流速剖面仪(ADCP)[2],其共同特点是通过测量回波后向散射强度计算水体浊度值,再根据标定结果和相关分析得到连续的含沙量数据。因声学测沙尚处于探讨阶段,且其测量方式为剖面测量,更适合于原型测量,就模型实验而言,应用更广的是光学测沙仪。

2　光学测沙原理

悬沙水体是一种浑浊液,当一束平行光通过均匀分布的浊液后,入射光将被减弱,被减弱的光,一部分被吸收,一部分被散射,能量关系式为:

削弱＝吸收＋散射

其中,研究证明散射是光电测沙的基本效应[4]。

设入射光通量为 Φ,穿过宽度为 dL 的悬沙体,被散射的量为 $d\Phi$。得到 $d\Phi = -\Phi KAn dL$,其中 n 为单位体积内泥沙颗粒数,A 为每颗泥沙在垂直投影面上的投影面积,总透光宽度为 L,初始入射光通量为 Φ_0。由 $A = 3V/2d$,$n = C/V\gamma_s$,解微分方程得散射定律：

$$\Phi = \Phi_0 e^{\frac{3KL}{2\gamma_s}\cdot\frac{C}{d}} \tag{1}$$

式中：C 为含沙量；L 为光在水样中的传播距离；γ_s 为泥沙容重；K 为消光系数。

式(1)是混合沙散射消光定律，它能够解释含沙量 C 与散射光通量 Φ 的严格函数关系，通过测量散射光通量，即可得到水中悬浮泥沙含量。

3 仪器结构

HCS－W 型红外测沙仪由红外测沙传感器、光源调制电路、信号调理电路、单片机数据采集及无线传输、计算机控制及数据分析五个部分组成，测沙系统的结构框图如图 1 所示。

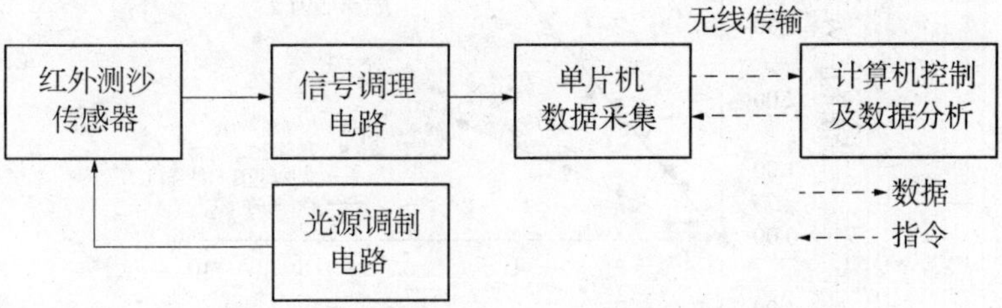

图 1 HCS－W 型红外测沙系统原理图

红外测沙传感器是整个测沙系统的核心部分，发光器件选用注入型电致发光器中的砷化镓红外发光二极管，发射红外光的峰值波长在 880 nm 左右，散射角为 120°～160°，能很好地避免水中有机物质和气泡对测量数据的影响[1]。

后向散射方式使传感器探头可以垂直嵌入实验水槽外壁安装，不干扰水流流态，其结构及安装示意图如图 2 所示，图中传感器平面紧贴实验水槽外壁，虚线部分代表水槽内含沙水体。该测沙仪采用单收发方式，传感器探头体积很小，直径约 2 cm，因此可在水槽外壁安装多个探头，实现多点分布式测量，获得实时的垂线悬沙含量数据。

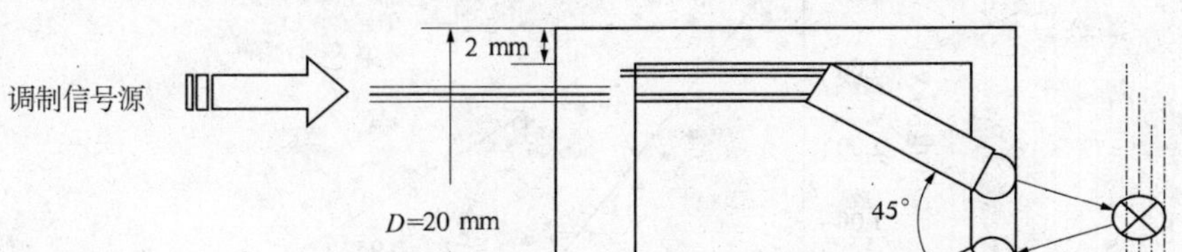

图 2 红外传感器结构及安装示意图

4　实测实验

4.1　线性度实验

线性度实验选取高岭土和长江口天然沙各一组,其中长江口沙样中值粒径为 129.4 μm。将待测沙样烘干后,用电子天平称出范围在 0.1 ~ 10 g/L 的干燥沙样,分别放入盛有 1 L 纯净水的广口瓶中,配制成不同浓度的含沙水样,采用磁力搅拌器使泥沙处于悬浮状态,传感器探头置于水下 5 cm 处,待输出电压值逐渐趋于稳定时读数,实验结果如图 3 所示。

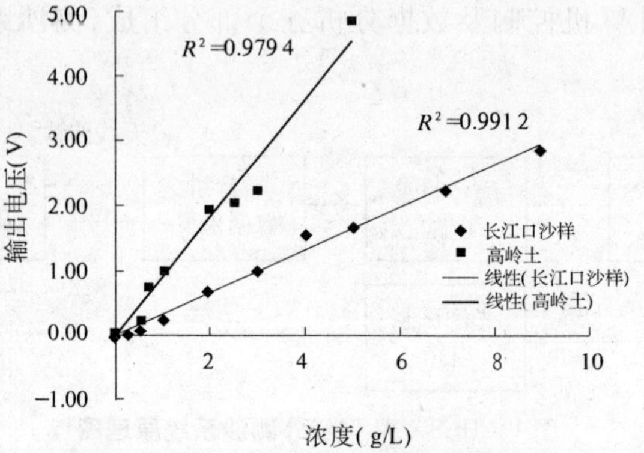

图 3　HCS - W 型红外测沙仪实测实验

实验结果表明,在一定的含沙浓度范围内,测沙仪线性度良好,相关系数均在 0.95 以上。而在相同条件下,选用目前模型实验采用较多的透射式光纤传感器进行比测,该传感器满量程输出为 5 V,随着待测水样中泥沙含量升高,输出电压值相应降低,实验结果如图 4 所示。

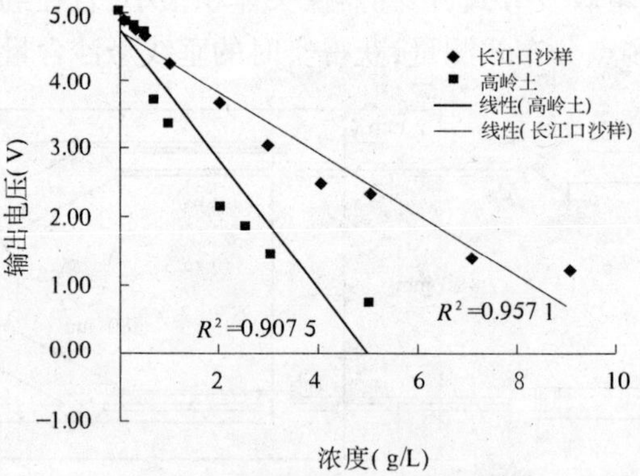

图 4　光纤测沙仪实测实验

测量条件相同时,HCS - W 型红外测沙仪线性度优于光纤测沙仪。但是由于受实验条件限制,本次实验未能取得更多的天然泥沙做实测实验,只能根据现有的数据推断,泥沙种类、组成的不同将造成测沙仪输出值的很大变化。因此,仪器测量前的标定很重要,标定结果的准确程度直接影响测沙仪测量值的准确度。许多研究成果推荐光学测沙仪应采用现场标定[5]，尽可能保持原状沙样不受扰动。

除线性度之外，零点稳定度也是衡量仪器性能的重要指标，该测沙仪于清水中连续开机测量 6 h，零点漂移仅为 0.001，零点稳定度也较好[3]。

4.2 粒径影响实验

水中悬浮泥沙散射属于米氏散射，它的强度与水中悬沙颗粒有关，是悬沙大小、种类、形状和浓度的函数。根据 Mie 散射定律及多位学者的研究成果，对光学测沙数据准确度影响最大的是泥沙的粒径，其基本规律可表述如下：当散射粒子线度 α 与入射光波长 λ 之比 $\alpha/\lambda<0.1$ 时，散射光强与波长关系同瑞利散射定律一致；当散射粒子线度 α 与入射光波长 λ 之比 $0.1<\alpha/\lambda<10$ 时，散射光强与波长的依赖关系逐渐减弱，而且当该比值增大到一定程度后散射光强随比值增大出现起伏，即交替达到极大值和极小值，且起伏的幅度随比值的增大而减小，称为米氏散射；当散射粒子线度 α 与入射光波长 λ 之比 $\alpha/\lambda>10$ 时，散射光强基本与波长无关，称为大粒子散射。

下面的实验将展示粒径对测沙仪输出值的影响程度，为排除形状、颜色等因素的影响，选用轻质塑料沙作为待测沙样，三组塑料沙粒径分别为 100～150 μm、150～250 μm 和 250～300 μm，用电子天平称量干沙样质量 0.1～5 g 共 9 份，分别投入 1 L 纯净水中配制成待测水样，实验结果如图 5 所示。

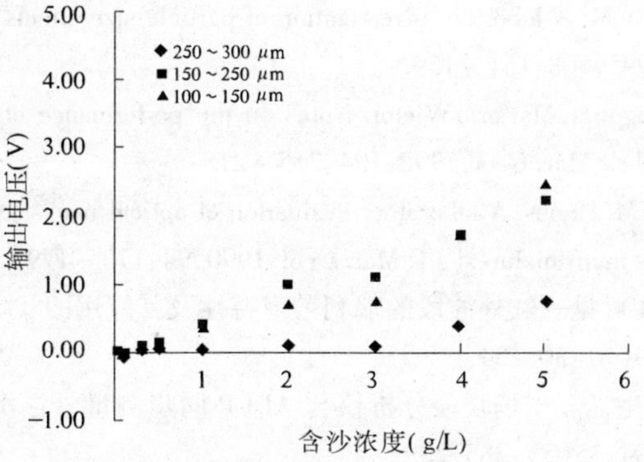

图 5 粒径影响实验

实验表明，随着含沙浓度的增加，粒径对输出值的影响越发显著，在含沙浓度为 5 g/L 的条件下，测沙仪对粒径 300 μm 的泥沙颗粒输出电压值比粒径 100 μm 的泥沙颗粒输出电压值高出 30%。但由于本次实验可选塑料沙型号较少，不足以展示 <100 μm 的颗粒的变化规律，可依据相关研究成果[6]，初步认为输出电压与泥沙粒径成反比关系。同时，从以上数据可以看出，测沙仪发出的 880 μm 探测光对较细泥沙的反应更为敏感，有研究成果表明，当泥沙颗粒较细时，测沙仪能测到的浓度范围将比较小[7]，当泥沙颗粒较粗时，测量范围将有很大增加，可以达到 10 g/L[8]。因此，同大多数的光学测沙仪一样，粒径是影响其测量准确度和测量范围的主要因素，有研究表明[9]，各种粒径的泥沙构成的混合溶液的吸光度为各单一粒径泥沙溶液吸光度之和，满足线性叠加原理。因此，在下一步的研究工作中，可以密集地选取单一粒径的泥沙样品作出各自的变化曲线，结合数据后处理软件得到更准确的泥沙浓度值。

5 结论

HCS-W 型红外后向散射测沙仪采用先进的传感技术,能获得实时垂线悬沙浓度,可在一定的含沙量范围内作为传统测沙法的补充。该测沙仪体积小,结构简单,操作方便,可安装在实验水槽边壁上,不干扰水流,尤其是其采用的无线传输的方式,便于在模型上实现多点分布式测量。其主要的问题是测量值受粒径影响较大,当待测沙样粒径不均匀度较大时,测量误差明显增大,鉴于粒径与传感器输出值存在一定的函数关系,有望通过将实时的粒径分析与含沙量测量相结合获得更加准确的泥沙浓度数据[10]。

参考文献

[1] John Downing. Twenty-five years with OBS sensors The good, the bad, and the ugly[J]. Continental Shelf Research, 2006,26:2299-2318.

[2] 张志林,高敏,廖建英. 徐六泾站悬移质含沙量比测与精度分析[J]. 人民长江,2010,41(6):48-52.

[3] 王娅娜. 实时无线测沙系统研发及其在环形水槽中的应用[D]. 南京:河海大学,2006.

[4] 左东启. 模型实验量测技术[M]. 北京:水利水电出版社,1984:126-130.

[5] 刘红,何青,王元叶,等. 长江口浑浊带海域 OBS 标定的实验研究[J]. 泥沙研究,2006(5):52-58.

[6] Conner C S, De Visser A M. A labortory investigation of particle size effects on an optical backscatterance sensor[J]. Mar. Geol,1992,108:151-159.

[7] Jerome P Y Maa, Xu Jingping, Marjorie Victor. Notes on the performance of an optical backscatter sensor for cohesive sediments[J]. Mar. Geol,1992,104:215-218.

[8] Keith A. Ludwig, Daniel M. Hanes. A laboratory evaluation of optical backscatterance suspended solids sensors exposeded to sand-mud mixtures[J]. Mar. Geol,1990,94:173-179.

[9] 孙兵飞,王津. 悬移质在可见—红外波段的瑞利散射特性及其应用[J]. 湖南文理学院学报(自然科学版), 2008,20(1):30-34.

[10] 兰志刚,龚德俊,于新生,等. 现场粒径分析仪与 ADCP 同步测量悬浮沉积物浓度的粒径修正方法[J]. 海洋与湖沼, 2004,35(5):385-391.

移动式模型试验自动加沙系统设计与应用

栗克国　倪文军　李志飞
（交通运输部天津水运工程科学研究院，天津　300451）

摘　要　潮汐河工模型试验中，由于潮汐水流断面输沙率在潮流周期过程中一直处于变化状态，因此对潮汐模型进行精确加沙一直是一个难点。为了提高试验过程中加沙控制精度和自动化水平，在港珠澳物理模型试验中，设计开发了一套模型加沙系统。该系统以计算机为核心，控制变频器和电动阀门等设备，实现了整个加沙试验过程的自动化。根据潮汐变化实时调整加沙量，很好地适应了潮汐水流要求加沙的特点。实际应用后，效果良好，具有应用价值。

关键词　加沙系统；潮汐模型试验；自动控制

1　引言

河工模型进口悬移质加沙系统，一般多采用在加沙循环管上开设大小不同的孔口，通过人工调节各孔口开度和组合来控制模型进口加沙量[1]。该方式在整个试验过程中均需要人工参与，并且精度难以保证，受人为因素影响较大。特别是在连续试验过程中，很难保证加沙过程与潮汐过程同步，对试验结果造成较大影响。为了解决存在的这些问题，在进行港珠澳物理模型整体试验项目过程中，研制开发了一套移动式模型试验自动加沙系统。通过闭环负反馈控制实现了整个加沙过程管道的自动切换和流量的自动控制，提高了模型加沙的精度，取得了满意的加沙效果。

2　系统设计

根据潮汐模型试验的特点，加沙系统需要满足如下几条：①具备两条独立的加沙管道；②加沙量大且能够快速调节；③加沙系统应便于拆装移动；④系统应具备长时间连续运行的能力。据此，系统设计时确定了如下几条准则：①出水流量达到5 L/s；②使用变频器控制水泵转速，频率在10～50 Hz之间能任意调节，通过变频器控制水泵转速，从而控制水泵的出水流量，最终控制断面加沙量和加沙过程；③能实时监控出水流量，流量测量精度0.1 L/s。

系统的工作流程为：首先铺设好两条独立的出水管道，在管道上均匀地打出出水孔，然后分别对每个管道的出水流量进行率定，以找到变频器频率与出水流量的关系曲线。系统工作时根据潮汐表加沙量的要求调整变频器频率以控制加沙量。

3　硬件设计

整个系统由搅拌桶、搅拌桶支架、减速搅拌机、进水泵、变频器、流量计、电动阀门、液位计、电控柜、继电器箱和控制计算机组成。搅拌桶由钢板制成,直径1.5 m,高度1.5 m。搅拌桶支架为一钢架结构,由底座和两个竖梁组成,竖梁顶端可以安装减速搅拌机。管道和流量计以及阀门设计为可拆卸形式,中间通过螺栓连接。这个管道可以附在搅拌桶支架的竖梁上。出水泵和电控柜安装在1.2 m×0.8 m的四轮移动小车上,以方便移动。电控柜中安装变频器、交流接触器等控制设备。电控柜与控制计算机和流量计阀门等通过航空插座连接,与电机通过接线端子连接。桶内安装有液位开关,当液位较高时自动断开进水泵的电源。同时,电控柜上安装有本地和远程控制切换开关,在本地操作模式下可以手动控制加沙系统工作;在远程模式下可以实现系统的自动运行。在远程工作模式下,计算机通过继电器卡控制继电器箱中继电器的动作,通过电缆控制电控柜中交流接触器的动作,进而控制搅拌电机、进水电机的启停以及电动阀门的动作。计算机通过RS485串口与变频器通信,控制变频器动作并读取变频器状态,并通过串口与电磁流量计通信,读取实时流量数据。系统的结构框架如图1所示。

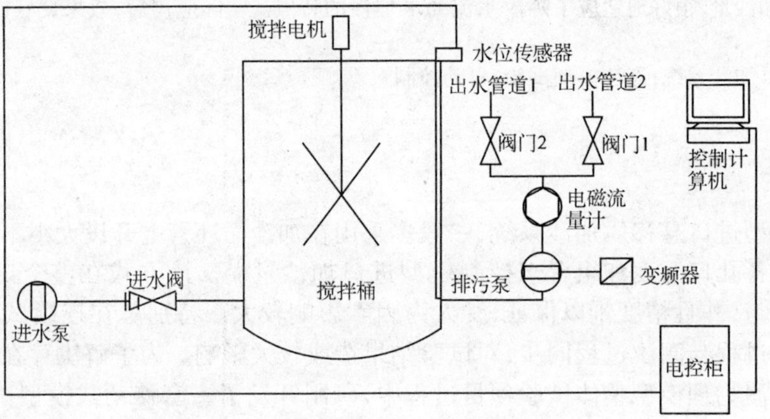

图1　移动式加沙控制系统结构框图

3.1　可拆卸设计

为了使整个系统便于移动,特将整个加沙系统设计成可拆卸的五部分,包括加沙桶、加沙桶支架、搅拌电机、管道总成、移动小车。每一部分的重量均控制在120 kg以下,以方便移动。

加沙桶支架上预留有螺孔和定位点,方便加沙桶、搅拌电机、管道总成的安装。另外,由于搅拌电机工作时振动比较大,因此将搅拌电机安装在搅拌桶支架上而不直接安装在搅拌桶上,这样就可避免搅拌桶振动造成的剧烈晃动问题。

搅拌电机包括电机、行星减速器、搅拌叶轮、安装横梁等,安装时通过四个螺栓使安装横梁与搅拌桶支架连接。行星减速器选用传动比为1∶17的型号,输出转速约为88 r/min,搅拌叶轮采用90°排列的四片钢板,叶片倾斜45°焊接在中心轴上。叶片宽度80 mm,长度30 mm。经多次试验证明,该设计既能充分将浑水搅拌均匀,亦能有效降低工作噪声。

管道总成包括阀门、电磁流量计、连接孔等。管道采用DN50的镀锌钢管,阀门和流量计与管道通过法兰连接。管道总成与加沙桶支架通过3个U形卡用螺栓连接。

移动小车尺寸为1.2 m×0.8 m,底部安装有4个DN16的脚轮,上面安装排污泵、电控柜等设备。电控柜内安装变频器、交流接触器等设备,以控制排污泵、搅拌电机和电动阀门的运转。

3.2 阀门安装方式

由于加沙水中含有大量杂质,特别是有较多的细小颗粒物,因此经常出现阀门堵塞无法正常启闭的情况,严重时甚至导致阀门损坏。为了解决该问题,对阀门安装方式进行了不同工况下的试验。当阀门水平安装时,堵塞现象发生最为频繁,平均每 40 ~ 60 h 就发生一次;当阀门垂直安装且水流方向向下时,堵塞现象有所减少但仍然存在;当阀门垂直安装且水流方向向上时,几乎不再发生堵塞现象。

3.3 控制系统设计

控制系统由弱电和强电两部分组成,弱电部分包括继电器控制卡、模拟量控制卡等,强电部分包括中间继电器、交流接触器、变频器等。计算机通过继电器控制卡控制中间继电器,进而控制交流接触器动作,从而控制进水电机和搅拌电机的运转。计算机通过模拟量控制卡控制电动阀门的开度并读取阀门和水位计的反馈信息。计算机通过 RS485 串口控制变频器,进而控制排污泵的转速从而控制出水流量。

为了方便用户使用,控制系统设置为"本地"和"远程"两种工作模式。在"本地"工作模式下,系统无需连接控制电脑即可通过按钮等控制系统运转,"远程"工作模式下,可以通过计算机远程控制设备运转。

4 软件设计

该系统控制软件使用 VB. net 语言编写,在 Windows 环境下运行,具有界面美观、功能齐全、使用灵活、操作方便等优点。软件主要包括四个界面:①参数设置界面。其主要功能为设置软件和部分硬件设备的运行参数,包括变频器使用的端口号和波特率,各个阀门的控制通道、水位传感器的 KC 值、水位上下限及其报警设置等。②设备率定界面。其主要功能为对变频器频率和出水流量进行率定。③手动加沙界面。其主要功能为系统设备的测试调试以及特殊情况下的加沙控制。④自动加沙界面(见图 2)。主要包括阀门、水泵、电机工作状态显示、桶内水位显示、实时流量显示以及根据潮汐文件自动加沙等模块。该模块运行时无需用户干预,具有很高的自动化程度。

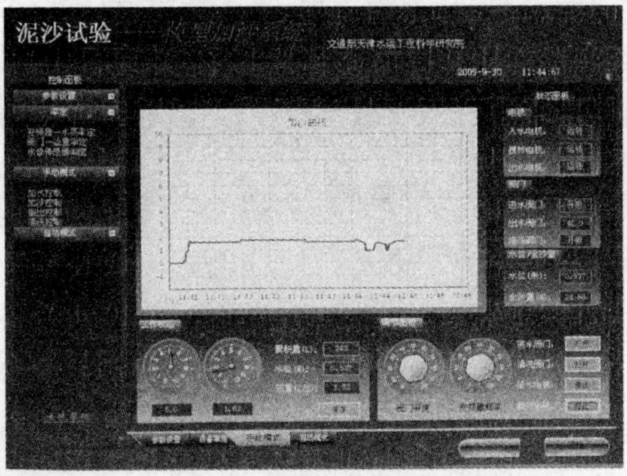

图 2 移动式加沙系统自动控制界面

4.1 多线程设计

自动模式下,软件不仅要采集各个传感器的数据,还要根据传感器数据和潮汐文件控制阀门与变频器的动作。由于 Windows 为一非实时操作系统,内部采用轮询机制运行程序,所以程序采用多线程方法设计,即设置数据采集线程、控制线程和主线程共三个线程。数据采集线程专门用于采集传感器数据,控制线程用于控制阀门、变频器等的动作,主线程用于响应各种事件和刷新软件界面。

4.2 自动控制算法设计

自动控制算法作为整个软件的核心,关系到整个加沙系统能否正常运行。为了保证软件的正常运行,提高稳定性,防止设备误动作,控制输出采用多次确认的方式,即当第一次计算结果需要控制设备动作时,暂时不发送指令,而是再读取一次系统状态并进行计算,当两次计算结果一样时再控制设备动作。与此同时,控制命令发出后软件不断读取设备状态,如果在允许时间内系统未达到预定状态,则再次发送控制命令,如果连续三次系统均无法达到预期状态,则向用户提出报警信息,如果达不到预期状态的设备是电动阀门,则停止系统运行。

经过一个月左右的试运行,证明这种算法具有较好的抗干扰能力,能够有效避免干扰引起的设备误动作,并且也能够有效消除设备误报警导致的系统停机,具有较强的适应性。

4.3 报警及自动存储设计

由于加沙系统的硬件设备如水泵、电机、变频器、阀门等均为强电设备,因此必须严密监测这些设备的运行状态,发现异常应立即报警,以避免发生更大的事故。可能的故障包括阀门失灵、变频器故障、串口通信故障、水位传感器故障等。当故障发生时,软件立即通过弹出对话框提醒用户,严重时自动停止系统运行,并同时将报警信息记录到故障报警文件,以备用户查询。

为了对整个试验过程严密监测,软件设计了自动保存功能,即根据用户设置定时保存软件运行期间设备的各种动作状态。

5 结语

经过几个月的运行,该加沙系统稳定可靠,最大流量可达 5 L/s,精度可达 0.1 L/s,满足设计要求;采用特殊的软硬件结构,成功解决了模型自动加沙问题;通过特殊的管道结构设计,有效解决了阀门的堵塞问题,有效提高了模型试验的自动化水平。

参 考 文 献

[1] 黄胜,卢启苗. 河口动力学[M]. 北京:中国水利水电出版社,1995.

[2] 邓安军,汤立群,陈金荣. 自动加沙控制系统及其在潮汐模型试验中的应用[J]. 水道港口,2007(2):67-70.

拟焦模型沙水下休止角测量

宋莉萱　吴国英

（黄河水利科学研究院，郑州　450003）

摘　要　为解决以往测量泥沙水下休止角的方法费时、测量精度较低等问题，黄河水利科学研究院设计制作了细颗粒模型沙水下休止角测量仪，用于拟焦模型沙水下休止角的测量，取得一定的试验成果。

关键词　水下休止角；细颗粒泥沙；拟焦模型沙

1　水下休止角仪器设计

模型沙水下休止角反映了泥沙颗粒之间在一定的介质下所发生的静态相互作用。它是模型沙的重要物理特征参数之一，无论在泥沙运动力学的基础研究中还是在河流工程实践中都涉及该课题。研究模型沙的水下休止角，不仅对推移质运动、沙波运动等理论问题的研究有重要的作用，而且对于水库淤积、水库坝前冲刷漏斗、水库淤积形态及护岸工程的岸坡稳定等生产性课题也有着重要的实际意义[1-4]。此外，泥沙水下休止角的研究在实体模型试验和数学模型计算中也具有一定的实际价值，颇为国内外学者重视。

以往测量泥沙水下休止角的方法因比较费时，上提时会对泥沙产生扰动，影响测量。有必要针对这种情况，设计制作水下休止角测量仪，以有效地弥补上述测量缺陷。

对于细颗粒模型沙水下休止角的测量，主要采取自然落淤法测试，测量仪组成包括：①底板；②玻璃水箱；③测试圆盘；④盛沙筒；⑤带刻度的测杆；⑥旋钮；⑦试验浆液；⑧试样软管；⑨支撑架；⑩固定架。试验测量仪见图1。

测量仪的特征为：在固定架上通过旋钮活动安装有带刻度的测杆，在支撑架上固定有盛装试验浆液的盛沙筒，在盛沙筒下面接通有试样软管，试样软管的出口固定在测杆的底端，在玻璃水箱中设置有测试圆盘，试样软管出口圆心的垂直投影与测试圆盘的圆心重叠。

试样软管的出口与堆积在测试圆盘上的沙堆表面高度保持在1 cm。

测量仪的使用方法如下：测量水下休止

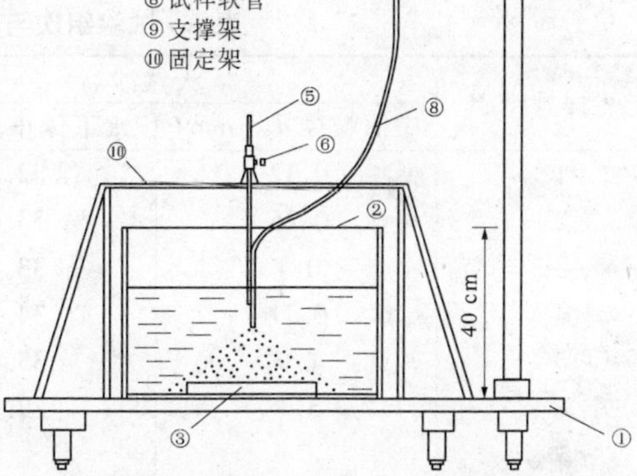

图1　细颗粒模型沙水下休止角测量仪结构

角时,先向玻璃水箱内加入一定深度的清水,通过旋钮调整测杆,使试样软管的出口对准试验圆盘的圆心,并记下测杆上的刻度读数。向盛沙筒内加入适量的沙样,沙样通过试样软管的出口流出,在试验圆盘上形成圆锥状沙堆,随着沙堆高度的增加,慢慢转动旋钮,使试样软管的出口离沙堆表面的高度应始终保持在 1 cm,直至圆盘外缘完全盖满为止,记下测杆的刻度读数,读数相减即为沙堆的高度。

本仪器通过旋钮提升带刻度的测杆,测得模型沙堆面表面高度在测杆上所处的刻度就能较精确得到细颗粒模型沙的水下休止角,测量快速精确,同时测量重现性好,结构简单,制作方便,具有较好的实用价值。

2 拟焦模型沙水下休止角测量

将煤粉碎成颗粒状并采取特殊工艺,部分脱去有机物及挥发分后可作为人工模型沙使用,颗粒与煤屑的形状相似,几何形状不规则,多呈不规则外形和棱角状,该模型沙被称为拟焦模型沙。拟焦模型沙越细,其几何形状越不规则,颗粒的棱角情况也就越复杂。

利用黄河水利科学研究院自制的水下休止角观测仪,对拟焦模型沙的水下休止角进行了试验研究。自制的水下休止角观测仪是将一块直径为 10 cm 的圆盘,放在一个 60 cm×50 cm×50 cm(长×宽×高)的透明玻璃水箱内,加沙系统垂直固定在标尺测杆底端,并把测杆固定在玻璃水箱底座上。

试验测量水下休止角的过程是先将玻璃水箱②内加入一定高度的清水,通过旋钮⑥调整测杆⑤,使试样软管⑧的出口对准测试圆盘③的圆心,并距圆心 1 cm 高度,记下测杆上的刻度读数。向加料圆筒④内加入适量的沙样,沙样通过试样软管⑧的出口流出,在测试圆盘③上形成圆锥状沙堆,随着沙堆高度的增加,慢慢转动旋钮⑥,使试样软管⑧的出口离沙堆表面的高度应始终保持在 1 cm,直至圆盘外缘完全盖满为止,记下测杆的刻度读数,读数相减,即沙堆的高度。当沙样堆积未能成丘或丘体斜坡未成一直线时,则该组试验作废重做。各组试验进行了多次重复对比,取平均值为最终结果。

2.1 验证试验

正式试验前,利用自制的水下休止角观测仪对几组天然沙和粉煤灰的水下休止角进行了试验,结果列于表1,并将试验结果与文献[1]中的结果一并点绘于图2及图3。结果表明,自制的水下休止角观测仪可以满足试验精度要求。

表1 试验组次与实测水下休止角值

样号	天然沙		粉煤灰	
	中值粒径 d_{50}(mm)	水下休止角 φ(°)	中值粒径 d_{50}(mm)	水下休止角 φ(°)
1	0.12	32.4	0.020 5	32
2	0.25	33.6	0.021	31.5
3	0.4	33.5	0.023	31.2
4	0.71	34.2	0.041	30.2
5	1.9	35.9	0.12	30.7
6	5.1	37.6	0.16	31.9
7			0.22	33.2

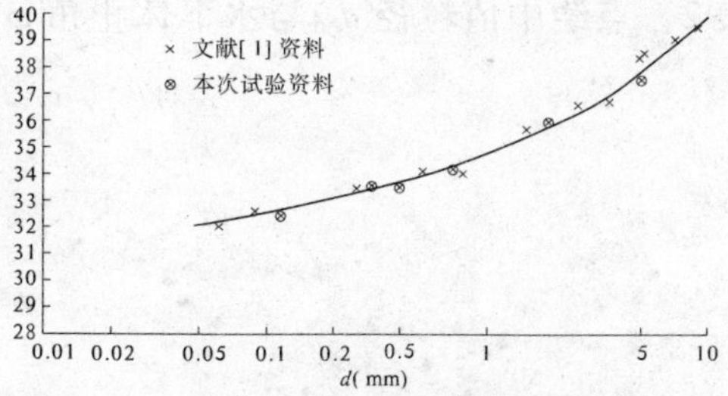

图 2　自制的休止角观测仪测得天然沙水下休止角与文献[1]资料对比

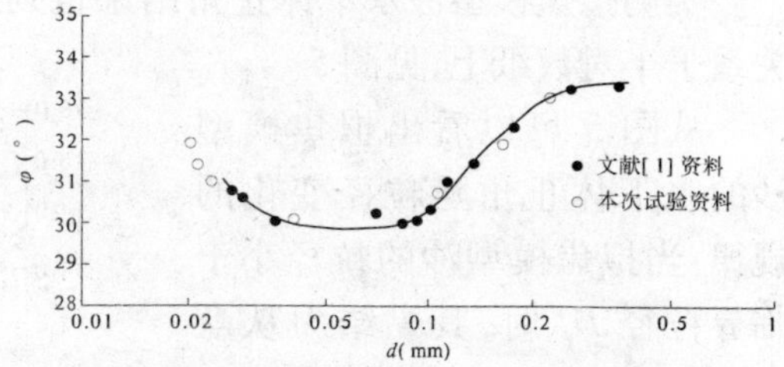

图 3　自制的休止角观测仪测得粉煤灰水下休止角与文献[1]资料对比

2.2　淡水情况下的拟焦模型沙的水下休止角试验

试验采用表 2 内的 12 组大小不同的粒径沙样，级配曲线如图 4 所示。

表 2　试验组次与实测水下休止角值

样号	中值粒径 d_{50}(mm)	非均匀系数 η	水下休止角 φ(°)
1	0.004	3.13	33.29
2	0.016	4.50	31.76
3	0.017	6.25	31.55
4	0.021	6.75	30.80
5	0.024	6.30	30.62
6	0.029	7.00	31.36
7	0.033	6.19	29.93
8	0.083	9.63	30.88
9	0.174	10.87	32.20
10	0.231	17.78	32.60
11	0.258	17.50	33.00
12	0.369	18.80	33.90

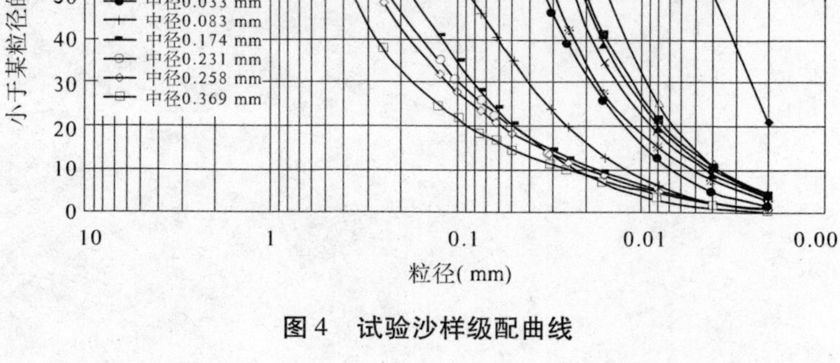

图 4　试验沙样级配曲线

实测拟焦模型沙水下休止角结果也列入表 2。点绘中值粒径 d_{50} 与水下休止角 φ 的关系于半对数纸上，见图 5。

从图 5 可以看出拟焦模型沙的水下休止角随粒径变化的规律：当拟焦模型沙的粒径小于临界粒径 D_k 时，其黏结力从众多影响因素上升为主要影响因素，拟焦模型沙的水下休止角随粒径的减小而增大；当拟焦模型沙粒径大于临界粒径 D_k 时，其吸附和黏结力的作用相对减小，而颗粒本身的形状（包括颗粒棱角的尖锐程度和表面光滑度）和大小因素的作用逐渐加强，从而拟焦模型沙的水下休止角随着粒径的增大而逐渐增大，最后将趋近于极限值。在上述试验粒径范围内，临界粒径为 0.033 mm，水下休止角最小值为 29.93°。

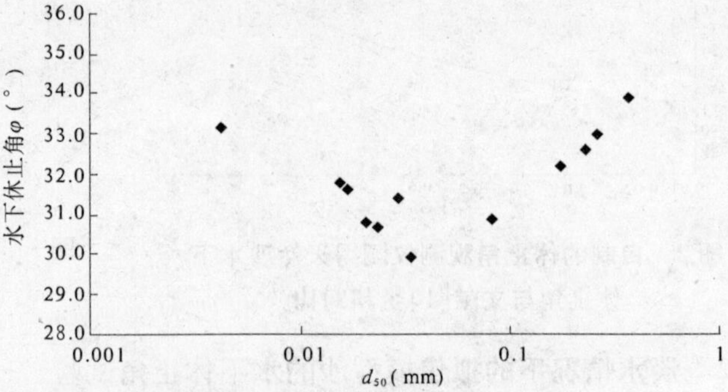

图 5　淡水情况下实测拟焦模型沙不同粒径休止角

参考文献

[1] 汪家寅，张红武．沙石及模型沙水下休止角试验研究[J]．泥沙研究，1989(3)：90－96.
[2] 金腊华，石秀清．试论模型沙的水下休止角[J]．泥沙研究，1990(3)：87－93.
[3] 朱立俊．新型 PS 模型沙研发及特性试验研究报告[R]．南京水利水电科学研究院，2004.
[4] 黄卫东．模型沙基本物理特性研究[D]．武汉：武汉大学，2005.

动床实体模型试验地形测量新技术

崔　萌[1]　周　杨[2,3]

(1. 黄河勘察规划设计有限公司,郑州　450003; 2. 河海大学水利水电工程学院,南京　210098; 3. 黄河水利科学研究院,郑州　450003)

摘　要　地形数据是"模型黄河"动床实体模型试验的重要参数之一,快速、精确地获取地形数据对于规模庞大的"模型黄河"试验意义重大。本文介绍了三维激光扫描技术的工作原理,介绍了该技术在"模型黄河"动床实体模型试验中的应用,指出了三维激光扫描技术在动床实体模型试验地形测量应用中的不足,给出了基于扫描结果的二次开发建议,结论有益于指导三维激光扫描技术在动床实体模型试验中的深入应用。

关键词　激光雷达;三维建模;逆向工程;模型黄河;测量

1　前言

面对新世纪治黄形势的要求,水利部黄河水利委员会提出并建立了"维持黄河健康生命"的理论新框架[1],其中"原型黄河"、"模型黄河"和"数字黄河"是确保各种治理途径科学、有效的科技支撑手段[2]。对于黄河这类水流含沙量高且水沙搭配关系不合理、河床冲淤剧烈且堆积性强、河势调整迅速且摆动幅度大的河流,其演变过程有着更为突出的复杂性和特殊性。由此,也就决定了在一些重大、复杂的河流治理研究过程中,往往需要采取结合实体模型试验或以实体模型试验为主的综合研究手段[3]。"模型黄河"不同于一般概念的黄河模型,它是由多种类型的室内实体模型和野外原型试验场(区)构成,且相互关联、扩展性及功能性强大、测控系统先进,可与"数字黄河"耦合并与"原型黄河"信息系统相对接的实体模型体系。目前已经建立了规模庞大、数量众多的实体模型。"模型黄河"实体模型是按照实际地形资料,按照一定的比尺缩小建造的,大多是用粉煤灰作为模型沙建造的动床模型。

在"模型黄河"科研活动中,地形量测与分析具有重要的意义:①"模型黄河"是按照实际地形资料,按照一定的比尺缩小,用粉煤灰或泥土等材料在模型大厅内建造的,模型地形稍有误差,就有可能对试验产生较大影响,使模型难以达到模拟原型黄河的目的;②模型试验要采集多种数据,其中重要的一项便是模型过水或降雨前后的地形参数,这对研究冲刷、淤积,河道摆动对河床影响,以及水土流失分析,掌握河流、河口流路变化规律,提出正确有效的河流治理方案等具有重要意义。

传统的地形测量利用经纬仪、全站仪开展。这些方法属于接触式测量,容易造成模型变形和破坏,对试验结果产生较大影响;同时,这些方法是点式测量,效率较低。目前,这类方法已远远不能满足模型试验地形复杂、坐标变换多、精度要求高、测量速度快的要求。

三维激光扫描技术是非接触式的面测量技术,能够快速获得较大范围内高精度的地形数据,并对这些数据进行多角度、全方位的分析和观测。Trimble GS200 三维激光扫描仪在 100 m 范围内的测量精度达到 1 mm 以内,最高角分辨率为 6″,扫描速度为 5 000 点/s,测程为 2 ~ 350 m,完全满足"模型黄河"实体模型试验地形测量的要求。

2 激光雷达

激光雷达扫描的过程即是利用激光发射仪器,在不同角度、时间和景观下对研究对象进行三维空间扫描,以真彩点云方式真实再现被测物体的测量新技术。扫描后的数据直接存储于计算机中,通过专门数据处理软件,对不同扫描方位的点云进行合并,存储于同一坐标系中。根据研究目标,可对点云进行多功能的滤波,从点云中提取研究对象特性,进而得到等值线图、剖面线图和距离、面积、体积统计结果等。

2.1 数据采集准备

将激光雷达、计算机、电源、相关附件连接好后,利用扫描软件设置好扫描站点、扫描区域、扫描间隔(垂直、水平方向)、扫描精度等后,即可在该软件的控制下利用摄像头进行取景和扫描范围的圈定,即开始扫描测量。

2.2 数据采集

激光雷达测量的原理是基于光的空间角度和旅行时差,对通过投射角度和传播距离的判断,进而得到表面的空间相对位置。测量时,投射光始终保持一维方向的移动,一次移动获得一条线上的数据,然后再通过垂直方向的一维偏转得到面数据。使用这两种方法进行扫描时,投射光线和成像光轴之间的角度是保持不变的,两者均为同步移动,由此来获取三维数据。Trimble GS200 是基于点扫描的数据采集方法,如图 1 所示。采集数据示例见图 2。

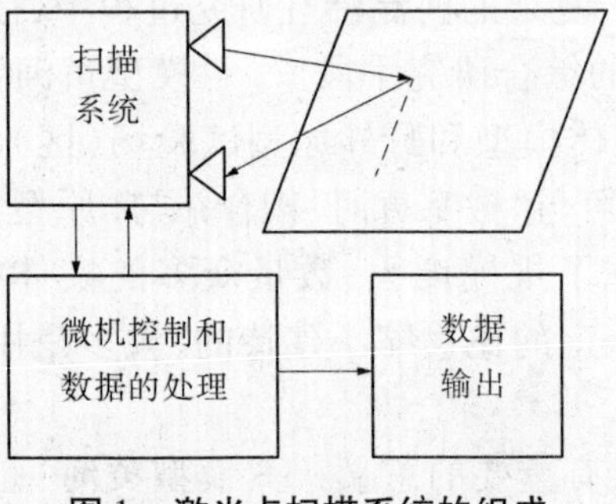

图 1 激光点扫描系统的组成

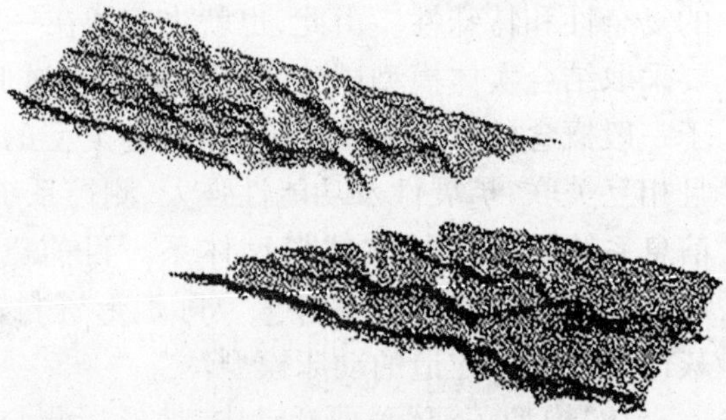

图 2 采集数据的示例

3 数据后处理

Trimble GS200 激光雷达有配套的后处理软件 realworks。

3.1 点云合并

在利用激光雷达对被扫描测量对象进行扫描测量时,受角度、空间等影响,需要利用不同站点多角度、多方位地对对象进行不同部位的扫描。全部扫描结束后,在后处理软件中利用公共点或公共部分可以实现不同站点点云的拼接合并。

3.2 点云修剪

扫描测量过程中,为保证获得数据的完整性,圈定的扫描范围一般都超出对象,因而有很多超出扫描对象范围的无用点需删除。另外,扫描过程中产生的异常点也需要裁减删除。该过程可以方便地在后处理软件中借助旋转、放大功能识别后,实现删除修剪。

3.3 结果分析

在 Trimble GS200 激光雷达的后处理软件中,利用点云数据可生成三角形网格,重建虚拟的实体,为后续相关工作提供数据基础,特别是利用测量数据进行特征提取,如特征点、特征曲线、特征曲面的提取,距离、面积、体积的统计等[4]。

4 应用实例

以某动床试验中的冲刷试验为例,已塑造的有较浅主槽的河床在进行数次水流冲刷后,河道主河槽扩大并下切。河床表面各点的高程和断面形态、面积发生了很大变化。实际测量中如采用常规测量方法,很难获得地形变化的高密度、高精度数据,更无法精确计算河道冲蚀量。

利用激光雷达技术快捷地获取了过流冲蚀前后河道的高精度 DEM 地形数据(见图3(a)、图4(a));而且利用地形数据,可以直接获得一系列断面剖面图(见图5,图6为所关心断面的断面形态比较);利用过流前后地形点云数据基于某共同基准面的体积,可比较得到河道冲蚀量(见图3(b)、图4(b))。

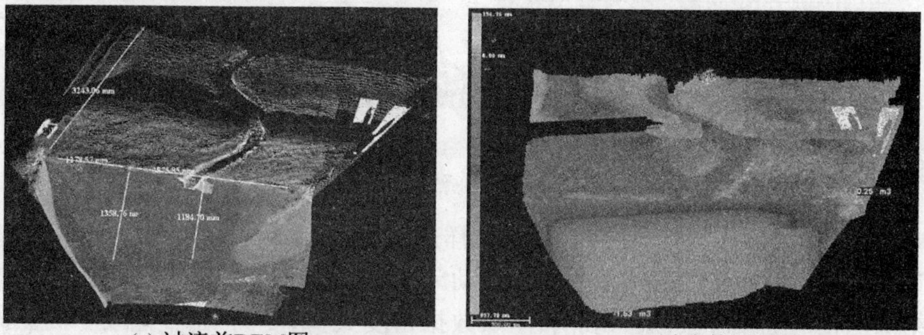

(a) 过流前DEM图　　(b) 过流前测量图

图3　过流前河床相关成果图

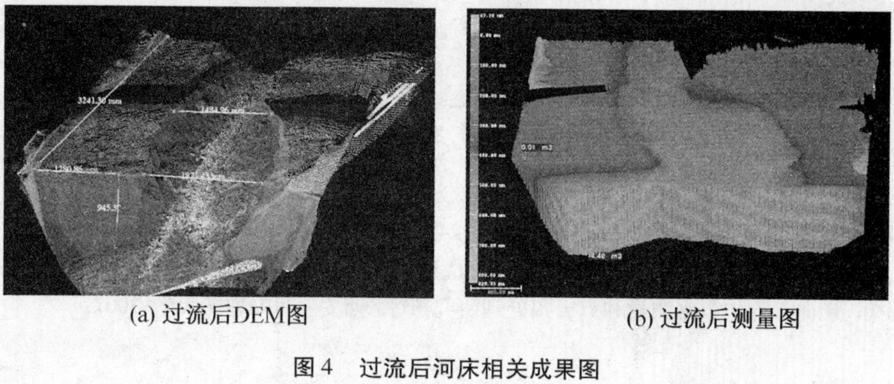

(a) 过流后DEM图　　(b) 过流后测量图

图4　过流后河床相关成果图

图5 过流后河床剖面图

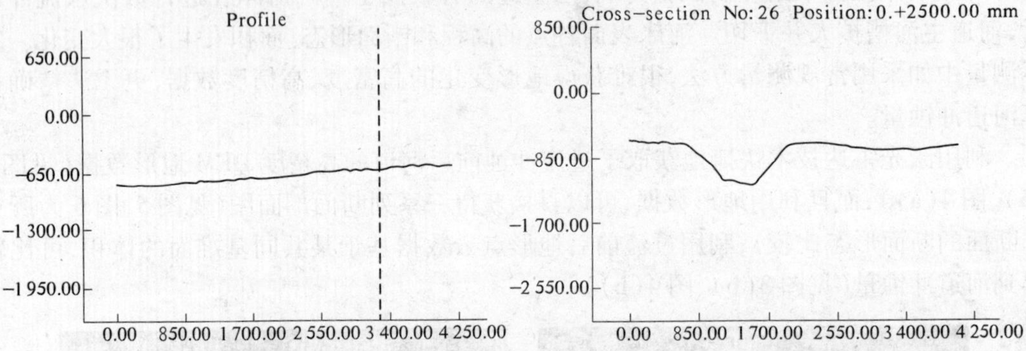

(a) 过流前断面图 (b) 过流后断面图

图6 某断面过流前后比较图

5 结语

Trimble GS200 激光雷达扫描范围大,采样速率快,且具有高精度、高密度和信息丰富的特点,已被逐步应用于工程测量中。针对动床实体模型试验的特点,设计出了河床扫描测量、结果比较的工作方法,成果表明,测点数据密度大、精度高,完整记录了测点的三维坐标和真彩信息,完全满足动床实体模型试验的要求。

Trimble GS200 激光雷达是通用的测量工具,尚不具备不同批次扫描成果的比较分析功能,需开展相关的二次开发工作,以拓展该设备在地形演变分析和变形动态监测领域的应用。

参考文献

[1] 李国英. 我们该怎样"维持黄河健康生命"[N]. 光明日报. 2004-02-06. 综合版.
[2] 李国英. 建设"三条黄河"[J]. 人民黄河,2002,24(7):1-2.
[3] 姚文艺. 黄河河道实体模拟若干设计理论及其应用[D]. 南京:河海大学,2005.
[4] 董锦菊. 逆向工程中数据测量和点云预处理研究[D]. 西安:西安理工大学,2007.

河工模型水文参数自动测控系统研制

马志华 马劲松 刘 利

(黄河水利科学研究院,郑州 450003)

摘 要 论述了河工模型水文参数自动测控系统的基本原理、硬件结构、自动测量与控制过程,对系统性能及测量结果进行了对比分析,表明系统测量精度高,重复性能好。

关键词 河工模型;高含沙水流;电阻率拐点法;自动测控系统

1 引言

河工模型试验是模型黄河研究手段之一,试验中,需实时测量断面某一时刻水位、水下地形、流速等水文参数。黄河河工模型具有含沙量大、河宽、水浅、主流摆动剧烈、河床演变复杂等特点,为实时动态获取断面水文参数(水位、河底高程、流速)带来诸多困难。

目前,国内外水利模型量测仪器绝大部分适合于清水或低含沙水流情况,且功能较单一。2000 年,黄河水利科学研究院利用黄河水利委员会资助治黄专项基金研制了“河工模型实时浑水地形自动测量系统”,2002 年治黄专项资助研制了“河工模型水文参数自动测控系统”。该项目分为两个阶段,第一阶段研制热示踪浑水流速仪,第二阶段研制“河工模型水文参数自动测控系统”。2005 年 5 月,系统研制成功,为自动测量河工模型水文参数(水位、地形、流速)提供了先进的手段,为河工模型量测全面自动化打下坚实的基础。系统主要技术指标:①测桥:10 m 测桥弯曲度绝对误差为 ±1 mm,测车水平定位绝对误差 ±5 mm。测车和测杆移动速度:均为 100 mm/s。②水位测量:量程 1 500 mm,绝对精度 ±0.5 mm。③地形测量:量程 1 500 mm,绝对精度 ±1 mm。能在含沙量 0 ~ 600 kg/m^3 条件下工作,适合多种模型沙。④流速测量:范围 0.001 ~ 0.5 m/s,精度 ±2% FS,含沙量范围 0 ~ 217 kg/m^3,工作水深≥1 cm。

2 系统测量原理

该系统利用电阻率拐点法测量水位、地形和流速[2]。拐点法利用两根金属组成的电极使之成为电桥的一个臂,以测电阻率。由电极组成的探头垂直向下移动穿过空气、水面、水中、河底时,电阻率发生两次突变出现拐点。第一次空气到水面,电阻率由无穷大到最小;第二次由水中到河底,电阻率由最小变为比较大。在发生突变时,记下探头所经历的距离,测到水位和河底高程。河底高程的集合成为地形。该方法可以测流速:探头水平放置,在水流上游的方向安装电热丝,使周围水体瞬时加热,形成热水体,顺水流向感测电极,其热水体电阻率小于周围水体,感测电极测到电阻率的突变。热水体所经历的距离 L 已知,经历的时间 t 能测到,即可测量流速。水体中泥沙影响水的电阻率,但无突变影响,不发生拐点变化,因此含沙量对水位、地形和流速测量无影响。该方法适合清水,更适合浑水测量。在 600 kg/m^3 含沙水流中进行过地形测量;在 217 kg/m^3 含沙水流中进行过流速测量[1]。由于探头无转动部件,不受含沙量、纤维物质的影响。

3　系统结构

HDV－001 型河工模型水文参数自动测控系统由平板电脑、智能化检测控制器、测车、测桥等组成(见图 1),系统结构如图 2 所示。

图 1　HDV－001 型河工模型水文参数自动测控系统

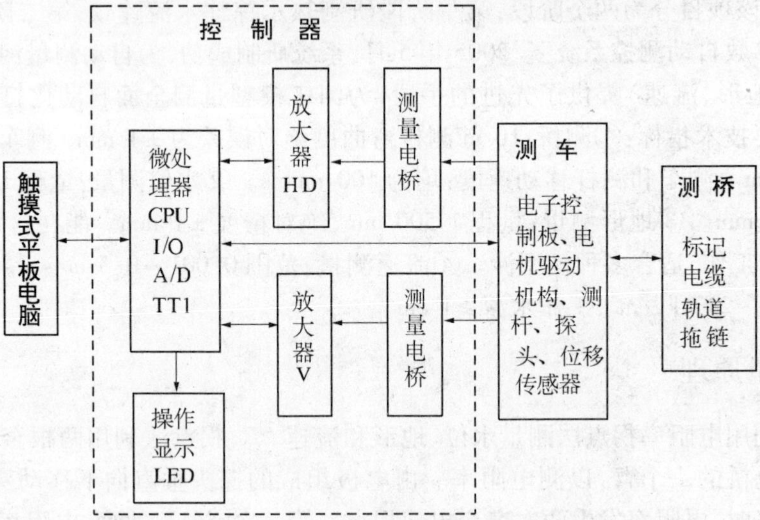

图 2　系统结构

3.1　平板电脑(触摸式)

平板电脑负责向控制器发送水位、地形或流速测量指令,控制测车水平运动至相应位置,并测量获取数据,控制器将数据传送给平板电脑。平板电脑对数据进行显示、整理、计算,并以 Excel 数据格式存入到数据库中。平板电脑能接收上位机的指令和进行数据传送。

3.2 智能化检测控制器

控制器中编有水位、地形和流速测量程序及组合程序,如测量流量程序、测量流速分布程序等。控制器在测量过程中自动改变参数,使放大器处于最佳的工作状态,自适应水质变化。无平板电脑时,通过控制器面板按键,发指令自动测量和控制,LED 数码器自动显示水位、地形、流速的数据。

3.3 测车

测车由传感器、机械机构、电机驱动和电子控制板组成。水平、垂直驱动均采用齿条带结构。它噪声小,控制精度高,造价低。水平、垂直驱动速度均为 100 mm/s,水平、垂直位移传感器均采用高精度码盘。为了确保位移测量准确,防止计数失步和齿条带热膨胀系数造成位移变化,在测杆测桥零位处放有数码标记,使装在测车上的光电传感器感测标记信号,实现自动校零。

测车上安装一套测杆,在测杆上装有水位、地形和流速传感器,传感器接线分别通过测车拖链连接到控制器的放大板上。测车上安装电子测量控制板,用于测量位移和控制电机,另外还装有发射控制板,向流速探头发射大电流。

3.4 测桥

测车在测桥上行走测量,测桥弯曲度影响到垂直位移测量精度,减小测桥弯曲度成为提高垂直位移测量的精度焦点。借助预应力原理设计了钢架结构,使得测桥在 10 m 长度范围内,弯曲度不超过 ±1 mm,测桥长度可变换。测桥装有液位水平仪,可监测桥是否水平安装,保证测桥做到水平、无弯曲、长度可变,安装灵活。

4 系统测量工作流程

系统具有水位、地形、流速、流量和垂线分布等测量功能,可单独使用一种功能,也可根据不同试验目的组合多个功能,系统扩展性好。

以流量测量为例说明自动测量与控制过程。如图 3 所示,开始初始化后,计算机向控制器发送流量测量指令,同时发送测车行走起点、终点和测量间距等参数。控制器接收到指令,控制测车行走到零位,测杆也运动到零位,简称校零。测车自动行走到起始点位置,测杆垂直向下运动,运动过程中探头从空气中进到水里,遇到水面,探头电阻率发生突变,突变点到零点的距离由电机主轴带动的码盘产生的脉冲,控制器计数,测到水位高程。探头继续往下潜入水中,当刚一触及河底时电阻率又发生突变,突变点到零点的距离由码盘产生脉冲,控制器计数,测到河底高程,从而得出水深,并显示出来。与此同时 CPU 算出水深 0.6 位置,测杆垂向移动到这个位置进行多次流速测量,CPU 对测量结果滤波,得到此垂线的流速,并显示出来。依照此法再测量第二点、第三点直至终点,所测的数据由控制器通过 RS-485 串口传送到平板电脑。平板电脑对数据进行整理,输入电子表格中,并计算出流量数据。流量测量完毕,测车停下,测杆自动探测水位,处于待命状态。

水位、地形、流速分布等参数测量类似于流量测量。

5 系统软件设计

系统由控制参数设定、测量数据显示与处理软件和测量控制软件组成。控制参数设定、测量数据显示与处理软件由 VB 语言编制,运行在测量终端平板电脑上,完成控制参数输入、测量数据结果处理。测量控制软件采用 C 语言编写,测量控制软件流程图如图 3 所示。

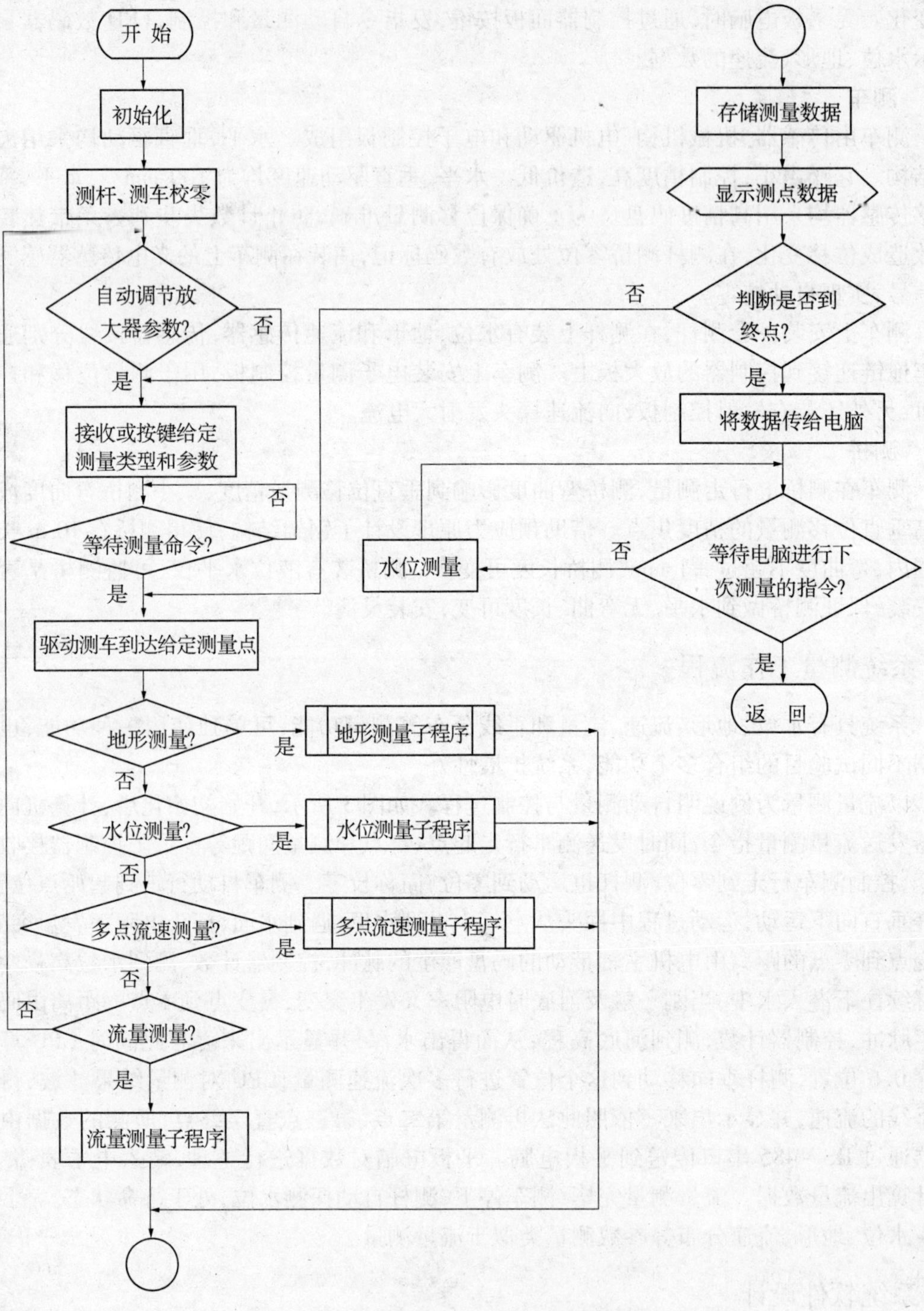

图 3　测量控制软件流程图

6 系统性能测试

对系统进行性能测试,并分析了测量精度。

6.1 水平定位控制精度试验

量测方法是在 10 m 的测桥上,测车自动停在 7 个不同的给定测点上,从控制器数码显示器读取数值为水平定位值。对比分辨率为 1 mm 的钢尺测量值,每个测点重复 3 次,结果如表 1 所示。绝对误差小于 ±1 mm,满量程相对误差小于 0.1‰ FS。

表 1 HDV-001 型测控系统水平定位控制精度试验(2005 年 4 月)

序号	测点给定值(mm)	测点位移实测值(mm)				绝对误差(mm)	相对误差 Δi(‰)FS
		第一次	第二次	第三次	平均值		
1	1 100	1 100.0	1 100.0	1 099.5	1 099.8	-0.2	-0.02
2	2 100	2 100.0	2 100.0	2 100.0	2 100.0	0	0
3	3 100	3 099.5	3 099.5	3 099.5	3 099.5	-0.5	-0.05
4	4 100	4 099.5	4 099.5	4 099.5	4 099.5	-0.5	-0.05
5	5 100	5 098.5	5 099.5	5 099.5	5 099.2	-0.8	-0.08
6	6 100	6 100.0	6 100.0	6 099.5	6 099.8	-0.2	-0.02
7	7 100	7 099.5	7 099.5	7 100.0	7 099.7	-0.3	-0.03

均方差计算式为:

$$\sigma = \pm\sqrt{\frac{1}{(N-1)}\sum_{i=1}^{N}\Delta i^2} = 0.047\% < 0.1‰\ \mathrm{FS}$$

6.2 测量水位精度和重复性试验

测杆垂直行程 1 500 mm,选择测点基本均匀分布,用钢尺作为标准计量按说两者精度相当,不能作为计量标准。实际中无相应分辨率为 ±0.1 mm 的钢尺,在没办法的情况下采用钢卷尺测量。我们认为所得结果是可信的。用控制器测量水位,其水位由玻璃杯盛上水不断变化杯子高度来实现。比如系统测量水位为 1 314 mm,这时用钢卷尺再测量。如表 2 所得数据进行比较,满量程相对误差小于 0.66‰ FS,绝对误差小于 ±1 mm。其重复性表现在每个点水位测量 3 次,3 次都与平均值相比较,可以看出其重复性良好。

6.3 测量地形精度和重现性试验

在 4 m 长的长槽中试验,水槽宽、深都为 0.2 m,槽中有水有沙,沙的沉积为河底,浑水沉淀一段时间后变清。这时设置不同断面,用测车自动测量水位、河底高程。然后用测针量测相应断面点的水位、河底高程,两者水深比较。因为水面是静止的也是水平的,因此水深的变化即是河底的变化。如表 3 所示,对测量的数据进行误差处理,绝对误差小于 ±1 mm,满量程相对误差小于 0.66‰ FS。

表2 HDV-001型测控系统测量水位精度试验(2005年4月)

序号	1	2	3	4	5	6	7	8
测杆测量水位高程(mm)	209	349	531	673	857	996	1 142	1 314
	209	349	531	673	856	997	1 143	1 314
	209	349	531	673	856	997	1 142	1 313
平均值(mm)	209	349	531	673	856.3	996.7	1 142.3	1 313.7
人工测量(mm)	209.5	350	531.5	673.5	857.0	998	1 143	1 314.5
	209.5	349.5	531.5	674.0	857.0	998	1 143	1 314.0
	209.5	349.7	531.5	673.0	857.5	997	1 143.5	1 314.0
平均值(mm)	209.5	349.7	531.5	673.5	857.2	997.3	1 143.2	1 314.2
绝对误差(mm)	-0.5	-0.7	-0.5	-0.5	-0.9	-0.6	-0.9	-0.5
相对误差 Δi(‰)FS	-0.33	-0.47	-0.33	-0.33	-0.60	-0.40	-0.60	-0.33

表3 HDV-001型测控系统测量河底精度试验(2005年4月)

起点距(cm)	测针读数(cm)			测杆测量(mm)			绝对误差(mm)	相对误差 Δi(‰)FS
	水位	河底	水深	水位	河底	水深		
6	41.00	28.18	12.82	96	225	129	+0.8	+0.53
12	41.00	28.19	12.81	95	223	128	-0.1	-0.066
18	40.98	28.33	12.65	95	221	126	-0.5	-0.33
24	40.93	28.43	12.50	95	220	125	0	0
30	40.93	28.26	12.67	96	222	126	-0.7	-0.47
5	37.62	28.18	9.44	129	223	94	-0.4	-0.27
10	37.55	28.07	9.48	129	224	95	+0.2	+0.13
15	37.55	28.15	9.40	129	222	93	-1.0	-0.67
20	37.53	28.28	9.25	129	222	93	+0.5	+0.33
25	37.53	28.45	9.08	129	220	91	+0.2	+0.13

测量河底高程的重现性设置6个断面,每个断面进行3次测量,所得结果和平均值比较,可得重现性的效果。从表4中看出重现性良好。对淤积界面测量,水深的大小对测量的影响不大[1]。

表4 HDV-001型测控系统测量河底重现性试验(2005年4月)

起点距(cm)	HDV-001型检测淤积面(mm)			
	第一次	第二次	第三次	平均值
5	129	129	130	129.3
10	129	129	129	129.0
15	126	126	127	126.3
20	126	126	126	126.0
25	123	124	124	123.7

6.4 流速测量精度及重复性试验

在该项目第一阶段研制工作中,即研制适用于河工模型试验(尤其是黄河河工动床模型）浑水热示踪流速仪，已对流速测量的精度和重复性、高含沙量水流流速测量做了大量试验，其试验成果已在“热示踪浑水流速仪研制报告”第七、八节中作了详述[1]，这里仅就率定方法及试验成果作一简述：采用墨水示踪法作为流速仪的率定方法。流速仪的精度为2%，流速测量范围0～50 cm/s，含沙量适应范围0～217 kg/m³，在流速50 cm/s左右，含沙量由120 kg/m³加到217 kg/m³不同含沙水流试验条件下，所测得流速和实际值基本相符，说明含沙量变化对流速测量影响小，试验结果见表5。

表5　浑水热示踪流速仪率定试验数据（2003年4月）

序号	显示值（cm/s）	实测值（cm/s）	绝对误差 V_X-V_S	满量程相对误差（%）	含沙量（kg/m³）	序号	显示值（cm/s）	实测值（cm/s）	绝对误差 V_X-V_S	满量程相对误差（%）	含沙量（kg/m³）
1	5.6	5.8	−0.2	−0.4	41.00	1	6.4	6.6	−0.2	−0.4	9.20
2	10.8	11.0	−0.2	−0.4	44.60	2	8.5	8.7	−0.2	−0.4	13.34
3	17.2	17.1	0.1	0.2	45.09	3	15.4	15.1	0.3	0.6	23.25
4	22.3	21.5	0.8	1.6	47.50	4	21.2	22.0	−0.8	−1.6	40.74
5	27.4	26.5	0.9	1.8	48.97	5	29.4	28.3	1.1	2.2	67.47
6	32.9	34.1	−1.2	−2.4	50.34	6	37.2	35.1	2.1	4.2	104.00
7	53.1	50.5	2.6	5.2	51.89	7					
序号	显示值（cm/s）	实测值（cm/s）	绝对误差 V_X-V_S	满量程相对误差（%）	含沙量（kg/m³）	序号	显示值（cm/s）	实测值（cm/s）	绝对误差 V_X-V_S	满量程相对误差（%）	含沙量（kg/m³）
1	11.4	10.9	0.5	1.0	110.37	1	53.8	54.7	−0.9	−1.8	120.00
2	15.2	14.9	0.3	0.6	121.40	2	52.5	52.1	0.4	0.8	152.00
3	18.8	18.5	0.3	0.6	128.60	3	49.5	49.8	−0.3	−0.6	178.20
4	25.1	25.5	−0.4	−0.8	142.67	4	51.9	50.5	1.4	2.8	217.90
5	30.8	30.3	0.5	1.0	153.00	5					
6	51.9	50.5	1.4	2.8	217.90	6					

需要指出的是，流量测量范围和适应含沙量数值可以扩大很多，由于设备条件限制没有进一步试验。

6.5　测量流量和垂线流速分布测量数据试验

根据水文规范要求和系统功能用途，分别做了流量和垂线流速分布测量试验，试验是在长4 m、槽宽和深均为0.2 m的有机玻璃规则矩形水槽进行的，每个断面仅测一组，即水位、河底高程和水深0.6处的流速，其结果如表6所示，可以看出每个断面流量基本相等。表7为垂线流速分布测量结果，数据反映了流速趋势，接近水底的流速趋低，符合明渠水力学的规律。河底沙纹引起流速不稳定会造成个别垂线流速分布不理想。

表6　HDV-001 型测控系统测量流量试验(2005 年 4 月)

测量时间	起点距(m)	河底高程(cm)	水位(cm)	流速探头高程(cm)	流速(m/s)	实测流量(L/s)
11:04	0.05	277.1	290.5	282.46	0.163	4.368
	0.10	277.6	290.4	282.72	0.165	4.220
	0.15	278.2	290.6	283.16	0.166	4.116
	0.20	278.8	290.5	283.47	0.167	3.904
11:11	0.05	277.2	290.6	282.56	0.164	4.392
	0.10	277.5	290.7	282.78	0.166	4.380
	0.15	278.2	290.3	283.04	0.166	4.016
	0.20	278.6	290.5	283.36	0.169	4.020
11:41	0.05	277.3	293.5	283.77	0.135	4.372
	0.10	277.4	293.5	283.83	0.136	4.376
	0.15	278.0	293.3	284.11	0.140	4.280
	0.20	278.7	293.6	284.66	0.147	4.380
11:43	0.05	276.9	293.4	283.49	0.132	4.352
	0.10	277.4	293.5	283.83	0.130	4.184
	0.15	278.1	293.4	284.22	0.134	4.100
	0.20	278.7	293.4	284.58	0.143	4.204
16:37	0.05	277.0	289.7	282.08	0.162	4.112
	0.10	277.2	289.7	282.20	0.162	4.048
	0.15	277.9	289.6	282.57	0.183	4.280
	0.20	278.6	289.7	283.04	0.182	4.040
16:40	0.05	276.9	289.8	282.05	0.171	4.408
	0.10	277.2	289.7	282.20	0.171	4.272
	0.15	277.8	289.6	282.51	0.179	4.224
	0.20	278.5	289.6	282.94	0.185	4.104

表7 HDV-001型测控系统测量流速分布试验(2005年4月)

测量时间 11:57　　　　测量时间 12:16

起点距(m)	河底高程(cm)	水位(cm)	流速探头高程(cm)	流速(m/s)	起点距(m)	河底高程(cm)	水位(cm)	流速探头高程(cm)	流速(m/s)
0.05	276.9	293.4			0.05	277.0	293.4		
			278.89	0.123				279.00	0.126
			280.89	0.135				281.00	0.132
			282.89	0.143				283.00	0.148
			284.89	0.164				285.00	0.136
			286.89	0.134				287.00	0.151
			288.89	0.136				289.00	0.133
			290.89	0.163				291.00	0.155
0.10	277.3	293.4			0.10	277.4	293.3		
			279.29	0.124				279.39	0.109
			281.29	0.132				281.39	0.135
			283.29	0.141				283.39	0.134
			285.29	0.137				285.39	0.164
			287.29	0.135				287.39	0.140
			289.29	0.147				289.39	0.148
			291.29	0.144				291.39	0.134
0.15	277.8	293.3			0.15	277.9	293.3		
			279.79	0.132				279.89	0.121
			281.79	0.133				281.89	0.134
			283.79	0.135				283.89	0.148
			285.79	0.135				285.89	0.135
			287.79	0.156				287.89	0.156
			289.79	0.156				289.89	0.144

7 应用研究

河工模型水文参数自动测控系统先后在“开封祥符变-新东变500 kV黄河大跨越工程咨询及防洪影响评价动床模型试验”、“小浪底水库验证试验泄水建筑物动床模型试验”、“汛前调水调沙动床模型试验”、“亚行小浪底拦沙后期水沙运用研究试验”中初步应用,取得了大量的实测数据。

“开封祥符变-新东变500 kV黄河大跨越工程咨询及防洪影响评价动床模型试验”是在黄河花园口至夹河滩河段进行的,河工模型水文参数自动测控系统安装在破车庄断面,对该断面的水下地形和垂线流速实时测量,部分试验成果见表8、表9。

表 8　HDV－001 型测控系统水下地形(不同水沙条件)测量数据(2005 年 6 月)

测量时间	流量(m^3/s)	模型含沙量(kg/m^3)	起点距(m)	河底高程(cm)	水位(cm)	测量时间	流量(m^3/s)	模型含沙量(kg/m^3)	起点距(m)	河底高程(cm)	水位(cm)
08:25	4 634	28				10:44	7 731	16			
			0.4	150.6	155.7				0.3	141.8	154.5
			0.55	151	155.9				0.35	142.8	154.6
			0.7	150.8	155.9				0.4	144.2	154.7
			0.85	151.9	156.1				0.45	145.6	154.8
			1	148.5	156.3				0.5	145.1	154.7
08:59	6 123	34							0.55	141.5	154.5
			0.4	150.6	155.3				0.6	143.7	154.7
			0.45	151.7	155.4	10:50	14 070	14			
			0.5	151.4	155.4				0.3	139.5	155.5
			0.55	151.9	155.4				0.4	143.2	155.5
			0.6	152.2	155.4				0.5	142.6	155.6
			0.65	152.2	155.5				0.6	143.7	155.5
			0.7	152.3	155.5				0.7	147.9	155.6
			0.75	151.4	155.6				0.8	150.6	155.5
			0.8	151.6	155.7				0.9	151.3	155.3
			0.85	151.6	155.8	11:10	12 369	26			
			0.9	148.3	155.9				0.3	144.4	156.8
			0.95	151.9	156				0.45	145.2	156.8
			1	147.8	156				0.6	145	156.9
			1.05	149.8	155.9				0.75	146.2	156.9
			1.1	145.7	155.9				0.9	149.1	157

表 9　HDV－001 型测控系统垂线流速(不同水沙条件)测量数据(2005 年 6 月)

流量(m^3/s)	模型含沙量(kg/m^3)	起点距(m)	河底高程(cm)	水位(cm)	高程(cm)	流速(m/s)	流量(m^3/s)	模型含沙量(kg/m^3)	起点距(m)	河底高程(cm)	水位(cm)	高程(cm)	流速(m/s)
12 369	26						7 731	16					
		0.3	144.4	156.8					0.3	141.1	151.5		
					148.39	0.157						144.1	0.11
					151.39	0.162						146.1	0.14
		0.45	145.2	156.8								148.1	0.14
					149.19	0.148			0.35	142.6	151.5		
					152.19	0.14						145.6	0.133
		0.6	145	156.9								147.6	0.175
					149.00	0.161						149.6	0.152
					152.00	0.151			0.4	144.1	151.5		
					155.00	0.162						147.1	0.147
												149.1	0.152

8　结语

实践应用表明,系统具有以下特点:①适应能力强,适合清水,更适合含沙量大的水流,适合高含沙量浑水流速和地形测量;②测量准确、稳定,重现性好;③自动化程度高,触摸平板电脑显示屏的相应位置,控制器控制测车自动测量、自动调节、自动存储数据,实现断面测量自动化;④流速测量不受含沙量、纤维物质的影响;⑤测杆量程大,可满足库区模型试验的要求。

由于系统采用了接触式测量,对流场有一定干扰,对床面形态有一定影响,因此探头尺寸应尽可能合理。

参考文献

[1] 马劲松,刘新合,高广智. 河工模型浑水地形仪研制总结[C]//水利量测技术论文集(1990-1992).

[2] 马劲松,刘利,马志华. HRL-001 型浑水热示踪流速仪研制报告[C]//水利量测技术论文集(第四集)(2000-2004).

深水S型托管架现场监测系统设计

宋学舟　李　欣　张向锋　谢　鹏　吕　伟

(大连理工大学工程力学系,大连　116024)

摘　要　海底管道的S型铺设是深水管道铺设的主要手段之一,也是目前世界上深水管道铺设的发展趋势,而深水托管架作为其中的关键设备之一,起着十分重要的作用,但是由于设计中采用的有限元方法模型存在许多不确定性,且由于简化方法和单元选择不同,计算结果也并不唯一;托管架杆件受力分布情况无法准确确定,给工作生产带来了安全风险。本文将基于S型管道铺设的特点,总结归纳出其中影响铺设的因素,针对设计中的关键要素建立一套监测系统,并对托管架工作中的健康状况建立初步评估系统。

关键词　深水S型铺管;托管架;现场监测

1　引言

我国海洋位于东部,作为我国油气资源的接替区域,“向深海要石油”成为提高我国油气产量、减小对国外油气依存度的必经之路。随着深水油气开发的不断深入,深水及超深水油气管道的铺设成为越来越重要的课题。尽管一般认为J型铺管更适合水深大于1 500 m的情况,但是Yong Bai[1]等提到,S型铺设速度一般为J型铺设的2~3倍,而两者的铺管作业费用均约为40万美元/d,S型管道铺设在节约工程造价上具有很大优势。此外,S型管道铺设还具有稳定性好的优点,随着工程技术水平的不断提高,已成为深水管道铺设的趋势。

托管架作为S型管道铺设中的关键设备,其工作中的调节时间占据了整个铺设工期的30%时间,其作用是保证管道在上弯段保持最优的曲率线形,以最佳的脱离角度被送入水下。在这期间使管道不发生破坏,并与张紧器[2]配合完成各种管径的管道在不同水深的铺设任务。可以说托管架能够稳定工作,将大大提高铺管船在海上的工作效率。由于托管架在概念设计和详细设计中存在很多不确定因素,缺乏原型试验佐证,因此在现场铺设过程中,建立一套完备的、可靠的监测系统变得十分必要。本文从托管架-管道系统铺设基本力学原理出发,总结了系统主要控制参数,并基于此设计了深水S型托管架现场监测系统。此系统能够实时监测管道和托管架的状态,反馈到控制室,保证铺设作业的安全完成。本文研究对深海铺管工程具有一定的应用价值。

2　托管架现场监测信息分析

2.1　S型铺管力学原理

S型铺设是基于浅海S型铺设和深海J型铺设的优点发展起来的铺设方式,在铺设过程中存在管道几何大变形、管道本构非线性,以及管道与托管架、海底之间的接触非线性问题,通过对管道上弯段进行微段平衡分析[4](见图1),可以得到管道微段平衡方程式(1):

$$\left.\begin{aligned} &\frac{\mathrm{d}V}{\mathrm{d}s}=w(s)\\ &\frac{\mathrm{d}M}{\mathrm{d}s}-H\sin\theta+V\cos\theta=0\\ &\frac{\mathrm{d}H}{\mathrm{d}s}=0 \end{aligned}\right\} \tag{1}$$

管道边界条件可以表示为

$$\text{if } s=0 \quad \begin{cases}\theta=\alpha_0\\ \dot{\theta}=0\end{cases} \tag{2}$$

$$\text{if } s=0 \quad \dot{\theta}=-\frac{L}{\rho} \tag{3}$$

式中:ρ 为托管架末端处的曲率半径[5]。

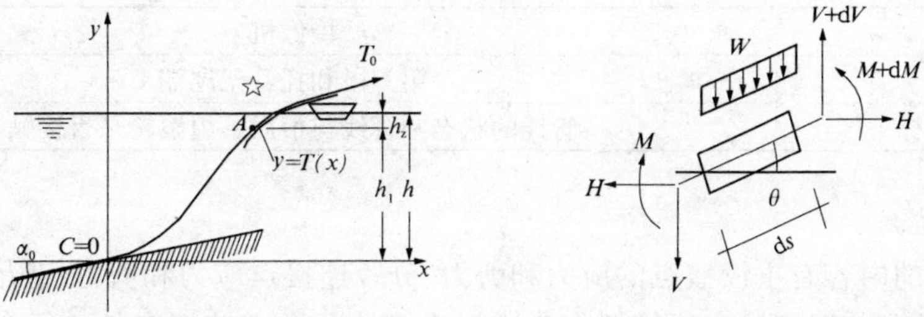

(a) S型管道铺设示意图　　(b) 管道微段平衡示意图

图1　S型管道铺设力学特性分析图

2.2　托管架监测信息分析

通过方程(1)~(3)可以得到深水S型管线铺设中影响托管架的主要因素:托管架的长度以及托辊之间的间距、托管架可实现的曲率半径。其他的因素则包括船尾坡道角度、船身可实现的倾角、张紧器可提供的张紧力、待铺设管道的弯曲刚度、管线在水中的线密度以及目标水深。

基于S型管道铺设中影响托管架的因素,要求托管架在设计中满足以下两点要求:①保持铺设姿态的能力,以确保铺设过程中管线和托管架的安全。②选择最佳线形(包括托管架的半径、入水角度、脱离角度、船体倾角等决定托管架线形的参数),以保证托管架基本铺设能力。

由此可以确定托管架的监测内容:①船体与托管架相对角度;②船体与托管架连接处应力;③管道在托管架上的状态;④滚轮箱荷载;⑤管线的脱离角度;⑥管线与最后一组滚轮箱的间隔。

3　托管架的现场监测系统设计

3.1　监测信息分类及传感器布置

根据监测内容的不同,将托管架监测分为几何形态监测、应力监测、托辊载荷监测、水深监测和海底地形监测。

3.1.1　几何形态监测

几何形态监测的目的是获取已形成的结构的实际几何形态,其内容包括托管架半径和管道的线形、托管架与船体连接的角度、结构变形或位移。其中,托管架与船体连接角度的监测如表1所示;管道在托管架上的形态监测如表2所示。

表1　托管架与船体连接角度监测

装置	角度测量装置
位置	船体与托管架连接处
测量目标	船体与托管架相对角度测量精度为±0.5°

表2　管道在托管架上的形态

装置	摄像机
位置	第一段和托管架尾端
测量目标	管线的状态和管线与最后一组滚轮是否接触

3.1.2　应力监测

应力监测的内容有主铰接点的应力和剪力、分段连接点应力和剪力、悬吊点应力。其中,主铰接点监测装置安装在托管架与船体相连接的两个主铰接点处。每个铰接处设置3个应力传感器,监测结点处的应力以及弯矩并反馈回中央控制室。其中,两个应力传感器用来监测剪应力,一个应力传感器监测弯曲应力。

3.1.3　托辊载荷监测

每个托辊箱下面设置一个载荷传感器,监测托辊承受垂直载荷,并保证托辊箱所受荷载不超过700 kN[3]。托管架最后一组滚轮的载荷显示器位于托管架控制室内,同时最后一组滚轮的图像监控也放在托管架控制室以及铺管控制室内,以实时监控托管架末端与管线的接触情况。

3.1.4　水深监测和海底地形监测

在托管架的第一段与末端均设置了摄像机与闭路电视系统(见图2)。摄像机具有独立的照明设备并且可以放入水中,在托管架工作时可以随托管架入水。安装在第一段的摄像机主要用于监测管道在托管架上的行为,末段的摄像机则主要监测管线铺设时的脱离角度以及管道与末端托辊之间的距离。监测的信号通过闭路电视系统传回到铺管控制室内。

3.2　监测系统集成方案

根据监测内容和布点,选取合适的传感器,对处于环境条件恶劣的测点可采取无线传输手段[6],但是要满足精度、响应时间、防腐蚀和信号抗干扰等要求。按照监测装置结构图(见图3)中的内容,在托管架控制室中接收所有信息,并保证数据的连续性、准确性,以便定期存档和备份。

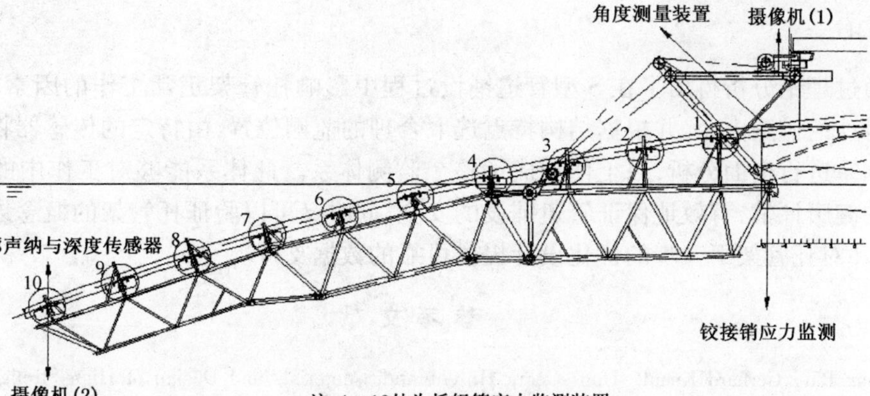

注:1～10处为托辊箱应力监测装置

图2　监测设备布置立面图

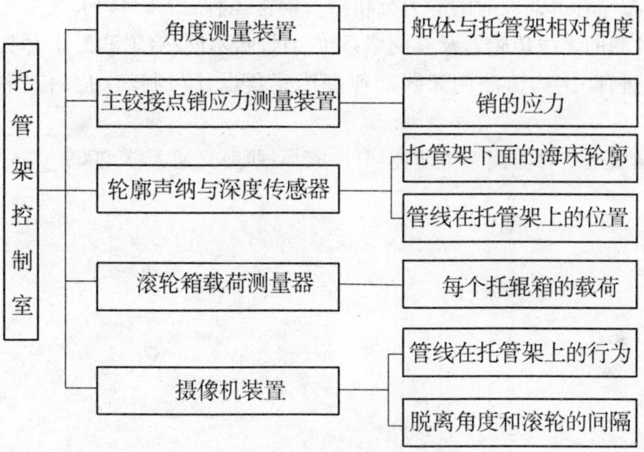

图3　监测装置结构图

4　托管架的健康状况评估策略

托管架的健康状况评估系统是整个托管架监测系统的核心,为托管架监测能够及时、准确服务于管道铺设提供科学依据,是保证托管架能够满足铺设要求、确保铺设作业安全性的根本,对可能发生的失效模式及早作出诊断并采取相关措施来解决问题或减少损失。

评估系统标准主要是针对关键的监测数据制定的预警值,可将评估系统分为实时评估系统和损伤评估系统。

实时评估系统要求对铺管船在工作状态下实时采集的数据,作出基本的统计分析、趋势分析,对于突发事件或是特殊的环境条件能够及时作出反应,并给出铺设作业的初步安全状态评估。

损伤评估系统主要是针对长期工作中的托管架,统计采集到的整个数据库,分析托管架结构的疲劳程度,给出托管架结构的安全使用寿命,同时判断托管架结构的损伤部件,及早进行维修或是更换。

5　结语

通过理论分析得出了在S型管道铺设过程中影响托管架正常工作的因素,由此确定有针对性的监测内容,并根据结构特点选取合理的监测位置,由特定的传感器将信息反馈回控制室进行全面分析,以上便构成了整个监测体系。此体系能够对工作中的托管架作全面的健康评估,有效地保证管道铺设的安全,同时又可以验证托管架的概念设计和详细设计,并对托管架下一步的优化设计提供可靠的数据支持。

参 考 文 献

[1] Yong Bai, Gerhard Knauf. Hans-Georg Hillenbrand. Materials and Design of High Strength Pipelines, ISOPE,2000.

[2] Knott, Terry. Solitaire shines even brighter[A] (from: Offshore Engineer). http://www.oilonline.com/news/features/oe/20050711.Solitair.18496.asp Monday, July 11, 2005.

[3] 黄玉盈,朱达善.海洋管道铺设时的静力分析[J].海洋工程,1986,4(1).

[4] 喻言.结构健康监测的无线传感器及其网络系统[D].哈尔滨:哈尔滨工业大学,2006.

[5] 喻言,李宏伟,欧进萍.结构监测的无线加速度传感器设计与制作[J].传感技术学报,2004(3):463-466.

[6] 张国强.隧道结构安全实时监测系统研究[D].成都:西南交通大学,2009.

深水S型托管架室内模型试验测试技术

侯英昱　赵冬岩　谢　鹏　王庆国　王凤云

（大连理工大学运载工程与力学学部工业装备结构分析国家重点实验室,大连　116024）

摘　要　大型复杂机构的运动模拟和振动规律的测试一直是室内试验一个难点。结合国内首次开展的深水S型中尺度托管架半实物仿真模型试验,本文对铺管船－托管架－管道大系统模型试验的测试系统进行了设计,详细讨论了试验所采用的多种测式技术,并给出典型测试结果。研究表明:半实物仿真试验及测试技术对于铺管船－托管架－管道大系统室内机构试验有效可行,其结果可直接应用于深海铺管工程,而所提出的测试方法对于管道铺设作业现场监测同样具有重要的参考价值。本文相关测试技术对于大尺度机构试验也具有借鉴意义。

关键词　铺管船－托管架－管道大系统;室内试验;半实物仿真;测试技术

1　引言

能源是整个世界发展和经济增长的最基本的驱动力,是人类赖以生存的基础。特别是两次石油危机使能源变成全世界关注的热点问题。海洋石油开采和运输技术具有广阔的工程应用前景,其相应的石油开采、运输设备的安全性和可靠性分析也成为当前工程、科研领域共同关注的热点。

对于深海铺管作业,现场试验和理论研究日趋深入,而室内模型试验尚显不足[1-3]。以往的计算机模拟试验非常烦琐,却又很难模拟出铺管船在海面上的真实运动形式[4]。而采用的现场监测方案往往花费巨大,又无法在托管架尚未建造完成前给予其相应的技术指导,缺乏对载荷和安全性的相关预判[5]。

物理模型试验一直是科研和工程技术人员研究结构机理、探讨机构运动响应载荷分布效果的重要手段之一。对铺管作业的研究也不例外,本文以半实物仿真理论为基础,设计并完成了室内中大尺度托管架模型试验,得到了在不同工况下托管架机构各个位置的载荷和响应,并详细探讨了相关测试技术。本文研究结果表明:半实物仿真试验及测试技术对于铺管船－托管架－管道大系统室内试验有效可行,所提出的测试方法对于现场监测具有重要的参考价值。

2　深水S型托管架室内模型试验

2.1　模型试验系统组成

本模型试验总体装置由托管架模型、托辊箱模型、管道模型、振动台、传感器、DSPACE控制系统、管道张紧力提供装置等组成(见图1)。

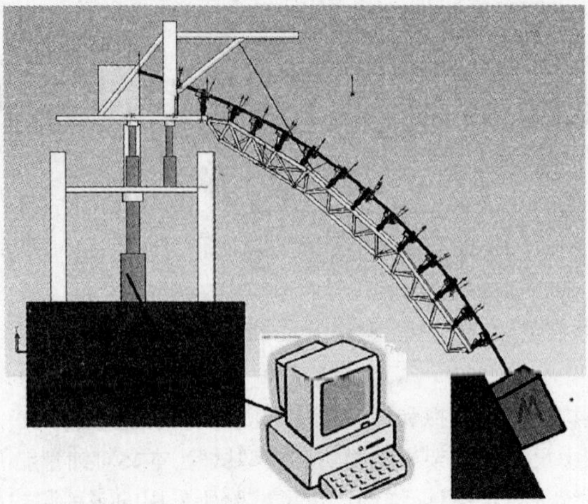

图1　托管架室内试验模型

2.2　模型试验参数选取

两个系统的物理过程相似必须满足过程的性质相同、同名物理量相似、相似常数间存在着一定的函数关系。判定两物理过程相似的条件是相似三定理，其中相似第三定理单值性条件相似是现象相似的必要条件[6]。要满足全部相似判据很难,通常要忽略次要的相似判据,进行本质力学行为的模拟。按此原则,进行了托管架系统模型参数计算,具体见表1。

表1　托管架模型参数

参数	原型	模型
长度	85 m(32.62 +33.244 +19.458)	4.25 m(1.63 +1.66 +0.975)
曲率半径	73 ~365 m	3.65 ~18.25 m
总节数	3	3
截面形状	三角形	三角形
连接方式	linkbeam(箱形)	linkbeam(箱形)
重量	442 t	494 kg
悬吊点	28.5 m	1.425 m

2.3　模型试验工况确定

在进行相关有限元分析的基础上进行相应的托管架模型试验工况确定。具体试验分为5部分进行,分别是静载荷试验、横摇试验、纵摇试验、耦合试验、托管架水下响应模拟试验。其中,振动台的运动姿态是通过将船体运动按照相似理论进行相应放缩,通过DSPACE控制系统实现振动台对于波浪作用下船体运动模拟。

3　托管架模型试验测试系统设计

3.1　测试信息选择

3.1.1　托辊荷载

托辊荷载一方面保持管道入水的脱离角度,另一方面将管道的重力传递给托管架。

托辊荷载直接影响托管架的杆件、结构安全,因此有必要进行测量。

3.1.2 关键部位应变

关键部位为托管架的危险杆件、关键点等。模型试验的目的之一就是确保托管架的安全性,在试验中选择了托管架危险点处的应变进行测量。

3.1.3 托管架挠度

托管架悬挂于铺管船的尾部,在管道压力的作用下,托管架会发生挠曲。托管架的挠度直接影响管道的线型,关系到铺管作业的成败。

3.1.4 A - frame 钢缆中拉力

A - frame 的钢缆是托管架悬吊系统的重要部件,铺设管道时,在各种组合荷载的作用下,钢缆中的拉力会不断地发生变化,为了保证钢缆不发生破坏,钢缆的设计荷载要高于实际的使用荷载。

3.2 测试系统设计

试验测试设备:试验中选择影响托管架安全的量进行观测,主要有 18 个拉力传感器、2 个倾角传感器、2 个加速度传感器、1 个位移传感器、摄像机(如图 2 所示)。试验测试系统的设计是基于对实际问题的需求而确定的。

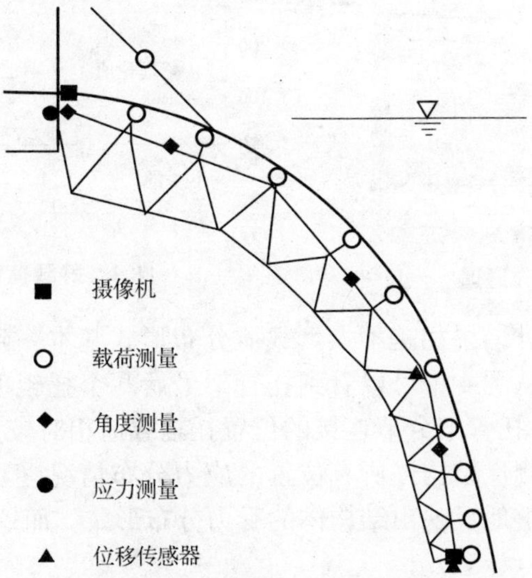

图 2 托管架模型监测方案

托管架的系统中大部分结构系统是由钢架构成的,通过以前的有限元分析,这些钢架部分所承受的应力都相对较小。而托管架上应力较高的位置为其中的接触部件和连接部件。试验在托辊、puppice、A - frame 这些应力集中部件处采用测量拉压应力的拉力传感器,这是因为这些位置受力尽管较大,但是受力形式却是简单的单向应力状态。测量方式采用串联的方式,在试验模型建造的时候预设相应螺纹进行连接。通过这种压力传感器的测量可以有效而即时地测量出托管架的受力情况。

对于弹性体只需测量其中的应力和应变就可以了,而对于机构如果深入了解就需要测量整体的各个部分的运动形式。托管架系统由三节构成,也可以认为托管架是由三个大的部件所构成的机构。试验在托管架每一节的重心位置设置倾角传感器,在二、三节的末尾设置位移传感器,在顶部设置摄像机,在假设每一节产生的变形较小的情况下,就可以完全而有效地测量出托管架每一节的运动形式和位移。

4　模型试验测试结果与分析

本次试验测试了托管架在静载荷状态下,船体运动状态两种情况下的托辊载荷分布曲线。试验测量结果反映出托管架关键位置的载荷分布和载荷下托管架结构的基本的运动形式。

4.1　托辊静力载荷曲线

试验测量了在静载荷状态下托管架托辊的载荷分布情况,图3所示为静载荷下部分托辊的静载实测信号。图4为静载荷下托管架各个位置的托辊力和理论解的对比。

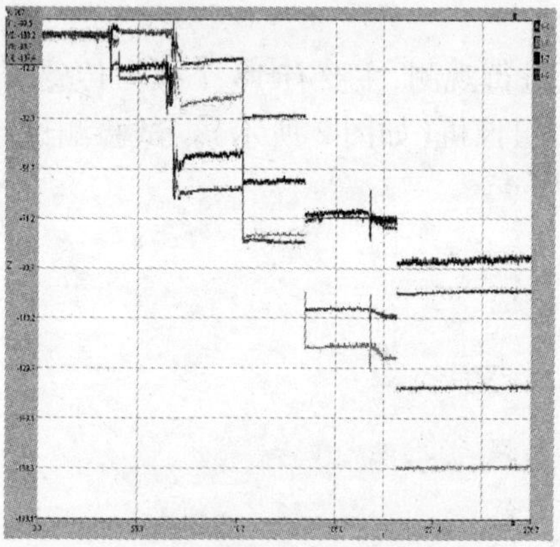

图3　静载荷下部分通道

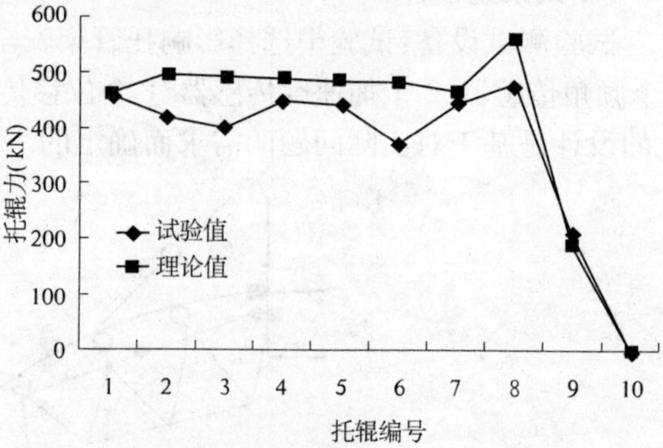

图4　静载荷情况下托辊力

试验测量结果与设计结果相差不大。载荷分布形式基本一致,有效地反映出托管架托辊载荷的分布规律。从图4中可以看到托管架最后几个托辊上的载荷较小,而前面的托辊载荷分布基本一致,托管架分节连接的位置托辊载荷相对较大。

本次试验尽管没有测量结构体所有位置的应力分布情况,但是却通过某几个点某几个方向的受力测量就完整地反映出结构体的受力分布形式。而这些点正是托管架的受力集中点,也是结构的危险点。

4.2　托辊动力载荷曲线

托辊动力载荷试验包括了纵摇试验、横摇试验、耦合运动试验、随机载荷试验和水池试验五部分组成,测量出在各种工况下的结构响应。

通过振动台的控制完成对于托管架各种工况的模拟,从而得到托管架各个位置的动力响应,并且从中获得托管架在铺设中各个位置的载荷分布和响应。图5列举了在动载荷作用下部分传感器的响应,图6为一些铺设工况下动力托管架放大系数的对比图。通过试验获得如下结论:

(1)托管架曲率半径是影响管道整体弯矩和应变的主要因素,但托辊高度影响管道局部变形,在船体运动情况下,即实际管道铺设过程中,存在载荷放大效应。

(2)曲率半径确定的情况下,托辊高度是影响管道局部安全的主要因素。特别是托管架分节的连接处,会产生较大的集中应力,动力放大系数也会很大。这些位置的托辊在现场监测中也应该重点考虑。

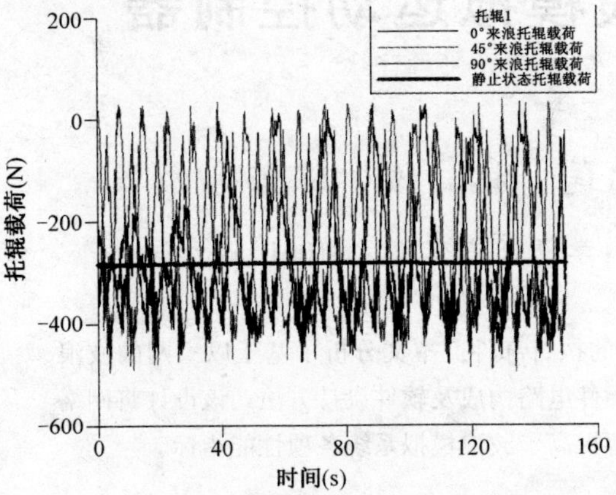

图5 动载荷下部分通道

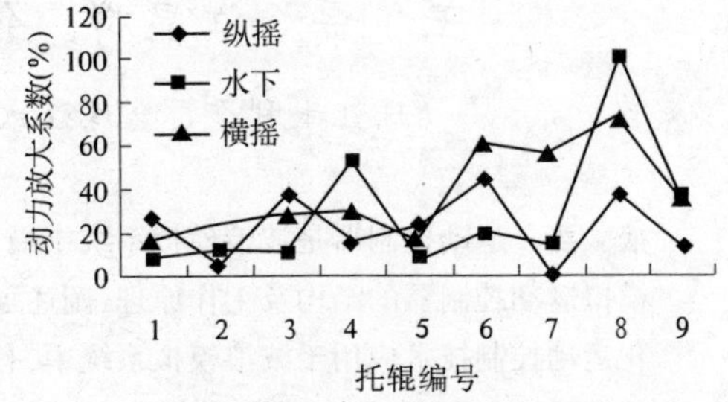

图6 振动下放大系数

5 结语

本文基于半实物仿真试验,进行了深水S型托管架室内模型试验测试技术研究。对于复杂工况下的现场试验,往往花费巨大,本次试验创造性地采用了振动台对于深海管道铺设进行相应的模拟,这样可以简单而且有效地反映出实际的工况,对于以后大型机构的测量有借鉴意义。本次试验采用了对连接部件和接触部件重点测量的测量方式,通过分析得到托管架结构载荷和位移的关键点,通过对几个关键点的传感器布置和测量,完整有效地反映出托管架的受力分布形式和各个部件的运动形式,可为以后大型机构的监测和试验提供参考。

参考文献

[1] 叶伟. 海底管道新型铺管方法[D]. 杭州:浙江大学,2006.

[2] Brown R J, Andrew Palmer. Developing Innovative Deep Water Pipeline Construction Techniques with Physical Models[J]. Transactions of the ASME, 129. 2007.

[3] 詹侃,陆仁华. 海底管道在铺设过程中的二维静态分析[J]. 海洋工程,1991,9(4):14-20.

[4] 庄茁,张帆,岑松,等. ABAQUS非线性有限元分析与实例[M]. 北京:科学出版社,2005.

[5] 郭艳林,梁政. 海底管道铺设施工设计分析[J]. 石油学报,1999,20(4):83-87.

[6] 胡海燕. 碎石桩处理软土地基室内模型试验[J]. 铁道勘察,2006(5):49-52.

【作者简介】 侯英昱(1986—),男,山西代县人,硕士生,主要从事大型结构试验和设计研究。

基于以太网的波浪模拟运动控制器

王　磊　江显群　何启莲　林　俊　陈若舟

(珠江水利委员会珠江水利科学研究院,广州　510610)

摘　要　运动控制器是波浪模拟系统中最重要的执行部件。本文分析了基于以太网的波浪模拟运动控制器的结构及工作原理,阐述了其硬件电路构成及软件设计方法。该设计将网络化运动控制技术应用于波浪模拟系统中,有效地提高了波浪模拟系统各项性能指标。

关键词　以太网;波浪模拟系统;运动控制器

1　概述

波浪模拟系统是海洋动力学研究机构用来研究海浪对海洋工程和港口工程建筑物作用、检验海洋建筑物设计方案的重要手段。试验水池/槽中的波浪是按照一定波形的要求通过控制置于水池/槽中的推板的摆动幅度与频率实现的。随着科学试验对数据多样性和准确度要求的不断提高,对波浪模拟系统推板的数量都提出了更高的要求,单一推板的波浪模拟系统已不能完全满足科学试验的要求,由多推板组成的多向波模拟控制系统的应用更具有现实意义。

多向波模拟控制系统要求所有推板的摆动幅度和频率都必须严格保持同步,这样才能保证造出的波浪波形准确。达到这种要求的波模拟控制系统,作为系统核心的运动控制器,其运行速度、控制精度等都有极高的要求。因此,多向波模拟控制系统的运动控制器的设计成为整个系统设计的重点。

2　造波系统结构及工作原理

多推板波模拟控制系统由造波板、伺服电机、伺服电机驱动器、运动控制器和上位机等部分组成(见图1)。

上位机根据系统的传递函数,利用特定算法计算出每块造波板运行的时间序列值控制信号,每个控制信号通过10M 工业以太网传送到相应的运动控制器,所有运动控制器接收到上位主控机的控制文件后,启动造波程序,进入待命状态,如果收到造波开始指令,立即开始造波,确保了所有造波板的同步性。运动控制器将每块造波板运行的时间序列值控制信号转换成不规则的位置脉冲控制信号,送给伺服电机驱动器,驱动伺服电机,带动造波机推波板作相应的推挽运动,推动水体而产生波列,伺服电机编码器实时测出推板的运动轨迹,并反馈到伺服电机驱动器,以确保推波板能准确地按照上位机给定信号运行。该反馈信号同时反馈到运动控制器接口,运动控制器可以据此监测造波板的运行状态。

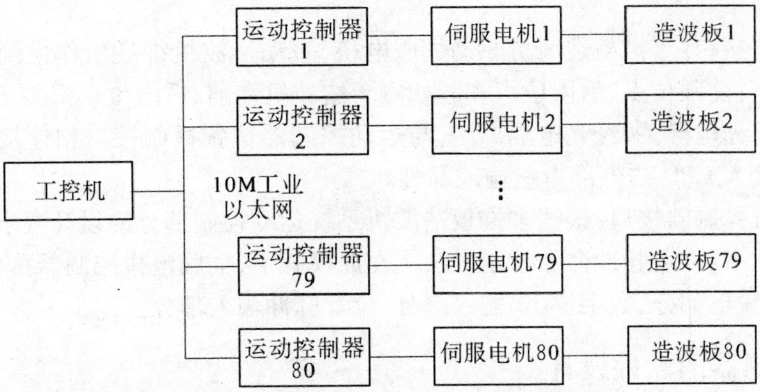

图 1　造波机系统运动控制部分结构图

3　运动控制器的硬件设计

运动控制器的硬件包括以下几个部分：CPU、存储部分、以太网接口、位置控制接口和伺服电机控制器接口。它们的相互关系如图 2 所示。

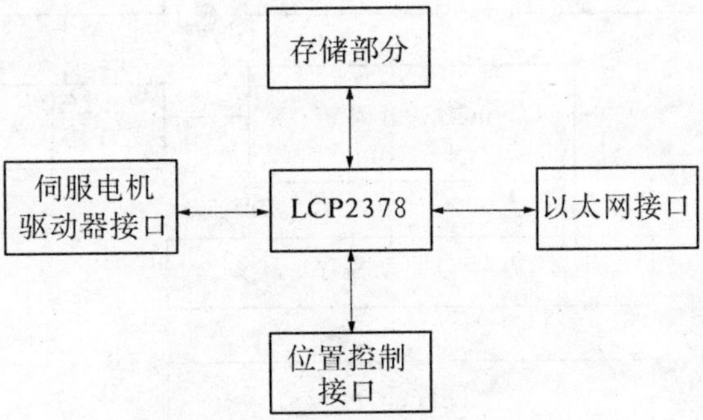

图 2　运动控制器结构图

CPU 的选择：根据多推板造波机系统运动控制部分的要求，运动控制器主控制器芯片要具有快速的数据处理能力以满足对实时数据的处理；要具有足够的抗干扰能力以满足在恶劣电磁噪声环境下工作的需要；要具有全面的片上外设以减少外扩功能器件的数目。综合上述各方面因素，主控制器芯片选用 NXP 公司基于 ARM 内核的 16/32 位微控制器 LCP2378。

运动控制器的存储部分分为两部分：一是 CPU 片内集成的 Flash 和 SRAM，二是外扩的 SRAM 和 Flash。其中片内 Flash 用于存放移植的系统、各种驱动程序和造波控制程序，片内 SRAM 和一部分外扩的 SRAM 用于系统与各种程序的运行；另一部分片外扩展的 SRAM，用于存放造波数据，而外扩 Flash 存储器用于掉电保存造波数据，便于满足重复试验的要求。

以太网接口：所选 CPU 本身已集成了 10/100 Mbps 以太网 MAC，网络基本功能已齐全，因此只需外扩一片 PHY 芯片即可组成一个完整的通信接口。因为 CPU 自带的 MAC

为 RMII 接口,对应的 PHY 需选择同样接口,因此选取了 Davicom 公司的 DM9161 芯片,其外围电路简单。

位置控制接口:多推板造波机驱动伺服电机,带动造波机推波板作推挽运动时,有几个关键位置点:前限位点、后限位点和起始点。造波机在前、后限位点安装了限位开关,在起始点安装了光电开关,经光电隔离后,与运动控制器位置控制接口相连接,运动控制器将这些信号接入 CPU 的外部中断输入部分。

伺服电机控制器接口:根据多推板造波机系统运动控制部分的设计要求,伺服电机工作在位置模式下,采用脉冲命令控制方法。在此模式下,伺服电机控制器接口分为三个部分:位置脉冲输出部分、数字输出/输入部分、位置脉冲输入部分。

4　运动控制器的软件设计

运动控制器的软件包括以下几个部分:实时多任务嵌入式操作系统 uCOS－Ⅱ的移植、以太网等相关接口驱动程序的开发、运动控制器控制程序的开发以及 TCP/IP 协议栈的移植。其中运动控制器控制程序又分成两部分:控制任务和通信任务。其结构如图 3 所示。

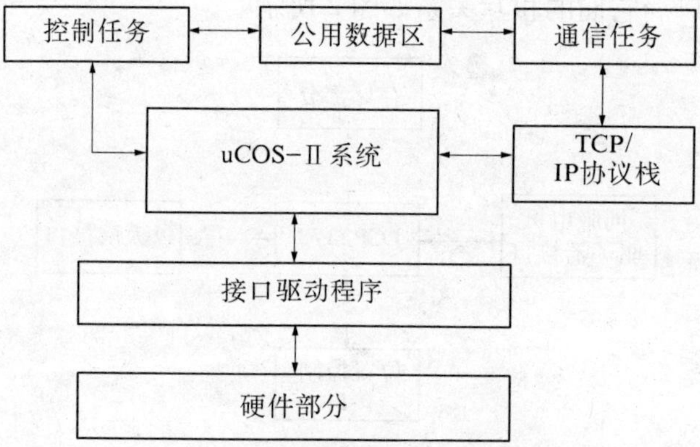

图 3　运动控制器软件结构图

运动控制器控制程序控制任务主要完成功能如下所示:伺服电机驱动器的初始化、伺服电机状态检测及报警、伺服电机运行控制、光电开关控制、前后限位开关控制、手动/自动控制切换、伺服电机位置脉冲的计数控制。任务工作流程如图 4 所示。

自动造波时,当运动控制器收到启动指令后,自动装载第一组数据,并启动定时器和计数器,在规定时间内,将造波板以预定的速度运行到指定位置;如此反复进行,直至装载完所有数据。在必要时,可进行多次循环。

运动控制器运动控制程序通信任务负责运动控制器通过工业以太网与上位机进行数据与指令的交互,是建立在 TCP/IP 协议栈基础上的,在其分层体系中处于应用层。通信任务主要完成以下功能:协议栈的初始化和通信链路维护、数据的接收和处理、公用数据区要发送数据的处理与发送。通信任务工作流程如图 5 所示。

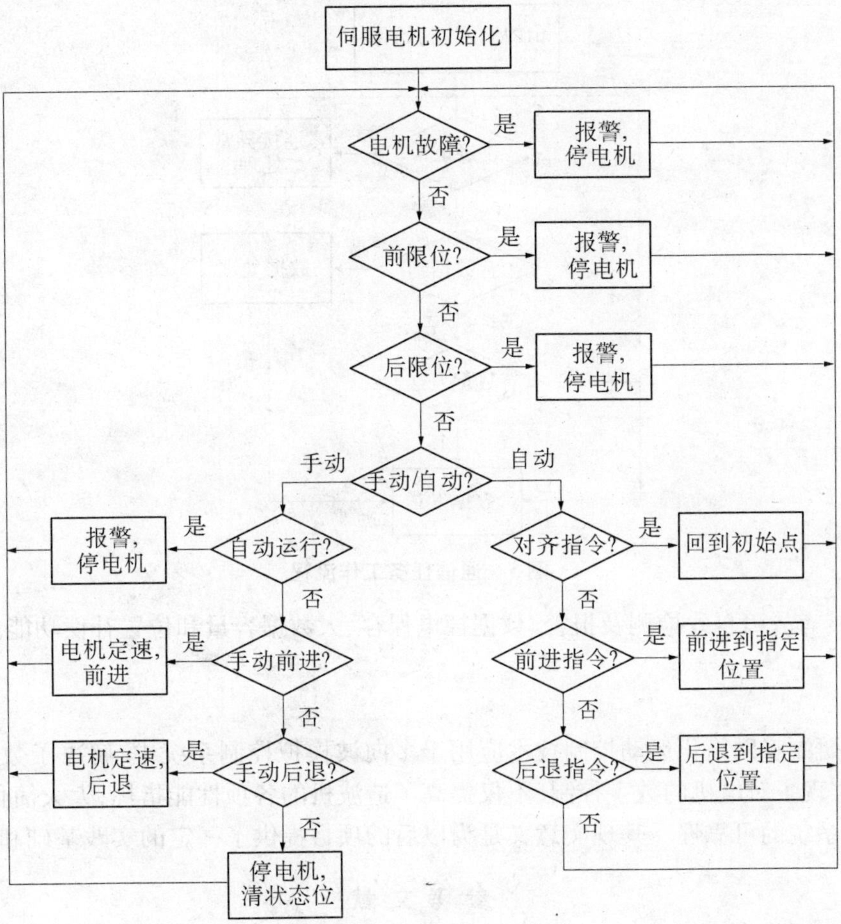

图4　控制任务工作流程图

5　特点

(1)采用网络运动控制技术，实现了远程操控，上位机可实时检测各电机的运转情况，对出现的故障可实时处理。

(2)采用10 M工业以太网，通信速度快，数据传输实时性强，网络可靠性高，可实时远程监控多台电机运转情况。

(3)采用高速处理器，减小了时间序列间隔，提高了造波机的精度。配合大容量存储器，可保证存储多达8K组数据安全、长时间存储，并预留了多路I/O控制口，方便与其他外围设备相连接，提高了系统的灵活性。

(4)采用数字控制技术，可精确控制电机的转速，从而精确控制推波板的运行速度和位置。

(5)采用大规模集成电路、工业级芯片以及多种抗干扰措施，使得整个系统具有较强的抗干扰能力，极大地提高了系统的可靠性。

(6)可实现手动/自动切换、定长前进/后退、单台/多台控制、自动寻找起始点。

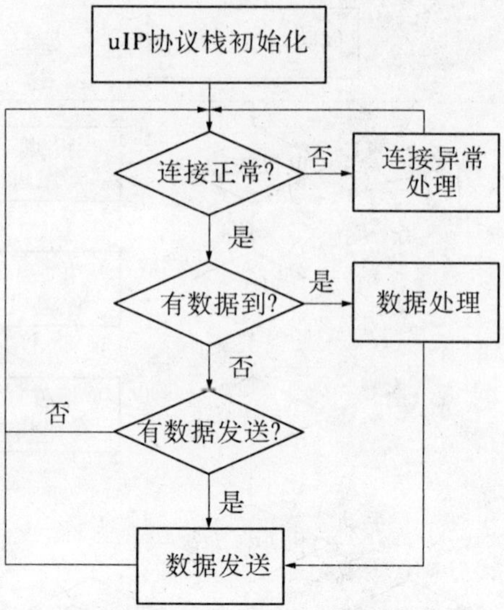

图5 通信任务工作流程

(7)具有故障自我检测及报警、数据掉电保存、大数据容量和位置补偿功能。

6 结语

此次研制将网络化运动控制技术应用于多向波模拟控制系统中,解决了数据快速传输问题,实现了对电机的数字控制,不仅提高了造波机的各项性能指标,大大简化了布线,还提高了系统的可靠性。其现实意义是为以后的项目提供了一定的实践基础和经验。

参考文献

[1] 王崇贤.二维波浪水槽造波控制系统研究[D].天津:天津大学,2005.
[2] 金乃高.液压伺服多向不规则波造波机控制系统的设计与实现[D].大连:大连理工大学,2002.
[3] 王宇晗,钟胜波,胡俊.电动造波机控制系统的研究[J].上海交通大学学报,2005, 39(1).
[4] 邓勇,王收军.摇板式造波机的控制系统设计[J].天津理工大学学报,2005,21(4).
[5] 张剑.摇板式造波机自动控制系统的研究[D].大连:大连理工大学,2005.
[6] 闫砺锋.运动控制技术研究及运动控制板卡开发[D].成都:四川大学,2001.
[7] 陈进,许建凤,杨志兵.伺服电机的直接控制[J].控制工程,2003,3(10):179-181.
[8] 舒志兵.交流伺服运动控制系统[M].北京:清华大学出版社,2006.
[9] George Ellis. Control System Design Guide[M]. San Diego, Elsevier Inc.,2004.
[10] 杨志国.基于 Windows 的摇板式造波机波浪模拟技术研究[J].哈尔滨工程大学学报,2004,25(5).
[11] 苏琳芳.造波机伺服运动控制技术研究[D].大连:大连理工大学,2007.

基于双向轴流泵的四面开边界潮汐模拟系统

窦春晖　倪文军

（交通运输部天津水运工程科学研究院，天津　300456）

摘　要　为模拟天然潮汐，设计了一种基于双向轴流泵的四面开边界潮汐模拟系统。该系统根据目标流量曲线，利用系统中率定程序提供的针对不同流量需求的水泵流量率定结果，通过485总线控制精确控制22台分布于港池四周的双向轴流泵，达到模拟目标潮汐的目的。应用于潮汐模型试验表明，该潮汐模拟系统控制精度高，适应能力强，可控性好。

关键词　潮汐模拟；四面开边界；双向轴流泵；流量率定

港口潮流物理模型试验中，潮汐、潮流的正确生成与控制是完成试验任务的重要条件之一。传统的潮汐模拟控制系统有潮水箱控制系统和尾门控制系统，这两种传统的控制系统一般设置在模型的开边界处，对于控制边界不是很宽的模型，能够很好地控制模型上的水位变化[1]。随着科技的发展和人类活动范围的扩展，工程规模和工程区大型化、工程问题和现场环境的复杂化，使得三面或四面开边界的潮流物理模型成为了必然，传统的潮汐模拟装置难以满足要求。计算机技术的发展和变频器应用普及使得大量应用双向轴流泵作为潮汐模拟手段变为可能[2]。本文介绍了一种新型的适用于多口门宽边界港口模型试验的潮汐模拟系统——基于双向轴流泵的四面开边界潮汐模拟系统，该系统在天科院的海洋综合模拟试验厅中得以实现并投入使用。

1　潮汐模拟系统基本原理和控制过程

1.1　潮汐模拟系统基本原理

潮汐模拟系统是利用分布于港池四周的22台双向轴流水泵，实现港池和港池外侧的蓄水廊道中水的流动，从而改变港池四周的动态流量，达到四面开边界潮汐模拟的目的。每一台水泵都配有一台变频调速器，可以使每一台水泵都处于不同的工作状态：水泵的正转、反转控制出水的方向，工作频率的高低控制流量的大小。与传统的潮汐模拟系统不同，通过不同方向的水泵的开启或者关闭可以进行两面、三面或者四面的开边界潮汐模拟。

我们对水泵处于不同频率下的工作状态的率定结果和水泵的工作手册都显示水泵的流量和频率值是线性关系的，再加上水泵处于不同水头下的工作状态的修正值，我们可以精确地计算出，水泵在不同频率下的流量[3]。通过让水泵处于不同的工作状态，可以实现即使是在同一条水边界上,每个出水口的流量也不相同,达到精确控制模拟潮汐的目的。每台水泵的输水管道上都装有蝶阀,使得水泵的维修和控制变得方便。用户可以通过开关蝶阀来选择应用水泵的数量,也可以通过改变蝶阀的开度来增加对于小流量的边界条件的潮汐模拟试验的控制精度。

流量的控制过程是一个具有较大滞后环节的控制过程,对于潮位变化较快的流量控制过程来说控制难度比较大,容易造成潮位的超调,潮位的重复性差。开环控制原理简单,实现容易,在试验过程中,只要保持试验的初始水边界的条件不变,便可以得到具有良好重复性的模拟试验结果。

1.2　潮汐模拟系统控制过程

潮汐模拟系统首先根据水文资料进行模型边界的流量计算,得到模型中每个边界的目标流量变化曲线。然后根据流量的需求选择水泵是否开启,对选择的水泵进行流量的率定,根据率定结果进行潮汐的模拟,并将潮汐模拟的结果和实际数据进行比较,修改给定的目标流量变化曲线,继续试验,进行数据比对,直至得到与实际水文资料吻合的潮汐和流速数据。

2　潮汐模拟系统组成

2.1　潮汐模拟系统的设备布置

该潮汐模拟系统的试验港池长 40.5 m、宽 40 m,设计最大试验水深为 1 m。在试验港池的东西侧各布置 6 台双向轴流泵,南北侧各布置 5 台双向轴流泵,共计 22 台双向轴流泵。该系统中的轴流水泵的正向流量为 1 050 m^3/h,反向流量为 780 m^3/h,每台水泵的管道上由一个蝶阀控制管道的关闭与开启。试验港池的四周环绕着深 2 m、容水量为 640 m^3 的蓄水廊道作为供水水库,蓄水廊道还外接一个容水量为 2 000 m^3 的水库作为后备供水水库。该系统可以达到当设计水深 0.3 m 时,最大平均流速为 0.2 m/s,当设计水深 0.1 m 时,最小平均流速为 0.01 m/s。

水泵的出水通过港池中的出水槽,以底部出水的方式进入港池。出水槽距离池壁 1 m,宽 1 m,底部为斜坡,最大深度为 0.3 m,顶部布置消波盖,与港池底同高。每一台水泵的管道分成 3 个等直径的支管道进入出水槽,配合斜坡和消波盖,可以很好地保证水流的稳定性。

2.2　潮汐模拟系统的硬件连接

潮汐模拟系统的硬件按照功能主要分为水泵控制部分、水位采集部分、流速采集部分和水位仪的扩展部分。该潮汐模拟系统的硬件连接示意图如图 1 所示。

工控机是该潮汐模拟系统的核心,潮汐模拟系统的各个功能模块全都和工控机的 PCI/ISA 总线进行扩展和数据交换。

该潮汐模拟系统应用 RS485 工业现场总线网络对 22 台变频器进行控制,利用 MOXA 的 CP—134U 扩展出 RS485 接口,形成一种在线的数字控制方式。采用主从通信方式,工控机作为主机,变频器作为从机,作为通信链路上的一个节点,每个变频器被赋予各自的地址码,用以识别身份。为了提高工控机对电机的控制,将电机分成 2 组,每组具有独立的 485 总线,控制 11 台变频器,将变频器从 1 ~ 22 进行编号,与水泵进行对应。

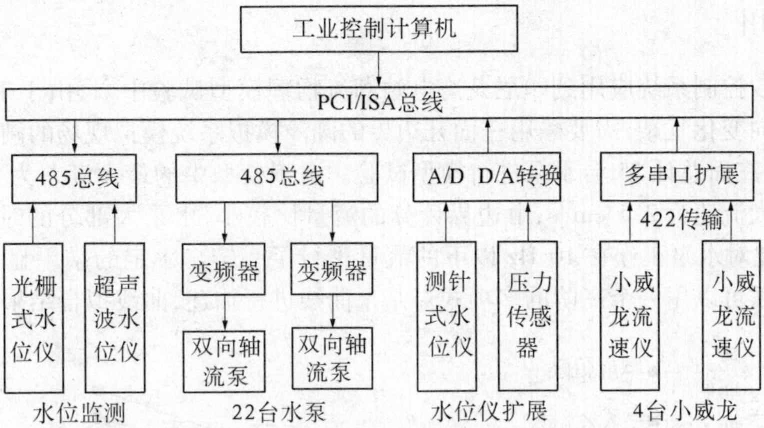

图1　潮汐模拟系统硬件连接图

系统中的水位采集功能提供了2种接口方式:数字量接口和模拟量接口。数字量接口以485总线为接入方式,在本系统中接入了光栅式水位仪和超声波水位仪2种水位仪。光栅式水位仪测量精度较高,用于测量港池中水位的变化;超声波水位仪用于监测廊道中水位的变化,便于进行水泵率定工作和廊道水位的报警。模拟量水位输入主要配置给测针式水位仪和压力传感器,A/D、D/A采集卡采用科日新的CPCI-811多功能采集卡,该卡可以对8/16路模拟量进行高速采集,采集精度为16位。系统中的数字量和模拟量接口可以按用户的需求进行扩展。

该潮汐模拟系统的流速采集主要是应用小威龙流速仪。小威龙流速仪应用RS232接口,数据线较短,不能应用总线的连接方式。因此,在工控机上扩展了4个RS232接口,每个接口通过RS232-RS422转换模块转换成422信号进行长线传输,再转换成RS232接口与小威龙相连接,完成系统对流速的采集。

3　潮汐模拟系统软件设计

潮汐模拟系统软件由LabVIEW开发,利用多线程技术进行编程。主线程控制系统软件的功能选择、程序的开始与关闭以及对变频器的控制;新开子线程主要进行各种数据的采集、处理、显示以及报警等功能。该软件按照功能主要分成三个部分:率定水泵模块、潮汐模拟模块和设置选项模块。

率定水泵模块主要进行水泵的率定工作。用户可以利用高精度水位仪,在廊道水位和模型水位确定的条件下,对已经确定阀门开度的单台或者多台双向轴流泵进行率定,找到当前条件下水泵流量和水泵工作频率的关系。

潮汐模拟模块是该软件的主要功能模块,读入用户提供的流量曲线,对曲线进行分析差值计算,利用率定水泵模块提供的水泵流量和工作频率的关系,自动完成潮汐模拟试验。软件具有实时显示各个观测点的水位和流速信息、查询历史数据、数据保存等功能。

在设置选项模块中,可以对水泵、水位仪的数量进行选择,适应各种模型试验。

4　工程应用

将该潮汐控制系统应用到印尼龙湾电站潮流物理模型试验中[5]，由于工程区域潮流的流速和流向变化复杂，需要采用三面开边界的潮汐模拟系统模拟现场的潮汐、潮流变化过程，选择了三面总计 15 台水泵进行模型试验。由于模型中的最大潮差为 3.5 cm，流速观测点的最大流速为 2.5 cm/s，由边界计算的流量比较小，水泵大部分的时间工作在 10 Hz 以下，因此对水泵工作在 10 Hz 以下的流量进行了率定。率定的结果显示，水泵的频率和流量关系可以用一个三阶的多项式对结果曲线进行描述，曲线拟合结果如图 2 所示。

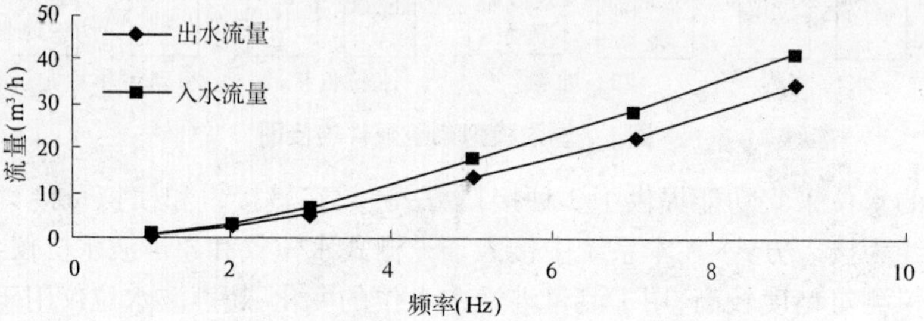

图 2　水泵低频率工作状态下频率流量关系曲线

模型试验中，相邻两个潮位观测点的时间为 107.6 s。由于实测的潮位和流速在相邻时刻间有比较剧烈的变化，只对观测点的边界流量进行模拟不能很好地模拟潮汐、潮流特点，因此用样条插值法对流量曲线进行插值，相邻两个点之间插入 3 个点，即每 26.9 s 一个流量数据，使水泵的流量变化过程更加平滑。潮位、流速试验结果如图 3、图 4 所示。

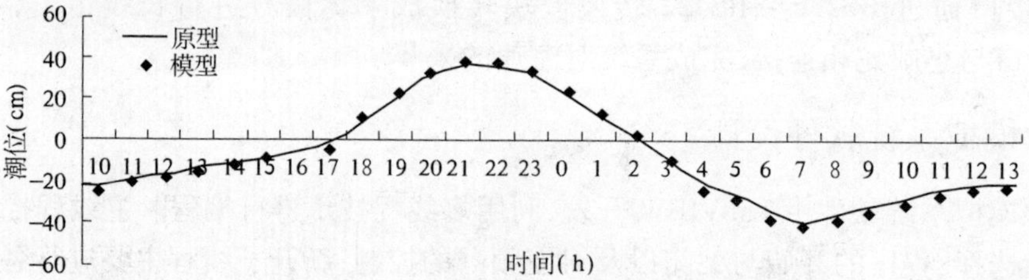

图 3　模型试验大潮潮位曲线

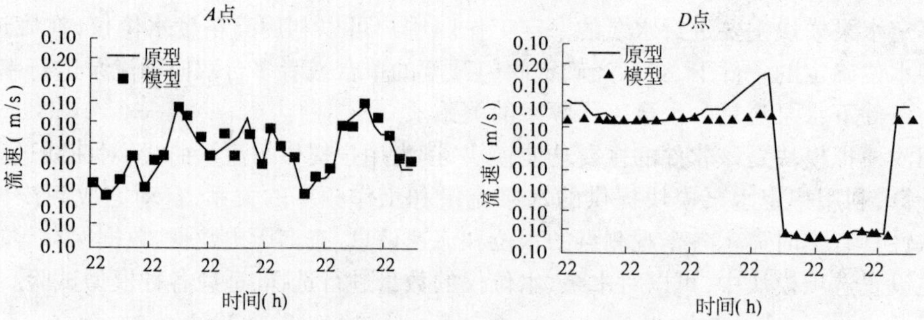

图 4　模型试验大潮 *A* 点、*D* 点流速曲线

在该试验中,潮位和流速都可以良好地符合水文资料。

5 结语

基于双向轴流泵的四面开边界潮汐模拟系统具有良好的灵活性,可以通过不同方向水泵的开启进行两面、三面或者四面的开边界潮汐模拟,而且使用方便,具有较高的控制精度,潮汐模拟的重复性好,降低了验潮时的工作量,具有推广价值。

参考文献

[1] 刘其奇.流量控制型潮汐控制系统[J].测控技术,2001,20(5):38-40.
[2] 吴龙华,郝青芳,李凌.潮汐模拟及其自动测控系统的设计与实现[J].实验室研究与探索,2008(5):20-22.
[3] 刘海成,杨会利,曹玉芬,等.轴流泵生潮系统在水工模型试验中的应用[C]//第十四届中国海洋(岸)工程学术讨论会论文集(下册).2009.
[4] 王静,郭美宜,李木国.潮汐模拟系统的研制[J].中国海洋平台,2001,16(2):11-14.
[5] 陈汉宝,曹玉芬.印尼 Teluk Naga 电站项目水工工程温排整体物理模型试验研究报告[R].天津:交通部天津水运工程科学研究所,2008.

基于数控雕刻机的河工模型断面板自动加工系统

胡向阳[1]　张　雨[2]　张文二[1]　许　明[1]

(1. 长江科学院河流研究所,武汉　430010; 2. 北京尚水信息技术有限责任公司,北京　100085)

摘　要　本文介绍了基于数控雕刻机的河工模型断面板自动加工系统,采用了优化的排序算法使一块模板上能加工尽可能多的断面板,节省了板材,降低了使用成本;系统使用高效率和高精度的数控雕刻机进行断面板的加工,保证了加工质量;利用数控加工中的刀具补偿,提高了加工精度;系统具有网络化结构,实现了远程控制,提高了使用性。

关键词　河工模型试验;断面板加工;自动排序;数控雕刻机;CAD/CAM

1　概述

河工模型制作需要按照地形的数据制作大量的河工模型断面板,断面板要根据河道地形在模板上切割加工制成,为了最大化地使用模板、避免浪费,还要对断面板加工进行排序,使断面板在模块上的排列尽量优化,板材的耗费最少。以往断面板的排序加工工作大多由人工完成,工作量大而且容易出错。

随着数控加工技术的发展,CAD/CAM 技术越来越成熟,华春雷等[1]率先把 CAM 自动制模技术应用到河工模型试验中,使用 TAPE3 软件完成断面板的排列及生成 G 代码,然后将数据拷贝到机床上进行加工,在使用中要频繁地操作不同的程序十分烦琐。

尚水公司[2]研制的河工模型断面板自动排序加工系统集成了数据分析处理和断面板自动加工,用一套软件完成了断面板的自动排序和自动加工,极大地方便了操作,并且通过对河工模型的原始数据进行分析,在板材上自动生成断面板,并进行分组排序,使板材的使用最大化,系统使用的是通用的 CNC 系统,不具有针对木材加工的专用性和网络化控制的功能,本文在此工作的基础上,使用数控雕刻机对模板进行高精度和高效率的加工,实现了刀具加工的补偿功能,并优化了断面板加工的排序算法。

2　系统结构

系统结构分为控制中心、数控雕刻机、网络三部分(见图 1),控制中心工作人员按断面数据将断面板排序分组,然后生成可供加工用的 G 代码。加工端根据控制中心的指令自动加工出断面板。

系统使用了网络控制功能,使操作人员对机器的管理控制更方便。控制中心统一管理联网的所有加工客户端,操作人员只需在控制中心向指定机器发指令而不用到机器旁就可以控制机器工作。网络的拓扑形式是以太网,在网络中放置无线路由器,用户可用笔记本电脑无线上网来控制机器。

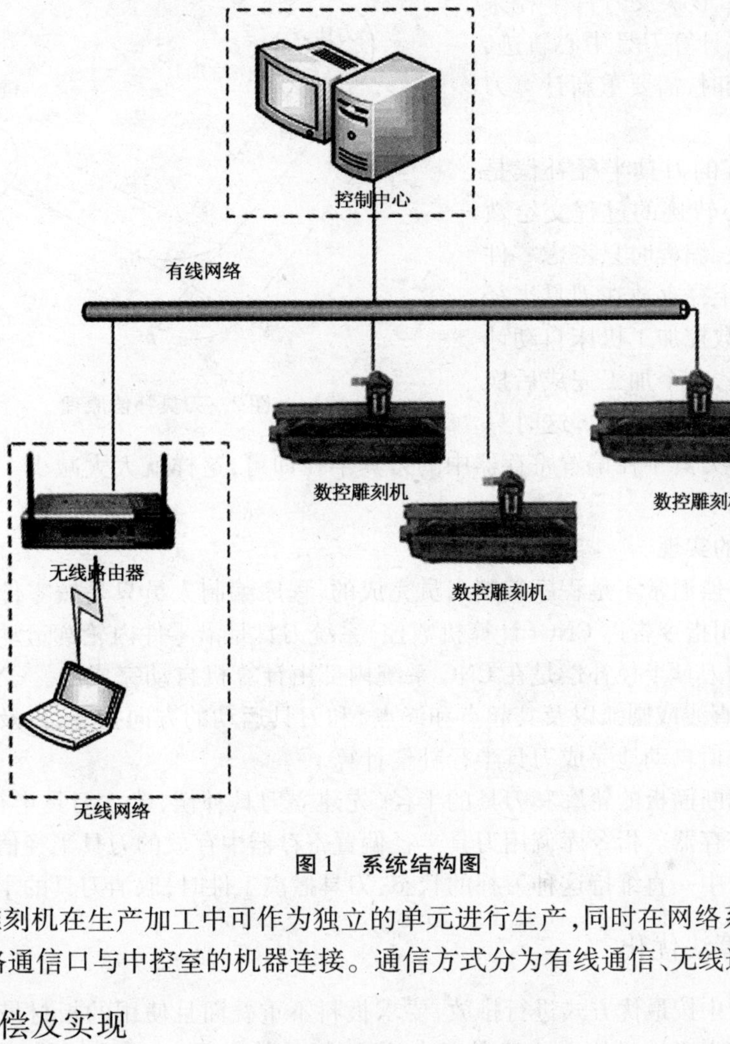

图1 系统结构图

数控雕刻机在生产加工中可作为独立的单元进行生产,同时在网络系统中作为客户端,通过网络通信口与中控室的机器连接。通信方式分为有线通信、无线通信。

3 刀具补偿及实现

数据加工过程中,刀具中心的运动轨迹并不等于所需加工零件的实际轨迹,因为刀具本身有一定的半径,不考虑刀具的半径就会多切掉等于刀具半径尺寸的材料,使加工后的零件尺寸小于实际尺寸,因此计算刀具运动时的路径应加上刀具的半径补偿。

3.1 刀具补偿的原理

二维轮廓数控铣削加工过程中,由于旋转刀具具有一定的刀具半径,刀具中心的运动轨迹不等于所加工工件的实际轮廓,如图2所示,在加工内轮廓时,刀具中心向工件轮廓的内部偏移一个距离;而加工外轮廓时,刀具中心向工件的外侧偏移一个距离,这个偏移,就是刀具半径补偿。

在数控加工机床程序编制时,如果直接采用刀心轨迹编程法,就需要根据零件的轮廓形状及刀具半径采用一定计算方法计算刀具中心轨迹,当刀具半径改变时,需要重新计算刀具中心轨迹[3]。

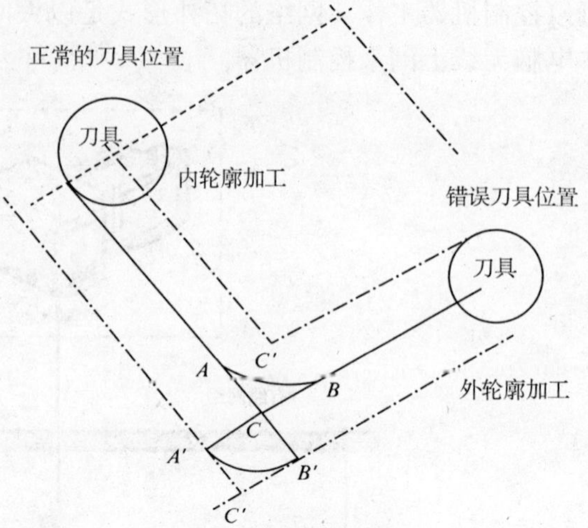

图2　刀具补偿原理

在数控系统的刀具半径补偿是将计算刀具中心轨迹的过程交给数控加工机床来做,编程时只考虑零件的轮廓,刀具的半径存放在刀具半径偏置寄存器中,数控加工机床自动计算刀具中心轨迹,一个加工完成后换其他刀具时,刀具半径变化,这时只需要调用另一个刀具半径偏置寄存器中的刀具半径即可,这样就大大减少了计算量和出错率。

3.2　刀具补偿的实现

刀具半径补偿通常不是程序编制人员完成的,程序编制人员只是按零件的加工轮廓编制程序,同时用指令告诉CNC(计算机数控)系统刀具是沿零件内轮廓运动还是沿外轮廓运动。实际的刀具半径补偿是在CNC系统内部由计算机自动完成的。CNC系统根据零件轮廓尺寸(直线或圆弧以及其起点和终点)和刀具运动的方向指令,以及实际加工中所用的刀具半径值自动地完成刀具半径补偿计算。

软件中根据断面板的轮廓和刀具的半径,先建立刀具补偿,建立刀具半径左补,设置刀具半径偏置寄存器。指令库调用刀具半径偏置寄存器中存放的刀具半径值。

在加工过程中一直维持这种刀补的状态,刀具撤离工件时,取消刀具的半径补偿。

4　自动排序算法优化

板料在模板中按最优方式进行排放,要求板料不重叠而且使用的板材最少。断面板的切割采用传统人工排料的方法费时费力,断面板的数量很大时,人工排料难以考虑周全,浪费很大。

4.1　算法优化的实现

排样问题目前还没有通用的求最优解的数学方法,对各零件之间的靠边、叠加等问题处理复杂,计算量大,随着计算机的普遍应用,各种应用于计算机的排样算法出现了,在优化排序中较常用的算法有遗传算法、模拟退火、人工神经网络等[4]。

模拟退火、遗传算法是优化方法,主要用于参数寻优;神经网络则是用于分类机制和拟合预测问题。

本系统选用遗传算法来进行断面板的排序和优化。其中遗传算法的实现步骤如下[5]:

(1)先定义图形的排样顺序,再以每一种图形排列顺序及排列角度作为遗传算法中的一个个体。

(2)断面板水平放置(长度方向为左右方向,宽度方向为上下方向),断面板先横排再竖排。

(3)对多个初始形成的个体使用遗传算法进行选择、交叉、变异,计算其适应值,逐步寻优,最终得到较满意的结果。

在本系统的自动优化排样系统流程图如图3所示。

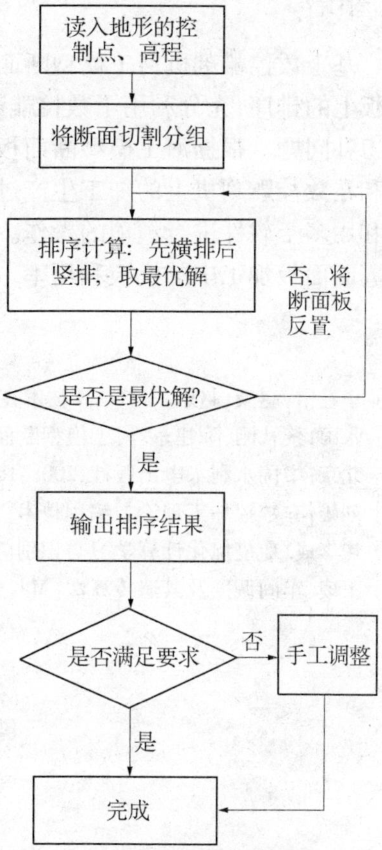

图3　自动排样流程

4.2　使用优化排序算法的效果

优化排序的主要目的是节省板材,好的算法可以在一块模板上放尽可能多的断面板,使用户节省了加工断面板的材料,降低了成本。

要达到优化的目的,程序要进行一系列的对断面板位置的判断并不断调整位置,当断面板在一个方向上调整到位后还要反方向进行调整以获取最优结果,表1对比了使用优化排序算法和没使用优化排序算法的两种结果。两次排序都对185个断面进行了排序,分别对比软件优化排序的结果,由于所排的刻板较多,表格显示的是最后几张刻板,每张刻板中显示了断面的排列情况。从在模板上排样的结果看出,使用优化排序算法时使用了15块模板,没使用优化排序算法时用了17块模板,说明使用优化排序后模板的利用率得到了提高,减少了板料的浪费。

表1　优化排序算法和没使用优化排序算法的两种结果对比

使用优化排序算法	没使用优化排序算法
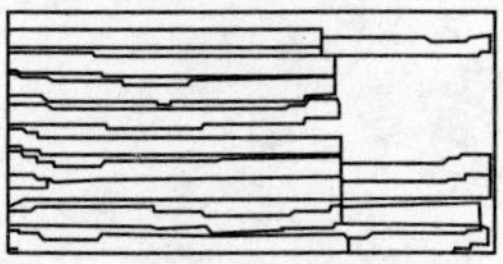 第13块刻板	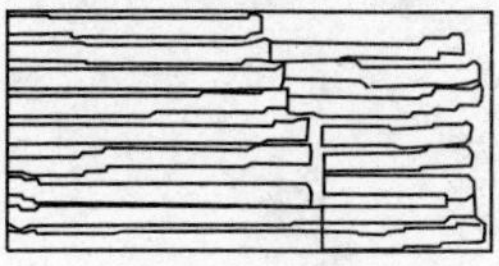 第15块刻板
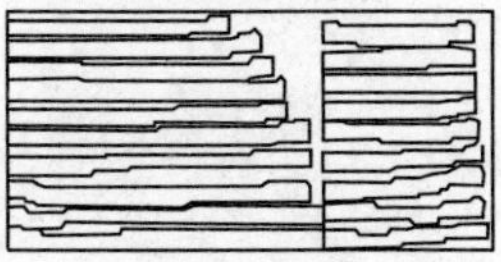 第14块刻板	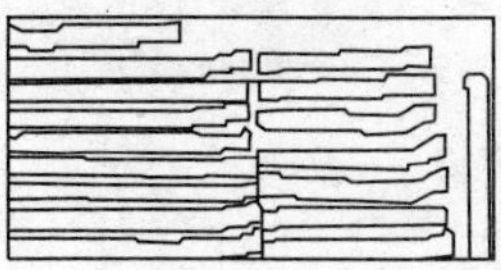 第16块刻板
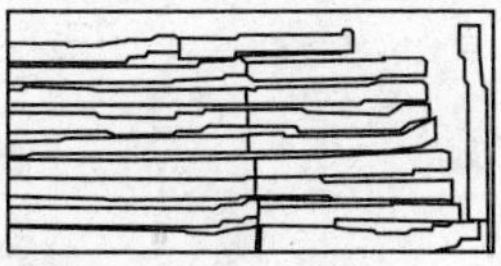 第15块刻板	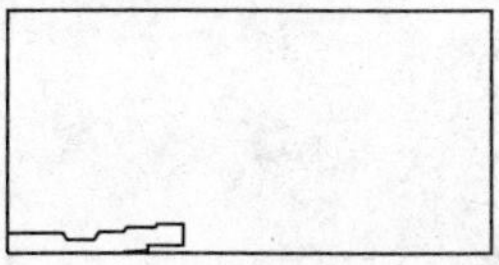 第17块刻板

5　结语

基于数控雕刻机河工模型断面板加工系统,用计算机技术优化了河工模型断面板在模板上的排序,充分利用了数控雕刻机的加工技术和网络控制功能,并考虑了数控加工中的刀补问题。根据河工模型断面板的具体制作过程在一套软件中实现了断面板的优化排序和在数控雕刻机上的加工生产过程,在使用过程中,操作人员不必对断面板进行人工排序和用多个软件进行烦琐的操作。实践证明本文研究的断面板自动加工系统,可以大大提高断面板加工中的模板利用率,并且节省了大量的人力和时间。

参考文献

[1] 华春雷,赵荣,赵乐,等. CAM 技术在河道试验模型制作中的应用[J]. 人民黄河,2004,26(12).
[2] 张雨,黎礼刚,陈建东. 河工模型断面板自动排序加工系统[C]//水利量测技术论文选集(第六集). 北京:中国水利水电出版社,2008:169 - 170.
[3] 刘雄伟. 数控加工理论与编程技术[M]. 北京:机械工业出版社,2000.
[4] 焦李成. 免疫优化计算学习与识别[M]. 北京:科学出版社,2006.
[5] 王凌. 车间调度及其遗传算法[M]. 北京:清华大学出版社,2003.

基于 MSP430 和 MC55 的多参数遥测终端设计

江显群　高　丽　何启莲　吴创福　王　磊

（水利部珠江水利委员会珠江水利科学研究院，广州　510611）

摘　要　为满足水利水文应用的实际需求，本文提出一种以 MSP430 超低功耗单片机和 MC55 型 GPRS 无线通信模块为基础的多功能遥测终端解决方案，详细介绍了其硬件设计过程。实践已经表明，该遥测终端能够完成包括水位、雨量、闸位、渗压、流量等参数的采集、处理、存储以及远程传输工作，具有多参数遥测、功耗低、成本低廉等优点，较好地满足了水利水文领域远程监测的需要。

关键词　遥测终端；MSP430；GPRS；多参数

1　引言

遥测终端是对水文站、水位站或水利工程的水雨工情和气象等信息进行数据采集，并向监测中心传送的装置。其中水雨工情信息包括水位、雨量、流速、流量、闸门开度、大坝渗压和渗流等，气象信息则包括风速风向、湿度、温度等。

近年来，国内有关单位和相关科研部门努力提高自身科研水平，研制出各具特色的遥测终端，使得遥测终端在水利水文行业得到迅速发展和广泛应用。

遥测终端的发展从最初的由分立式电子元器件等组装而成，发展到大量应用单片机。遥测终端的通信技术，由最初大量使用 VHF（超短波）电台、电报、短波以及 PSTN（有线电话）等方式，随着通信传输方式的不断发展，发展到广泛应用具有方便、灵活、可靠等优点的卫星通信、GPRS/GSM 短信等无线技术。电子信息技术和通信技术的迅速发展促使水雨工情遥测设备性能更先进、功能更全面，大量应用低功耗高性能的嵌入式处理器、电源管理技术、GPRS/GSM 通信技术和太阳能持续电源供应技术等。

综合考察水雨工情遥测技术的发展趋势和嵌入式系统的广泛应用，作者提出以 MSP430 超低功耗单片机为核心，采用 MC55 型 GPRS 通信模块，以 GPRS 为主信道、GSM 短信为备用信道，开发具有多参数采集功能的水雨工情遥测系统，实现包括远程水位、雨量、闸位、渗压、流量等水雨工情信息的遥测和数据处理、存储及传输等功能。该系统可针对不同的应用场合，根据相应的要求对硬件和软件稍作修改即可应用于诸如水雨工情遥测、旱情监测、自来水管网监测、环境监测、工业监控、油田油井监控以及各种电力系统监控等不同场合。

2 系统总体设计

遥测终端机是水情和工情自动监测系统中的重要装置,通过遥测终端机(RTU)和传感器对水位、雨量、闸位、渗压、流量、风速风向等数据进行实时采集、处理、存储后,通过GPRS通信模块或其他通信方式将实时数据发送至监控中心,完成水雨工情数据的采集和传输。遥测终端由微处理器及其最小系统、通信接口及模块、人机交互模块、传感器接口及模块、电源系统等五部分组成,如图1所示。

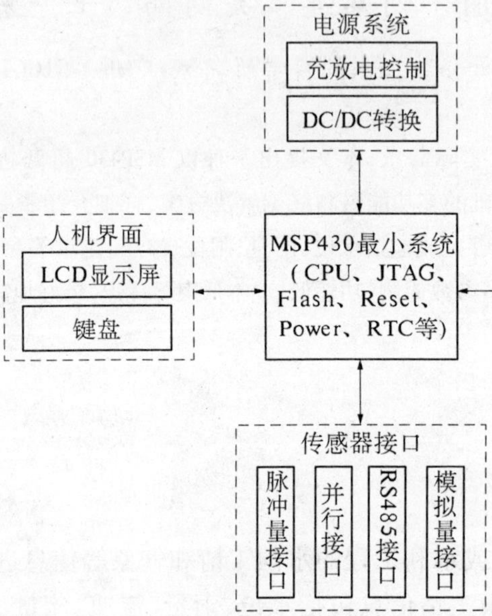

图1 硬件整体结构图

2.1 最小系统设计

微控制器及其最小系统主要包括微控制器及其必要的外围电路和接口,如电源、复位电路、时钟和存储系统等。微控制器采用美国TI公司生产的MSP430F149超低功耗微处理器,该处理器有60KB+256字节Flash,2KBRAM,还包括基本时钟模块、看门狗定时器、带3个捕获/比较寄存器和PWM输出的16位定时器、带7个捕获/比较寄存器和PWM输出的16位定时器、2个具有中断功能的8位并行端口、4个8位并行端口、模拟比较器、12位A/D转换器、2个串行通信接口和1个JTAG接口等模块。

存储系统包括MSP430F149自带的60KB+256字节片内Flash和2KB片内RAM以及一片4MB的片外Flash。片内Flash用于存储系统运行所需的程序和重要数据,片外Flash用于存储终端采集的各种参数,即使系统掉电,储存在Flash内的程序和数据也不会丢失。为了节省CPU的引脚,在满足读写速度要求的情况下,片外Flash采用了ATMEL公司生产的具备SPI接口的AT45DB041。

实时时钟芯片采用PHILIPS公司生产的PCF8563,该芯片是一款低功耗的CMOS实时时钟/日历芯片,它提供一个可编程时钟输出,一个中断输出和掉电检测器,所有的地址和数据通过I2C总线接口串行传递。最大总线速度为400Kbits/s,每次读写数据后,内嵌的字地址寄存器会自动增加。PCF8563 可产生年、月、日、时、分、秒高精度实时时钟信号，可自动处理闰年闰月，低休眠电流；典型值为 0.25 μA，能产生准确的时段信号，通知 CPU 采集数据或发送数据，同时可准确地记录监测数据采样时间并存入固态存储器。

2.2 通信接口设计及通信模块选择

根据水利行业有关的技术要求以及当前通信技术的应用状况，遥测终端设计了现场和远程两种通信接口。

现场通信采用 RS－232 串行接口，与 PC 机进行通信，主要用于设置遥测终端的工作参数和采集终端里存储的监测数据。由于 MSP430F149 只有两个串行通信接口，一个用于与 GPRS 模块通信，一个用于 RS－485 接口外接传感器，因此系统通过软件编程利用其 P2 口的两个引脚和 16 位定时器 A 模拟串口，即 RS－232 软串口。

远程通信功能是遥测终端必须具备的一项功能，是实现数据自动报送的基本保障，远程通信方式有有线和无线两种，本遥测终端设计采用 GPRS 通信方式进行远程数据通信，集成自带 TCP/IP 协议栈的 MC55 型 GPRS 通信模块。MC55 模块不仅在传输速度和传输数据量方面满足使用要求，而且因其自带 TCP/IP 协议栈而大大节省了开发周期，其传输数据包最大为 1 500 字节，远远满足使用要求。此外，MC55 模块可在 GPRS 状态下收发短信的功能大大方便了遥测系统组网，可解决中心站 IP 地址动态的问题，降低了对系统中心站 IP 地址的要求，在一定程度上节省了系统建设运行费用。

2.3 人机接口模块设计

本设计采用 TG12864H－01 型点阵式 LCD 显示器，接口如图 2 所示。该显示器全屏幕点阵，点阵数为 128(列)×64(行)，可显示 8(列)×4(行)个(16×16 点阵)汉字，也可完成图形、字符的显示。该显示器与微控制器一样，采用 DC3.3 V 供电，不仅简化了硬件电路，而且有效降低了系统功耗。

遥测终端设计有 4 个按键，分别是“UP”、“DOWN”、“ENTER”、“MODE”，“UP”键主要是向前翻页或数字设置时递增，“DOWN”键主要是向后翻页或数字设置时递减，“ENTER”用于查询或设置参数时确认，“MODE”用于退出某种查询或设置状态。

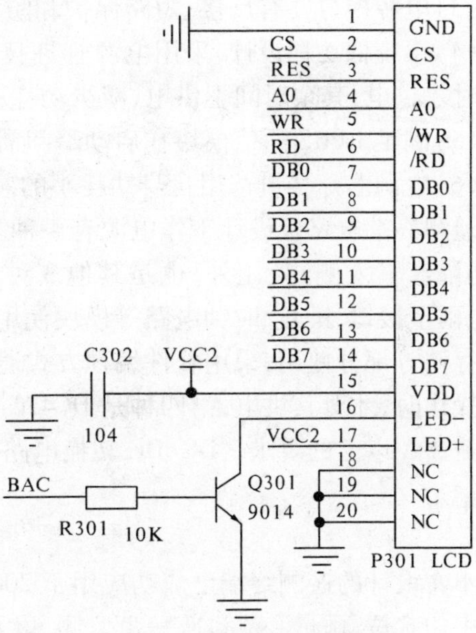

图 2 LCD 模块接口图

2.4 传感器接口设计

遥测终端设计了三类传感器接口，即开关量、模拟量和数字量。

一路开关量接口用于连接具有脉冲量接口的雨量计，监测降雨量；该接口设计采用了防雷(输入两个端点间接压敏电阻、对地接放电管)和光电隔离措施，光隔的两侧使用的电源是隔离的，分别由主电源通过不同的 DC/DC 转换电路变换得到，使微控制器免受雷击等破坏。

八路模拟量接口采用MSP430F149内部八路12位精度的A/D转换模块来实现,可连接4~20 mA或0~5 V的输入信号,主要用于外接雷达水位计、气泡水位计、超声波水位计、渗压计以及用于环境要素监测的传感器等。

数字量接口包括一个RS-485接口和3个16位并行接口。RS-485接口可挂接多个具有RS-485接口标准的智能传感器,不仅实现一个接口连接多个传感器,而且延长遥测终端和传感器之间的通信距离,降低了安装要求。并行接口可连接具有并行接口的传感器,如格雷码水位计、风速风向仪等;由于MSP430F149的端口资源有限,本设计只能提供1个8位I/O口供并口使用;因此采用并口扩展方法,通过一定的硬件电路将1个并口扩展为多个并口,采用软件的方法分时复用,从而实现了4个16位并口,其中3个用于外接并口传感器,1个用于连接LCD模块。

2.5 电源系统

遥测终端一般都工作在偏远的山区、野外等地,不宜使用交流供电方式,一般采用太阳能电池板浮充和免维护蓄电池组合供电方式,设计时综合考虑电源接口兼容、防雷、功耗等要求,主要体现在如下几个方面:

(1)设备供电电压采用通用的DC12 V;

(2)有蓄电池充放电保护措施;

(3)电源接口要有反接、短路保护和防雷措施;

(4)系统低功耗设计,采用电源管理技术,不同功能模块部分分开供电,对部分模块工作时才供电,其余时间不供电,减少功耗;

(5)满足GPRS通信模块在启动瞬间需要大电流的要求;

(6)电源芯片尽量选用自身功耗小的芯片,以减少不必要的电源损耗。

遥测终端电路板设计工作电源有4种。第一种是DC5.0 V,除供雨量信号输入接口(光电隔离输入侧)使用外,也是其他3种电源的输入电源;第二种是常供DC3.3 V,供MCU、雨量接口、键盘、时钟电路等模块使用;第三种是可控DC3.3 V,供并口、LCD接口、固态存储等部分使用,采用软件编程方式通过MCU的P2.0脚控制其通断,当需要对这些模块操作时,才对其供电;第四种是DC4.2 V,供GPRS通信模块部分使用,可满足瞬态峰值电流2 A以上的要求。DC/DC转换电路如图3所示。

3　结语

本文设计的遥测终端已成功应用于2008年实施的广东南雄市孔江水库自动化监测系统中的水位、雨量和流量等信息监测,以及2009年实施的广东恩平市马山水库除险加固工程自动化监控项目的大坝渗压监测。该终端具有性价比高、用户界面友好、操作简单、功能裁剪与移植方便等优点,加以扩展能方便地实现多种测量功能集成或组合,可广泛应用于诸如水雨工情遥测、旱情监测、自来水管网监测、环境监测、工业监控、油田油井监控、各种电力系统监控等不同场合。采用GPRS通信方式实现远程数据传输和远程控制,能方便地根据现有基础设施建立监测网络,实现远程数据遥测。

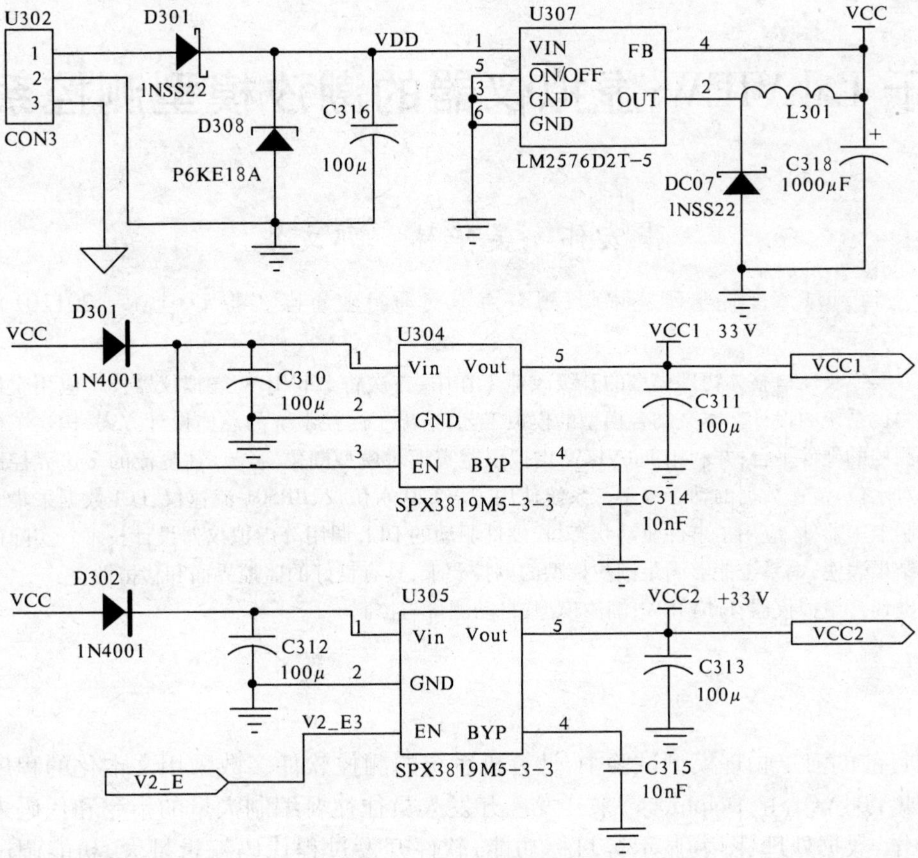

图 3 DC/DC 转换电路

参 考 文 献

[1] 张海波. 基于 ARM 的水情遥测基站研发[J]. 水利科技与经济,2008(1):79 - 81.

[2] 刘阳. 基于嵌入式系统的水情自动测报系统设计与实现[D]. 重庆:重庆大学,2008.

[3] 张建云,唐镇松,姚永熙. 水文自动测报系统应用技术[M]. 北京:中国水利水电出版社,2005.

[4] 孙增义,吴跃. 水情自动测报技术基础及其应用[M]. 北京:中国水利水电出版社,1999.

[5] 沈建华. MSP430 系列 16 位超低功耗单片机原理与应用[M]. 北京:清华大学出版社,2004.

[6] SIEMENS. MC55/56 hardware interface description. 2006.

基于 LabVIEW 虚拟仪器的潮汐模型测控系统

张宏伟　吴华林　郭文华

(上海河口海岸科学研究中心,河口海岸交通行业重点实验室,上海　201201)

摘　要　长江口整体物理模型的升级改造工作中,首次将 LabVIEW 虚拟仪器技术应用于模型测控系统的设计。本文结合模型的模拟工艺,给出了测控系统的总体设计方案,构建了模型测控的硬件平台,并利用 LabVIEW 虚拟仪器实现对模型潮位、径流、往复流的多边界控制和对水位、流速数据的动态采集。系统使用了 WL20 水位仪、BR501 流速仪、PCI 数据采集和控制卡等器件,应用了事件驱动状态机、硬件驱动的 DLL 调用等虚拟仪器设计技术。实际使用结果表明,本系统能够满足潮汐模型的测控要求,具有良好的监控界面和移植性。

关键词　虚拟仪器;LabVIEW;潮汐模型;自动测量与控制

1　前言

在目前的河工物理模型试验中,计算机系统的测控软件多数采用文本化的程序设计语言(如 VB、VC ++ 、Delphi 等)来开发。开发人员往往要编制大量的指令和代码来实现硬件操作、数据处理、图表显示等目标功能,软件开发过程代码编辑量大,功能调试周期长,人力付出成本高。为了改变这种状况,提高系统开发的效率,作者在长江口整体物理模型升级改造中,首次尝试引入 LabVIEW 虚拟仪器技术设计模型测控系统,取得了很好的效果。

虚拟仪器(Virtual Instrument)是美国国家仪器公司(National Instruments,NI)提出的将通用计算机技术与专业测试技术结合起来的新型仪器设计技术,近年来在工业自动化计量与测试领域得到了迅速的应用。NI 虚拟仪器的开发平台 LabVIEW 是一种编译型图形化编程语言,把复杂、烦琐的语言编程简化成连接功能图形的简单编程方式。与传统的文本编程语言相比,采用 LabVIEW 图形编程方式可以节省大约 80% 的程序开发时间,而其运行速度却几乎不受影响[1]。本文介绍以 PC 机为主控单元、以 LabVIEW8.6 为开发平台,将虚拟仪器技术应用于潮汐模型测控系统开发的过程。

2　潮汐模型测控的总体方案

潮汐模型是比较复杂的河工物理模型,为了使试验研究不同区段的水文参数与原型一致,需要对上游、下游的多个边界进行精确控制。在长江口整体物理模型中,模型的上游边界为恒定流,采用控制单向水泵流量的方法模拟天然径流;模型的下游边界为开阔海域,采用潮位发生装置与双向往复流装置模拟天然潮流。由于压气式潮水箱潮位发生装置产生的潮位平稳,长时间工作稳定可靠且不产生潮位震荡,长江口整体物理模型采用该装置作为模拟潮位的主要工艺设备,通过计算机控制该装置来调节潮位的涨落。

长江口整体物理模型测量控制的总体结构如图 1 所示。首先通过作为潮位站的水位仪输入潮位控制参考点的水位信号,经过数据采集卡传送到工控机中,来获得模型当前的潮位信号,利用改进的 PID 算法对潮位发生装置进行跟踪控制,使得模型实际潮位随潮位给定曲线实时变化,偏差控制在误差允许范围内。模型的径流和往复流也进行同样的实时跟踪控制。在对模型边界进行控制的同时,系统对模型研究区域的水位、流速等流场数据进行采集、处理和存储,最终完成模型试验任务。

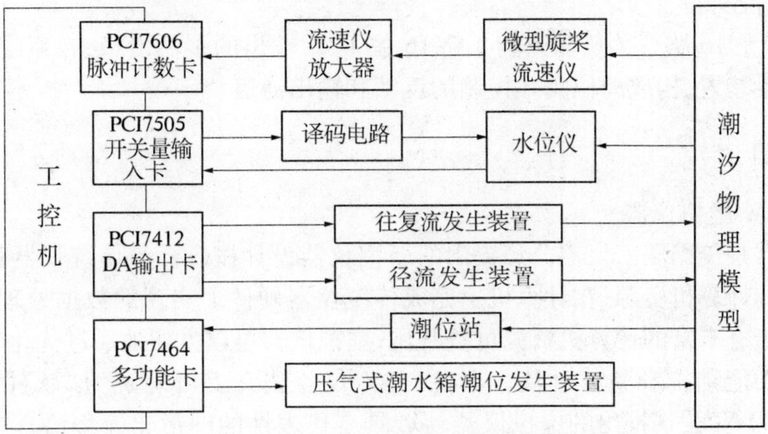

图 1　潮汐模型测控总体结构框图

3　系统的基本硬件

3.1　WL20 型水位仪

长江口整体物理模型的水位测量采用 WL20 型水位仪,模型上共设置 31 台水位仪,包括参与潮位发生控制的 1 台潮位站。该水位仪码盘为平面镀金线路圆板,11 条码道上的金属触丝为铂金 Pt 材质,稳定可靠,使用寿命长;通过设计负反馈的电子线路补偿了水温、水质对测量精度的影响;选用了 PWM 式的行程控制电路,使水位跟踪性能更趋合理。WL20 型水位仪的技术性能指标包括:测量范围为 0 ~ 20 cm,分辨率为 0.1 mm,行程跟踪精度为 0.2 mm,适用的水温为 4 ~ 40 ℃。

3.2　BR501 流速仪

BR501 流速仪为微型螺旋桨式传感器,其叶轮直径 10 mm,叶轮框架直径 17 mm,螺旋角 54°,通孔式轴承支撑。近红外光点信号由光导纤维传送。流速仪放大器采用调制解调技术,每台设 6 个微型旋桨流速仪连接通道。BR501 流速仪性能指标包括:测量范围 1.5 ~ 40 cm/s,流速仪放大器 6 个测量通道,最小启动流速为 1.5 cm/s。使用 BR501 流速仪传感器前需按行业规范标定流速[2]。

3.3　数据采集与控制适配卡

为了方便地采集水位、流速信号和控制潮位、径流及往复流发生装置,本系统采用宏拓公司出品的具有并行 32 位数据总线的 PCI7606、PCI7505、PCI7412、PCI7464 构成插卡式的数据采集和边界控制系统,各型号插卡及其完成的系统功能如下。

PCI7606 是 24 路 16 位可编程脉冲计数器板,系统安装 4 块 PCI7606 可最多采集潮汐模型上 96 个指定点的流场流速。

PCI7505 是独立光电隔离 16 路开关量输入 16 路开关量功率输出板。本系统中,安装 1 块 PCI7505 板,将其 16 路开关量输入中的 11 路与水位仪的 11 路输出接口相连,将 16 路输出中的 5 路用做译码电路的输入信号,实现顺序采集 30 台水位仪输出的水位数据。

PCI7412 是 8 位 8 路 D/A 转换板,系统安装 2 块对 1 台径流发生装置和 15 台往复流发生装置进行控制。

PCI7464 是 16 路开关量输入和 2 路 16 位 D/A 输出的多功能板,在系统中连接潮位站和潮位发生装置,构成潮位闭环控制的反馈和输出通道。

4 系统软件设计

4.1 LabVIEW 虚拟仪器

虚拟仪器是美国国家仪器公司提出的新型仪器设计概念。与传统仪器相比,虚拟仪器借助丰富的计算机资源,在计算机上完成传统仪器硬件上实现的数据处理和结果表达等功能。由于有丰富的计算机资源可资利用,虚拟仪器可以方便地通过优化软件的方法,调整仪器的功能结构和整体性能。因此,虚拟仪器狭义上可理解为“软件就是仪器”。LabVIEW 作为 NI 公司推出的虚拟仪器领域具有代表性的图形化编程语言,其设计的每一个应用程序的后缀为“. vi”,意即虚拟仪器(Virtual Instrument)[3,4]。本文采用 LabVIEW8.6 开发环境设计潮汐模型测控软件。

4.2 软件整体结构

系统测控软件的功能结构如图 2 所示,首先通过操作界面进入系统监控模块,主要包括:①参数设置。对潮汐模型的几何比尺、时间比尺进行设定,对有关工控机插卡的工作参数进行设置。②模型各个边界的控制。测量潮位站的实际潮位,结合潮位给定曲线通过 PID 算法求得 PCI7464 卡上 D/A 转换所需的控制值,调节模型潮位;根据径流、往复流给定曲线,结合径流、往复流率定系数求得 PCI7412 卡上 D/A 转换所需的控制值,调节径流、往复流流量。③数据采集。试验进入走潮运行时,根据时间比尺确定的采样间隔依序采集模型上定点测量的水位、流速数据。④信号处理。结合模型参数将采集到的水位、流速数据换成制定格式的数据,并对测量数据进行平滑滤波,去除干扰信号的影响。⑤过程曲线显示。系统运行时,可随时显示径流和往复流的控制过程线以及指定水位和流速测点的测量过程线。系统虚拟仪器采用模块化编程方法,单独开发、调试各个功能子 VI,最后再将各个子 VI 整合为顶层 VI,形成系统。

4.3 虚拟仪器的具体实现

4.3.1 顶层 VI 的设计模式

潮汐物理模型测控系统软件涉及对多个底层硬件资源的操作,且需要同时执行多项任务,因此程序的优化以及运行效率问题就显得较为重要,在顶层虚拟仪器的开发中应用事件驱动状态机的设计模式来组织各功能结构。设计思路为:将顶层虚拟仪器的运行状态细化为 Initialize、Idle、Tidelevel、Tideflow、DataAcq、DataPro、Shutdown 七种确定的状态。

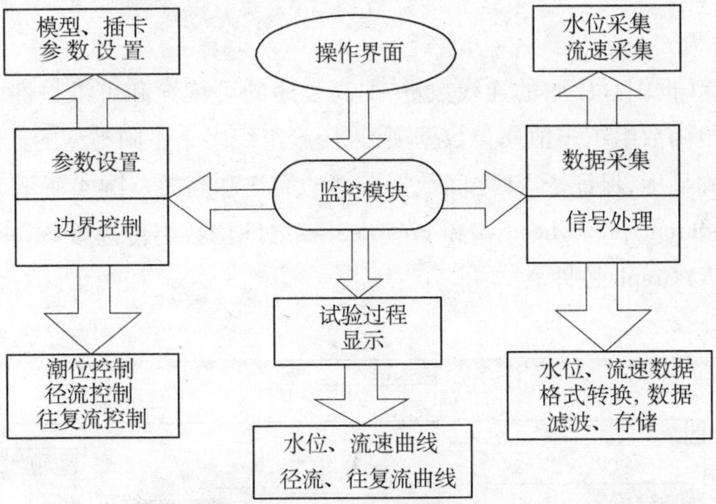

图 2　测控系统虚拟仪器结构示意图

Initialize 状态执行参数设置的功能，Tidelevel 状态执行潮位 PID 实时控制的功能，Tideflow 状态执行径流和往复流跟踪控制的功能，DataAcq 执行模型水位和流速数据定时采集的功能，DataPro 状态执行对采集数据进行格式转换、滤波和存储的功能，Shutdown 状态执行有序关闭系统的功能，Idle 状态为上述六种状态的过渡中转空闲状态，其中插入 LabVIEW的 Event 结构处理用户对界面进行操作的事件。为了高效有序地管理各状态之间的交替转换，采用 LabVIEW8.6 支持的队列函数对各状态进行入列、出列等数据通信操作，图 3 所示顶层 VI 中的 Tidelevel 状态程序框图用到了 ObtainQueue、EnqueueElement、DequeElement、ReleaseQueue 等队列函数。

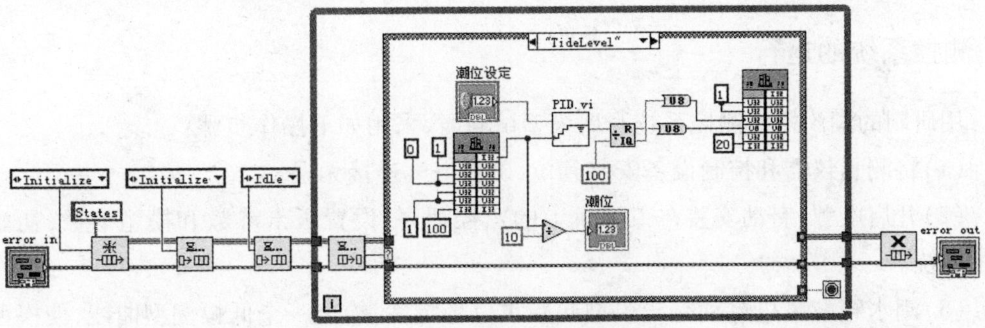

图 3　系统顶层 VI 程序框图

4.3.2　硬件驱动的 DLL 调用

虚拟仪器设计中对底层硬件的控制采用调用 DLL（动态链接库）的方法。在 LabVIEW8.6中，利用“调用库函数节点”可方便地指定 DLL 模块中与 LabVIEW 进行数据交换的驱动函数，完成硬件编程。PCI7464 卡提供 DLL 驱动库 PCI7464. dll，板卡驱动程序安装后即可调用。图 3 所示的框图程序调用了 PCI7464. dll 中的 PCI7464di 和 PCI7464da 两个函数，分别用以采集 11 位潮位站数据和输出控制生潮装置所需的模拟信号。

4.3.3　数据结构

为了减少 VI 框图程序中的连线数量,提高程序的可读性和可维护性,在框图程序中采用数组和数组函数组织多值同类数据项,采用簇组织多个不同类型的数据项,实现数据层次关系的准确显示,保证子 VI 之间数据传递的简洁和高效。图 4 所示 DataPro 状态框图程序中, ReadFromSpreadsheet. vi 和 PrcsDara. vi 之间用数组传递参数,用簇组合横轴和纵轴数据输入 XYGraph 控件。

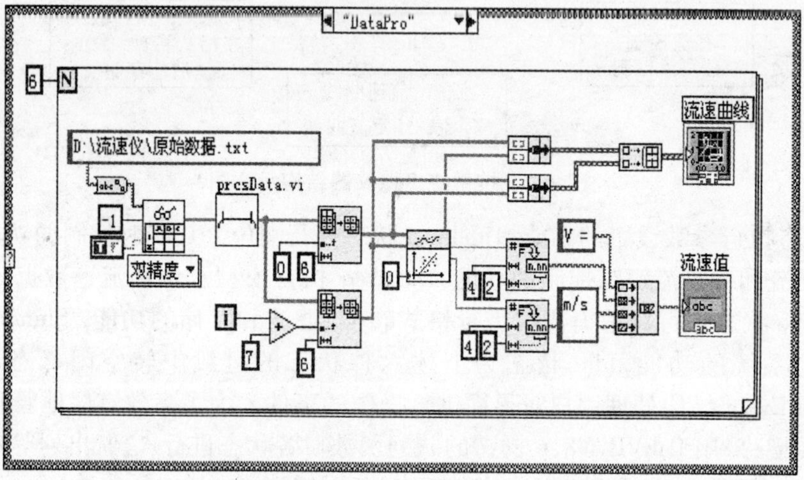

图 4　利用数组和簇组织数据的程序框图

5　测控系统的运行

用研制的潮汐模型测控系统开展模型试验时,采用如下操作步骤:

(1)将测量仪器和控制设备安装到位,确保电气连接无误。

(2)开启电源,启动安装在工控机上的监控程序,设置板卡参数和模型参数,初始化测控系统。

(3)潮水箱鼓风机启动完毕模型起始水位稳定后,给定一个低幅潮型曲线,使模型潮位稳妥地低幅起震。

(4)一个周期的低幅曲线运行完毕后,开始正式走潮,同时采集各仪器测量数据。

(5)重复(4)、(5)步骤,直到完成试验指定的潮周期数。

(6)有序关闭系统,关闭生潮装置的鼓风机。试验中系统在某个潮周期中的监控过程如图 5 所示,系统优先实时显示潮位控制过程,其他边界的跟踪控制和测量项目以选择的操作方式来适时显示。图 5 中点击往复流的卷标,在列表框中选择 1# 往复流泵,则在 XYGraph 图形控件中显示出 1# 往复流泵在本次潮周期中的跟踪过程曲线来。

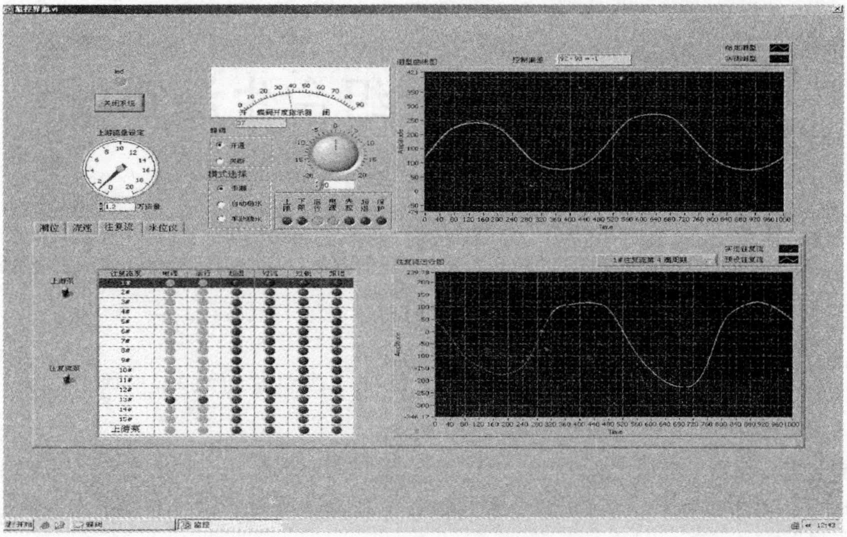

图 5　测控系统运行监控界面

6　结语

系统开发完成后,已经多次应用于长江口深水航道三期工程有关物理模型试验研究课题。从系统本身的测控性能来看,走潮潮位误差能控制在 ±1 mm 内,测量数据能按照采样周期准确进行,均满足有关物理模型试验规范的要求;从试验效果来看,模型研究区域的验证结果与原型测量结果的相似度均较高。这表明采用 LabVIEW 虚拟仪器技术设计潮汐模型测控系统在技术上是可行的,而且还具有很多明显的优势,如系统资源配置灵活、开发周期短、界面友好、可靠性高等。作为计算机技术与仪器技术相结合的创新技术,虚拟仪器技术在河工模型计量测试领域有着广阔的应用前景。

参 考 文 献

[1] 廖开俊,刘志飞. 虚拟仪器技术综述[J]. 国外电子测量技术,2006,25(2):6-8.
[2] 朱伯荣,陈志昌,罗晓峰. 长江口河工模型试验中的仪器设备[J]. 水利水运工程学报,2005:63-66.
[3] 韩慧莲,徐晓东,张伦. 虚拟仪器通用测试软件的设计与实现[J]. 电子测量与仪器学报,2002,16(4):55-59.
[4] 应祥岳,徐铁峰. 基于 LabVIEW 的 Z 扫描测量系统设计[J]. 计算机测量与控制,2008,16(4):441-442,445.

变频器－潜水泵组合生潮系统数学模型的建立

吴华良

(水利部珠江水利委员会珠江水利科学研究院,广州　510610)

摘　要　对变频器－潜水泵组合产生给定的水位过程系统,采用物理学和水力学定律建立数学模型,用于指导物理模型控制算法的选择和参数调整,以最大限度地提高物理模型控制精度和稳定性。

关键词　生潮系统;数学模型;Smith 预估

1　概述

受控对象数学模型的建立,是控制工程设计的第一步。有了受控对象的数学模型,就可有针对性地从经典或者现代的各种控制算法中选择最佳的控制算法,最大限度地提高控制精度;数学模型是受控对象客观规律的抽象反映,和控制算法一起,可对系统的稳定性进行分析,对系统的变化趋势进行预测。因此,受控对象的数学模型的建立,在控制工程的设计中非常重要。受控对象的数学模型的建立有几种方法,通常是采用物理学定律建立反映受控对象状态变化规律的微分方程组,再对该方程组采用拉普拉斯变换求出对象的传递函数(单输入输出模型),或者通过形式转换得出以矩阵表示的受控系统的状态方程。其中单输入输出模型只能表示单变量的输入—输出关系,而状态方程则能反映多变量的输入—输出关系;由于客观世界的复杂性,绝大部分受控对象都无法采用物理定律建立其数学模型。因此,通过试验获取系统对阶跃输入信号的响应,获取响应信号的一些特征值,建立该系统的数学模型,就成为通过试验获取受控对象数学模型的一种方法。本文对水力物理模型中以计算机为数字控制器的变频器－潜水泵组合产生给定的水位过程,采用物理学和水力学定律建立数学模型。

PID(即比例积分微分控制)算法只对控制误差进行计算得出控制输出(即受控对象的输入),不需要对象的数学模型,几乎适合所有控制对象,但由于受控对象数学模型未知,盲目性大,不易提高控制精度,对有些对象(如响应滞后的对象)容易引起控制不稳定。

2　变频器－潜水泵生潮系统的数学模型的建立

计算机给出给定水位,水位仪测得实时水位,两者的差值为误差 e_i,控制器(由计算机软件和一些硬件组成）对误差进行运算，得出克服误差所需的变频器运行频率，以该频率控制变频器运行，使水泵电机加大转速或减小转速，从而改变水位，使之与给定水位相符。该过程不断重复，直至试验完成（见图1）。

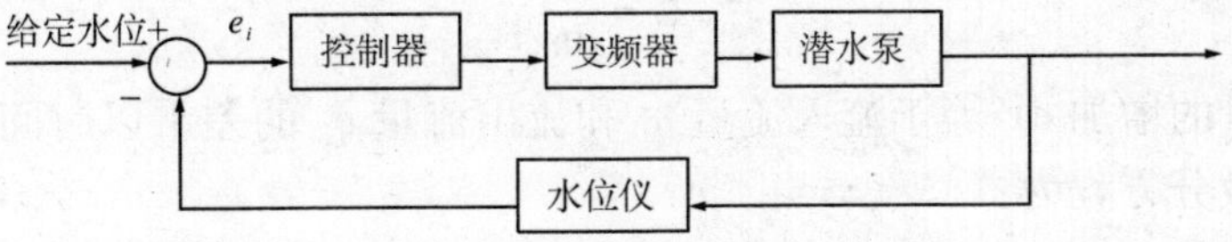

图1　试验运行过程

从图1可看出，变频器、水泵，以及模型的大小、地形、边界等构成受控对象（即控制术语的工厂）。采用物理学和水力学原理建立该工厂的数学模型。

该工厂的纵向剖面图如图2所示。

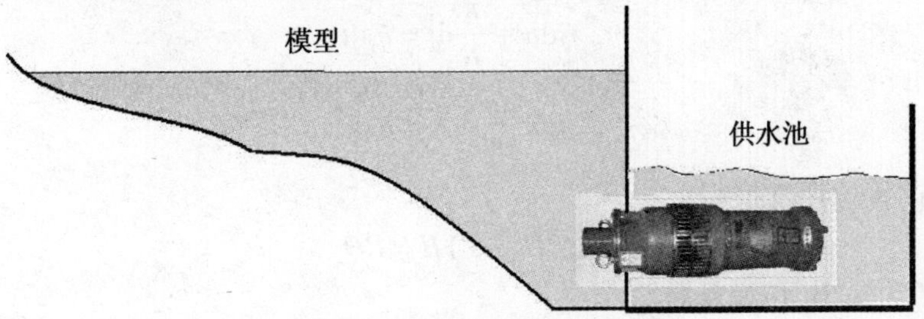

图2　模型纵向剖面图

为了建立数学模型，将剖面图用图3抽象简化。

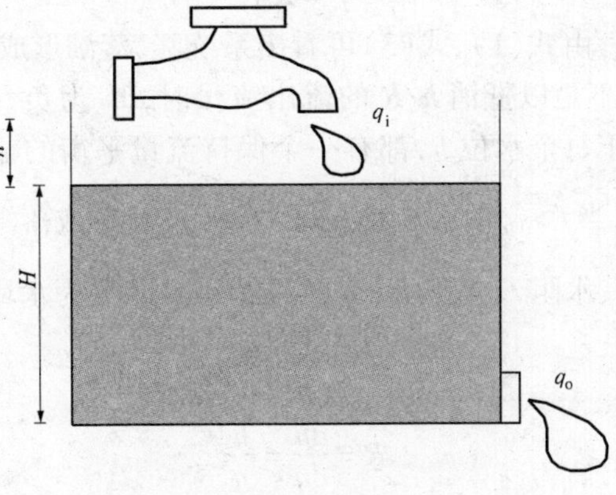

图3　模型供水原理图

采用水阻和水容的概念对该图形所表示的系统建立数学模型。水阻 R = 水位的改变（m）/流量的改变（m^3/s），即 $R = dh/dq$。如图3所示，假设出口处的流动是层流的（laminar），则流量 q 和水头 h 有如下关系：

$$q = kh$$

因此

$$R=\frac{\mathrm{d}h}{\mathrm{d}q}=\frac{h}{q}$$

其中 k 为比例系数。水容 C = 水量改变(m^3)/水头的改变(m),用 V 表示水的体积,则

$$C=\frac{\mathrm{d}V}{\mathrm{d}h}$$

模型内水量的增加 $\mathrm{d}V$ 等于流入流量 q_i 和流出流量 q_o 的差乘以时间间隔 $\mathrm{d}t$,图 3 所表示的系统的微分方程为:

$$C\mathrm{d}h=(q_i-q_o)\mathrm{d}t$$

由于 $q_o=h/R$

因此

$$C\mathrm{d}h=(q_i-\frac{h}{R})\mathrm{d}t \tag{1}$$

$$C\mathrm{d}h+\frac{h}{R}\mathrm{d}t=q_i\mathrm{d}t$$

$$RC\frac{\mathrm{d}h}{\mathrm{d}t}+h=Rq_i$$

对上式进行拉普拉斯变换得:

$$(RCs+1)H=RQ_i$$

Q_i 为输入,H 为输出,传递函数为

$$\frac{H}{Q_i}=\frac{R}{RCs+1} \tag{2}$$

由此可知系统为一阶系统,时间常数 $\tau=RC$,放大系数为 R。

$$q_i=Kf \tag{3}$$

f 为变频器的运行频率。由式(1)、式(3)可看出系统涨、落潮形成的机制。当变频器以频率 f 运行所输入的流量不足以抵消 h/R 的流出流量时,$\mathrm{d}h$ 为负,水位降低,形成落潮;反之形成涨潮。因此,对于每个水位 h,都有一个保持流量平衡的输入频率 f_0(即保持水位不变的输入频率),只有当 $f>f_0$ 时才能形成涨潮,$f<f_0$ 时形成落潮。$\tau=RC=\frac{\mathrm{d}h}{\mathrm{d}q}\frac{\mathrm{d}V}{\mathrm{d}h}=\frac{\mathrm{d}V}{\mathrm{d}q}$,对于水域面积大的模型,水阻 C 是很大的,因为 $dV=S\mathrm{d}h$,S 为水域面积,因此

$$C=\frac{\mathrm{d}V}{\mathrm{d}h}=S$$

$$R=\frac{\mathrm{d}h}{\mathrm{d}q}=\frac{h}{q}$$

$$\tau=RC=Sh/q$$

由于水位增高,水域覆盖的面积 S 增大,时间常数 τ 迅速变大。

3　控制器采用 PID 控制算法

采用 PID 控制算法控制框图如图 4 所示。

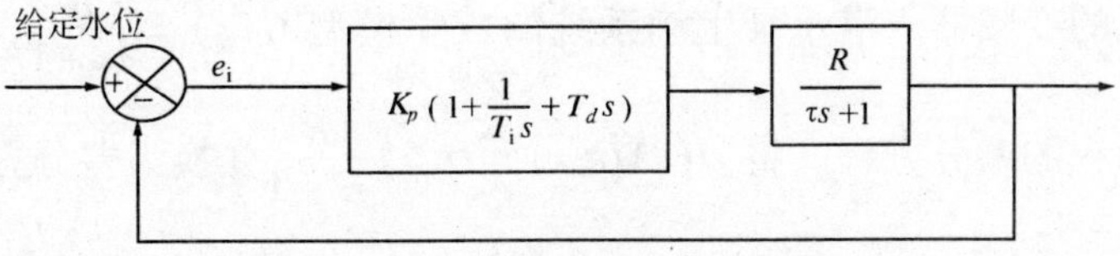

图4 采用PID控制算法控制框图

4 采用Smith预估算法克服系统滞后现象

受控对象的反应滞后，是影响系统的稳定性和控制精度提高的主要因素。变频器－潜水泵组合的生潮系统同样存在时间滞后现象。主要在以下环节产生时间滞后：

(1)进出流量引起控制站水位的改变有时需一段较长的时间。

(2)水位测量数据滤波引入的时间滞后。

时间常数 $\tau = V/F$，V 是水的最大体积，F 是最大流量。τ 越小越利于控制，因此在 V 不变时，增加水泵数量可缩短 τ。被控对象反应的时间滞后是使控制品质（如引起受控变量的振荡等）降低的主要原因之一，一般控制对象都存在不同程度的时间滞后。要提高控制的稳定性和精度，就必须克服时滞现象。Smith预估利用被控对象的数学模型及预估的滞后时间估算实际对象的响应，将被控变量的实测值和预估值相减，以求部分或大部分（不可能全部，除非数学模型非常准确）消除滞后的影响，而控制器的反馈值（本来是原型的实测值）则由对象的数学模型的输出值代替。同时把数学模型输出和原型输出的差值也作为控制器的反馈值，用来校正数学模型的不准确性。

设系统滞后 n 个采样周期，即 $t_d = nT$，则Smith预估算法的控制器为：$D^*(z) = D(z)/(1 + D(z)G(z)(1 - Z^{-n}))$，控制框图如图5所示。

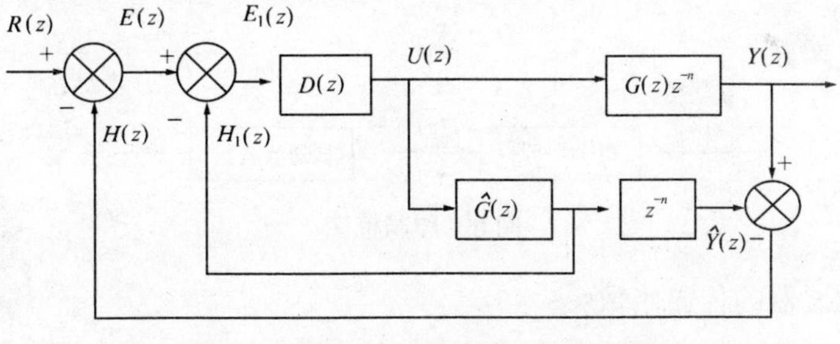

图5 采用Smith预估算法控制框图

根据控制框图可得误差：

$$E(z) = R(z) - H(z)$$

$$H(z) = Y(z) - \hat{Y}(z) = Y(z) - D(z)\hat{G}(z)z^{-n}$$

$$E_1(z) = E(z) - H_1(z) = E(z) - D(z)\hat{G}(z) = R(z) - [Y(z) - D(z)\hat{G}(z)z^{-n}] - D(z)\hat{G}(z)$$

控制输出为：

$$U(z) = E_1(z)\ D(z)$$

采用所建立的变频器－潜水泵生潮系统的数学模型 $\hat{G}(s)=\frac{R}{\tau s+1}$,将误差方程变换成便于计算机编程的差分方程。将 $D(s)\hat{G}(s)=D(s)\frac{R}{\tau s+1}$ 变换为差分方程:

$$\hat{h}_1(k)=\hat{h}_1(k-1)\exp(-T/\tau)+R[1-\exp(-T/\tau)u(k-1)]$$

$D(z)G(z)z^{-k}$ 的差分方程为:$\hat{y}(k)=\hat{y}(k-n-1)\exp(-nT/\tau)+R(1-\exp(-nT/\tau)u(k-n-1)$

$e_1(k)=r(k)-\{y(k-1)-\hat{y}(k-n-1)\exp(-nT/\tau)-R[1-\exp(-nT/\tau)u(k-n-1)]\}-\{\hat{h}_1(k-1)\exp(-T/\tau)+R[1-\exp(-T/\tau)u(k-1)]\}$

其中 $\hat{h}_1(k-1)$、$\hat{y}(k-n-1)$ 为 $(k-1)T$ 时刻和 $(k-n-1)T$ 时刻水位预估值,$y(k-1)$ 为 $(k-1)$ 时刻水位实时测量值,$u(k-1)$、$u(k-n-1)$ 为 $(k-1)T$ 时刻和 $(k-n-1)T$ 时刻控制器输出值(采用 PID 控制)。令

$$a=\exp(-T/\tau)$$
$$b=R[1-\exp(-nT/\tau)]$$

如果 $nT>>\tau$,即滞后远大于时间常数,$\hat{y}(k-n-1)\exp(-nT/\tau)\approx 0$,因此

$$e_1(k)=r(k)-[y(k-1)-bu(k-n-1)]-[a\hat{h}_1(k-1)+bu(k-1)]$$

k 时刻控制器输出 $u(k)=e_1(k)d(k)$。

5　在 PID 调节器输出端增加一阶低通滤波器克服水泵运行率频繁改变引起的振荡

控制框图见图 6。

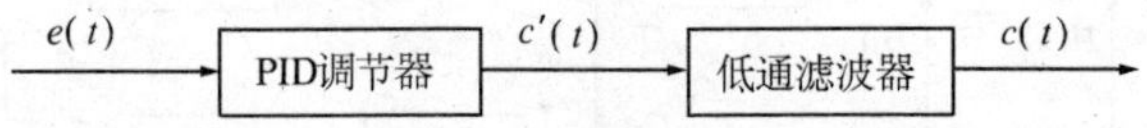

图 6　控制框图

一阶低通滤波器的传递函数:

$$G_f(s)=\frac{1}{1+T_f s}$$

$$c(k)=\frac{T_f}{T+T_f}c(k-1)+\frac{T}{T+T_f}K_p\left\{e(k)+\frac{T}{T_i}\sum_{j=0}^{k}e(j)+\frac{T_d}{T}[e(k)-e(k-1)]\right\}$$

其中 $T_f\approx T_d(3\sim 10)$

采用增量型 PID,则

$$\Delta c(k)=\frac{T_f}{T+T_f}\Delta c(k-1)+\frac{T_f}{T+T_f}K_p[q_0e(k)+q_1e(k-1)+q_2e(k-2)]$$

式中

$$\Delta c(k) = c(k) - c(k-1)$$

$$q_0 = K_p(1 + \frac{T}{T_i} + \frac{T_d}{T})$$

$$q_1 = -K_p(1 + 2\frac{T_d}{T})$$

$$q_2 = K_p \frac{T_d}{T}$$

6 结语

本文将地形复杂、边界曲折的水力物理模型抽象化为上下大小一致的多边形水池而建立的数学模型，是一个时间常数 τ 不变的一阶系统模型。从底部向水面，实际物理模型可划分为一系列由小到大的不规则的多边形水池。因此，实际物理模型的时间常数是随着模型水位的升高而逐渐变大的。尽管如此，数学模型对相应的物理模型的控制还是有重要的指导意义，以变频器－潜水泵为生潮设备的物理模型是一阶系统模型的结论也是可靠的。把建立的数学模型应用到Smith预估中，为解决水力学物理模型控制的难点，即克服时滞引起的振荡提供了手段，但应用实践还需不断探索。

参考文献

[1] M. Sam Fadali. Digital Control Engineering Analysis and design[M]. All Academic Press, 2009.
[2] 王顺晃. 实时处理与控制[M]. 北京：中国科学技术出版社，1992.

【作者简介】 吴华良(1956—)，男，1982年毕业于河海大学，本科，学士学位；现任职于珠江水利委员会珠江水利科学研究院，高级工程师。E-mail：wuhualiang995@21cn. com。

轴流式水轮机组辅助设备仿真研究

郑 源 翟晓娟

(河海大学水利水电工程学院,南京 210098)

摘 要 结合国内某水电厂轴流式水轮机组,利用 Visual Fortran 6.5 进行编程,在新型图形化仿真支撑平台系统上编辑系统模块,通过搭建模块建立了其辅助设备中油系统、风系统仿真模型,包括油、风在管路中的流动过程,泵的启停,各面板表计读数的变化情况等,同时对现场事故及故障进行了仿真。

关键词 辅助设备;图形化仿真平台;仿真

1 引言

随着国家电力公司(原电力工业部)颁发《水电厂"无人值班"(少人值守)若干规定》以来,对电站的自动化程度的要求越来越高,这就相应地增加了电站人员培训的难度。"帮、教、传"的培训方式不再适用,安全可靠、便捷实用的计算机仿真培训系统已成为现代水电站管理的必备内容。

国外水电厂仿真研究从 20 世纪 70 年代开始,初期仅停留在调速系统等模型理论探讨上。80 年代中期,国外出现了许多水电厂实时仿真系统,用于培训和试验研究。如日本的三菱、美国的 S3 等公司都相继开发了多套水电厂实时仿真系统。90 年代以来,国外水电厂实时仿真已经逐渐普遍化[1]。

我国的仿真技术自 20 世纪 80 年代以来得到迅速的发展和运用,目前,国内已有火电、配变电仿真系统 100 套左右。但水电仿真的技术发展和推广应用相对滞后,迄今国内投入使用的水电站仿真机屈指可数。清华大学电机系于 20 世纪 80 年代后期开始开发,已成功完成丰满水电厂、龙羊峡水电厂和广州市小水电三套仿真系统机的研究。此外,隔河岩水电厂、丹江口水电厂等也开发了自己的仿真系统[2]。

现有的仿真系统中,以水电机组主体部分的仿真居多,近几年才渐渐出现水电站水力机组辅助设备的仿真研究。而在已经完成的水电站水力机组辅助设备仿真系统中,以混流式机组居多(如新安江水力机组辅助设备仿真研究),轴流式机组还比较少见。虽然在辅助设备方面,轴流式水轮机组与常见的混流式水轮机组没有太大的区别,一般都包括油、水和风(气)三部分,它是保障水电站本体(水轮发电机组)正常运行的重要设备[3],但针对不同类型的水力机组,提出对轴流式机组辅助设备的仿真研究还是有其一定的意义。

本文结合浙江某水电厂,对其轴流式水轮机组辅助设备中油系统、风系统进行仿真。此水电站为一座低水头河床式电站,在华东电网中主要承担调峰职能。电站现有 6 台轴流转桨式机组，其机组来自不同厂家，模型差别较大，出线电压等级较高，网络接线复杂，对电站进行仿真对于电站的更好运行和管理十分关键。

2 图形化仿真支撑平台系统

本次仿真采用了新型的图形化仿真支撑平台系统（仿真界面如图1所示），该系统通过三维图形、文字、声音、动画等并结合了先进的多媒体现代技术，生动而又形象的人机交互，虚拟了水电厂设备。水电厂值班员可以进入本系统进行巡视、检查。该系统可以检查或考核学员对水电设备巡视知识的掌握情况，从而达到培训并提高水电厂运行人员运行水平的目的。

较以往水电站仿真系统，该系统为用户提供了一个非常直观的图形化的模型构建工具，用户只需从算法库中拖出算法到建模区，即可生成一个模块，用连接线将各模块的输入输出相连，就构建成了一个新的模型，连接线可以任意加减节点，从而美化模型的布线。各模块的输入输出量初始值可以非常方便地进行修改，模块运行速率、运行冻结等修改也非常方便，还可以对各模块的输入输出量的描述重新定义，很好地体现了图形化构建模型的快速性、方便性和直观性。

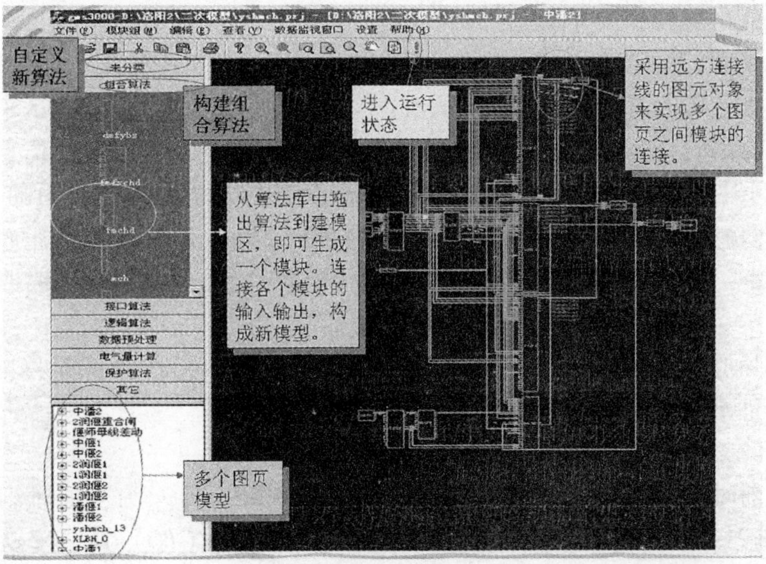

图1 仿真界面示意图

该系统可以无限级构建组合算法，当用几个模块构建成一个具有通用功能的模型时，可以将该模型打包，重新定义成一个组合算法，从而可以非常方便地用该组合算法构建其他更复杂的模型，这一过程可以无限级进行，构建出复杂的多层次的组合算法。

该系统的另一个显著功能就是在构建模型时可以方便地切换到模型运行状态，了解模型的运行情况，而且可以实时修改模型变量的数据，干预模型的运行，可以用曲线监视各模型变量数据的变化情况。

该系统还充分考虑了与其他仿真系统的兼容性，对于其他仿真系统构建的可识别的文本模型，本系统可以将该文本模型自动形成图形化的模型，或者将文本模型添加到已有的图形化模型中。

该系统在 Windows 2000 或 Windows XP 操作系统上运行,为方便地与其他系统相连,系统还配置了一个实时数据库平台,因此在运行系统时需要先启动实时数据库服务程序(rtdbsvr. exe),可以用数据库浏览工具软件(dbtool. exe)浏览实时数据库中数据。

3　轴流式水轮机组辅助设备仿真

水电站水力机组辅助设备是保障水电站本体(水轮发电机组)正常运行的重要设备,辅助设备的操作和事故处理过程的培训,对电站的运行人员来说越来越重要。首先,水电站水力机组辅助设备本身就是水电站重要的一部分;其次,水力机组辅助设备仿真是水机本体仿真程序部分运行判断的依据;最后,作为仿真培训的要求,整个水机部分设置的绝大多数故障集中在它身上。

本次仿真以浙江某水电站 5、6 号机组为研究对象,利用 Visual Fortran 6.5 编制水力机组辅助设备中的油系统和风系统各部分程序,通过新型图形化仿真支撑平台系统,建立系统模块,将若干单独的模块通过管脚相关联,形成完整的油系统、风系统模型,再与主机部分仿真模块连接,形成完整的水电站仿真系统。

3.1　油系统的仿真

水电站的机电设备在运行中,由于设备的特性、要求和工作条件不同,需要使用各种性能的油品,大致有润滑油和绝缘油两大类[3]。润滑油中用量最大的是透平油。根据此次仿真培训需要和富春江水电站的要求,重点仿真透平油系统。以本次仿真电站 6 号机组油系统为例(见图 2),具体包括:①透平油在油管路中的流动过程;②对油泵的启动、保护和异常进行仿真;③对各种阀门(常开阀门、常闭阀门、逆止阀、电磁液压阀、液压阀、电动阀及安全阀等)的状态、动作进行准确仿真;④对各种表记、面板读数根据工况变化进行仿真。

本文针对轴流式水力机组,对上下导油槽、推力油槽、水导油槽、集油槽以及压油槽油位进行仿真,油槽油位高度计算公式如下:

$$H = H_0 + (Q_{in} - Q_{out})\beta \tag{1}$$

式中:H 为当前时刻油槽油位;H_0 为上个仿真时刻油槽油位;Q_{in} 为当前时刻油槽进油流量;Q_{out} 为当前时刻油槽出油流量;β 为油槽涨落系数,$\beta = Zt/(TQ)$,其中,Z 为油槽正常油位,t 为仿真时间步长(本次仿真为 0.125 s),T 为从零至正常油位的仿真时间,Q 为油槽正常进油流量。

压油槽压力计算公式如下:

$$P = P_0(H_1 - H_0)/(H_1 - H) \tag{2}$$

式中:P_0 为压油槽上次气压;H_1 为压油槽总高度;H_0 为压油槽上次油位;H 为压油槽此次油位。

油槽油位仿真流程如下:①根据充排油要求初始化管路中各阀门开度值;②根据各油槽进出油流量计算各油槽油位;③监视各油槽表计读数控制阀门开度值;④结束充、排油动作。

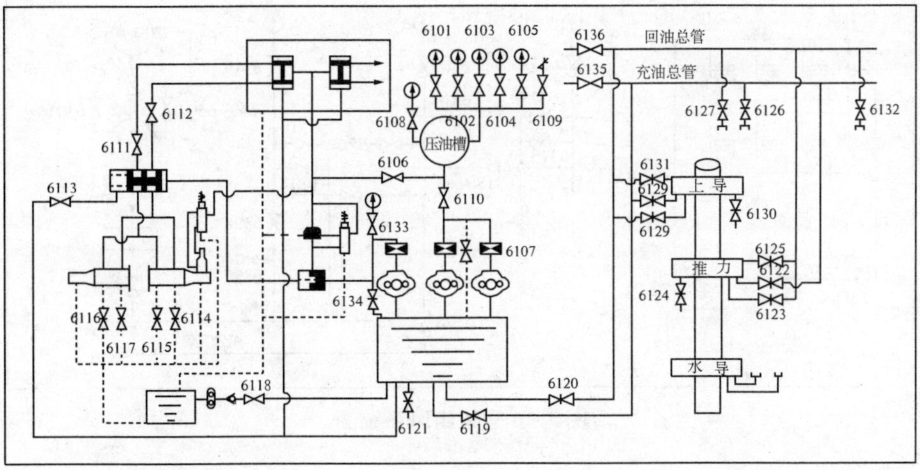

图2 6号机组油系统图

压油槽中的容积有30% ~40%是透平油,其余60% ~70%为压缩空气。空气和油共同造成压力,保证和维持调节系统所需要的工作能力。由于压缩空气具有良好的弹性,并储存了一定的压能,使压油槽中由于调节作用而造成油容积减少时仍能维持一定的压力[4]。

在水轮机调节过程中,压油槽所消耗的油由油泵自动补充。压缩空气的损耗很小,一部分溶解于油中,另一部分从不严密处漏失;所损耗的压缩空气可借助专用设备如贮气罐来补气。压油槽仿真流程如下:①读入压油槽初始油压、油位,主、备用油泵初始状态;②根据压油槽油位、油压数值确定油泵的启停;③根据油泵状态以及与压油槽相连的管路上各阀门的开度,计算出进、出压油槽的油的流量;④根据公式(1)计算出目前压油槽的油位;⑤根据公式(2)计算压油槽压力;⑥根据当前压油槽压力判断是否进行压油槽补气动作。

3.2 风系统的仿真

风系统包括低压风系统和高压风系统。常见水电站中,低压风一般用于机组制动供气、调相压水供气以及空气围带、风动工具等,而高压风主要用于对压油槽进行补气。由于富春江水电站调相机组不采用压水供气方式,空气围带在大修后也已经不再使用,故此次仿真的重点在于低压风系统中的机组停机制动供气和高压风系统中的机组压油槽充压用气。风系统的仿真(以本次仿真电站6号机组风系统为例,如图3所示)具体包括:①建立高低压风系统的流动过程;②对各种阀门(常开阀门、常闭阀门、逆止阀、电磁阀等)的状态、动作进行准确仿真;③对各种表记、面板读数应根据工况变化进行仿真。

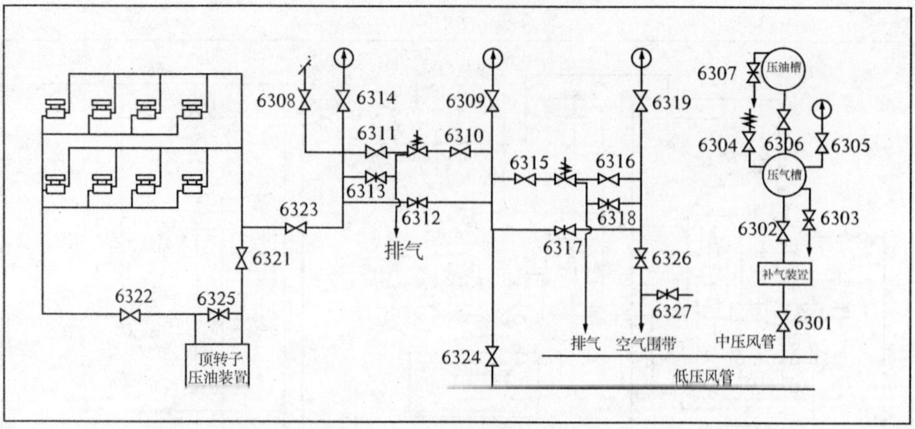

图3　6号机组风系统图

3.2.1　制动仿真

制动操作一般采用自动操作,当转速降低到规定值(通常为额定转速的35%[5])时,顺序控制系统发出指令,制动电磁阀自动打开,在制动风管畅通、风闸压力计读数正常情况下,若电磁阀所在管路畅通,则风闸顶起,制动成功。经过一定时限后,制动电磁阀复归,制动风闸与大气相通,压缩空气排出。此时,风闸处于无压状态即落下,才具备开机条件。为保证工作可靠性,制动装置中还设置了一套手动操作阀门,当电磁阀故障或检修时,可直接打开手动阀门6312进行手动加闸。制动风管干路上的压力计显示制动用气压力,当制动用气压力过低时,将无法制动成功。

3.2.2　补气仿真

风系统仿真的另一个重点则是压油槽的补气。压油槽中的容积有30% ~40%是透平油,其余60% ~70%为压缩空气。用空气和油共同造成压力,保证和维持调节系统所需要的工作能力[5]。当系统判断压油槽油位高,但高油压保护并未启动时,系统将发出压油槽补气命令。

压油槽补气仿真流程如下:①判断是否满足补气条件;②若需要补气,根据公式(2)计算压油槽压力;③压力达到正常值,补气结束。

但是当压油槽的补气支路漏气时,将不按照上述流程,此时现象为压油槽油位的直线上升和油压的剧烈下降。

3.3　油、风系统故障及事故的仿真

仿真系统不但可以复现现场常见的事故和现象,且可以复现现场难以见到的故障和现象,特别是对于那些在现场很少发生而又必须正确判断、迅速准确进行处理的故障[6]。进行人员培训时,仿真系统可以由教练员设置故障或事故,复现现场各种异常情况,并且可以人为地设置故障,让受训人员判断事故性质、类型并进行处理,使运行人员能够从不同角度全面地分析事故现象,积累处理各种异常及事故的经验。

水电厂中油、风系统故障及事故(以本次仿真电站中6号机组为例)主要包括以下几部分:漏油箱油位过高动作、水导轴承油位过高动作、水导轴承油位过低动作、上导轴油位过高动作、上导轴承油位过低动作、推力轴承油位过高动作、推力轴承油位过低动作、压油

槽油位过高动作、压油槽油位过低动作、集油槽油位异常动作、漏油泵电机故障动作、1 号压油泵电机故障动作、2 号压油泵电机故障动作、漏油泵操作电源故障动作、压油泵操作电源故障动作、压油槽事故低油压动作。

4 结语

本文主要建立了某水电厂轴流式水力机组辅助设备中油风系统及其各种故障、事故的仿真模型,经初步调试,性态良好,基本能够实现既可进行水电站运行人员的全过程技术培训,包括正常操作培训和各种事故、异常的培训,又可作为原型运行状态参照的初期目标。本水电站仿真系统已即将投入进行第一批电站人员的培训,在今后的培训过程中,可能还会出现新的问题,这就要求对仿真系统进行不断的研究探索。

随着我国电力工业已经进入大机组、大电厂、高电压、自动化的阶段[7],对于水电站运行人员的技术及素质提出了更高的要求。水电站仿真作为一种现代化的培训工具,能够实时而逼真地再现系统的动态过程,对电站人员培训以及实际运行起到了很好的指导作用。本次仿真对一般水电站具有通用性,希望可以为今后各水电站水力机组辅助设备仿真模型的开发提供一定的经验。

参 考 文 献

[1] 廖锐.混流式水轮发电机组及辅助设备的仿真研究[D].南京:河海大学,2004.
[2] 施海熊.新安江电厂水电仿真培训系统的开发[D].上海:上海交通大学,2007.
[3] 冯军,肖志怀.水电站辅助设备自动化[M].武汉:武汉水利电力大学出版社,1999.
[4] 陈存祖,吕鸿年.水力机组辅助设备[M].北京:中国水利水电出版社,2009.
[5] 武汉水利电力学院,范华秀.水力机组辅助设备[M].2 版.北京:水利电力出版社,1993.
[6] 刘兵,张龙妙,邵开宏,等.新安江水电厂仿真系统的开发[J].华东电力,2003(5),63－65.
[7] 林礼清.福建水口水电站仿真系统[J].水力发电,2002(3):46－48.

基于 RS485 的流速智能采集系统

路 云[1] 鲁娟娟[2] 明晓煜[1]

(1. 河海大学水利水电学院,南京 211098;2. 南京正德职业技术学院,南京 211100)

摘 要 开发了一种基于 RS485 总线的智能流速采集系统。介绍了系统硬件和软件结构,并基于 VB6.0 编写软件系统,实现了对物理模型试验流速的智能采集,系统具有自动采集和异常数据报错报警功能,解决了物理模型试验时间长造成人工工作量大的缺点,通过自动上报异常数据,保证了测量结果的准确性。

关键词 RS485 总线;流速采集;MSComm 控件

1 引言

模型试验成果的质量在很大程度上取决于量测技术的水平。模型试验中需要对多个参量进行测量和控制,其中流速是非常重要的一个物理量,流速分布可确定流体运动特性。物理模型试验中要求流速采集实时、准确和稳定,又需要对流速进行多点同步采集。

物理模型试验中多点流速采集方式分为后置式和前置式。后置式采集将流速传感器采得的脉冲信号由放大器放大后,以模拟信号形式传输给数据采集器,之后送入微机系统,这种采集系统设备多、连接复杂,模拟信号易受干扰;前置式采集直接将流速传感器的脉冲信号送入前置数据采集单元中,然后通过总线以数字信号传输给系统主机。这种采集方式方便、快捷、抗干扰能力强。总线方式尤以 RS485 总线应用广泛。RS485 总线采用平衡差分传输,抗干扰性能好,最大传输距离可达 4 000 m,解决了 RS232 传输距离短的缺点。其半双工两线制通信方式与 RS422 全双工四线制相比线路更简单。RS485 具备多站通信能力,便于用户组成多机通信网络。通过 RS485 将数据采集单元和微机相连,结合了各自的优点,简化了系统结构,满足了流速信号准确稳定采集。

采用 VB6.0 编写系统软件,在流速采集基础上开发设计了长时间自动采集和异常报错报警智能模块。自动采集模块可实现长时间试验中流速数据的自动采集和保存。异常报错报警模块实现了连接故障、数据异常、流速传感器工作异常等试验常见故障自动报警,保证试验数据准确稳定采集。

2 系统硬件

系统由流速传感器、数据采集单元和计算机构成,通过 RS485 总线联系系统各部分,计算机作为系统主机,数据采集单元作为从机,采用级联方式进行联接:主机联接一级数据采集单元,再由一级采集单元联接二级采集单元,依次串联将各个数据采集单元联接起来。单台数据采集单元可连接 8 台流速传感器,系统结构如图 1 所示。流速传感器将采得的脉冲信号送入数据采集单元,数据采集单元通过比较电路获取流速传感器转速,并存于寄存器中,等待传输给系统主机。

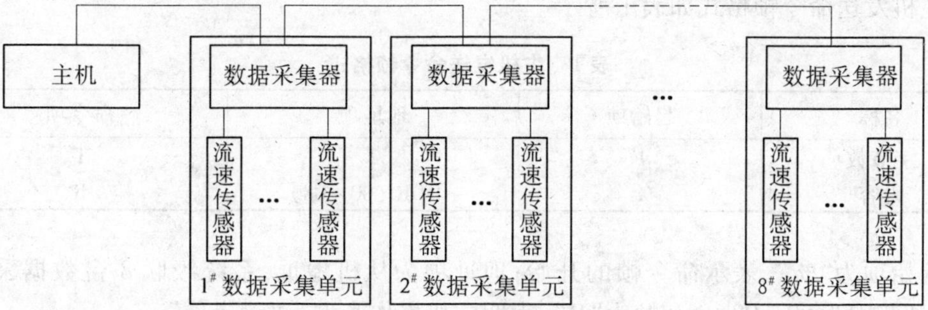

图 1　系统结构图

3　系统软件

采用 VB6.0 编程,利用 MSComm 控件实现主机和各采集单元的串口通信,系统具有网络设置、流速自动采集与保存、图形化显示、数据异常报错以及连接异常报错功能。

3.1　通信方式

系统采用半双工主从控制方式,主机作为系统控制及数据采集中心,数据采集器和流速传感器构成流速采集终端。单台主机可级联多台数据采集单元,为了使主机能自动识别各数据采集单元,需要对网络地址进行动态分配。数据采集器含有两个串行端口,编号为"01#"和"02#",主机向数据采集器"01#"端口发送地址信息完成地址分配。系统对网络进行初始化时,主机向从机发送"01"地址,由一级数据采集单元接收,此数据采集单元地址分配为"01";主机发送"02"地址,由一级数据采集单元"02#"端口转发,二级数据采集单元接收,此数据采集单元地址分配为"02",依次类推完成各从机地址分配。

数据通信由系统主机发起,各从机处于监听状态。当主机需要从机传送数据时,向从机发送命令帧信息。此时所有从机接收此帧并与本机地址比较,若与本机地址相同则向主机发出响应,之后进入数据交换状态,其余从机则继续保持监听状态。在通信过程中,为了保证主机对总线的控制权,在主机发送了命令帧后,判断从机是否作出应答,若无应答则主机重新发送,发送 3 次后若仍无正确应答,则主机报错并中断与此从机的通信,流程图如图 2 所示。从机采用中断方式对主机作出响应。从机收到命令帧后,触发中断,进入中断服务子程序,判断与本机地址是否一致。如地址

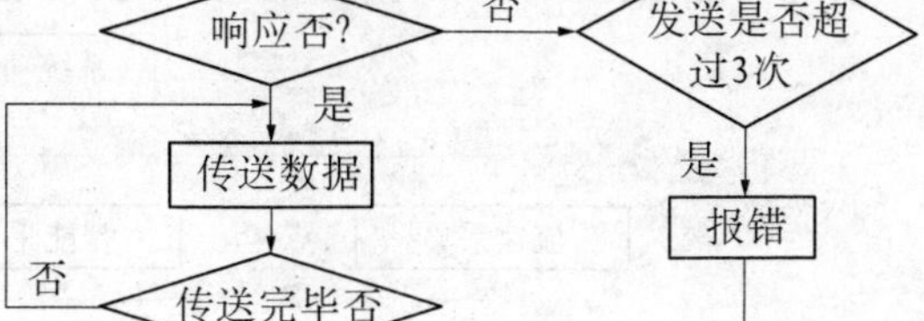

图 2　系统通信流程

一致,作出响应并传输数据;否则,跳出中断服务程序,继续监听和完成中断前工作。

3.2　通信协议

主机发送命令帧格式如表1所示。

表1　主机发送命令帧格式

名称	起始项	地址项	命令项
字节数	1	2	1
内容	%	ADDR (00~08)	R

起始项为"%",表示命令帧的开始,地址项为从机地址,系统级联8台数据采集单元,地址范围为00~08;命令帧为"R",表明主机操作类型为"读操作"。

从机应答数据帧格式如表2所示。

表2　从机应答数据帧格式

名称	地址项	数据项	校验项
字节数	1	4×8	2
内容	ADDR (00~08)	DATA	CRC

地址项返回从机地址,主机据此判断从机响应是否正确;数据项返回32字节的数据,每台数据采集单元采集8通道数据,每通道返回的数据为4字节;校验项为数据采集单元传回的校验码,系统采用CRC校验。

3.3　系统设计

3.3.1　参数设置

上位机软件的设计采用VB编程实现各模块功能。在标准串口通信方面,利用VB提供的通信控件MSComm,该控件可实现串行通信数据的发送和接收,对串口状态及串口通信的信息格式和协议进行设置。该控件屏蔽了通信过程中的底层操作,程序员只需设置好MSComm控件的属性和事件就可以实现异步串行通信[5]。在本系统中将端口号CommPort设置为1。由于与单片机进行通信,将接收模式设置为二进制模式。令握手协议,即Settings为"9600,M,8,1"。

3.3.2　系统功能

系统功能由三个部分组成:流速采集、智能采集、网络设置,如图3所示。

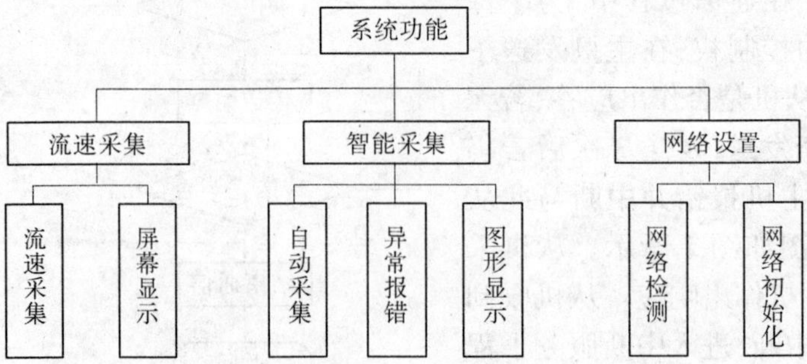

图3　系统功能

流速采集模块由流速采集、屏幕显示两种功能组成,实现对流速的不间断采集与实时显示。模块随系统启动开始工作,系统结束停止工作。它以 10 s 为周期,每周期遍历 8 台数据采集单元将各通道流速采入主机并显示在屏幕上。由于模块要求每隔 10 s 采集一次数据,程序中采用 timer 控件,将其 interval 属性设置为 10 000 ms,在 timer 事件中写入流速采集程序,从而实现以 10 s 为周期的流速采集功能,系统软件界面如图 4 所示。

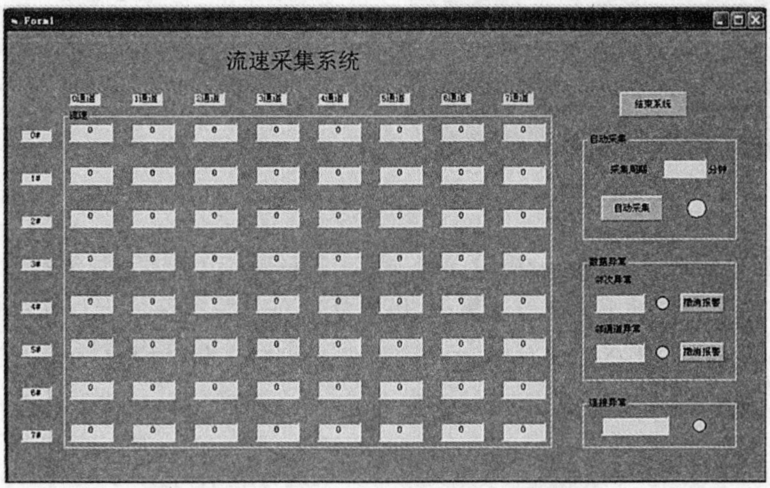

图 4　系统软件界面

网络设置模块包括网络检测、网络初始化功能,完成网络的初始化操作。系统启动时网络检测功能自动检测网络中级联的数据采集单元台数,网络初始化根据数据采集单元台数动态地为每台数据采集单元分配通信地址。

智能模块由自动采集、异常报错、图形化显示功能组成。

自动采集模块由定时流速采集、数据处理、自动保存功能组成,自动采集按钮开启时模块开始工作,按钮关闭模块停止工作。设定采集周期,模块完成某工况下以设定时间为周期的长时间自动采集,在每周期结束时对一个周期内的数据进行处理并自动进行保存。如设定采集周期为 20 min,自动采集开始后,模块自动记录 20 min 采得的流速,于 20 min 后求得此周期的平均流速并存于文本文档。以后每隔 20 min 执行相同操作,直至自动采集关闭。

异常报错模块包括连接异常、数据异常功能,用来对试验过程中产生的连接异常、数据异常错误发出警报。连接异常功能检测网络连接是否正常,当主机发送读取命令 3 次,从机没有作出正确响应,则触发连接异常报错。由于系统采用级联方式,当某级从机发生连接异常时,其后的从机不能对主机作出响应,其前的从机可以对主机作出响应,据此判断连接异常位置。数据异常包括邻次异常、邻通道异常。邻次异常功能对同一通道流速前后 10 s 流速值进行比较,相差过大时发出警报,并系统界面显示异常通道号码。当同一断面相邻两通道的流速值相差过大时触发邻通道异常报错,并显示异常通道号码。

图形化显示模块对所采得流速值进行运算,并以矢量形式显示,如图 5 所示。

3.4 异常数据分析

图 6 为系统调试过程中 2#数据采集单元相邻 10 s 的流速分布曲线图。

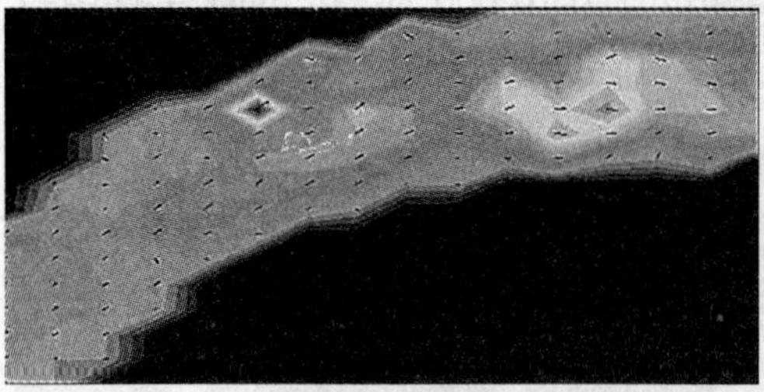

图 5 图形显示

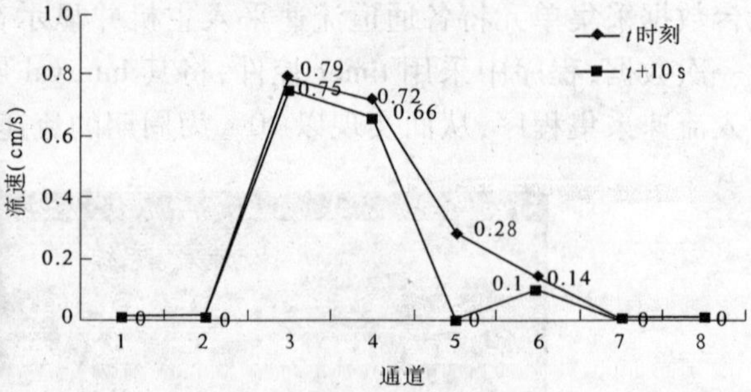

图 6 流速分布曲线

对图 6 流速分布曲线自动分析可知,5 通道在 t 时刻与 $t+10$ s 时刻流速偏差较大,采集过程中,系统将对此异常情况发出警报,试验人员对旋桨流速仪进行现场检查,如果检查后无异常,可设置该情况为正常状态,则下次试验时将不再发出警报。

4 结语

系统通过 RS485 总线将数据采集单元与计算机进行级联,利用了 RS485 抗干扰性好传输距离远等优点,实现了对多点流速实时、可靠、稳定的传输。采用 VB6.0 编写自动采集和异常报错模块,为长时间物理模型试验提供便利,实现了智能化采集,缩短了人为监控时间,提高了工作效率。对于变工况的情况下长时间自动采集处理,还需进一步完善和改进。

参考文献

[1] 刘明明,吕家才,傅宗甫. 水位、流速自动控制及采集系统原理与应用[J]. 河海大学学报,2000,28(2):88.

[2] 左东启. 模型试验的理论和方法[M]. 北京:水利电力出版社,1984.

[3] 陈铁军,谢春萍. PC 机与 RS485 总线多机串行通信的软硬件设计[J]. 现代电子技术,2007(5):104-105.

[4] 孙鹏,任维松,张赤斌. 基于 RS485 总线的 SBI 试验数据采集系统设计[J]. 自动化与仪表,2009(11):46-47.

[5] 范逸之, 陈立元. Visual Basic 与 RS-232 串行通信控制[M]. 北京:清华大学出版社, 2004.

基于小威龙流速仪的多路流速采集系统

倪文军　窦春晖　彭　刚

（交通运输部天津水运工程科学研究院，天津　300456）

摘　要　本文介绍一种基于小威龙的多路流速采集系统。该系统通过对小威龙接口的研究，实现了一台电脑对多台小威龙的运行控制，应用 RS232－RS422 转换实现小威龙流速采集数据的长线传输，设计开发了实现 8 路流速采集数据的显示、处理和记录的处理软件。该软件在模型试验中的应用表明系统运行稳定、使用方便，符合模型试验要求。

关键词　流速采集；RS232－RS422 转换；多路采集；长线传输

1　前言

小威龙是一款利用声学多普勒原理进行测量的流速仪，具有操作简便、测量精度高、仪器本身不产生零点漂移等特点。但是小威龙的数据接口只有 RS232，数据传输线只有 5～8 m，而且一个测量软件只能对一台小威龙进行采集，对于模型比尺较大、流速测量点布置比较分散的模型试验来说，小威龙的使用不方便。本文对小威龙的数据传输方式和传输指令进行研究，开发了一套可以实现利用小威龙实现多路采集的软件，为模型试验带来方便，也为小威龙集成在潮流系统中提供了依据。

2　多路采集系统的原理

小威龙数据传输的流程为采集软件通过 RS232 接口与小威龙以全双工的通信方式进行一对一的连接，通过对小威龙发送指令，接收小威龙返回的数据包，将数据进行解析、显示和储存，从而实现数据的传输和处理。为了延长小威龙的通信距离，可以利用同为全双工的通信方式、传输距离比 RS232 长很多的 RS422 接口来对小威龙进行通信距离的扩展；通过解析小威龙的通信指令，实现小威龙的编程控制；由于小威龙不支持地址方式，因此通过扩展工控机的 RS232 的接口数量，实现多只小威龙的同时连接。以多线程的编程方式，单独控制每一个接口进行指令的发送、数据的解析和存储，实现小威龙流速采集数据的长线传输和多路采集。

3　多路流速采集系统的硬件结构

3.1　总体结构

多路流速采集系统的硬件主要由工控机、串口扩展卡、RS232－RS422 转换器、小威龙组成。工控机为该系统的数据终端，通过 PCI 槽扩展 RS232 串口提供与小威龙连接的 RS232 接口。同接口转换模块实现了由 RS232 接口向 RS422 数据传输线路的转换；通过信号的转换,可以将小威龙的通信距离从 8 m 扩展到 1 200 m。在本系统中,采用的是 MOXA 的 CP134U 串口扩展模块进行 RS232 串口的扩展。该模块可以扩展 4 个 RS232 接口。如果同时采集 8 路流速信号,扩展 2 块多串口卡即可。

3.2 RS232 接口的数据线连接方式

RS232 是由美国电子工业协会 EIA 在 1965 年颁布的一种串行物理接口标准。该标准规定驱动器允许有 2 500 pF 的电容负载,通信距离受此电容限制,并且由于其为单端信号传输,存在共地噪声和不能抑制巩膜干扰等问题,因此一般用于 20 m 以内的通信[1]。小威龙自带的 RS232 为 DB9 接口,仅使用 2、3、5 脚,在与 232 转 422 模块连接时,亦只需连接这三个管脚。

3.3 RS422 接口的数据线连接方式

RS422 是一种采用差分方式传输数据的全双工通信接口,具备通信距离远、抗干扰能力强等特点,在 19 Kbps 速率下能传输 1 142 m[2]。RS422 的线路连接使用的是两个 ACT150 有源光电隔离 RS232 - RS485/422 转换模块连接一根四芯导线。ACT150 的光电隔离的设计,增强 422 传输的抗干扰能力,自带 9V DC 电源的设计,确保了 422 在远距离传输的过程中提供足够的功率,避免了 PCI 接口的串口扩展模块扩展出的 422 接口会因为功率不足导致通信不正常的现象,增加了数据传输的稳定性。接口模块 A 和工控机的 RS232 端口连接,模块 B 和小威龙的 232 端口相连接,模块 A 设置为 DCE 工作方式,模块 B 设置为 DTE 工作方式。其具体的连接图如图 1 所示。

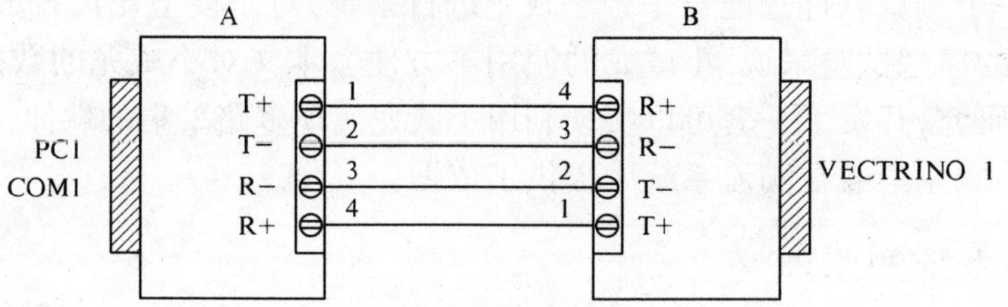

图 1　RS422 的端口连接方式

4　小威龙流速仪的指令格式

4.1 小威龙流速仪的通信设置

小威龙流速仪的接口是以全双工的通信方式在工作,其波特率可以设置为 300、600、1 200、2 400、4 800、9 600、……、115 200[1],在这些波特率下,RS422 的通信距离可达到 1 000 m的技术要求。由于小威龙流速仪在接收到软件发送的采集指令后一直发送数据包,直到小威龙流速仪接收到软件发送的停止命令才会停止发送,发送数据包的间隔与系统设置中的采样间隔有关,因此波特率的设置必须满足小威龙流速仪的采集频率要求。小威龙返回的数据包的长度为 21 字节,每个字节占用 10 比特,波特率的设置应该满足波特率大于在该采样频率下每秒传输的数据比特数。通信采用无校验的方式,数据位为 8 位,停止位 1 位。在 9 600 的波特率下,每个数据包的传输时间为 20 ms 左右。

4.2 采集软件指令

小威龙流速仪的采集软件的指令,主要分为开始采集指令和停止采集指令。

开始采集指令包括六条指令,即准备发送、准备等待、准备就绪、设置指令、设置就绪、开始采集。准备发送、准备等待指令为连接指令,当小威龙收到上述 2 个指令的时候,若连接成功,则会返回与指令内容相同的数据,其他内容的返回均为连接错误。准备就绪指令后等待用户的指令,若用户选则开始采集,则继续发送设置指令;若取消采集则发送结束标志指令结束指令发送。设置指令用于设置小威龙的各种工作参数,包括采集频率、流速范围等信息,长度为 272 字节,小威龙接收到设置指令后会将设置的结果以相同的格式返回给工控机。设置就绪指令长度为 244 字节,开始采集指令 4 个字节,小威龙接收到该指令后即开始不断向工控机发送测量数据。

结束采集指令也包含六条指令,即准备发送、准备等待、通知指令、通知就绪、停止指令、结束标志。前三条指令的作用和开始采集指令相同,小威龙的返回数据也相同。当小威龙接收到停止指令后即停止向外发送测量数据。

4.3 小威龙流速仪返回数据

小威龙流速仪返回的数据包由正确返回的指令和错误返回的指令组成。当小威龙接收到正确的指令时,小威龙按照正确数据规则返回数据包;当小威龙接收到错误的指令时,小威龙返回与输入指令相同长度的,但是内容全部为 F5 的指令。小威龙流速仪传送回的数据包由 21 个字节组成,每个字节的具体意义如图 2 所示。

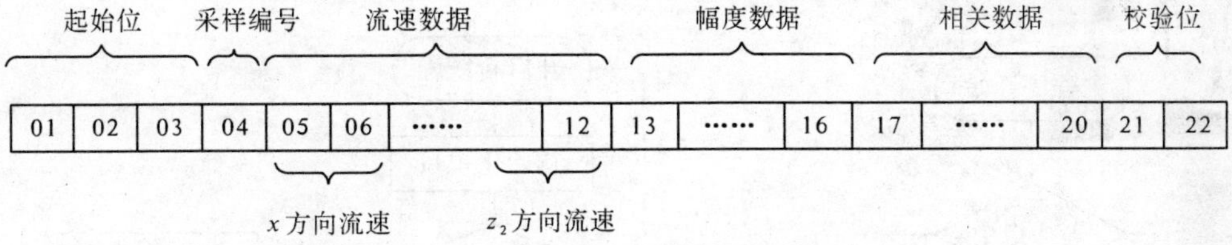

图 2　小威龙流速仪返回数据意义

01 ~ 03 字节,为指令的起始位,内容为 A5 51 23,所有的数据包的前三位相同。

04 字节:采样编号,数字范围为十六进制 00 ~ FF。当采集开始时,该位从 00 开始增加,直至 FF,当采集编号超过 FF 时,重新从 00 开始计数。

05 ~ 12 字节,为小威龙流速仪采集到的各个方向的流速数据,依次为 x 方向流速的小数位、整数位,y 方向流速的小数位、整数位,z_1 方向流速的小数位、整数位,z_2 方向流速的小数位、整数位。每两个字节表示一个方向的流速,第一个字节是流速的小数部分,第二个字节为流速的整数部分,每个字节里面的内容为有符号十六进制数,采集流速的单位为 cm/s。

13 ~ 16 字节,依次为小威龙 x 方向、y 方向、z_1 方向、z_2 方向的幅度数据(counts)。

17 ~ 20 字节,依次为小威龙 x 方向、y 方向、z_1 方向、z_2 方向的相关数据(%)。

21 ~ 22 字节:校验位。

5　多路流速采集系统的软件设计

LabVIEW 是一种程序开发环境,由美国国家仪器(NI)公司研制开发的,使用的是图形化编辑语言 G 编写程序的开发环境,产生的程序是框图的形式。LabVIEW 也是通用的编程系统,有一个能够完成任何编程任务的庞大函数库。LabVIEW 的函数库包括数据采集、GPIB、串口控制、数据分析、数据显示及数据存储等。LabVIEW 也有如设置断点、以动画方式显示数据及其子程序(子 VI)的运行结果、单步执行等调试工具,便于程序调试。

多路流速采集系统软件主要包括参数设置、实时流速数据显示、历史数据浏览、数据保存等功能。参数设置功能主要包括串口参数设置、采样间隔设置、数据存储格式设置等。实时流速数据显示主要实现以数字或图形方式显示一个或多个通道的实时流速数据。历史数据浏览主要实现一只或多只传感器数据的数据显示,可以以曲线方式直观比较各路流速差异。数据保存功能主要实现流速数据的文件存储,以方便用户进行后期处理。

多路流速采集系统软件采用了多线程的编程技术,用户在使用该软件进行流速采集时应该首先对小威龙流速仪的数量和接口进行选择,软件会根据用户选择的数量开启相应的线程,达到节省系统资源、提高运行速度的目的。每个线程的处理流程以小威龙流速仪自带软件为参考进行编写。小威龙流速仪只有在接收到停止采集的命令后,才会停止采集,因此会出现小威龙流速仪非正常关机,重新上电以后仍然发送数据的现象。此时应该首先遍历小威龙的波特率,停止其采集并重新进行参数的初始化后,再进行数据的采集。其工作流程如图 3 所示。

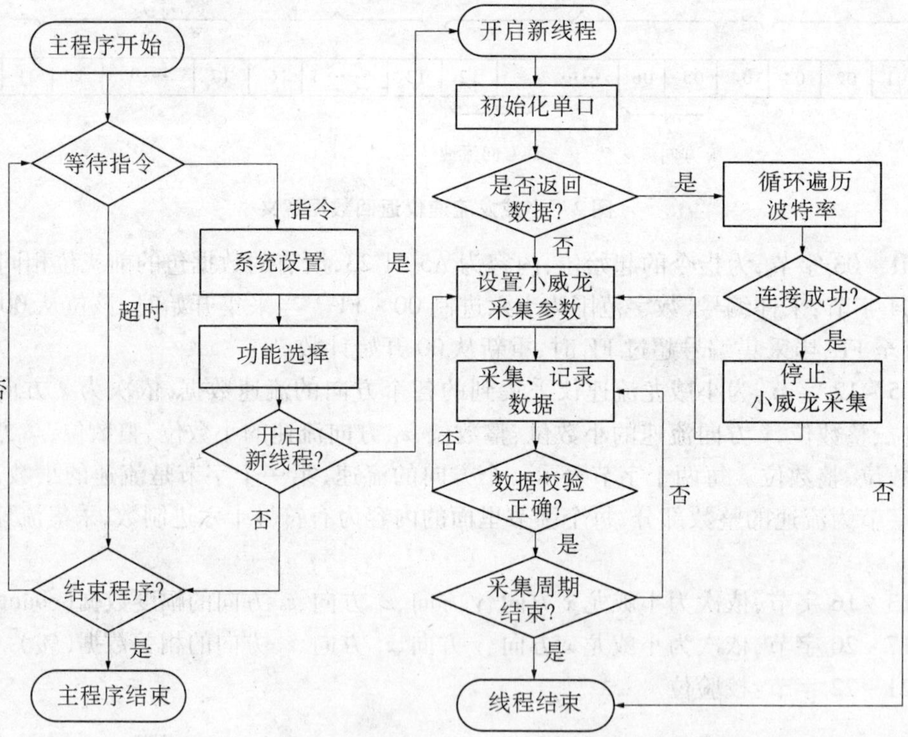

图 3　多路流速采集系统的软件工作流程图

6 结语

本文研究的小威龙流速仪多路流速采集系统,很好地解决了小威龙的传输距离较短、采集软件使用不方便的问题,实现了多路流速数据采集的长线传输。该系统集成在天科院海洋动力综合试验大厅自动潮汐模拟系统流速测量模块中,流速采集精度高,具有良好的抗干扰能力和运行稳定性,具有推广价值。

参考文献

[1] GB/T11014—1989 平衡电压数字接口电路的电气特性[S].

[2] 牛思先,向征. 基于 RS422/485 的串行异步通讯接口设计和应用[J]. 计算机工程与设计,2007(5):2472 - 2474.

ADCP在实际应用中存在问题分析

张　攀[1]　程广宇[2]

(1.黄河水利科学研究院，郑州　450003；
2.河南省山河建设工程管理有限责任公司，郑州　450003)

摘　要　介绍了河道测量技术及ADCP的发展状况，对ADCP在黄河河道测量中出现的问题进行了分析，并针对这些问题提出了今后需要进一步研究的方向。

关键词　ADCP；河道测量技术；黄河

1　河道测量技术的发展

河道测量是对河道进行纵断面与横断面测量，对河床进行水下地形测量。河道测量是国民经济建设不可缺少的基础性工作，具有先行性，以便为工程规划、设计与施工提供必要的河道纵、横断面图和河道地形图。作为我国流域治理开发、水资源利用、防汛抗旱保障体系和航道安全建设的重要组成部分，航道测量对发展水上交通运输，水量调度，水利工程的规划、建设和管理，支持水资源开发和利用等均发挥着十分重要的作用。

随着国家社会经济的发展，有要求提供河道测量信息的领域日益增加，有关部门对河道测量的精度和提供测量成果的速度提出了更高要求，迅速发展的科学技术也为河道测量提供了有力支撑。为了满足河道测量的需求，从20世纪50年代开始我国先后采用了六分仪、经纬仪、无线电导航定位，全站仪定位和卫星定位系统进行定位。随着科学技术的发展，水资源的开发利用、国防工程和港口建设的需要，超声波水下测量技术已愈来愈广泛采用。各种类型的仪器配套设备和后处理软件的开发也得到飞速发展，在提高工作效率的同时，大大提高了测量精度。

GPS是Global Positioning System(全球定位系统)的简称，其应用范围已经比较普及，应用于水下地形测量和数据采集时一般是采用GPS和测深仪相配合的方式进行。进入20世纪80年代，GPS以其高精度、快速、全天候、使用方便等优点在海洋、水库、河道测量中得到了普遍应用。发展到今天，海洋测量已基本定型于GPS和声纳测深仪获取水底地理信息的基本模式，而河道测量部门由于受设备和资金的制约远落后于海洋测量的发展。长期以来，如何利用GPS和测深仪等在多套设备的复杂系统进行有效的野外测量、精确内业数据处理、真实的河道地形图绘制、河底断面图生成和冲刷淤积量的计算一直是河道测量工作者希望彻底解决的问题。水下超声测量仪器在我国水利工程的建设管理工作中尚未得到广泛应用，ADCP便是超声波水下测量技术的一个典型代表。

2 ADCP 的发展状况

ADCP 全称为声学多普勒剖面流速仪(Acoustic Doppler Current Profiler),是 20 世纪 80 年代初发展起来的一种流速流量测验新技术。ADCP 因其原理的优越性,一改传统的以机械转动为基础的传感器流速仪,用声波换能器作传感器,发射和接收声脉冲波信号,经测定多普勒频移而测算出流速。由于它利用声波换能器作传感器,其特点是能直接测出断面的流速剖面、测量不扰动流场、测验历时短、测速范围大、测量呈线性、诊断维修方便。目前已被广泛用于海洋、河口及内河的流场结构调查、流速和流量测验中[1]。

20 世纪 60 年代初期,美国首先开始了应用声学多普勒原理测流技术的研究工作。在整个 60 年代,Koczy、Kronengold 和 Lowenstein 等持续开展了这项研究工作。60 年代末期到 70 年代初期,美国马里亚纳州白橡树海军武器研究所对其按照 Kronengold 的设计而仿制的设备进行了一些试验工作。

20 世纪 70 年代初期,中大洋动力学试验(MODE)中采用的萨沃纽斯转子海流计,因转子无法准确响应海洋上层动力学特性,致使测量数据受到了严重干扰。由此加速了海洋学家将声学多普勒原理应用于测流剖面的研究工作。70 年代以来,许多国家也都先后开展了 ADCP 测流技术的研究工作,例如:美国的切萨皮克湾研究所、NOAA 海洋调查局工程研究所(FDL)、斯克里普斯海洋研究所、Sperry 海洋系统公司、EDOWest 公司,英国的 ISO,法国的 THOMSON 公司,加拿大的 ISO,日本的古野株式会社,挪威的 NORTEK 公司和安德拉仪器公司,中国的国家海洋局海洋技术中心和中国科学院声学研究所等。经过多年的探索研究和大量的试验工作,70 年代中期,第一个安装在船上的 ADCP 产品诞生了,它是由商业计程仪改进而来的(Rowe 和 Young,1979)。70 年代末期到 80 年代初期,由于微机和大规模集成信号处理器的快速发展,使应用脉冲非相关技术的 ADCP 进入实用阶段。1982 年美国 AMETEK – Straza 公司首先推出 AME – TEK – 4400 系列产品;曾在 AMETEK – Straza 公司工作过的 Fran Rowe 和 Kent Deines 于 1981 年成立 Rowe – Deines 仪器公司(RDI),并于 1982 年研制出自容式 ADCP,1983 年又研制生产了它的第一台船上安装的 ADCP,到 1986 年,RDI 公司已生产了 5 种不同频率(75 ~ 1 200 kHz)和 3 种测量方式(自容、船载、直读式)的 RD 系列 ADCP;与此同时,日本的古野株式会社、法国的 THOMSON 公司等也都先后生产出各自的产品仪器。

20 世纪 80 年代中期,美国开始了宽带多普勒测流技术的研究,90 年代初已有产品仪器。80 年代中期,美国的大型调查船就已配置了 RDI 公司的 ADCP,日本的“神鹰”号上也配置了古野株式会社生产的 CI – 30 型 ADCP;1985 年进行的“海岸海洋学动力试验”也使用了 RDI 公司的 ADCP,此后,一些重大的国际海洋学科学研究试验项目也都应用了这种仪器。第一次中美联合海洋调查中我国首次使用了 RDI 这种仪器,中日黑潮调查中使用了古野的 CI – 30 型产品。

20 世纪 80 年代中期以后,ADCP 已形成多频率、多品种的商品化仪器,随着技术的提高和销售量的增加使价格逐步下降,标志着这种测流技术已趋成熟。90 年代末,美国 RDI 公司又利用相控阵技术推出了船载宽带相控阵 ADCP。这一技术的应用,使声学换能器的体积和重量成为常规换能器的 1/10 左右,并且简化了换能器船底安装的结构,较好地解决了由于测量深度增加给宽带和窄带 ADCP 所带来的问题[2]。

我国自 20 世纪 90 年代初引进第一部 ADCP 以来,ADCP 作为一种新的流量测验手段已经得到了较大范围的应用。在我国已有不少成功应用的实例,比如海洋勘测、水库测量、海口测验、长江水文测验等,其测验的高效性和极高的自动化程度得到了应用人员的好评。随着 ADCP 技术的发展,测验单元、测验盲区不断减小,为其在黄河上使用提供了可靠的保障。随着黄河水量调度工作对水文监测越来越高的要求,以及水文现代化建设本身的需要,探索新的测量方法、提高测量精度、缩短测量历时、实现高频次测量,已成为目前亟待解决的问题。ADCP 的应用能够实现流量的在线监测,掌握和了解流量的动态变化,为水资源配置、水环境保护和防汛抗旱提供实时流量信息,在提高测验的精度、效率和安全性的同时,也大大降低了测验人员的劳动强度[3]。在当前治黄工作对水文测验提出的高频、在线、实时的水文现代化要求下,ADCP 在黄河水文测验中有着明显的应用优势。

3 ADCP 在实际应用中存在的问题

3.1 ADCP 量测的广泛应用

以往的水下地形测量多采用全站仪定位配合测船测量水深,或直接测量三维坐标,这种方法需要大量人力、设备,工期长,劳动强度大,大面积水域地形测量测船方向感差,在动水中测船难以掌控,全站仪定位难度大,定位与测深同步性差,地形转折点也无法控制。水下地形测量属水上作业,具有一定危险,人员安全得不到保证。近几年,随着 ADCP 流速剖面仪的应用和实践,GPS 定位技术、水声测量技术和电子计算机技术的发展,水下地形测绘技术从传统的光学定位、单波束测深、手工进行数据处理和绘图、成果单一的时代跨入 GPS 定位、使用多种测深手段、数据处理和绘图自动化、成果多样化的崭新时代。利用 ADCP 在测流过程中连续无遗漏的测深功能,结合 GPS 的实时导航和高精度定位,实施水下地形测量,降低了劳动强度,大大提高了工作效率和成果精度,取得了不错的效果[4]。

黄河水利科学研究院顺应时代发展,先后引进了 ADCP、GPS、探地雷达等先进设备,并在 2009 年黄河调水调沙期间(6 月 22 ~ 24 日),携带 ADCP、雷达测速枪、测距仪和 GPS 接收机等先进设备,跟随黄委调水调沙工作组对下游孙口以上河段进行查勘。重点查勘了解调水调沙开始后,河势变化、沿程水位、生产堤偎水、滩唇出水高度等变化情况,进行了南裹头试验桩坝 ADCP 测量、马渡工程探地雷达探测根石和水深流速测量、黄河下游丁坝坝前冲刷深度量测、花园口河道水下地形测量、河道水下沙波地形量测等,在采集了第一手资料的同时,也发现了 ADCP 在实际应用中存在的一些问题。

3.2 含沙水流悬移质影响 ADCP 量测范围与精度

由于 ADCP 是声学测验设备,它是根据回波强度沿水体深度变化和在河底产生的突起峰值来识别河底,水中漂浮物特别是含沙水流中的泥沙直接影响声波讯号的传播。显然泥沙颗粒愈多对声波能量的反射和吸收会愈强,在离换能器较近的区域回波强度增大,但在离换能器较远的区域,回波强度衰减很快至本底噪声,这使得 ADCP 可量测剖面深度(或范围)减小。高含沙水流使得 ADCP 底跟踪和水深测量误差增大甚至失效。所以,其测量成果受河流含沙量的影响很大,国外有关专家建议该仪器使用的条件为含沙量不大于10 kg/m^3。这就限定了在黄河上只能用在含沙量小的情况下,即可以使用于非汛期的黄河以及低沙支流的水文测验中。

如何在高含沙洪水中应用ADCP是个实际问题。在本次测量中发现,在含沙量较高时,ADCP无法正确识别河底,测量深度不够,当水体含沙量较大时,测到的流速剖面范围可能较小,只占整个垂线的小部分,虽然可以采用盲区插补技术求得垂线流速,但其精度及可靠性如何,尚未得到深入研究。

3.3 ADCP量测成果提取成为难题

每一条ADCP测线都包含上千个测量单元和上万甚至百万个数据,仪器本身的软件只能满足流量测验的要求,因而要在海量数据中人工提取所需要的数据(如经纬度坐标、不同深度的流速、流速方向、河底水深等),绘制相应的图层(如水下地形图、丁坝冲刷坑断面图、不同深度的流速场分布图等)。如何从海量的测量数据中快速提取所需数据并绘制成水下地形图是一个亟待解决的问题。

目前,如何从海量测量数据中快速提取有用信息及水下地形图的生成严重影响ADCP的实际应用,本次研究报告中的附件"花园口河道水下地形测量数据表"是用4人花了2周时间从原始数据中提取出来的,历时长,耗费人力多,成图采用的是南方Cass7.1成图软件、WinSurf等值线软件、River_2D.rar软件绘制水下地形图,绘图效果大为不同。

4 结语

ADCP在原理和应用方式上具有明显优势,在黄河上有着广阔的应用前景,积极推广其在黄河水文测验中的应用是十分必要和紧迫的任务。但是,如何将ADCP具体应用于黄河高含沙水流还有一些亟待解决的困难,其推广应用还需要特别针对以下问题开展大量的工作:

(1)开展不同含沙量对ADCP测量结果的影响试验研究,通过现场试验研究黄河水流中不同含沙量对ADCP测量结果的影响。

(2)开展ADCP数据提取及成图技术研究,针对在黄河实际应用中存在的海量数据提取问题以及成图软件成图过程中出现的种种问题,开发出一套能快速从ADCP采集到的海量数据中提取所需数据,并能绘制成图的软件系统。

参考文献

[1] 赵天昌,苏铁. ADCP测流与传统测流的比较及应用[J]. 治淮,2008(6):35-36.
[2] 朱昊. 基于软件无线电的数字ADCP信号处理系统的研究[D]. 天津:天津大学,2005.
[3] 刘建华. ADCP应用于黄河水文测验的探讨[J]. 中国农村水利水电,2006(7):12-14.
[4] 邢瑞萍,张莉,张文韬. ADCP在水下地形测量中的应用[J]. 山东水利,2009(2):34-37.

安全监测技术

大坝安全监测系统软件功能的探讨

秦淑芳　陈健祥　许志刚　刘　锋

（国电南京自动化股份有限公司，南京　210061）

摘　要　目前各单位研发的大坝安全监测自动化系统逐渐增多，对比可见，各软件没有统一的标准可依，功能深浅不一。大坝安全监测自动化系统软件的主体设计思路已经比较成熟，一般都是围绕数据采集、信息管理、数据分析等功能进行设计，但是针对常用到的个性化功能仍值得商榷，如数据报警功能、文档管理功能、异常值处理功能、图表功能、模型分析功能、组合仪器综合计算功能等。本文针对这部分功能展开讨论，并提出了个人的意见和建议，希望对大坝安全监测软件的使用和设计有所帮助。

关键词　报警数据；异常值；统计模型；组合仪器

1　概述

我国已建大坝多数配有安全监测设施，有的已长达30年。20世纪90年代以前，监测数据主要靠人工采集整编，不仅工作量大、耗时长、监测数据少，且数据质量、连续性、规范性等难以保证，对监测资料的分析不及时，往往会错失重要的安全隐患信息。直到20世纪90年代初，国内才开始在大坝上安装自动化监测系统，90年代中期，国产的大坝安全自动监测系统进入实用化阶段。十几年来，随着电子技术和计算机技术的发展，大坝安全监测自动化程度得到了快速的发展，其发展过程为：监测数据自动收集和存储→监测数据自动采集、整理、分析→监测数据的在线远程采集、处理、分析。市场上出现的监测系统软件的功能主要包括三部分：数据采集、信息管理和数据分析功能，其发展过程为：单机版的C/S模式阶段→网络版的C/S模式阶段→B/S及C/S的混合模式阶段。网络及监测软件的发展应用，使得监测系统操作的简便性及监测的实时性得到了很大提高。监测软件设计还可以尽量考虑各种可能的扩展性，为以后的二次开发和第三方工具使用提供便利。

目前市场上出现的大坝安全监测自动化系统软件比较多，功能深浅不一，没有统一的标准可依，而工程管理单位又期望对管辖大坝的运行状态实施远程监控，做到及时发现问题、迅速处理问题，甚至要求做到在线预警、自动得出综合评价结果、给出应对措施等。对应这些需求，相对各种监测系统软件已经较为成熟的数据采集、整理、分析等主体功用而言，数据报警功能、文档管理功能、异常值处理功能、图表功能、模型分析功能、组合仪器综合计算等个性化功能的必要性也逐渐突出。本文围绕这部分功能进行探讨，希望未来的大坝安全监测软件能更好地服务于工程。

2　系统软件设计

2.1　自动化系统软件结构设计

目前多数系统的结构模式发生了变化,由原来的 C/S 两层结构模式逐步向 C/S 与 B/S 混合模式或 B/S 模式的三层结构模式转化,这种模式可支持多用户操作,是一种分布式网络测量系统。服务器操作系统平台一般采用 Windows 2000/2003/NT/XP 平台,目前系统软件开发平台主要分为. net 和 Java 两大阵营。例如 FWC2000 安全监测自动化系统软件基于. net 平台开发,其构架图如图 1 所示,该系统基于一套采用面向服务、模型驱动思想的自动化软件平台构建,实现了安全监测自动化系统软件的组态式开发和自适应维护。

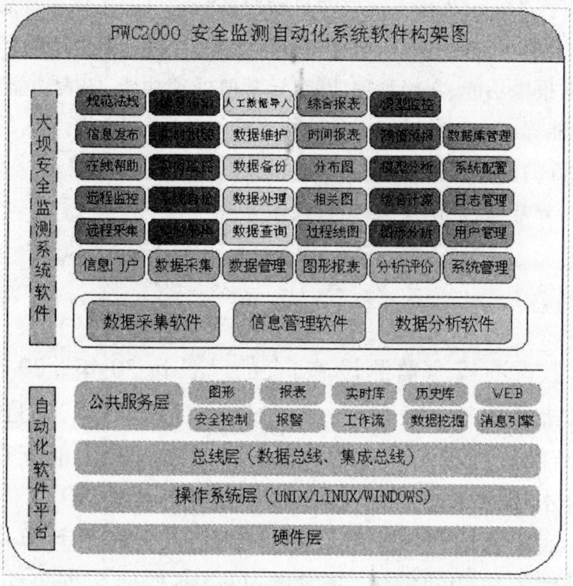

图 1　FWC2000 安全监测自动化系统软件构架图

2.2　系统软件功能设计

常用的大坝安全监测系统软件(如 FWC2000 系统软件)的主要功能如下。

(1)系统诊断:具有系统自检、单元检测、在线评估、越限报警等功能,可以显示和记录仪器、数据采集单元及通信网络的工作状态,并以短信、邮件、颜色提示等方式将工作异常状态的信息反馈给用户。

(2)数据采集:具有实时采集、定时采集、单点采集、人工测值输入等功能,其中人工测值输入可以单点数据输入,也可以批量导入,用户可以灵活应用各种测量方式,获得想要的数据信息。采集软件能够实现对差阻式仪器、振弦式仪器、电容式仪器、压阻式仪器、电位器式仪器、步进式仪器、标准电流电压信号仪器等进行测量。

(3)数据管理:具有异常值处理、数据查询、数据备份、数据恢复、数据报警等功能。

(4)文档管理:以 Windows 资源管理器的风格设计,菜单简洁,操作简单,右键可实现对目录树的多功能操作;支持任意文件格式的存储,存储量由数据库所在硬盘确定;查询方便,可以按目录树格式查询,也可以按关键词查询,便于用户进行文档管理。

(5)图形制作:能够绘制过程线图、相关图、断面分布图、平面等值线图等,图形支持鼠标滚轮的放大缩小和鼠标左键移动的功能,可以保存、打印和输出,可绘制单轴多点或双轴单点过程线,图形坐标的范围、比例可根据绘图数据自动确定。断面分布图可灵活地选择线型、颜色、断面测点个数。

(6)报表制作:可以制作规范要求的各种监测报表,有年报、季报、月报、周报等,也可自定义报表模板,还可制作具有简便数据分析功能的综合月报表,报表能够以 Word 等多种格式输出、打印。

(7)远程服务:具有远程数据采集、系统诊断、软件更新等功能,使用户实现了大坝安全监测"无人值守、少人值守"和"安全运行"的理念。

(8)测值预报:对于简单的统计模型实现了在线监测功能,根据测点的统计模型和现有的水位、温度、降雨等资料,可预测该测点未来短时间内的估计值,还可选择某种监控模型,对现有测值进行监控,这样监测异常信息可以及时反映给用户。

(9)综合计算:具有对组合仪器的综合计算,如锚索测力计、锚杆测力计、多点位移计、多向测缝计、多向应变计组等,提供了测点损坏和完好状态下的物理量计算。

(10)离线分析:对应变计(组)、无应力计等进行应变平衡、变形分析,并提供应力计算方法。具有二维等值线图的绘制功能,可以绘制平面温度场及其他物理量的等值线场;具有统计模型的模型监控和监值预报功能。

(11)系统管理:具有用户操作级别设置、操作日志记录、可视化系统配置、仪器布置图及系统单元框图设置等功能。

2.3 软件部分功能的探讨

2.3.1 测值报警功能

测值报警功能是对测值是否出现异常的一种判断,再将异常结果及时反馈给工程管辖人员。经过调研及现场信息反馈,发现监测数据的报警范围不能准确定义,有的报警数据是根据仪器测量范围的上下限来定义的,有的是根据统计学方法来定义的,其结果,前者有可能导致漏报,后者出现误报。那么怎样设计测值的报警功能呢?作者认为可根据仪器测量范围和统计学理论(如拉依特准则、格鲁布斯准则[1]等)相结合的方法同时对测值进行报警设置,应用程序在后台对测值进行对比分析,如果两种方法都显示该测值为异常值,则对该测值进行报警。也可参考监控数学模型计算出的预测值与实际值进行比较,3 倍标准差之外的测值视为异常值,进行报警。报警信息连续出现 2 ~ 3 个测次时(正常运行期,采集间隔时间不超过 12 h),系统会将报警信息发送到工程管辖人员的邮箱或手机中,同时系统中的报警测值及测点编号都会以红色显示,便于及时准确地对测值进行综合评估。

2.3.2 信息查询功能

测点信息查询,在界面中可设计三种方式:目录树方式、搜索路径方式和监测布置图控点方式(见图 2)。经过调查及现场反馈的信息统计,最受欢迎的查询方式是在监测布置图上设置控点,通过鼠标点击测点编号控件查看某点的监测信息,一旦出现测值异常,还可以通过布置图查看附近测点信息的变化情况。监测布置图的浏览功能要实现界面无限放缩、方框式局部放缩,并且可以随意拖动。不同的用户有不同的习惯,所以在界面设计查询功能时,尽可能地多设计几种功能,根据使用者的习惯,高级管理员可以对不习惯使用的查询功能进行隐藏,软件设计方也可以根据用户要求进行量体定做。

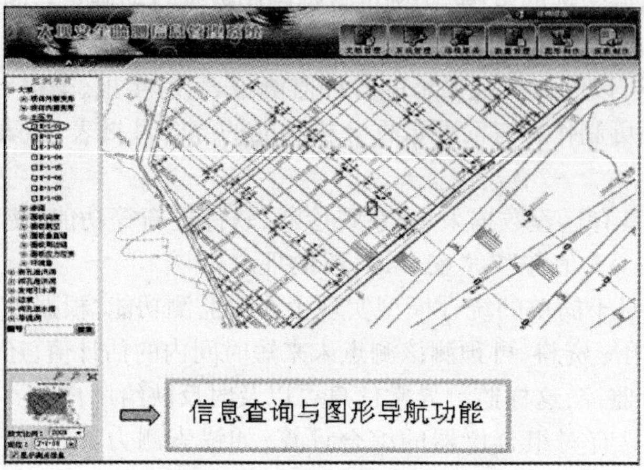

图2 信息查询功能

2.3.3 文档管理功能

文档管理功能,做到高级管理员可以对现有目录树中的文件夹进行编辑,增添同级或下一级文件夹,也可以对文件夹进行增减、重命名等操作(见图3),上传的文档保存到文档库中,这样设计的文档管理方式类似于一个电子阅览室,可以根据搜索引擎的编号进行分类管理,极大地节约了用户的上传和查阅时间。

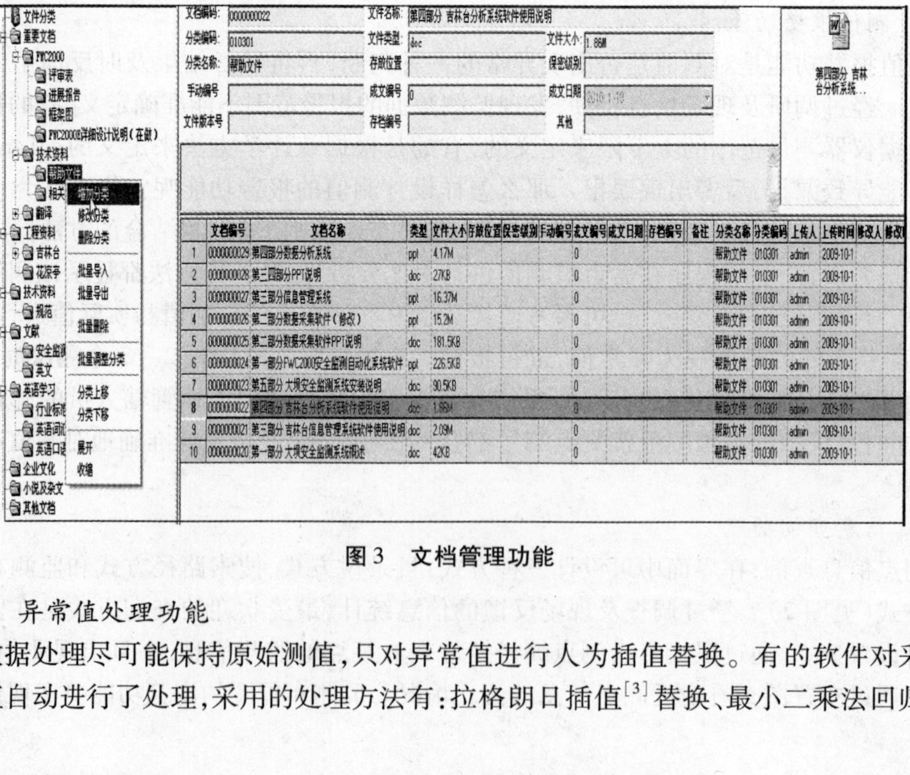

图3 文档管理功能

2.3.4 异常值处理功能

数据处理尽可能保持原始测值,只对异常值进行人为插值替换。有的软件对采集到的测值自动进行了处理,采用的处理方法有:拉格朗日插值[3]替换、最小二乘法回归拟合插值替换等。我们知道测值会根据外界环境的变化而变化的，如强降雨、水库蓄水、泄洪、坝体裂缝、仪器故障等，都可能导致测值发生一系列的变化，在数据库中显示为报警数据，出现这种测值时，应及时查找原因，首先查看是不是由人为或测量仪器等因素造成的，然后对比测点周边的监测信息，再根据巡视检查结果对工程进行综合分析，除非有确凿证据证明该观测数据错误，方可按照异常值进行处理，处理后的数据保存到数据库的子库中，也就是数据库中自始至终都保存着原始测值。作者建议最好对异常值进行手动处理，尽量不要更改原始的正常测值。随着大坝工作年龄的增加，坝体、基础、监测设施等都有可能出现安全隐患，这样可以对多年的原始测值进行综合分析，挖掘安全隐患的来源并采取相应的处理措施。

2.3.5 图形报表功能

图形的主要表现形式有过程线图、分布图和相关图等（见图4），图形界面在设计时，要求其格式尽量采用规范规定的格式作为默认格式，也可以根据用户需要选择图形和报表模版进行制作；可绘制单轴多点或双轴单点过程线；图形坐标的范围、比例可根据绘图数据自动确定；图形中的文字可编辑或设定；图形区可以无限放大缩小和左右移动，并且支持鼠标滚轮操作；图形报表可以保存、打印和输出。断面分布图可灵活地选择线型、颜色、断面测点个数，浸润线可以测点数据折线连接，也可实现样条曲线光滑拟合。

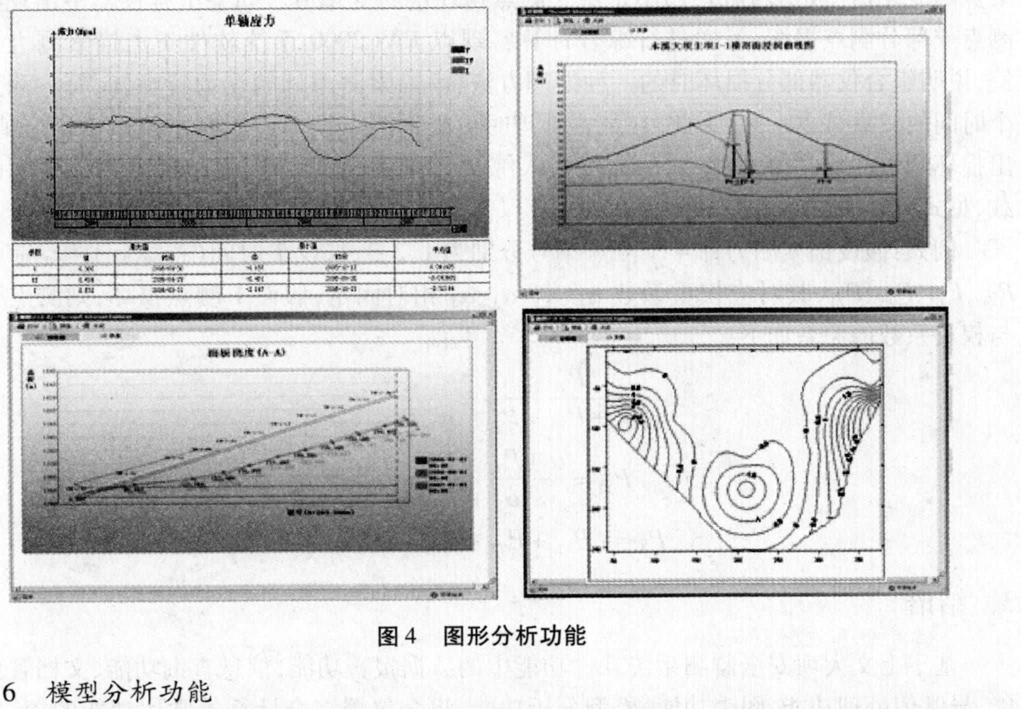

图4　图形分析功能

2.3.6 模型分析功能

在坝工实际问题中，影响一个事物的因素往往是复杂的。例如大坝位移，除受库水位影响外，还受到温度、渗流、施工、地基、周围环境以及时效等因素的影响；扬压力或孔隙水压力受库水压力、岩体节理裂隙的闭合、坝体应力场、防渗工程措施以及时效等影响。因此，在寻找因变量与因子之间的关系时，不可避免地要涉及许多因素。实践证明，仅靠理论分析计算,很难得到与实测值完全吻合的结果,但脱离基本理论的分析,也难以解析工程中存在问题的力学机制,因此两者是相辅相成的。合理的方法是根据对大坝和坝基的力学及结构理论分析,用确定性函数和物理推断法,科学选择统计模型的因子及其表达式,然后依据实测资料用数据统计法确定模型中的各项因子的系数,建立回归模型,用来推算某一组荷载集时的因变量,并与其实测值比较,以判别建筑物的工作状况,对建筑物进行监控。同时,分离方程中的各个分量,并用其变化规律,分析和估计大坝与坝基的结构性态。

但是当大坝或地基遇到突发事件(如洪水漫顶或地震)以及工程加固等措施时,其影响因子,尤其是时效因子的变化规律均要改变,此时要合理选择时效分量的数学模型。这就关系到统计模型的更新问题,也就是说,统计模型是根据某段时间内的监测资料,通过回归分析后,在指定环境下,确定的数学模型,一旦大坝的运行环境发生较大的变化时,就要根据回归成果的复相关系数、剩余标准差以及样本的变幅来对统计模型进行更新,也就是重新选择数学模型。

2.3.7 组合仪器综合计算功能

随着安全监测仪器的发展,工程中使用的组合仪器越来越多,如多点位移计、多点锚索测力计、多向应变计组等,往往用户需要得到组合仪器测点的综合计算值,也就是相对某点的变化值(或平均值),而不是单个测点物理量的变化值。如果组合仪器中出现某个测点或部分测点损坏,怎样进行综合计算?现以 FWC2000 系统软件 4 点锚索测力计为例,说明组合仪器部分损坏时的一种处理方法:由锚索测力计的受力特征知,每一测点各个时间的权重基本一致,为此,在数据处理时可根据测点损坏前后权重系数为固定值,求出损坏测点的荷载值,再将该计算值代入综合受力公式中计算,得出锚索在该时刻的荷载,见式(1)、式(2)和式(3)[4]。

例如:假设锚索测力计 4 个测点编号分别为 1、2、3、4,设 T 时间(损坏后)测点荷载为 P_{T1}、P_{T2}、P_{T3}、P_{T4},其对应权重系数 α_1、α_2、α_3、α_4 相对固定,假设 1 测点损坏,则测点受力与权重系数的关系如下:

$$\frac{P_{T1}}{P_{T2}+P_{T3}+P_{T4}}=\frac{\alpha_1}{\alpha_2+\alpha_3+\alpha_4} \tag{1}$$

$$P_{T1}=\frac{\alpha_1(P_{T2}+P_{T3}+P_{T4})}{\alpha_2+\alpha_3+\alpha_4} \tag{2}$$

$$P_T=(P_{T1}+P_{T2}+P_{T3}+P_{T4})/4 \tag{3}$$

3 结语

基于上文大坝安全监测系统软件功能中的数据报警功能、信息查询功能、文档管理功能、异常值处理功能、图表功能、模型分析功能、组合仪器综合计算等常用功能的探讨,有以下建议。

(1)报警数据的设置,根据仪器测量范围和统计学理论相结合的方法,应用程序在后台对测值进行对比分析,如果两种方法出现同样的结论,则对测值进行报警。

(2)信息查询功能,在界面设计时尽量做到简洁,路径清晰直观,便于查询测点信息。

经过调查及现场反馈的信息统计,最受欢迎的查询方式是通过监测布置图进行查询。

(3)文档管理,做到高级管理员可以对现有目录树中的文件夹进行编辑,增添同级或下一级文件夹,也可以对文件夹进行增减、重命名等操作。

(4)建议最好对异常值进行手动处理,尽量不要更改原始的正常测值。

(5)图形界面在设计时,要求其格式尽量采用规范规定的格式作为默认格式,也可以根据用户需要选择图形和报表模版进行制作。

(6)大坝的运行环境发生较大的变化时,要根据回归成果的复相关系数、剩余标准差以及样本的变幅对统计模型进行更新。

(7)组合仪器部分损坏时,不能按照厂家提供的计算公式直接进行计算,而要对公式进行修正后再进行计算。

参考文献

[1] 郦能惠.土石坝安全监测分析评价预报系统[M].北京:中国水利水电出版社,2001.
[2] 顾冲时,吴中如.大坝与坝基安全监控理论和方法及其应用[M].南京:河海大学出版社,2006.
[3] 陈久宇,林见.观测数据的处理方法[M].上海:上海交通大学出版社,1987.
[4] 李大宏.锚索测力计的计算问题[M].北京:中国水利水电出版社,2007.

导管测扭仪的研制与工程应用

房纯纲　鲁　英　贾永梅　姚成林　邓中俊

(中国水利水电科学研究院,北京　100038)

摘　要　导管测扭仪是为正确计算测斜仪测量结果而设计的专用仪器。测斜仪在水利水电工程中主要用于边坡稳定性和混凝土面板堆石坝的面板沉降变形监测。为了定向测量,测斜仪必须安装在具有导槽的导管内工作。由于加工和安装的原因,导槽会产生扭转,致使测斜仪测量结果并非与设计要求符合,测量方向产生很大误差,可能导致对检测对象稳定性分析的错误结果。导管测扭仪可以测量导管在不同深度的扭角,为测斜仪测量结果提供修正依据。本文介绍作者研制的 DN-1 型导管测扭仪采用的磁通门传感器的工作原理、仪器的电路原理及软件,以及在工程现场应用情况。

关键词　导管测扭仪;导槽;测斜仪;磁通门

1　导管测扭仪与测斜仪

导管测扭仪是为正确计算测斜仪测量结果而设计的专用仪器。

测斜仪在水利水电工程中主要用于边坡稳定性和混凝土面板堆石坝的钢筋混凝土面板沉降变形监测。按照使用方法分类,测斜仪可分为固定式和移动式。为了保证测斜仪在正确的位置和准确的方位工作,在测量以前,首先在被测部位安装具有两对正交导槽的导管,其中一对导槽应朝向被测物体的位移方向。测量时,将测扭仪的导向轮放在导管的导槽内,就能保证测扭仪在正确的方位工作。对于移动式测扭仪,首先将仪器放在导管底部,用有标尺的电缆向上拉仪器,就能测量整个导管深度范围内各测点的倾斜度。

测斜仪的定向是由导管的导槽方向决定的。一般认为,导槽方向是平行于导管轴线的,只要将导槽方向对准边坡滑动方向或面板沉降方向,就能准确测量被测体位移或变位。然而,实际上大多数导管导槽的方向并不是平行于导管轴线,而是呈螺旋状扭转。导槽的扭角影响了测量的准确性,例如,扭角 15°产生的测量误差为 3.4%,扭角 30°产生的测量误差达到 13%。更为严重的是,导槽的扭角影响了测量方向,例如,测斜仪监测边坡滑动,如果测斜仪安装处导槽的扭角达到 90°,本来土体是沿着垂直于裂缝方向滑动,而测斜仪测量结果却是土体沿着平行于裂缝方向滑动,这种测量结果将给观测人员一种错误的概念,误认为滑坡体没有向下移动,而是发生了侧向移动,对于滑坡体稳定性分析将产生误导作用。

图 1 绘出测斜仪导管外形示意图,上图中显示导管内有两对成正交的导槽,下图显示导槽呈螺旋状扭转变形。图 2 为测扭仪的扭角传感器外形示意图,上下两对导向轮卡在导管的导槽内,保证扭角传感器与导槽相对位置稳定,从而保证磁通门定向准确。

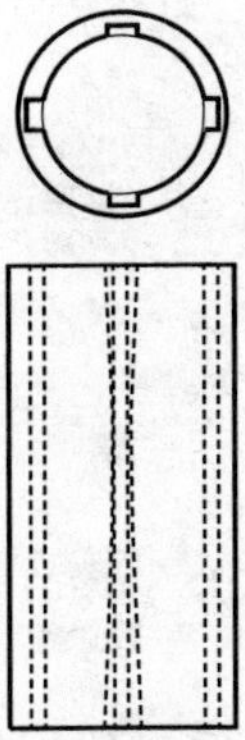

图 1　测斜仪导管外形示意图

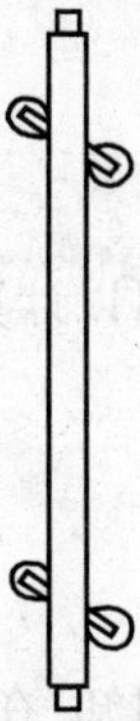

图 2　测扭仪扭角传感器外形示意图

为了修正上述测量误差，作者研制成功 DN－1 型导管测扭仪。该项目是"七五"国家科技攻关项目(1－7－3－2－8)。鉴定会认为该仪器属国内首创，性能达到国际同类仪器先进水平。

在导管安装完成后，应当首先进行导槽扭角测量。在测量开始时，测扭仪在导管的导槽内校准导槽在地面的方位角，作为原始数据。然后，将测扭仪放入导管中，从导管底部逐渐提拉测扭仪，测量导管导槽在不同高程的扭转角度，作为修正测斜仪测量误差的依据。

2　DN－1 型导管测扭仪

2.1　工作原理

DN－1 型导管测扭仪采用磁通门原理。磁通门又称磁通计，是将通过线圈的磁通量转换成与之对应电压的传感器。每个磁通门包括一个环形磁芯和与之配套的电路板。通常，磁通门传感器包括两只正交的磁通门印刷线路板，每块印刷线路板单独输出各自接收的磁通量对应的电压信号。

在短时间内，地球上的某一地点的地磁场的大小和方向是不变的。因此，通过一个位置固定的磁通门传感器两个线圈的磁通量也是不变的。如果磁通门传感器绕自身轴线转动一定角度，通过两个线圈的磁通量发生变化，对应的输出电压信号也变化，通过测量输出电压信号变化值，就可以计算出磁通门传感器扭转角度，从而确定导槽的扭角。

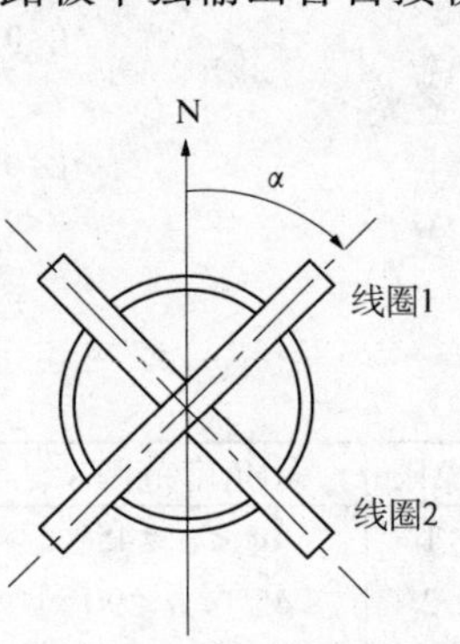

图 3　磁通门扭角传感器工作原理示意图

图 3 绘出了磁通门扭角传感器工作原理示意图，磁通门扭角传感器内有 2 个正交的测量线圈：线圈 1 和线圈 2。其对应的输出电压分别为：

$$V_1 = N\sin\alpha \text{（线圈 1）} \tag{1}$$

$$V_2 = N\cos\alpha \text{（线圈 2）} \tag{2}$$

式中：α 为线圈 1 与磁北的夹角；N 为常数，与传感器的性能有关。

由式(1)和式(2)可得出 2 个线圈输出电压信号 V_1、V_2 与扭转角度 α 的关系式：

$$\frac{V_1}{V_2}=\frac{N\sin\alpha}{N\cos\alpha}=\tan\alpha \tag{3}$$

$$\frac{V_2}{V_1}=\frac{N\cos\alpha}{N\sin\alpha}=\cot\alpha \tag{4}$$

由式(3)和式(4)可以计算出线圈扭角 α:

$$\alpha=\arctan\frac{V_1}{V_2} \tag{5}$$

$$\alpha=\operatorname{arccot}\frac{V_2}{V_1}=90°-\arctan\frac{V_1}{V_2} \tag{6}$$

由式(5)和式(6)可知:在测得 2 个线圈的输出电压 V_1 和 V_2 以后,经过计算,即可得到扭角 α。

然而,在实际计算过程中,当 α 在 90°附近时,数值很大,计算起来很不方便。根据 V_1 和 V_2 值的大小和符号,可将二维空间划分为 8 个象限。在每个象限内,正切或余切函数值均小于或等于 1。编程计算,十分方便。图 4 给出象限划分及判断条件,分别采用式(5)和式(6)计算不同扭角范围内的 α 值。表 1 给出了 8 个象限内 α 值的计算公式。式中的反正切函数将由仪器内的计算机查表得到。考虑到既要满足系统精度的要求,又要节省存储空间,本仪器只设计了 0~45°的反正切函数表。该表占用 568 bit 存储空间。查表准确度为 0.16°。

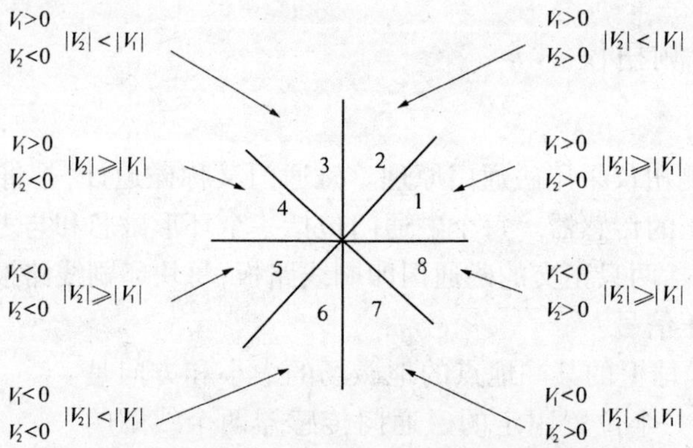

图 4 计算扭角 8 个象限的划分及判断条件

表 1 8 个象限内 α 值的计算公式

象限	角度范围	计算公式	象限	角度范围	计算公式
1	$0°<\alpha\leqslant45°$	$\arctan V_1/V_2$	5	$180°<\alpha\leqslant225°$	$180°+\lvert\arctan V_1/V_2\rvert$
2	$45°<\alpha\leqslant90°$	$90°-\lvert\arctan V_1/V_2\rvert$	6	$225°<\alpha\leqslant270°$	$270°-\lvert\arctan V_1/V_2\rvert$
3	$90°<\alpha\leqslant135°$	$90°+\lvert\arctan V_1/V_2\rvert$	7	$270°<\alpha\leqslant315°$	$270°+\lvert\arctan V_1/V_2\rvert$
4	$135°<\alpha\leqslant180°$	$180°-\lvert\arctan V_1/V_2\rvert$	8	$315°<\alpha\leqslant360°$	$360°-\lvert\arctan V_1/V_2\rvert$

在进行导管扭角测量时,首先测量地面导管管口处导槽的地理扭角 α_0,然后再进行在不同深度 x 处导管的地理扭角 α_x 测量。导管本身的扭角 α_a 有时表示为 $\Delta\alpha$,α_a 的计算公式如下:

$$\alpha_a = \alpha_x - \alpha_0 \tag{6}$$

式中:α_0 为地面导管管口处导槽的地理扭角;α_x 为导管在深度 x 处的地理扭角;α_a 为导管的扭角。

2.2 技术特性

DN－1 型导管测扭仪主要技术特性如下。

(1)测量范围:0° ~ 360°;

(2)测量误差:< 0.16°;

(3)显示分辨率:0.32°;

(4)工作方式:手动、自动;

(5)显示:6 位 LED;

(6)测深预置:0 ~ 99 m,测点间距 1 m;

(7)探头运动方向:上行/下行;

(8)电源电压测量:0 ~ 20 V;

(9)打印记录:μp－40 型微型打印机。

2.3 DN－1 型导管测扭仪电路结构

该仪器是以 SW－80(Z－80)微机为核心的智能化导管扭角测量仪。它具有测量、计算、存储、显示和打印等功能。为便于现场操作,仪器由 12 V 镉镍电池箱供电。其电原理示意框图绘于图5。

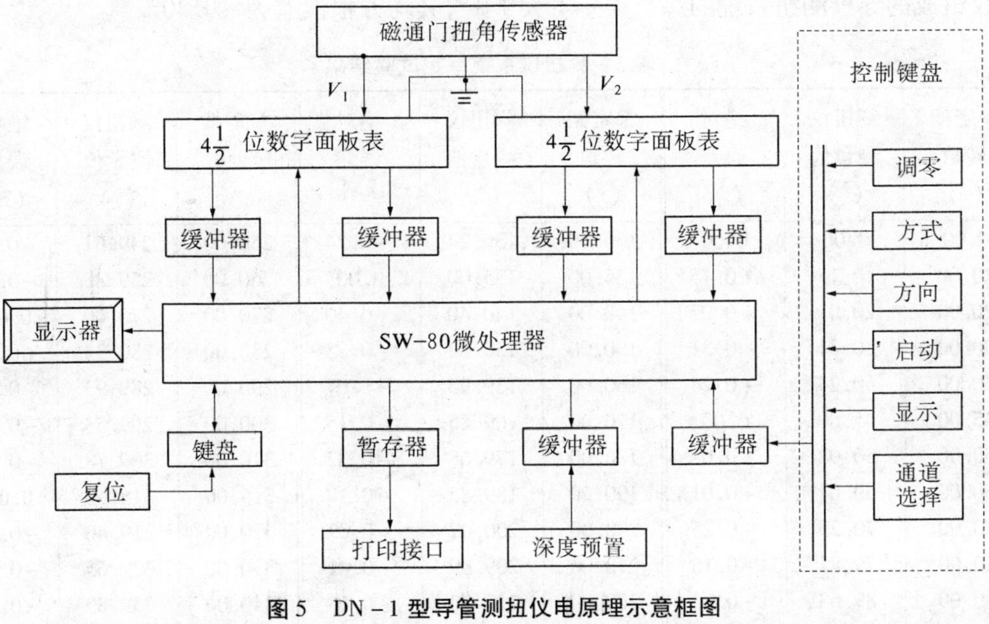

图 5 DN－1 型导管测扭仪电原理示意框图

该仪器采用了由作者开发的 SW－80 微机系统的 MPV、显示和键盘三部分。系统在 SWBVG V2.0 监控程序支持下工作,6 位 LED 显示器作为本仪器的显示器,可显示测量深度(m)和扭角度数(°)。控制键盘只供调整仪器时使用,因而安装在仪器内部。复位开关可用做仪器热启动。

由磁通门扭角传感器的两个线圈送来的电压信号 V_1 和 V_2 的变化范围为 -1 V ~ +1 V。由于一般与微机兼容的 A/D 转换器要求输入电压大于零,不能满足本仪器输入信号为负值的要求,仪器采用了两只 SG-2342 型 4 位数字面板表作为 A/D 转换器,分别连接 V_1 和 V_2,以满足系统的准确度和测量负电压的要求。

2.4 DN-1 型导管测扭仪软件

系统软件由 1 个主程序和 11 个子程序及分支程序组成,工作方式分为手动测量和自动测量两种方式。这两种工作方式,均包括数据采集、扭角 α 计算和显示子程序。两种工作方式下,打印内容各不相同,故打印子程序也不同。此外,自动测量程序内包括上行和下行时测量的扭角 $\Delta\alpha$ 值及其平均值 $\overline{\Delta\alpha}$ 的计算子程序。为检验仪器用蓄电池是否需要充电,设有电源电压测量程序。

3 仪器率定试验

仪器率定试验有两个目的:①检验磁通门扭角传感器和 DN-1 型导管测扭仪组成的导管测扭系统的准确度;②确定该系统在不同扭角处的修正系数,以提高系统的准确度、直线性等性能指标。

由于磁通门式传感器是以地磁场为参照物,率定场地内不应存在干扰地磁场分布的铁磁性物质。因此,率定试验必须选在露天开阔场地进行。

率定试验结果列于表 2。由表 2 可以看出,由磁通门扭角传感器和 DN-1 型导管测扭仪组成的导管测扭系统的综合误差不大于 1°,其均方根误差为 ±0.30°。

表 2 测扭仪系统率定试验结果

率定架转角(°)	测扭仪测量值(°)	绝对误差(°)	率定架转角(°)	测扭仪测量值(°)	绝对误差(°)	率定架转角(°)	测扭仪测量值(°)	绝对误差(°)
0.00	0.00	0.00	130.00	130.24	+0.24	250.00	249.61	-0.39
10.00	10.15	+0.15	135.00	135.00	0.00	260.00	259.85	-0.15
20.00	20.07	+0.07	140.00	140.40	+0.40	270.00	270.00	0.00
30.00	30.31	+0.31	150.00	150.33	+0.33	280.00	280.33	+0.33
40.00	40.24	+0.24	160.00	159.93	-0.07	290.00	289.93	-0.07
45.00	45.00	0.00	170.00	169.85	-0.15	300.00	299.53	-0.47
50.00	50.08	+0.08	180.00	179.68	-0.32	310.00	309.78	-0.22
60.00	60.01	+0.01	190.00	189.83	-0.17	315.00	315.00	0.00
70.00	70.25	+0.25	200.00	200.07	+0.07	320.00	319.40	-0.60
80.00	79.85	-0.15	210.00	209.99	-0.01	330.00	329.65	-0.35
90.00	89.68	-0.32	220.00	219.92	-0.08	340.00	339.89	-0.11
100.00	100.15	+0.15	225.00	224.72	-0.28	350.00	350.07	+0.07
110.00	110.71	+0.71	230.00	229.44	-0.56	360.00	360.28	+0.28
120.00	120.63	+0.63	240.00	239.37	-0.63			
平均值(RMS)		±0.30	平均值(RMS)		±0.30	平均值(RMS)		±0.30

4 现场应用实例

该仪器已在贵州东风电站边坡监测和陕西韩城电厂滑坡监测中实际应用,取得很好的结果。测试结果如下:东风电站泄洪洞进口 IN－09 号孔,97 m 深处塑料导管扭转 140.5°,泄洪洞进口边坡 IN－11 号孔,84 m 深处塑料导管扭转 83.8°。

DN－1 型导管测扭仪在东风水电站进行了 13 个测斜管导槽扭角测试,表 3 列出 13 个测孔测试统计结果。由表 3 可以看出,铝合金导管导槽的扭角普遍小于塑料导管导槽的扭角,在不受测量环境铁磁物质影响情况下,铝合金导管导槽的单位长度最大扭角为 0.16°/m(IN－01 测孔),而塑料导管导槽的单位长度最小为 0.34°/m(IN－06 测孔)。IN－05测孔和 CL－5 测孔虽然采用铝合金导管,由于受铁磁物质影响,导管导槽的单位长度扭角偏大。IN－09 测孔在深度 97 m 处,塑料导管导槽的扭角已达到 140.5°。如果用此导管测试混凝土面板堆石坝的钢筋混凝土面板在蓄水后的沉降,测试结果将得到错误结论:面板在此位置不但没有下降,反而抬高了,而且,变形幅度只有实际变幅的 85%。

表 3 13 个测孔测试结果统计

测孔	位 置	导管材质	孔深(m)	最大扭角		平均单位长度扭角(°/m)	备注
				$\Delta\alpha$(°)	深度(m)		
BCX－04	右坝肩上游边坡	塑料	100	49.0	95	0.55	
BCX－05	右岸下游边坡	塑料	100	43.6	95	0.48	
BCX－06	右坝肩	塑料	80	26.3	76	0.35	
IN－02	溢洪道高边坡	塑料	100	45.0	96	0.49	
IN－06	溢洪道高边坡	塑料	87	28.3	82	0.34	
IN－09	泄洪洞进口	塑料	100	140.5	97	1.53	
IN－11	泄洪洞进口边坡	塑料	100	75.9	97	0.83	
IN－12	溢洪道尾部	塑料	86	83.8	84	1.00	
BCX－02	左岸下游边坡	铝合金	73	4.8	70	0.068	
IN－01	溢洪道高边坡	铝合金	73	11.5	70	0.16	
IN－R_3	大坝变形监测	铝合金	100	9.8	98	0.10	
IN－05	溢洪道高边坡	铝合金	68	－20.2	65	－0.31	受铁磁物影响
CL－5	进水口底板	铝合金	70	－10.6	25	－0.42	受铁磁物影响

表 4 列出了 13 个导管导槽扭角较详细的测量结果,测量时深度间隔为 1 m,表中列出的只是深度间隔为 5 m 的测量结果。由表 4 可以看出:①当深度达到 55 m 后,所有塑料导管的导槽扭角 >15°,而铝合金导管导槽最大扭角仅为 5.2°;②导槽扭角的方向大多数为顺时针方向,但是,也有反时针扭转的,如 IN－05 测孔和 CL－5 测孔;③塑料导管的导槽扭角也有较小的,在订货时应当提出对扭角的要求;④虽然铝合金导管的价格高于塑

料导管,在进行深孔(>40 m)检测时,为了保证检测结果的可靠性,建议选用铝合金导管;⑤检测时,应当注意铁磁物质对检测结果的影响。

表4　13个导管导槽扭角测量结果

测深(m)	测斜孔导槽扭角(°)												
	BCX-02(铝)	BCX-04(塑)	BCX-05(塑)	BCX-06(塑)	IN-01(铝)	IN-02(塑)	IN-R_3(铝)	IN-05(铝)	IN-06(塑)	IN-09(塑)	IN-11(塑)	IN-12(塑)	CL-5(铝)
5	0	0	0	0	0	0	0	0	0	0	0	0	0
6	1.7	0	1.7	-1.9	1.7	3.6	0.8	4.1	1.1	-0.3	0.3	-0.3	-1.1
10	4.8	10.1	4.7	1.1	11.5	6.5	0	11.7	3.3	8.0	7.7	2.3	-1.6
15	5.2	5.5	8.2	4.0	1.4	11.4	-0.3	10.8	6.5	18.1	17.6	9.9	-2.6
20	4.1	15.1	10.8	4.4	-3.7	10.2	0.9	2.2	6.0	24.9	17.8	12.2	-0.8
25	4.7	11.0	10.7	7.6	6.7	9.9	0.3	-13.4	7.7	31.8	21.1	15.5	-10.6
30	5.1	15.7	13.5	9.5	-0.1	18.5	0	-14.5	10.9	41.2	24.9	19.6	2.3
35	4.5	16.5	15.6	13.5	1.1	17.5	0.5	-11.9	13.8	47.1	28.7	27.7	1.9
40	5.7	20.0	16.9	12.3	-1.1	20.9	0.5	-16.8	12.5	55.8	31.3	32.2	1.3
45	3.0	24.7	19.2	14.9	0	23.7	0.9	-17.6	13.8	59.9	35.0	35.6	-5.0
50	4.1	27.3	21.6	17.2	1.2	24.0	2.7	-17.5	10.3	68.3	39.7	39.5	-3.1
55	3.1	30.2	22.8	17.9	5.2	28.7	1.5	-16.9	16.6	78.0	45.6	43.1	-0.9
60	3.0	30.2	25.8	19.2	-0.1	31.6	6.3	-14.7	18.7	85.9	45.4	50.1	-7.2
65	2.4	31.1	29.6	22.4	-3.0	33.5	4.5	-20.2	20.0	91.2	52.6	57.3	
70	4.8	32.8	27.5	23.3	11.0	35.0	5.1		22.7	100.5	53.6	59.0	
75		35.3	31.4	22.0		38.0	6.7		24.6	106.8	55.7	76.6	
80		40.6	32.2			39.8	5.7		26.7	115.4	59.7	82.0	
85		47.4	36.0			42.5	8.5		27.3	123.3	64.3		
90		43.1	40.1			41.7	6.8			131.6	67.5		
95		49.0	43.6			45.0	5.6			140.1	71.1		
97		47.9				44.8	9.8			140.5	75.9		

图6绘出了两根铝管与两根塑管扭角比较图,由于接近地面测量时受铁磁物质影响很大,故测量从地下5 m深处开始。图中显示,一般情况下,塑料管的扭角比铝管的扭角大许多;不同厂家生产的导管导槽扭角相差很多;导槽扭角的方向可能是顺时针方向,也可能是反时针方向,但是,同一批导管导槽的扭角方向相同。

图6显示IN-05孔测量结果与其他铝合金管测量结果比较出现明显异常,导槽的扭角偏大(34.3°),在25 m深度以上即扭转了24.2°,变化大且不规律,并有两个突变点:第一点在15~16 m深度处,扭角从+10.8°变至-5.7°,相差16.5°;第二个突变点在24~25 m深度处,扭角从-5.6°变至-13.4°,相差7.8°,在此深度处,在副导槽测量时,曾出现探头受卡现象。在深度25 m以下至孔底,扭角变化较小,扭角大小符合铝合金管规律。在25 m深度以上导槽扭角异常原因,可能是受环境存在铁磁性物质以及人为干扰。该测孔位于溢洪道高边坡上,离测孔2 m处便是陡峭的原体岩壁,为了加固岩壁,在其上部打了许多锚杆,并需用到金属脚手架。在16 m深处,测管曾被锚杆打穿,后又打水平孔修

补,很可能测孔的原始方向受到扰动。

为了验证与校核测量结果的可靠性,在 BCX－02、BCX－04、BCX－05、BCX－06、IN－R_3、IN－01、IN－02 和 IN－05 等 8 个导管的副导槽进行验证测量,验证测量点的间距为 5 m。各孔主、副导槽在同一深度正交性较好,正交偏差一般小于 1.0°,个别点最大偏差为 2.0°。在同一深度处主副导槽的扭角方向一致且大小相等,95% 以上的测点差值小于 1.0°,最大相差为 2.6°。主、副导槽验证测量结果表明,此次测量结果是可靠的。主导槽与副导槽正交角的误差可能是正值,也可能是负值。

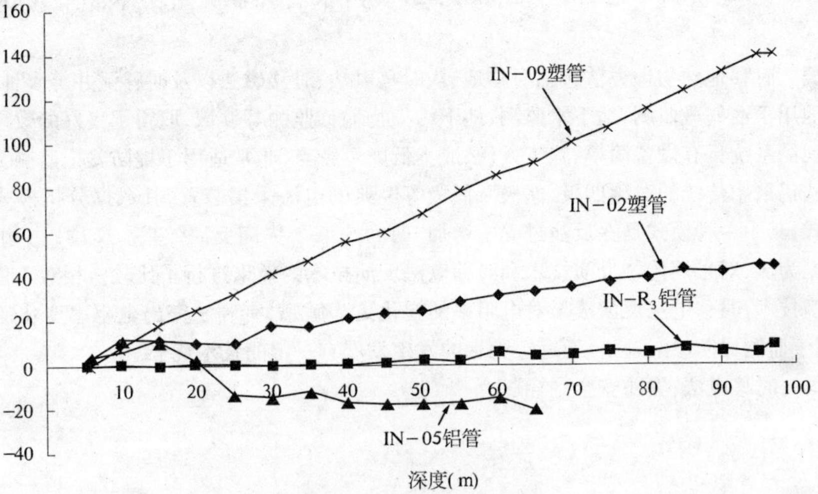

图 6 铝管与塑管扭角比较图

影响测量误差的另一个原因是传感器导轮与导管导槽之间的间隙变化,如果测量过程中,传感器导轮只与导管导槽一边接触,不会产生间隙误差。但是,如果测量过程中,传感器导轮与导管导槽接触时,从导槽的一边转到导槽的另一边,由于传感器导轮与导管导槽之间存在一定活动间隙,就会产生间隙误差。

【作者简介】 房纯纲(1939—),男,教授级高工,中国水利水电科学研究院,从事水利水电量测技术与仪器研究。E-mail:cgfang@ iwhr. com。

时移电法与堤防安全监测*

王　锐[1,2]　李长征[2]　周　杨[2]

(1. 中国地质大学,武汉　430007; 2. 黄河水利科学研究院,郑州　450003)

摘　要　时移地球物理方法包括时移地震、时移电法、时移磁法以及时移测井等多种类型,被广泛地用于油气藏监测、地下水监测、地下污染物输移监测等领域,取得了良好的效果。时移电法观测系统具有设备简单、施工方便、成本低廉等特点,非常适用于堤防安全监测工作。时移电法仍采用传统的对称四极、偶极-偶极等经典的电法采集装置,其数据分析模式包括四类模式,其中一种模式是在反演过程中增加"时间约束",提高反演效果。文中以一组数值模拟数据为例,对采用传统反演技术和时移电法反演技术的效果进行了比较。相对于传统的电法反演技术,时移电法反演成果对电阻率的变化更为敏感,有利于突出电阻率变化的探测目标,用于监测堤防渗漏通道、裂缝等隐患的发生发展有一定的技术优势。

关键词　时移电法;堤防安全;监测

1　背景

堤防是约束水体、保障沿岸防汛安全的重要水工建筑物。我国现有江、河、湖堤长达27万余km,海堤1万余km,保障堤防安全对国家稳定和经济发展具有重要意义。但是,目前的堤防安全工作的技术水平与堤防工程规模和重要性却极不相称。多数堤防安全仍依靠人工巡查,通过工程表观推断堤防工程安全状况。近年来,多种地球物理方法用于堤防无损检测,取得了一定效果,但因为堤防工程条件多样、背景场复杂,给地球物理资料解释造成了很大的困难,检测效果不能令人满意。主要原因在于基于堤防工程地质条件的基础性正反演研究较少,数据处理、解释的水平相对较低,而且堤防的背景场本身就非常复杂,物探资料解释存在难度,而且由于各种客观条件限制,综合物探方法开展不足,制约了地球物理方法的探测效果。

随着国家有关部门对堤防安全工作的重视,堤防特别是重点堤防将会逐步装备安全监测系统。堤防安全监测系统最早出现在欧洲和日本,近年来国内也有部分堤段进行了试验。现有系统大多在大坝安全监测系统的基础上发展而来,采用渗压计、土压计、光纤等传感器。但是与大坝相比,堤防具有投资小、标准低、存量大、空间分布广等特征。这些特点限制了现有监测系统的推广应用。具有灵活、低成本、易铺设等特点的堤防安全监测系统将是一项重要的技术需求。

* **基金项目**:科研院所开发专项——移动式堤防全断面安全监测与预警系统开发(2008EG136290);水利行业科研专项——堤防工程病害诊断关键技术研究(200801059)。

近年来,用做监测的时移地球物理方法有了长足的发展,时移地球物理方法包括时移地震、时移电法、时移磁法以及时移测井等多种类型,被广泛地用于油气藏监测、地下水监测、地下污染物输移监测等领域,取得了良好的效果。

堤防在运行过程中,其物性参数即地球物理特征也在不断地变化。造成堤防地球物理特征变化的因素主要包括堤身材料含水量的变化,堤身结构受到破坏、出现裂缝、孔洞等隐患,以及外界温度影响等。堤防安全监测的主要内容包括隐患的分布与变化情况、堤身浸润线的位置与变化情况、堤身渗漏通道的位置等。在诸多时移地球物理技术中,时移电法用于堤防安全监测具有一定的优势,例如材料电阻率与含水量相关程度高,电法成果重复性较好,数据处理相对简单。与传统的探测工作模式相比,利用时移电法技术能够更有效地监测物性参数变化,其成果也更为准确、直观,对堤防安全工作更有指导意义。

2 时移电法技术的应用与发展

时移电法技术已经有多年的发展历史,被用于工程和环境监测的多个领域,地下水、大坝渗漏、地下污染物输移以及水在包气带中的循环规律等工程、环境科学问题方面都有所应用。部分商业软件,如 Res2dinv、EarthImage 2D 等也都设计了相关的功能[1]。瑞典的研究人员在 Hallby 和 Salva 水库的土石坝体上埋设了电阻率观测系统,开始每天一次的系统观测,类似的装置还被安设在了一个尾矿坝,进行试验研究[2]。Radulescu 将时移电法用于污染物输移探测[3]。Oldenborger 利用电阻率层析成像(ERT)装置,研究了时移电法对冲积地层中注水/抽水过程的监测效果[4]。

时移电法的研究和发展主要集中在三个环节:数据的获取、数据反演以及数据分析。

数据获取:时移电法的观测系统与普通的直流电阻率法没有本质的不同,仍然采用偶极-偶极、对称四极、三极等装置形式。近年来,随着 3D 电法研究的深入,也有部分技术人员利用 3D 电法采集技术结合时移电法的思想,开发 4D 电法技术[5]。

数据反演与数据分析:时移电法与传统电法最显著的区别集中在数据分析与反演技术。在时移电法的数据分析主要有四类模式:第一类,根据视电阻率变化推测目标体的变化情况;第二类,各时刻数据独立反演,然后根据反演结果的变化情况推测目标体变化情况;第三类,某时刻数据反演时,根据其前时刻数据的反演结果构建反演的初始模型,提高反演精度和效率;第四类,根据某时刻测量数据和其前时刻测量数据的差值进行反演,获得目标体电阻率参数的变化量。

第一类模式由于不做反演,资料的定量解释存在困难。第二类和第三类相比,其反演结果可能会有不同。如何根据前时刻的结果,建立反演的初始模型,会影响反演结果的准确度。第四类模式的结果更明确地反映了目标体的变化情况,和第二、第三类模式能够相互补充参照。

采用第三类工作模式时,时移电法的反演过程增加了“时间约束”的概念。“时间约束”体现在两个方面:第一是反演初始模型的构建,第二是反演的过程。对于基于单一地球物理数据的反演工作而言,多解性是不可避免的问题,因此对于一个剖面的电法数据,其反演可能出现不同的结果,而反演初始模型是影响反演结果的重要因素之一,在目前的时移电法中,反演初始模型的构建主要是参考前一时刻或前几时刻的反演或测量成果。

反演过程中的“时间约束”是指同时进行若干个时刻剖面数据的反演,在每次迭代的过程中,根据前时刻数据的迭代结果修正下一时刻迭代的结果。时移电法的最终目的是根据电阻率的变化量分析监测目标的变化情况。反演的具体方法仍以 least - squares、Gauss-Newton、quasi - Newton 等方法为主[6,7]。

3　时移电法用于堤防监测的优势

图 1 是三种堤防安全监测系统的示意图,其中图 1(a)是采用渗压计、土压力计、温度计等点式传感器的监测系统,图 1(b)是采用光纤应力、应变、温度传感器的监测系统,图 1(c)是采用时移电法设备的监测系统,深色区域为有效的监测区域。

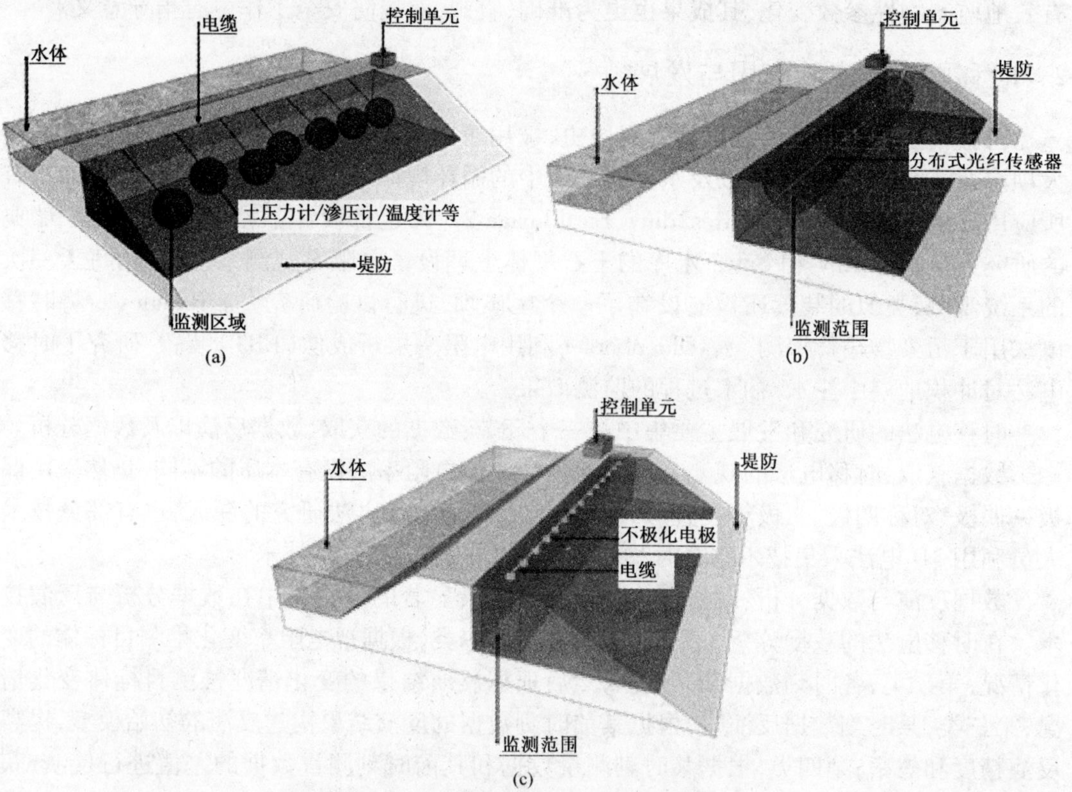

图 1　三种原理的监测系统的监测范围示意图

渗压计监测的是其附近的水压力,监测范围较小,渗压计之间存在较大的监测盲区;分布式光纤能够监测光纤沿线的温度或者应力应变情况,其监测半径取决于测试主机的性能以及堤防材质特性;基于直流电阻率成像的堤防监测系统的监测范围是一个立方体区域,该区域的长度取决于电极布设范围,宽度取决于直流电阻率成像观测装置的横向分辨率,深度取决于供电电极的电极距。

从施工方面来讲,渗压计和光纤都必须布设在堤防的内部,对于新修堤防,可以在堤防施工时同步施工,但对于现有堤防来讲,则必须进行破坏性的钻孔或开挖。传感器的埋设工艺要求高,如果埋设工艺不过关,容易导致仪器成活率下降,造成资源浪费。而基于直流电阻率成像的堤防监测系统，只需要在堤防顶面布设不极化电极和一条供电电缆，施工快捷方便，不破坏堤防的主体结构。

与传统的高密度电法探测成果相比，监测数据的成果更加丰富，并且可以将两个时刻的反演数据进行运算，直接显示电阻率的变化百分比或者两个成果的电阻率比值，突出电阻率变化部位和变化幅度，有利于突出异常部位，尽早发现隐患。

图2是根据正演模拟数据绘制的两幅成果图，计算模型为管状异常体，电阻率随时间变小，模拟渗漏通道出现过程，管状异常体电阻率为10 000 Ω·m（时刻1，初始模型）和10 Ω·m（时刻2，目标模型），模拟测试装置为施伦伯格装置。

图2(a)为单一时刻的反演结果，反映了常规检测工作的效果，图2(b)为时移电法方法获得的电阻率变化百分比图。从图中可以看出，时移电法取得了较好的监测效果。

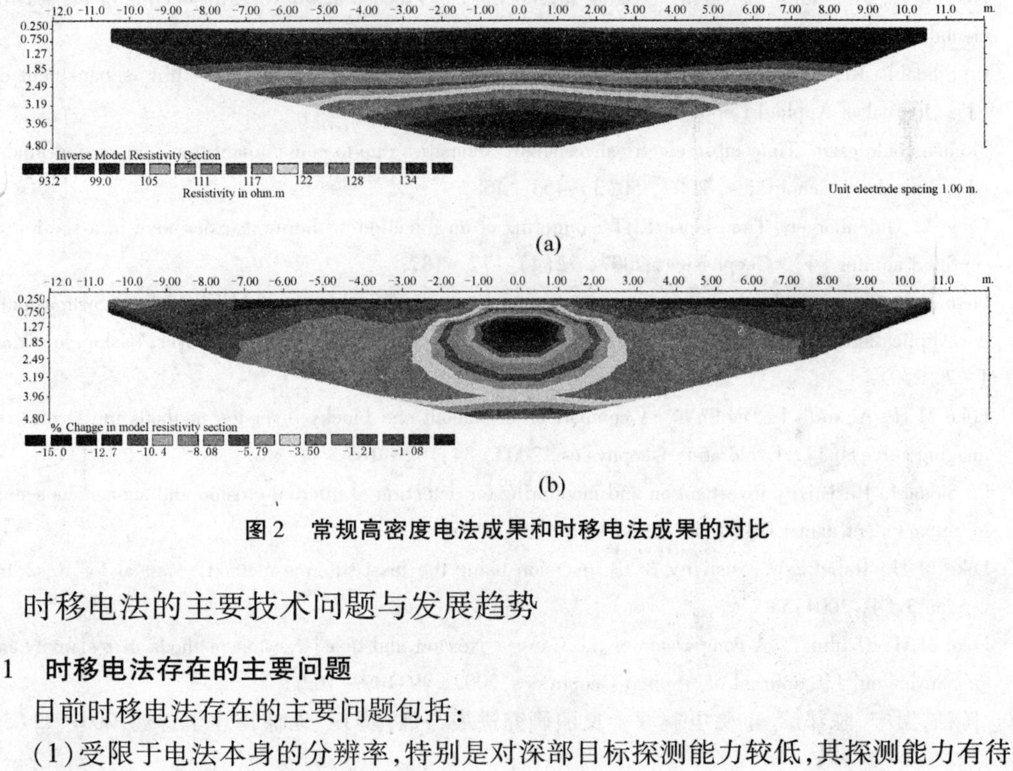

图2 常规高密度电法成果和时移电法成果的对比

4 时移电法的主要技术问题与发展趋势

4.1 时移电法存在的主要问题

目前时移电法存在的主要问题包括：

(1)受限于电法本身的分辨率，特别是对深部目标探测能力较低，其探测能力有待进一步提高。

(2)时移电法的资料反演中，初始模型与“时间约束”相关参数设定受主观影响较大，不能保证反演质量。

(3)虽然时移电法应用较多，但针对堤防工程的研究和经验都相对较少，特别是正反演研究不足，将时移电法用于堤防安全监测仍需进行大量的基础性工作。

4.2 时移电法的发展趋势

目前时移电法的发展趋势主要有：

(1)将电法与其他原理的地球物理方法相结合，采用综合地球物理手段、特别是电－震、电－磁联合反演技术，提高反演效果，弥补电法对深层目标探测能力的不足[8,9]。

(2)研究基于3D正反演理论的4D电法技术,研究新的电极布设形式,如地表电极系与孔中电极系相结合的观测系统,实现真正的三维观测和数据反演。

(3)在时移电法的反演和资料分析中,引入时间序列分析与预测、图像识别等技术,实现反演参数的自动化选择和反演成果的自动化识别,减少资料分析中主观因素的影响。

(4)提高观测设备的自动化和联网功能,实现远程控制、自动化监测、数据的网络化传输。

(5)将地球物理探测的数据和反演成果与渗流分析、边坡稳定分析等技术耦合应用,实现堤防安全监测与安全评价的整合应用。

参考文献

[1] Loke M H. Time lapse resistivity imaging inversion[C]. Proceedings of the 5th Meeting of the Environmental end Engineering European, Em1, Budapest, Hungary, 1999.

[2] P. Sjödahl. Resistivity monitoring for leakage and internal erosion detection at Hällby embankment dam [J]. Journal of Applied Geophysics, 2008, 65:155 – 164.

[3] Monica Radulescu. Time-lapse electrical resistivity anomalies due to contaminant transport around landfills [J]. Annals of Geophysics, 2007, 50(3):453 – 468.

[4] Greg A. Oldenborger. Time-lapse ERT monitoring of an injection/withdrawal experiment in a shallow unconfined aquifer [J]. Geophysics, 2007, 72(4):177 – 187.

[5] Loke M H. Constrained time-lapse resistivity imaging inversion[C]. Procs. SAGEEP 2001 (Symposium on the Application of Geophysics to Engineering and Environmental Problems). Denver, Colorado, March 4 – 7, 2001.

[6] Loke M H, Acworth I, Dahlin T. A comparison of smooth and blocky inversion methods in 2D electrical imaging surveys[J]. Exploration Geophysics, 2003, 34:182 – 187.

[7] P. Sjödahl. Resistivity investigation and monitoring for detection of internal erosion and anomalous seepage in embankment dams[D]. Lund:Lund University,2006.

[8] Loke M H. Rapid 2-D resistivity & IP inversion using the least-squares method, Manual for Res2dinv, version 3.54, 2004:53.

[9] Loke M H, Dahlin T. A comparison of the Gauss – Newton and quasi-Newton methods in resistivity imaging inversion[J]. Journal of Applied Geophysics,2002, 49:149 – 162.

[10] 陈洁,温宁,陈邦彦. 重磁电震联合反演研究进展与展望[J]. 地球物理学进展,2007,22(5):1427 – 1438.

[11] 于鹏,王家林,吴健生,等. 地球物理联合反演的研究现状和分析[J]. 勘探地球物理进展,2006,29(2):87 – 93.

可控源音频大地电磁法探测大坝渗漏地质构造

贾永梅[1] 姚成林[1] 房纯纲[1] 邓中俊[1] 鲁 英[1]
李 平[1] 王会宾[1] 王俊业[2] 张 杰[2] 孙 文[2]
(1. 中国水利水电科学研究院,北京 100038;
2. 山西省水文水资源勘测局,太原 030001)

摘 要 大坝绕坝渗流和基础渗漏的原因之一是由于地质构造的存在,而在施工过程中没有将这些地质构造完全封闭。可控源音频大地电磁法可以有效地探测出坝基和坝肩山体内存在的地质构造,特别是断裂带的位置、宽度、深度和走向,为大坝除险加固工程设计提供依据。本文介绍可控源音频大地电磁法工作原理、现场检测绕坝渗流通道和煤矿采空区的应用实例。

关键词 可控源音频大地电磁法;探测;绕坝渗流;煤矿采空区

1 概述

混凝土坝最大的安全隐患是裂缝,土石坝最大的安全隐患是渗漏。由于工作条件所限,有的大坝在设计前期地质勘察阶段没有查出存在的地质构造。由于地质构造的存在引起的大坝渗漏主要在两个部位:绕坝渗流和灌浆帷幕。通常,坝基防渗墙会延伸到与坝肩连接的山体内,阻断渗流通道。而灌浆帷幕内可能存在的一些大漂石或风化球会影响帷幕灌浆质量和完整性,致使施工时没有将这些可能产生渗漏的地质构造完全封闭。在大坝建成蓄水以后,坝基帷幕灌浆部位、坝肩部位或两岸山体出现严重渗漏,影响大坝安全运行。

作者多年来进行大坝安全检测工作,使用过多种仪器设备,其中包括瞬变电磁仪、大地电导率仪、探地雷达、表面波裂缝检测仪、可控源音频大地电磁仪、多频电磁剖面仪等。对于水利大坝工程地质勘探而言,大地电导率仪和可控源音频大地电磁仪探测地质构造,特别是断裂带的位置、宽度、深度和走向最为有效。

2 可控源音频大地电磁法工作原理

可控源音频大地电磁法(Controllable Source Audio Magnetic Technique, CSAMT)的检测原理是:利用人工场源激发地层,当电流流过不同地层结构和不同深度的地层时,产生不同电位差。接收不同供电频率形成的一次场电位,就可以分辨出不同地层深度的电磁特性。由于存在“趋肤效应”,不同频率的电磁场在地层中的传播深度不同,传播深度与频率存在一定数学关系。不同电导率的岩石在电流流过时所产生的电位和磁场是不同的。可控源音频大地电磁法就是利用不同岩石的电导率差异,观测一次场电位和磁场强度变化的一种电磁勘探方法。可控源音频大地电磁法已经普遍应用于地质勘探和工程地质勘探中。

与瞬变电磁法和频率域电磁法检测二次磁场强度变化的原理不同,可控源音频大地电磁法是检测一次场电位和磁场变化。

在现场进行检测时,操作人员通过选择发射机的频率范围,向大地自动定时发射不同频率的电磁信号,在检测范围内大地形成不同频率的电磁场,如图1所示。

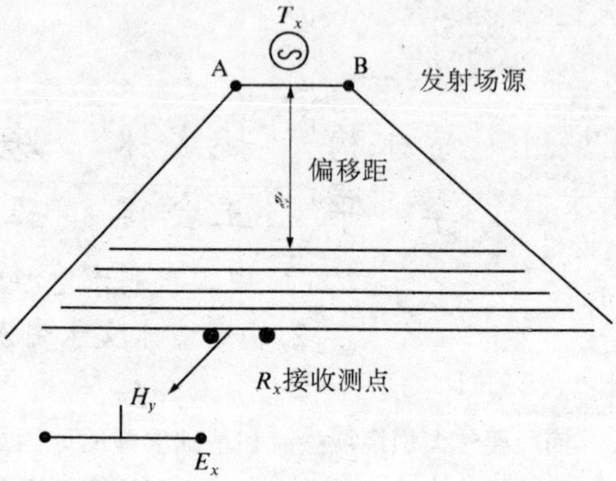

图1　CSAMT的测量野外工作方法示意图

在距离发射场源大于500 m的地面上,根据需要和地形情况布置若干条测线,测线走向平行于发射场源T_x的两个电极A和B的连线走向。将一组电极等间距布置在某条测线上,其中一只电极作为接地电极,其余电极作为测量电极。此外,再将一只磁场接收天线埋设在地下,作为这一组电极的公共磁场测量天线,磁场接收天线的方向指向发射场源,将电极和磁场天线同时接到接收机上。当接收机接收到同步信号后,同时采集各电极的电位信号E_x和磁场强度信号H_y。在一段距离测量结束后,将电极和磁场接收天线移动到同一测线的下一段测量位置,继续进行测量,直到一条测线检测完毕。

3　探测设备简介

探测设备为居世界领先水平的加拿大凤凰地球物理公司生产的可控源音频大地电磁系统,本设备向大地发射不同频率的电磁信号后,通过卫星控制发射机与接收机之间的工作时间同步,应用接收机接收电场分量与磁场分量,并通过反演计算,得到不同深度的电阻率。由于通过改变频率的方法控制勘探深度,从而克服了地形对探测资料的影响。

设备由信号发射系统与电磁信号接收系统组成。接收系统为主机、磁棒、电缆线、GPS卫星接收天线;发射系统主要有发射机、发电机等,如图2所示。左上图①为接收机V6-A;左下图②为发射机、MTU时间同步钟、电源、GPS接收天线;右上图③为探测系统全部设备,含磁探头、电极、电缆等;右下图④为电流输出单元、MTU卫星同步时间控制钟、GPS卫星接收天线。时间以格林威治时间为标准。

本次探测采用80个信号频率,最高频率15 300 Hz,最低频率17 Hz。一个数据采集周期为30 min。接收信号与发射信号时间通过卫星由格林威治时间控制,实现工作同步。

每条测线走向平行于发射电极A、B的连线,用于电场接收的不极化电极在同一条测线上等间距埋置,用于磁场接收的磁棒垂直于测线埋置。

V6-A接收机可显示每一时刻、每一通道接收的各频率对应的电场与磁场信号强度、相位及其随频率变化的视电阻率。

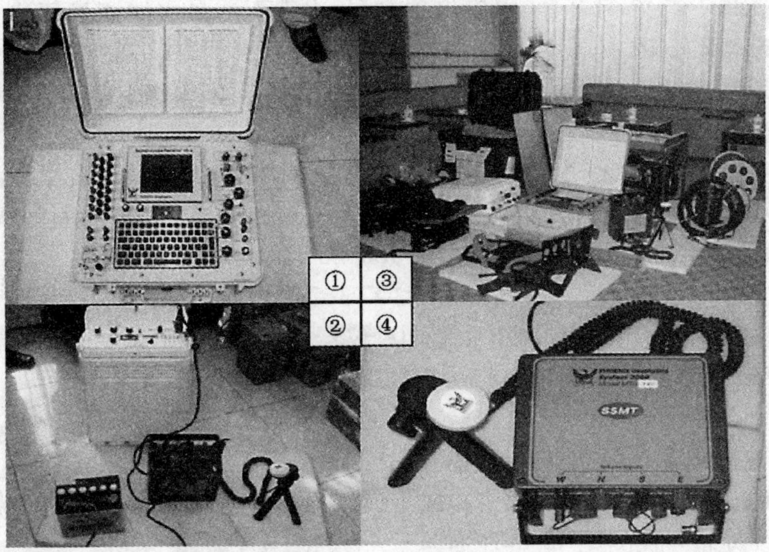

图 2 V6－A 电磁探测系统

电磁波在地层内传播时存在“趋肤效应”，改变发射频率，就可以检测不同深度地层的电阻率，高频信号检测浅地层，低频信号检测深地层。根据电磁波的“趋肤效应”理论，导出趋肤深度公式如下：

$$H \approx 503\sqrt{\rho/f} \tag{1}$$

式中：H 为检测最大深度，m；ρ 为地层电阻率，Ω · m；f 为电磁波频率，Hz。

在检测完一条测线后，通过数据分析和处理，就可获得测线以下不同深度地层的电阻率值，而后用绘图软件完成各测量剖面的电阻率绘制，从而获知该处地层不均匀体的分布情况。地层电阻率 ρ_s 与电场分量和磁场分量的关系式如下：

$$\rho_s = \frac{1}{\omega\mu_0}\frac{|E_x|^2}{|H_y|^2} \tag{2}$$

式中：ω 为角频率，$2\pi f$；μ_0 为真空导磁率，$4\pi\times10^{-7}$ Hz/m；E_x 为电场分量，V/m；H_y 为磁场分量，T。

可控源音频大地电磁法的优点在于，解决了直流电法（包括高密度电法）进行检测时，必须通过长供电导线才能检测深层地层的限制，同时也克服了瞬变电磁法布置线框受地形影响的技术难题。与高密度电法相同，可控源音频大地电磁法需要电极插入地下，在混凝土坝顶、砌石坝坡和砌石马道工作受到极大限制。

可控源音频大地电磁法应用于大坝基础和坝肩山体的断裂带等地质构造检测时效果明显，可以帮助确定由于地质构造产生的大坝渗漏的位置。

4 绕坝渗流检测

某水库位于广东省，水库最大库容 2 574 万 m^3，正常库容 2 200 万 m^3，为中型水库，二等工程。该水库大坝为沥青混凝土心墙土石坝，坝顶高程 51.0 m，坝顶长 395 m。坝基在心墙以下采用地下混凝土连续墙，连续墙底下采用灌浆帷幕。水库于 2007 年 3 月 23

日下闸蓄水。2007 年 12 月开始,水库出现渗漏,水库下游量水堰测量值达 20 L/s,之后渗漏趋势逐渐增大,2008 年 6 月 6 日渗流量达 59 L/s,8 月 21 日渗漏量达 151. 99 L/s。至 10 月 13 日,渗流量已达 180 ~200 L/s。12 月 26 日,当库水位下降至 46. 67 m 时,渗流量反而增加到 236 L/s。

为了查明大坝渗漏部位,检测工作分三步进行:①首先进行大坝右岸渗漏检测,包括大坝坝体桩号大于 0 +300 部分;②其次进行大坝左岸渗漏检测,包括大坝坝体桩号小于 0 +100 部分;③最后进行大坝坝体桩号 0 +100 ~0 +300 部分渗漏检测。

2008 年 12 月 16 ~29 日,作者采用 EM34 -3 型大地电导率仪、GDP -32 ^{Ⅱ} 型瞬变电磁仪、探地雷达和可控源音频大地电磁法等四种仪器,对水库大坝进行了渗漏通道综合物探检测。本文介绍可控源音频大地电磁法在右岸和左岸山体检测结果。

图 3 表示可控源音频大地电磁法(CSAMT)在右岸山体山顶测线 5 检测结果。由断面图可知,电阻率在水平方向上呈不连续分布。在测距 48 m 左右出现了 V 字形低电阻率区,一直向深部延伸。低阻区延伸的中心部位位于测距 65 m 处。地质剖面两侧电阻率分布不连续。如地质剖面左端,50 m 深度处电阻率为 400 Ω · m,而右端为 300 Ω · m。由此推断,本剖面有构造通过,其中心位置位于测距的 65 m 处。该地质构造可能存在水库渗漏隐患,但是,由于该地质构造远离坝体,不会对坝体渗漏产生影响。

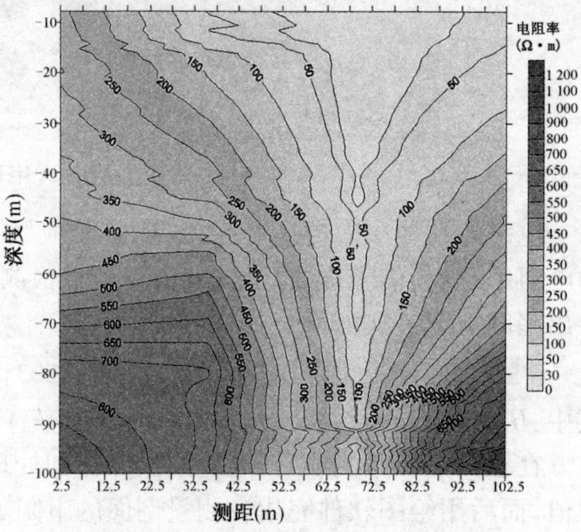

图 3　可控源音频大地电磁法在测线 5 检测结果

图 4 表示可控源音频大地电磁法(CSAMT)在左岸山坡小路测线 11 检测位置,起点在马道桩号 0 +059 处,检测从马道向左岸山坡小路进行。图 5 表示检测结果。该断面图反映电阻率曲线基本平缓,在水平方向上无明显不连续现象,因此推断本剖面上没有构造通过,不会产生严重渗漏现象。

5　煤矿采空区探测

南港村位于北京市门头沟区王平镇南侧山区,村民住宅分布于近南北走向的沟谷两侧。该区域的出露地层为侏罗纪砂、页岩,煤矿开采煤层属侏罗纪。由于煤矿的长年过度开采,地面出现明显沉降,存在安全隐患,引起居民房体部分开裂,威胁村民的生命与财产安全。作者此次检测工作的目的是,探明整个村庄的地基是否牢固,全村居民是否需要搬迁到安全地带居住。

本次检测共布置了 10 个断面,位置如图 6 中实线所示。为了满足同一测线上各测点的电磁场强度相同,建立了两个发射站,均建立在东山上,A、B 供电电极距约 150 m。发射站距离接收站区约 500 m,发射站与接收站区之间为一条山沟。接收站各测点位于两个不极化电极之间。

图4 大坝左岸测线布置示意图

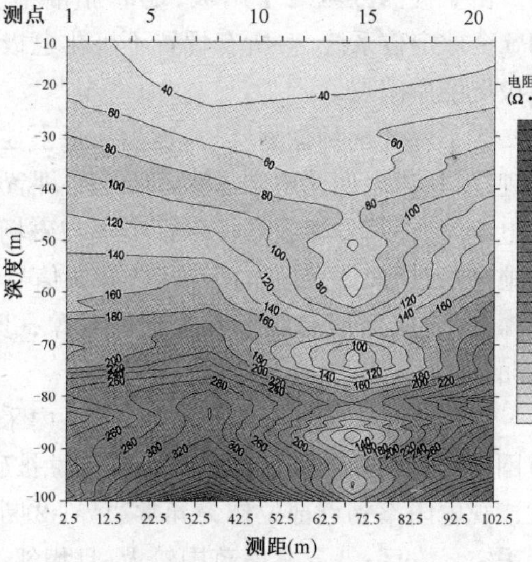

图5 可控源音频大地电磁法(CSAMT)在测线11检测结果

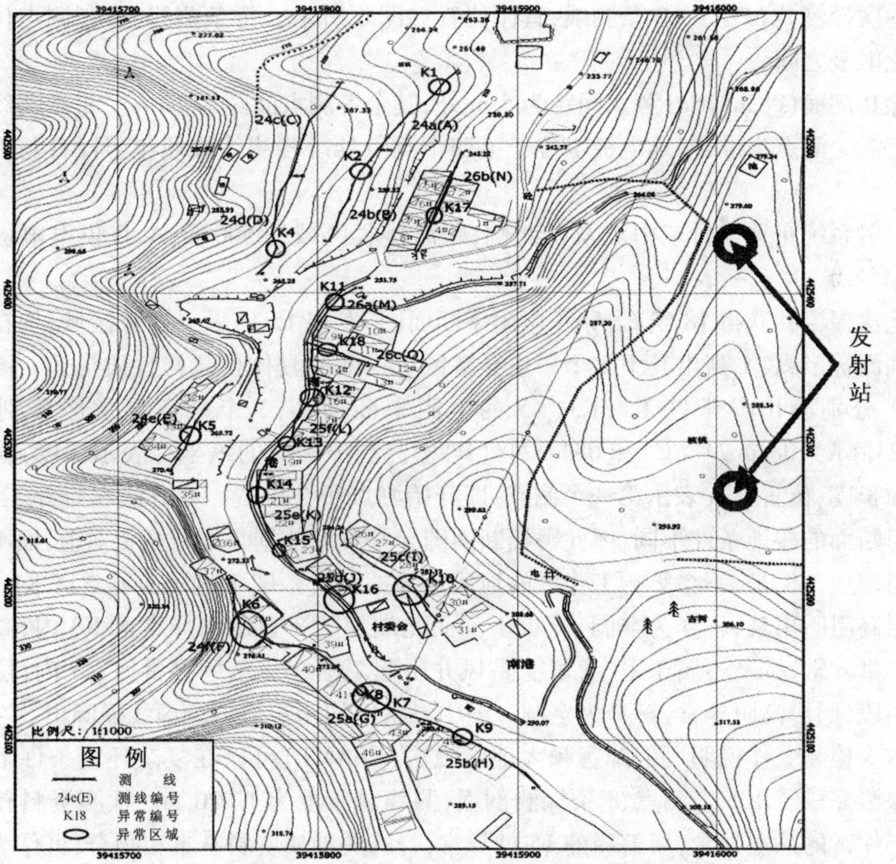

图6 南港村检测测线布置及采空异常区域分布图

由于检测区域处于山坡,地面非常不平整,各电极定位困难。因此,本次检测应用 GPS 全球定位系统,对所有埋置不极化电极坑的位置坐标进行了测量,各测点位于每两个电极坑的中间点。

为了保证现场探测质量,应当注意下述几个技术问题:①信号发射系统保证收发距离合理,A、B 供电回路电阻不大于 50 Ω,埋置电极处通过浇注浓盐水减小接地电阻,以增加供电电流;②信号接收系统保证电场与磁场信号强度,不极化电极埋置处用盐水泥浆减小接地电阻,以保证接地电阻小于 1 kΩ、信号离散度小于 10%、接收曲线圆滑;由于探测对象深度小,应保证高频率段无离散现象;③磁场接收的磁棒应远离电网,埋设于深度 20 cm 的土坑内。

根据采空区的一般特点,本探测区内采空区判定原则为:①断面图上,煤层采掘深度范围内出现明显的高、低阻异常,成层性被破坏时,划为采空异常区;以等值线方向变化较大或视电阻率拐点部位作为异常边界;②断面图上,等值线有较大局部凸起或凹下时,划为采空异常区;③异常段范围较大,且相邻、相交剖面可对比时,推测为回采区;④视深度与采掘深度相近的高阻异常推断为未大量充水或充填;低阻异常推断为有一定的充水或充填。上部异常推断为采空塌落、裂隙、变形等。

本次探测共布置了 10 条测线,具体位置如图 6 所示。每条测线上,各测点位于两个不极化电极之间。

除 0 剖面(08Jun26c)测点间距为 5 m 外,其余各测点间距为 10 m。每条测线位置以北起第 4 个测点为准,接地电极也位于第四个测点处。各测线按照年、月、日与测量顺序编号。

发射系统布置于村东山坡及村北侧,距离接收区域约 500 m,A、B 供电电极距约为 150 m。

此次探测共获得 18 组 CSAMT 电阻率断面图,发现 15 处采空异常区域,均在图 6 中左侧圆圈标出,表 1 列出其中 5 个采空异常区域探测的具体位置与性质描述。图 7、图 8 和图 9 分别绘出异常区 K1、K3、K5 的电阻率断面图,3 个采空异常区分别在测线 08Jun24a(A)、08Jun24c(C)和 08Jun24e(E)上。图中断面的纵坐标表示深度,横坐标表示断面长度,位置 0 m 表示第一个测点,即开始测点所在位置。本方法在野外工作期间,每一组断面的接地条件不同,因此每幅断面图异常解释依据是电阻率相对值,而不采用绝对电阻率值。但是,不会影响工作区的地质环境的评价。图 7 显示的异常区 K1 内,异常以圆形高阻圈出现,解释为空洞,分布于剖面北端。图 8 显示的异常区 K3 内,高阻区呈直立条带异常,推断不属于采空,可能是风井引起。图 9 显示的异常区 K5 内,位于Ⅲ剖面前半段,圆形高阻异常,解释为空洞。图中异常区均用矩形白色虚线框圈出。

本次检测工作说明可控源音频大地电磁法(CSAMT)可以在复杂环境条件下正常工作。探测完成了 105 个测点、8 条探测剖面,测线总长度为 1 020 m。探测资料较好地反映了工作区的采空异常,所解释的 15 处异常,与有关地质资料基本相吻合,可作为采空地质环境评价的参考资料。

表1 采空异常区统计

异常编号	所在测线	所在剖面位置			异常描述
		水平位置(m)	垂向位置(m)	中心位置(m)	
K1	08Jun24a(A)	5~15	28~35	10	异常以圆形高阻圈出现,解释为空洞,分布于剖面北端
K2	08Jun24b(B)	80~90	10~25	85	椭圆高阻异常,埋藏较浅,解释为采空所致
K3	08Jun24c(C)	10~20	25~150	18	高阻直立条带异常,推断不属于采空,可能是风井引起
K4	08Jun24d(D)	110~120	55~65	115	低阻椭圆异常,推断充水,位于剖面南段
K5	08Jun24e(E)	30~40	28~40	35	位于Ⅲ剖面前半段,圆形高阻异常

图7 采空异常区 K1 电阻率断面图

图8 采空异常区 K3 电阻率断面图

图9 采空异常区 K5 电阻率断面图

【作者简介】 贾永梅(1975—),女,高级工程师,现工作于中国水利水电科学研究院。电子邮箱:jiaym@ iwhr. com。

堤防工程安全评价单元划分方法研究*

张清明[1] 徐 帅[2] 周 杨[1]

(1.黄河水利科学研究院,郑州 450003;2.黄河流域水资源保护局,郑州 450003)

摘 要 堤防工程安全评价单元的划分是堤防工程安全评价的基本步骤,在进行堤防工程安全评价时,断面样本如何选取和选取多少至关重要。本文在总结现有堤防工程断面样本选取方法的基础上,提出断面样本选取应兼具典型性和代表性。具有典型性,就是采用指标赋权和度量方法,对断面样本选取影响因素的重要程度进行定量分析和评价,得出断面样本典型性排序;代表性,就是采用概率和数理统计知识,得出具有代表性的断面样本量 n 的方法。

关键词 堤防工程;安全评价;典型性;代表性

1 前言

堤防工程安全评价单元的划分是堤防工程安全评价的基本步骤,单元划分应综合考虑洪水特性、河道特性、堤身和堤基结构特征、护坡条件、地质条件、出险历史等因素的影响。由于单元划分的目的是为堤防工程安全评价选取具有典型性和代表性的断面概化计算模型,因此断面样本如何选取和选取多少成为关键。

查阅相关的文献资料可知,目前有关堤防工程安全评价断面样本选取的研究还未见报道,现有的断面样本选取方法,归纳起来主要有两种。

(1)随机抽样选取断面样本。随机抽样是指按照随机原则从堤防工程安全评价的断面总体中抽取断面样本,作为断面总体的代表。如张庆彬[1]提出选择堤防断面基本特征相同的堤段,每1 km作为一个评价单元,按堤防总长度的20%来进行评价,相似堤段可以直接引用评价结果,堤防薄弱的堤段可考虑适当缩短;徐如海[2]采用模糊-灰色关联理论评价南宁某堤防工程岸坡的稳定性时,采用随机方式抽取6个断面进行分析计算。

采用随机抽样方法选取典型断面的优点是当所抽取的断面样本数量足够多时,能较真实反映堤防工程总体的特征,具有代表性,这种方法比较适宜于当堤防工程安全评价的断面总数量不太多的情况。

(2)结合工程地质勘察资料和出险历史选取断面样本。结合工程地质勘察资料和出险历史选取用于堤防工程安全评价的断面样本,也是一种经常采用的方法。如邢万波[3]在对南京市板桥河左岸堤防工程进行安全和风险分析时,结合工程地质勘察报告和出险历史,选择加固前后的1995年破圩断面作为断面样本,认为代表了板桥河堤防的总体工

*基金项目:黄河水利科学研究院中央级公益性科研院所基本科研业务费专项资金(HKY-JBYW-2009-7)。

程地质特征。该方法的优点是所选取的断面样本具有典型性,但是否能真正代表堤防工程的总体特征以及代表性的高低则是值得探讨的问题。

上述两种断面样本选取方法各有千秋,但都不能使断面样本兼具典型性和代表性,本文将对如何使堤防工程安全评价的断面样本兼具典型性和代表性展开深入分析。

2 典型性分析

典型性,是指对堤防工程典型断面样本选取的影响因素的重要程度进行分析和评价,并以既定指数、等级或概率值做出定量的表示。由此可见,堤防工程典型断面样本的选取主要包括以下内容:①确定堤防工程断面样本的总体;②分析存在的影响典型断面样本选取的因素;③分析各因素对典型断面样本选取的重要程度并做出定量表示;④得出各断面样本典型性的综合评价值。

2.1 断面样本总体的确定

堤防工程安全评价断面样本的总体为 Ω,断面 $Y(Y\subset\Omega)$,则 Ω 取值的基本原则为:①险工段堤防,概化险工断面 Y_i;②平工段堤防,堤防断面基本特征(堤防结构和土质,护坡条件)相同的堤段,概化为一种断面形式 $Y_j(i\neq j)$;③如堤防断面基本特征相同堤段,自然边界条件(滩区宽度、洪水流量等)发生显著变化,则概化为断面形式 $Y_{jk}(k=1,2,\cdots,n)$。

2.2 影响因素分析

从考虑堤防工程安全性的角度出发,典型断面样本选取的影响因素分析与前人研究的有关堤防工程安全因素分析在研究方法上存在异曲同工之处[4,5],结合堤防工程的实际情况,突出关键因素的影响,总体上可分为内部因素和外部因素,其中,堤防结构特征和土质特性、断面形式及大小、堤身隐患、防护条件是内部因素,而洪水特性及河势变化则是影响典型断面样本选取的最重要的外部因素。总结前人研究成果,得出影响堤防工程典型断面样本选取的指标体系 $x_i(i=1,2,\cdots,n)$,见图1。

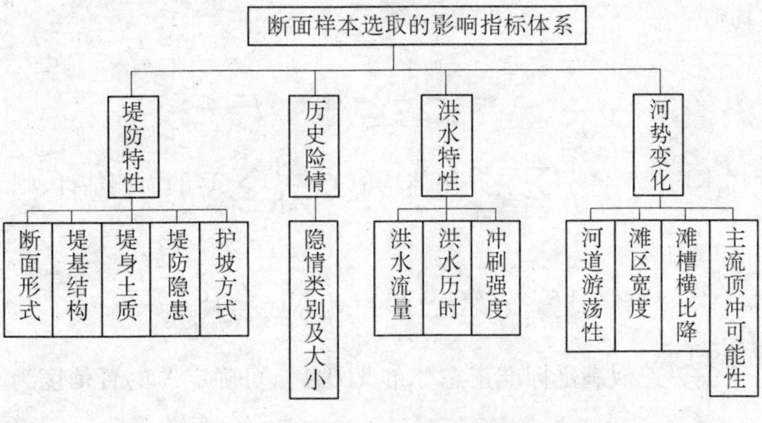

图1 堤防工程典型断面样本选取的影响指标体系

在实际的堤防工程安全评价过程中,需结合大量的地质勘察资料、现场调查资料以及其他相关资料,建立适宜的典型断面样本选取的影响指标体系。

2.3 指标度量和赋权方法

2.3.1 指标度量方法

典型断面样本选取的影响指标包括定性指标和定量指标,其中定性指标具有模糊性和非定量化特点,很难用精确的数学值来表示,只能采用模糊数学的方法对模糊信息进行量化处理。目前比较常用的方法是专家打分法;定量指标由于其量纲不尽相同,无法直接比较或综合,因此需进行无量纲化处理,常用方法包括直线型、折线型和曲线型。

2.3.2 指标赋权方法

权重是权衡被评价对象总体中诸因素相对重要性程度的量值,包括指标间的相对重要性程度和各指标对其上层指标的相对重要性程度。权重确定方法,可以选择建立乘积标度法赋权模型、可拓层次分析法赋权模型、神经网络权重训练模型、加速遗传及层次分析方法赋权模型等方法。

2.4 综合评价

利用上述所得指标评价值和指标权重对堤防工程断面样本的典型性进行综合评定,得出断面样本典型性由大到小的排序为:$Y_{(1)} \geqslant Y_{(2)} \geqslant \cdots \geqslant Y_{(n)}$。

由于前人研究成果的可借鉴性[4,5],这里仅阐述堤防工程断面样本典型性评价的基本流程,而未展开深入分析。

3 代表性分析

堤防工程断面样本代表性是指所选取的断面样本系列对总体断面样本系列的代表程度,也可以理解为选取的断面样本相对于总体断面样本的可信度。在堤防工程安全评价工作中,选取断面样本的可信度很大程度上决定了评价成果能否真实反映堤防工程的总体安全状况,因此代表性断面样本的选取是评价工作中十分关键的环节。

设断面样本 $y_1,y_2,y_3,\cdots,y_n$ 是来自总体断面样本系列 $\{Y_1,Y_2,Y_3,\cdots,Y_n\}$ 的一个样本量为 n 的简单随机样本,根据概率论和数理统计知识:

(1)样本均值

$$\bar{y} = \frac{1}{n}\sum_{i=1}^{n} y_i \tag{1}$$

(2)样本方差

$$S^2 = \frac{1}{n-1}\sum_{i=1}^{n}(y_i - \bar{y})^2 \tag{2}$$

(3)断面样本均值 $\bar{y} = \frac{1}{n}\sum_{i=1}^{n} y_i$ 是整体均值 $\bar{Y} = \frac{1}{n}\sum_{i=1}^{n} Y_i$ 的无偏估计,则该估计 $\bar{y}$ 的均方偏差为

$$V(\bar{y}) = E(\bar{y} - \bar{Y})^2 = \frac{1}{n}\left(1 - \frac{n}{N}\right)S^2 \tag{3}$$

(4)假定 $\frac{\bar{y} - \bar{Y}}{\sqrt{V(\bar{y})}}$ 近似满足标准正态分布 $N(0,1)$,可确定 $\bar{Y}$ 的置信度为 $1-\alpha$ 的区间估计是 $[\bar{y} - u_{1-\frac{\alpha}{2}}\sqrt{V(\bar{y})}, \bar{y} + u_{1-\frac{\alpha}{2}}\sqrt{V(\bar{y})}]$,常取 $1-\alpha = 95\%$。

下面推导给出确定具有代表性的堤防工程断面样本量 n 的方法。

(1)假设给定绝对精度 λ,即要求

$$|\bar{y}-\bar{Y}| \leqslant \lambda \tag{4}$$

(2)在 $1-\alpha$ 置信度下,满足 $|\bar{y}-\bar{Y}| \leqslant \lambda$,即

$$P\{|\bar{y}-\bar{Y}| \leqslant \lambda\}=1-\alpha \tag{5}$$

得出 $\bar{Y}$ 的置信度为 $1-\alpha$ 的区间估计为 $[\bar{y}-\lambda, \bar{y}+\lambda]$。

(3)对照区间估计的结果,可得

$$\lambda=u_{1-\frac{\alpha}{2}} \sqrt{V(\bar{y})} \tag{6}$$

$$\lambda^{2}=(u_{1-\frac{\alpha}{2}})^{2} V(\bar{y})=(u_{1-\frac{\alpha}{2}})^{2} \frac{1}{n}\left(1-\frac{n}{N}\right) S^{2} \tag{7}$$

简化得出

$$n=\frac{(u_{1-\frac{\alpha}{2}})^{2} S^{2}}{\lambda^{2}+\frac{1}{N}(u_{1-\frac{\alpha}{2}})^{2} S^{2}} \tag{8}$$

在确定具有代表性的堤防工程断面样本量 n 后,按照堤防工程断面样本典型性排序($Y_{(1)} \geqslant Y_{(2)} \geqslant \cdots \geqslant Y_{(n)}$),由大到小选取相应的断面样本量 n,可知,所选取的堤防工程安全评价断面样本量 n 兼具典型性和代表性,能真实反映堤防工程的总体安全状况。

4 结语

堤防工程安全评价单元的划分是堤防工程安全评价的基本步骤,断面样本如何选取和选取多少至关重要,在归纳总结现有堤防工程断面样本选取方法的基础上,本文提出堤防工程安全评价断面样本选取应兼具典型性和代表性,其中,典型性分析借鉴前人有关成果,采用指标赋权和度量方法,对堤防工程典型断面样本选取的影响因素的重要程度进行定量分析和评价,得出堤防工程断面样本典型性排序;代表性分析,采用概率和数理统计知识,推导得出确定具有代表性的堤防工程断面样本量 n 的方法。本文提出的关于堤防工程安全评价断面样本选取的理论方法,尚有待工程实践进行进一步检验。

参考文献

[1] 张庆彬. 河道堤防工程老化评定初探[J]. 水土保持通报, 1999(5):21-23.
[2] 徐如海. 模糊理论与灰色系统理论在堤防岸坡稳定分析中的应用[D]. 南宁:广西大学,2006.
[3] 邢万波. 堤防工程风险分析理论与实践研究[D]. 南京:河海大学,2006.
[4] 张秀勇. 黄河下游堤防破坏机理与安全评价方法的研究[D]. 南京:河海大学,2005.
[5] 陈红. 堤防工程安全评价方法研究[D]. 南京:河海大学, 2004.

其　他

水文测报新技术在国家防汛抗旱指挥系统一期工程中的应用

张维华

(水利部水利信息中心,北京 100038)

摘　要　本文从水文数据在站存储、流量测验、水文信息传输三个方面,论述了固态存储器技术、多普勒流速剖面仪(ADCP)、全球卫星定位系统(GPS)、全站仪、电波流速仪、移动通信、北斗卫星等新技术、新仪器在国家防汛抗旱指挥系统一期工程中的应用以及在提高我国水文测报现代化中的作用。

关键词　水文测报新技术;防汛抗旱指挥系统;流量测验;水文信息传输

1　前言

1.1　国家防汛抗旱指挥系统一期工程

国家防汛抗旱指挥系统一期工程是经国务院批准的国家重点工程,是国家"12 金工程"之一"金水工程"的龙头工程,其目标是建成一个以水情、雨情、工情、旱情、灾情信息采集系统和雷达测雨系统为基础,通信系统为保障,计算机网络系统为依托,决策支持应用系统为核心的国家防汛抗旱指挥系统。系统先进实用、高效可靠,能为各级防汛抗旱部门及时提供各类防汛抗旱信息,较准确地作出降雨、洪水和旱情的预测预报,为防洪抗旱调度决策和指挥抢险救灾提供有力的技术支持和科学依据。

国家防汛抗旱指挥系统一期工程由信息采集系统、通信系统、计算机网络系统、决策支持系统、淮河及黄河中游新一代天气雷达应用系统五大部分组成。

1.2　信息采集系统

信息采集系统包括雨水情、工情、旱情、灾情等信息的采集,本文着重介绍水情信息采集系统。水情信息采集系统的建设即水情分中心的建设是国家防汛抗旱指挥系统工程的重要建设内容。它在国家防汛抗旱指挥系统中具有十分重要的地位,是支撑其他系统运行的基础部件和信息来源,是防汛抗旱指挥和防洪调度决策必不可少的科学依据。

水情信息采集的内容主要有降雨量、水位(潮位)、流量等要素。

1.3　水情信息采集系统建设目标

水情信息采集系统即水情分中心建设的目标是:

(1)在雨量、水位信息采集方面,通过对中央报汛站雨量观测项目和水位观测项目设施设备的更新改造,实现为中央报汛站的雨量、水位观测全部采用数据自动采集、长期自记、固态存储、自动传输技术,提高观测精度和时效性。

(2)在流量、泥沙等不能自动采集的水文信息采集方面,通过对流量等测验设施设备的更新改造,中央报汛站的测洪能力提高到接近或达到相当于设站以来发生的最大洪水或略高于堤防防御标准的水平;大江大河站在发生超标准洪水或意外事件的情况下,有应急测验措施;流量、泥沙等水文测验信息通过人工置数设备进行数字化自动传输。

(3)在报汛方面,通过对中央报汛站报汛设施设备的更新改造和水情分中心的系统建设,实现在20 min之内收集齐水情分中心所辖中央报汛站的水情信息,并通过计算机网络在10 min之内上传到国家防办的目标。

在国家防汛抗旱指挥系统一期工程建设中,一大批先进的水文测报技术得到了广泛的应用,对提高我国水情信息采集的精度和传输的时效性,增加防汛调度的信息量,延长洪水预报调度的预见期,提高防汛指挥的工作效率和服务质量,提高水利行业的现代化管理水平起到了积极的作用。

下面仅就雨量水位固态存储技术、流量测验采用的关键技术、水文信息传输新技术在水情信息采集中的应用作一阐述。

2 雨量、水位固态存储技术

2.1 固态存储器技术

数据的固态存储方式使用半导体存储器,可以是RAM型随机存储器,也可以是ROM型存储器;可以是固定内置式存储器,也可以是插拔式存储卡,或是两者的结合,在一个单片微处理器的控制下,通过定时采集或事件(如水位变化、发生降雨等)启动方式,自动将水位、雨量等传感器测到的雨量、水位数据和相应的时间信息,以一定的数据格式存储在半导体固体存储器的相应单元内。这种存储方式无可动部件,工作可靠,而且功耗极低,非常适合于野外观测资料的自动记录。

固态存储器由有形硬件和以控制器件工作为目的、以软件方式存在的无形指令两部分构成。硬件的关键器件是微处理器,另外还装有为完成定时采集、存储数据功能所必需的内部时钟系统和为使用计算机读取数据而设置的RS-232串行通信接口等器件;其软件是一系列以介质形式存储的控制微处理器运行的指令。它除了解决水情信息的自动采集外,还具有三个重要功能:第一,在与固态存储数据采集仪配套的各类通信接口的基础上,只需配备通信设备,即可构成当今世界先进水平的无人值守、自动运行的雨量、水位信息自动采集和传输系统。第二,通过计算机或读写卡从存储器读取数据,可以实现水文资料整编工作的自动化。第三,由于报汛、整编的数据取自同一存储器,还可解决长期以来水情拍报与资料整编成果不一致的“两张皮”问题。

由于固体存储器具有长期自记、可记录雨量和水位等各种参数、可多参数同时记录、记录数据可自动处理、可靠性高、记录准确、工作量小等特点,在国家防汛抗旱指挥系统一期工程雨量、水位的观测中,固态存储器技术得到了广泛的应用。其中典型的是JDZ-1型雨量数据采集仪,WFZ-2型雨量、水位数据采集仪。

2.2 JDZ－1 型雨量数据采集仪

JDZ－1 型雨量数据采集仪，是水利部从澳大利亚进口的 DT300 型固态存储器和南京水利水文自动化所制造的翻斗式雨量计（0.2 mm 或 0.5 mm）配套组成的。

DT300 固态存储器设有雨量信号输入端口，与翻斗式雨量计连接，能进行雨量观测数据的自动记录和长期储存。它通过重复记录某时间间隔内翻斗的翻转次数来实现雨量数据的自动采集，该时间间隔称为采样周期，采样周期可视需要而设置，如 5 min、10 min 等。

在 DT300 内建立有两个数据区，用于存储和重建雨量数据。保存于数据存储区域（32 000 个字节）的数据经过压缩，以占据内存最少的数据格式存储。它在多雨地区最少可保存 3 个月的雨量数据，在中等雨量地区可存储 6 个月的雨量数据，在少雨地区则可存储一年乃至几年的雨量数据。

存储在 DT300 内的雨量数据，可以通过 3 个按键组成的键盘在 LED 显示器显示；既可通过其 RS－232 串行通信口用微机随时读取实时雨情供水情拍报，又可用配套的读写卡定期读出不同时段长的雨量数据进行资料整编。

2.3 WFZ－2 型雨量、水位数据采集仪

WFZ－2 型雨量、水位数据采集仪，是水利部从澳大利亚进口的 DT350 固态存储器和国产配套翻斗式雨量计、自记水位计组成的，可同时完成两种水文要素的自动采集、长期自记和存储，其工作原理和功能与 JDZ－1 完全相同。

2.4 HW－1000 系列非接触式超声波水位计

黄委自行研制、开发的非接触式超声波水位计是一种将换能器安装于某一种固定位置，观测由换能器向水面发射声波脉冲，用仪器测量声波从发出到接收所需时间，根据声波速度换算出换能器至水面距离的一种仪器。HW－1000 系列非接触式水位计，就是利用声波在空气中传播、遇水面后反射，以声波脉冲往返于换能器到水面之间的历时和波速测定换能器至水面的距离的。

由于这种仪器采用非接触测量，不受流速、漂浮物的撞击，不受水草、泥沙淤堵和水质电化反应的影响，不需建观测井，基建投资较少，所以可广泛应用于含沙量高、流速大、多漂浮物的天然河流的水位观测，不仅较好地解决了长期以来多泥沙、断面多冲淤河流水位无法自记的难题，而且因其以电信号输出，可直接与固态存储器或其他计数仪器相连接，使这些河流的水位从观测到记录、储存和实时传输的自动化成为可能。

HW－1000 型系列非接触式超声波水位计有无线传输型和有线传输型两种。

在国家防汛抗旱指挥系统工程中已将中央报讯站的虹吸式自记雨量计全部换为南京水利水文自动化研究所生产的翻斗式雨量计；普及和推广自动观测、长期自记和固态存储技术，在雨量站配备固态存储器，与翻斗式雨量计配套构成固态存储雨量数据采集仪；在水位站配备固态存储器，与自记水位计配套构成水位数据采集仪；实现雨量、水位数据的自动采集和自动传输。

3 流量测验采用的关键技术

3.1 多普勒流速剖面仪（ADCP）

多普勒流速剖面仪（ADCP）是近年来出现的一种测流新技术。它利用声学多普勒效

应原理进行水流速度和流量测验。宽带 ADCP 具有 3 个特点:

(1)快速、准确的流量测量。在穿越测流断面的测船上,只需很短时间即可完成流量的准确测量,且不干扰水体,不受航迹的影响,从根本上改变了采用机械转子流速仪测量流速的方法。

(2)通过流量计算软件的运行,可直接取得计算流量所必需的全部信息,特别是断面流速分布(流速场)信息。

(3)设备可有多种布设方式,可安装在大、小船只上走航测量,也可架于平台、锚于河底定点长期自记。

宽带 ADCP 一般为走航方式测量,由积分法测定断面的流量,可快速进行大范围水体(如整个过水断面)的流速流量测验;而哨兵式 ADCP 为定点方式工作,测定垂线流速分布,其优点是轻便灵活。

在国家防汛抗旱指挥系统工程中 ADCP 在大江大河利用测船进行流量的测验中得到了广泛应用。

3.2 全球卫星定位系统(GPS)

GPS 是美国研制的人造卫星定位系统,由于其具有定位精度高、观测时间短、测站间无需通视、可提供三维坐标、操作方便、全天候作业等特点,此仪器配备在大江大河控制站,特别是在阴天黑夜、起雾刮风、下雨下雪、洪水漫滩的情况下,用于特别宽阔水面和洪水漫滩后的起点距定位和测量,可以有效地解决滩地流量无法施测的难题。

3.3 全站仪

全站仪是一种将电磁波测距装置与电子经纬仪相结合的自动化、数字化的三维坐标测量系统。它兼具测角、测距、记录、传输、检查、计算和数据处理等多种功能,在水文测验中,用于大江大河、水库、湖泊等宽阔水面测点(垂线)平面位置的测定和高程的测量。而且,该仪器是一种多功能、高功效仪器,受天气影响小,在各种恶劣天气条件下均可使用,测量过程自动化,可大大缩短测验历时,在河道、水库水文测量中发挥重要的作用。

3.4 电波流速仪

南京水利水文自动化研究所生产的电波流速仪是利用雷达多普勒效应测量水面点流速的非接触式流速仪,即利用发射信号的水面回波与基准信号的多普勒频率差来提取速度信息。回波产生的多普勒相移信息反映其水面流速。

电波流速仪测速范围:0.5 ~15 m/s。

此仪器最重要的特点是不接触水体,采用无接触远距离实现流速测量,测流速度很快,测流时不受水面、水中漂浮物的影响,也不受水质(或含沙量)、流态等影响,特别适合于高流速测验、桥上测流,在水流湍急、水情复杂、含沙量大、漂浮物多的情况下,具有其特殊的优越性;而且整套仪器体积小、功耗低,非常适合于随小型车船进行巡测和利用桥梁进行大洪水的测验等野外作业。电波流速仪在国家防汛抗旱指挥系统工程中得到广泛应用。

4 水文信息传输新技术

4.1 移动通信技术

移动通信是我国近 10 多年来发展最快的一种通信系统, GSM 是电信部门向用户提供的一种数字通信资源,是一种无线通信公网。随着移动通信技术的发展,GSM 在水情报汛通信中得到了广泛的应用。

水情分中心建设的实践表明,利用 GSM 公网,特别是 GSM 专业短信息平台组网,优点突出,技术也比较成熟。

利用 GSM 短信息平台组网,具有以下优势:

(1)系统响应速度快,传输时效好,信道稳定可靠。有些省已建系统的运行表明,响应速度仅为几秒,传输速率达 9 600 bps,绝大部分报汛站的数据可在 1 min 左右到达分中心,畅通率可达 98% 以上。

(2)系统容量较大,可传输数据量大。一条短信息所能容纳的数据量最多可达 100 字节以上。

(3)GSM 信道无需中继,即可用于无线远程传输,加上它属于双向通信,可方便地实施远程控制,所以组网十分灵活。

(4)GSM 系统设备体积小、重量轻、功耗低。由于不需要架设室外天线,安装方便,不仅一次性建设投资少,而且维护管理简单,运行费用低。

但当网络容量非常大时,或在公共节假日期间,GSM 短信息平台可能发生信息拥塞,使畅通率下降或部分测站的数据传输到水情分中心的时延过大。水情分中心示范区建设的实践证明:解决此问题的最有效办法就是通过与电信部门协商,在 GSM 短信息中心配置专用的水情数据服务器,再通过数字数据网(DDN)、非对称数字用户环路(ADSL)等数字电路完成向分中心等的数据转发,这样既可保证畅通率,又使系统数据传输更加快捷。

GPRS 是国家防汛抗旱指挥系统一期工程中应用最广泛的信道之一,它是依托于 GSM 的无线分组交换网。具有以下特点:

(1)技术核心是分组交换,可以实现高效地传输高速或低速数据和信令,从而提高对网络资源和无线资源的利用率。

(2)无线信道的分配方式灵活,传输速率高于 GSM,既能支持水文数据的定时传输,又能支持偶尔水文数据的大量传输,适合水情数据传输的特点。

(3)对于数据量小的水文数据传输,有利于降低运行费用。

(4)GPRS 的核心网络层采用 IP 技术,网络传输时延较小,网络接入速度快,既能满足国家防汛抗旱指挥系统对水情信息时效性的要求,又便于与计算机网络连接。

(5)利用 GPRS 传输水情信息能够压缩水情数据,并有重传协议保护,保证了水情数据传输的高效可靠。

国家防汛抗旱指挥系统一期工程的实践证明,应用 GPRS 传输信息具有传输速度快、高效安全、运行费用较低、设备安装维护方便等优点,应用前景广阔,如利用 GPRS 的点对多点业务/PTM,可实现水情数据的一站多发功能,即除了向水情分中心发送信息外,还可同时向多个报汛站或防汛单位发送水情信息,对加强水文测站的水文预报能力和向地方政府的水情服务将起到积极的作用,而且 GPRS 与 GSM 相比可传输图片、声音、视频等多种文件格式,为今后水情信息的视频监控等提供了很好的应用前景。

4.2 北斗卫星

北斗卫星系统是 2002 年起投入运行的具有我国自主知识产权的军用卫星定位导航

系统,采用先进的扩频通信体制,抗干扰能力强,允许多个地面终端同时发送数据,系统容量十分巨大,每小时可允许几十万用户使用简短数据传输。

北斗卫星具有以下特点:

(1)卫星通信设备集成度高,提供短信息服务的通信终端体积很小,天线口径仅 20 cm 左右。安装简单,可缩短建设工期。

(2)北斗卫星系统工作在 L/S 波段(1.6G/2.4G),与 Ku 波段通信相比,暴雨对其电波传输的影响即雨衰的影响很小。

(3)通信费用按每次发送的包计算费用,可采用月租的方式,运行成本较海事卫星低,同时不需要申请专用信道,非常适合水情信息数据量小、信道利用率低的特点。

(4)北斗卫星传输时效及速率快,每次登录入网完成传输总用时一般在 10 s 之内。出站信道速率为 31.25 Kbit/s,入站信道速率为 15.625 Kbit/s,响应时间:高 <1 s,中 <5 s,低 <10 s。

(5)系统采用点对点或点对多点通信。当一个报汛站出现故障后不会影响水情分中心整个系统的正常运行,对经常遭受洪水威胁的水文站来讲非常重要。

(6)在水情分中心可监视卫星终端的工作状况,系统维护方便快捷。

(7)由于采用间歇供电方式后总体平均功耗很低,适应水文测站野外使用条件。

正是由于北斗卫星通信系统具有上述特点,即使在暴雨时也不致影响水情数据的传输,较好地解决了雨衰和碰撞问题,因此在国家防汛抗旱指挥系统一期工程中得到了广泛的应用,畅通率在 98% 以上。

5　结语

通过采用上述技术,可使雨量、水位数据全面实现自动观测、长期自记和固态存储,从根本上改变了依靠人工观测、用纸介质储存数据的落后面貌;为水文资料整编的计算机化创造条件,大大提高了我国水文资料整编工作的水平;雨量、水位数据的固态存储技术和为报汛设备提供的通信接口,为实现两类信息的自动采集、自动传输奠定了坚实的基础。配备先进的测验仪器,很大程度上提高了测洪能力和测验质量。

采用 PSTN、移动通信、超短波、卫星等先进的通信设备混合组网,实现了报汛通信的“双保险”,实现了国家防汛抗旱指挥系统一期工程中央报汛站 20 min 内收集齐水情分中心所属测站水情信息,半个小时内传递到国家防办这一重要目标,大大地提高了水情信息传输的可靠性和时效性。应用数据库与网络等计算机技术,建成了水文信息采集、传输、处理、存储、服务一体化的水文信息服务系统,使我国水文的现代化达到一个新的水平。

徐闻县农村安全用水对策

陈运河[1] 吴创福[2] 高 丽[2]

（1. 徐闻县水利水电勘测设计室，湛江 524100；
2. 珠江水利科学研究院，广州 510611）

摘 要 广东徐闻县地下水资源比较丰富，已成为农村用水的主要水源。随着持续干旱少雨的气候加剧，浅层地下水水位大幅度降低，近6 000口机井没水可抽或水量不足，导致约34万人存在不同程度的饮水困难。因此，如何合理开发利用地下水资源，解决农村用水已成为本地区经济可持续发展和建设和谐社会日益显露的突出问题。文章对该地区开发利用地下水解决农村用水的可行性、开发利用现状、地下水水质和存在问题进行了分析，提出了7条农村安全用水对策。

关键词 地下水；农村安全用水；地下水水质

1 概述

徐闻县位于广东省西南部雷州半岛最南端，三面临海，北与雷州市接壤，由于地表淡水资源缺乏，是广东省历史性干旱地区之一。目前，徐闻县农村仍有约34万人存在不同程度的饮水困难和饮水不安全问题。区内蕴藏着丰富的地下水资源，地下水已成为农村用水的主要水源。目前徐闻县有大小、深浅不一的地下水开采井约19 000眼，由于绝大多数为浅井，在持续干旱少雨的气候条件下，浅层水水位大幅度降低，以致影响到6 000多口机井没水可抽或水量不足。因此，合理开发利用地下水资源，解决农村用水已成为本地区经济可持续发展和建设和谐社会日益显露的突出问题。

2 水文地质特征

徐闻县在水文地质单元上位于雷琼自流盆地的中段偏南。自流盆地基底主要由前第三系地层组成，基底顶面起伏不平。第三纪以来沉积了一套厚逾1 000 m的松散—半固结岩类，以及覆于其上和夹于其间的基性火山岩。其中，松散砂质岩类发育孔隙、火山岩类发育孔洞裂隙，它们在各种自然因素作用下，成为本盆地的含水层；松软泥质岩类、致密火山岩孔隙、裂隙不发育，为弱透水层（隔水层）。含水层和隔水层相互交替叠置，赋存多层地下水，各含水层通过火山颈、火山口、弱透水层、隔水层缺失的“天窗”等连接通道，相互串通，产生水力联系，形成复式含水层结构。地下水按含水介质特征，有松散岩类孔隙水和火山岩孔洞裂隙水两大类。

2.1 松散岩类孔隙水

含水层由砂、砾组成。按其含水层埋藏深度、水理和水力特征及开采条件，又可分为浅层水(含水层埋深小于 30 m)、中层承压水(含水层埋深 30 ~ 200 m)、深层承压水(含水层埋深 >200 m)。现对其特征分述如下[1]。

2.1.1 浅层水

岩性主要为第四系全新统、更新统松散岩类。其中:砂堤砂地潜水分布在西部东岸,含水层岩性为细砂、中细砂等,局部夹有中粗砂和贝壳砂砾岩,厚度 4 ~ 17 m,最厚 26.46 m。锅锥或钻孔出水量(降深 5 m,下同)326 ~ 528 m^3/d,泉流量一般 1 ~ 2 L/s,富水性中等,水化学类型为 $HCO_3 \cdot Cl—Na \cdot Ca$ 或 $Cl \cdot HCO_3—Na \cdot Ca$ 型,矿化度 0.04 ~ 0.05 g/L。西海岸含水层厚度一般 2 ~ 5 m,民井出水量 100 ~ 254 m^3/d。湛江组微承压含水层主要分布在区西部和良、良田、迈陈和田景等地,含水层岩性变化较大,以细砂为主,厚度 9.0 ~ 25 m,民井和钻孔出水量 100 ~ 800 m^3/d,富水性中等,水化学类型以 Cl—Na 型为主,次为 $Cl \cdot HCO_3—Na \cdot Ca$ 型;矿化度一般 0.02 ~ 0.3 g/L,pH 值为 4.3 ~ 6.3。该层水在补给区接受补给后,一部分继续向下补给中层承压水,另一部分则以水平径流流给内海和滨海区微承压水。

2.1.2 中层承压水

中层承压水广泛分布于全区,是本区主要含水层,一般由 2 ~ 8 个砂层组成。含水层岩性以粗砂、中砂和细砂为主,砂层总厚一般为 13 ~ 62 m。单井出水量在北部边缘中段至南部海岸中段为 1 059 ~ 3 840 m^3/d,富水性较丰富,其余地段的单井出水量为 126 ~ 830 m^3/d,富水性中等,仅锦和—新寮地段属水量丰富。出水量一般为 1 059 ~ 3 840 m^3/d,局部达 10 719 ~ 14 491 m^3/d 和 126 ~ 952 m^3/d,属较丰富—丰富、局部极丰富和中等富水。含水层富水程度受沉积环境和地质结构控制,主要决定于含水层颗粒粗细和厚度。

2.1.3 深层承压水

其分布广泛,含水层岩性为砾砂、粗砂、中砂、细砂及粗、中、细砂岩,一般由 1 ~ 10 层组成,砂层总厚度 53 ~ 265.0 m,单井出水量 1 720 ~ 10 869 m^3/d,富水性属水量较丰富—丰富。

松散岩类孔隙承压水总的富水性,为上部(200 m 深度以浅)和下部(200 m 深度以深)的富水性叠加,水量多为丰富—极丰富。

2.2 火山岩孔洞裂隙水

本区广泛分布第四纪火山岩,地表出露面积 1 200 km^2。含水层为气孔状玄武岩、风化玄武岩、火山碎屑岩、熔岩。水量较丰富区主要分布于石板岭—曲界、石岭和龙塘等地,含水层厚度一般大于 40 m;钻孔单井出水量一般 1 056 ~ 5 223 m^3/d;泉流量一般为 10 ~ 40 L/s,最大 90.3 L/s;地下径流模数一般为 10 ~ 19.6 $L/(s \cdot km^2)$;水量中等区主要分布于下桥—海安以东,含水层厚度一般 30 ~ 100 m。钻孔单井出水量 100 ~ 884 m^3/d;泉流量 1 ~ 10 L/s,地下径流模数 0.2 ~ 16.735 $L/(s \cdot km^2)$;水量贫乏区主要分布下桥至加乐园一带以西,含水层厚度一般 10 ~ 30 m。钻孔单井出水量一般 14 ~ 93.4 m^3/d;泉流量 0.128 ~ 12.69 L/s,地下径流模数 0.15 ~ 16.765 $L/(s \cdot km^2)$。

3 地下水资源

徐闻县地下水的主要补给来源为降雨、水库、渠道的渗入和渗漏,根据广东省地质局水文工程地质一大队40多年来地下水源勘探试验、地下水动态长期监测和地下水开采验证等资料的综合分析计算,资源量结果如下。

3.1 地下水天然资源

(1)全区降雨渗入补给量为292.05万m^3/d。

(2)全区水库、渠道渗漏补给量为40.62万m^3/d。

(3)各含水层地下水天然资源:

玄武岩孔洞裂隙潜水和浅层水补给中层水的水量为81.691 2万m^3/d;

中层水补给深层水的水量为20.954 4万m^3/d;

玄武岩孔洞裂隙水和浅层水为190.810 4万m^3/d;

中层水为56.639 7万m^3/d;

深层水为37.784 5万m^3/d。

3.2 地下水开采资源

徐闻县地下水允许开采资源为198.63万m^3/d。其中松散岩类孔隙水中浅层水为7.512 2万m^3/d;中层水为55.929 8万m^3/d;深层水为42.149 0万m^3/d;玄武岩孔洞裂隙水为93.039 8万m^3/d。

4 地下水开发利用现状

县域内地下水供水工程有钻井和民井,其中,钻井多用于开采松散岩类孔隙承压水和中、高火山岩台地中的火山岩孔洞裂隙水,井深一般50~200 m,个别大于300 m;民井(包括人工开凿的大口径井、机械开凿的锅锥井和小径的手压井)多用于开采松散岩类孔隙潜水—微承压水和低火山台地中的火山岩类孔洞裂隙水,井深一般小于50 m。

全县约有各类地下水供水井1.9万眼。以开采玄武岩孔洞裂隙水的大口径民井的数量最多,采量达5 848万m^3/a;其次是开采松散岩类孔隙承压水的钻井,采量为2 304万m^3/a;再次是开采松散岩类孔隙潜水—微承压水的民井,采量348万m^3/a,总的地下水开采量为8 500万m^3/a,约占现状供水总量的20%。县内地下水供水主要用于农灌,采量为4 132万m^3/a,占地下水开采总量的58%;其次用于居民生活,采量为2 144万m^3/a,占地下水开采总量的30%;再次是用于工业,采量822万m^3/a,占地下水开采总量的12%。地下水的开采量变化季节性较明显,生活用水以夏季较多,农灌用水以旱季开采量最大,工业用水以甘蔗收割的冬、春季开采量最大。就地下水开采的区域分布而言,以沿海和低台地地段开采较多,但仍是分散、小量开采。

目前,徐闻地下水已广泛应用于城镇和农村居民生活、工业用水、农业灌溉、水产养殖等各方面,已日渐成为人民群众生活不可或缺的主要饮用水源,除了绝大部分城镇利用地下水供水外,农村居民饮用地下水人口占98.7%。

5 开发利用地下水资源解决农村用水问题的可行性

徐闻县是广东省典型的工程性缺水区,既拥有丰富地下水资源,又是广东省历史性干旱缺水最严重和难以根治的“老大难”的区域。该区位于雷琼自流盆地中南部,是广东省地下水资源最丰富的地区,500 m深度内具有多个由砂、砾石组成的含水层组,蕴藏着丰富的地下水资源,单井出水量一般可达500~1 000 m^3/d,最大达3 840 m^3/d,井组出水量5 000~10 869 m^3/d,一个井组往往就可建成一个水源地。据以往水文地质调查结果显示,徐闻县地下水的允许开采量达10.66亿m^3/a,目前实际开采量0.85亿m^3/a,利用率仅为7.9%,可增加开采量6.40亿m^3/a,开采潜力仍相当大。目前农村水质性缺水0.07亿m^3/a,水量短缺0.09亿m^3/a,合计缺水量0.16亿m^3/a,可完全满足农村用水需要。也就是说,徐闻县的地下水只要合理开发利用,该区农村缺水问题可以通过开采地下水得到解决。

6　地下水水质概况

徐闻县地下水除沿海局部地区由于含水层被切割,而海水入侵或受风暴潮的影响,出现微咸、咸水外,绝大部分地区地下水为无色、无味、透明的淡水,均符合国家颁发的《生活饮用水水质标准》,尤其是中深层承压水,不仅是优质饮用水源,而且大部分也是矿泉水或地下热水资源。但随着工农业生产的迅猛发展,工业废水排放量的增多,使得埋深30 m以浅的浅层水局部靠近厂矿或居民高度集中地段受到不同程度的污染,少数地方地下水存在硝酸根、亚硝酸根、铵、细菌总数等指标超标。说明局部还受到人畜排泄物和施肥的污染,但硝酸盐氮一般低于10 mg/L,仅徐闻的田洋村高达12~23 mg/L。

中层承压水大部分铁离子超标,水具异味,且氧化后呈黄褐色,须经除铁处理方可饮用。局部沿海地带砂堤砂地浅层水矿化度大于1 g/L,如徐闻县的西连、角尾和新寮边岸砂地等地段。

7　地下水开发利用存在的主要问题

7.1　缺乏统一规划,无序开采现象严重

目前徐闻县的地下水开采尚未纳入正规,由于未能实行统一管理和监管,从而造成开采较混乱和施工队伍众多,开采层位不清,成井质量低劣,造成地下水资源浪费现象较严重。

7.2　开采程度不均

徐闻县近年施工的解困井,大部分都是开采浅层地下水的浅井,由于特大干旱年份地下水位下降和大量开采浅层水造成水位下降加剧,单井出水量减少,甚至干涸而重复出现缺水。

7.3　水质污染

区内地下水的开采绝大部分集中在城镇,县城附近大部分企事业单位废水、废渣就地排放,使县城附近农村浅层地下水不同程度地受到污染。农村开采浅层地下水缺乏指导,村中民井由于位置和开采层位不当,造成人为污染,细菌超标局部较严重。

8　利用地下水资源解决农村用水对策

8.1　进一步开展全县地下水资源勘查评价工作

大量资料及经验表明,在有条件的地区解决易旱区水资源问题的最直接的途径,是大力加强地下水资源的勘查和开发。徐闻县赋存有丰富的地下水资源,开发地下水历史悠

久,随着社会经济发展和人民生活水平的提高,对地下水资源的依赖程度也有着进一步增加的趋势。因此,在干旱缺水频发的形势下,开展区域性和专门性地下水资源勘查评价,对地下水资源的开发利用可以起到有力的推动作用。此外,区内地下水资源勘查研究程度较低,以往的研究程度和勘查精度已不能满足现时社会发展对水资源的需求,须重新开展地下水资源勘查评价工作,从而为解决农村用水而制定出科学合理的地下水开发利用计划提供可靠依据。

8.2 加强地下水开发利用的监督管理工作

各级政府和行政主管部门要加强对水资源的管理工作,建立区内有行政权威的管理机构,实行统一管理;对区内地下水实施取水许可制度,制定与《水法》配套的地方性法规和实施细则;开发地下水要实行报批制度,按规划控制井距、井深、开采层位和开采量。要逐步建立地下水资源管理模型,为及时调整地下水开采井布局提供科学依据。

8.3 全面规划、统筹兼顾、综合利用水资源

供水与社会的可持续续发展、人民生活水平的提高密切相关,因而供水工程不仅要求水资源充裕,水质优良,而且要求工程布局合理,以达到综合利用水资源的目的。根据本区特殊的地理地质条件和本地水资源的数量、质量以及时空分布特点,为解决用水,区内必须综合利用地下水和地表水资源,应以开发地下水为主。同时,选择地形有利地段蓄山塘、水库,拦蓄地表径流,修建人工补给地下水的工程设施,改变地表水和地下水的工程状况,不仅扩大了地表水调蓄能力,而且扩大了地表水对地下水的入渗补给。区内农村用水问题可以通过打井开采地下水解决,地下水开采中,拟在浅层、中层、深层和混合层位开采地下水,尤其高台地以开采玄武岩孔洞裂隙水为主,适当开采中、深层承压水。井距300~500 m为宜。同时要采取有效的开源节流措施,建设好微灌、喷灌、滴灌等节水工程,充分发挥地下水资源的效能,为国民经济可持续发展服务。

8.4 加强地表水、地下水资源综合规划和开发利用工作

因地制宜、科学规划、综合利用地表水和地下水,开源节流,合理而科学地用水,防止地面沉降和海水入侵的发生。在生活用水方面,在提高自来水普及率的同时,相应采取一些节水措施,提倡生活用水重复利用;在农业用水方面,除了不断加固维护、清淤防渗,提高渠系水利用系数外,还要结合提高农业生产技术的要求改进灌水方式。

8.5 建立健全地下水资源管理机构,科学管理地下水资源

建议有关部门统一协调、制定有关条例,限制非专业性施工队伍在无区域水文地质资料的情况下盲目施工和建井,地方水行政管理部门要与水文地质专业队伍配合,在专业技术人员的指导下,根据各地的实际情况合理开采,共同确定开采的地段、开采层位、水量,合理开发和保护区内的地下水资源。同时,由现湛江市水资源协会,加强对地下水资源的统一管理及合理开发利用规划工作。

8.6 加强地下水资源环境保护工作

区内地下水在局部地段已受轻度污染。随着经济的发展和人口的增加,施用化肥、农药、生活废污水等越来越多,如不防范,可能对地下水资源及生活环境造成污染和破坏。因此,水行政部门要根据徐闻县的实际,编制地下水资源保护及防止污染的规划。要加强地下水补给区、供水水源地和水井的卫生防护,严禁在地下水补给区设置垃圾场,保护好

地下水资源,为徐闻县建立良好的生态环境。

8.7　建立健全地下水动态监测管理工作

区内地下水开采井相对较集中、开采量在枯水期较大,应建立地下水位、水质及地面沉降监测网点,加强观测和开采量调查工作。目前,区内缺乏地下水动态监测资料,建议在区内逐渐建立起全区的地下水动态监测网,监测不同含水层地下水的水位、水质变化情况,定期调整地下水开采量,在此基础上,逐步建立地下水开采模型,进行开采动态预报,以便调整开采量,合理利用地下水资源,从而有效解决徐闻县农村用水问题。

参考文献

[1] 李砚阁. 地下水库建设研究[M]. 北京:中国环境科学出版社,2007.
[2] 梁俊平. 雷州半岛地下水资源开发利用方案[J]. 广东地质,1999,14(4).

水运工程建设检测设备计量检定体系浅析

曹媛媛　倪文军

（交通运输部天津水运工程科学研究所，天津　300456）

摘　要　总结了水运工程建设检测设备计量检定体系现状，指出了当前体系中存在的一些潜在问题，并提出解决措施。同时，对水运工程建设检测设备计量检定体系的发展方向进行了分析和论述。

关键词　水运工程；检测设备；计量检定；现状；发展方向

1　引言

近年来，我国大力发展内河及港口等水运工程的基础建设，以推动经济的快速发展。水运工程的质量安全问题是水运工程基础建设最基本的保障，现行的19条水运工程的法律法规中，有半数以上涉及到质量安全问题，而仪器设备的质量安全又是水运工程质量安全问题的重中之重，不容忽视。

2　水运工程建设检测设备计量检定体系的现状及存在的问题

水运工程涉及的检测设备有近百种，涉及工程勘察、设计、施工、监理、测绘及竣工验收等诸多方面[1]。自《中华人民共和国计量法》和《交通企业计量工作定级、升级办法（试行）》颁发至今，交通部对水运工程检测设备计量检定工作十分重视，不断地投入资金和技术推动体系向前发展。

2.1　体系的建立情况

2001年交通部下发专项科研基金，用于水运工程建设检测设备计量检定体系研究与规程制定项目的研究。该项目历时3年，完成了《水运工程建设检测设备计量检定人员实用手册》和《水运工程检测设备标准及计量检定规程体系表》的编制。体系表的编制完成也标志着水运工程检测设备标准及计量检定规程体系已基本成型。

2.1.1　已建立行业自己的计量检定机构

2003年经过上级主管部门批准，交通部天津水运工程科学研究所成立了交通水运工程检测仪器计量检定中心，该中心的成立标志着交通水运行业已建立了自己的计量检定机构。中心成立至今，已具备了对闸门开度计、浅水回声测深仪、非金属声波检测仪、桩基静载仪、基桩动态测量仪、混凝土回弹仪6项仪器设备的检定、校准、检测能力。

2.1.2　部分标准和规程已建立

现行20种检测仪器的交通行业标准及计量检定规程[2]，涉及港口和通航建筑物工程、港口机械、土工及水力条件等水运工程建设方面的各个专业领域,符合国家标准和国家计量检定规程的制(修)定要求,技术先进,实用性和可操作性强,其中8项达到了国际水平,12项达到了国内先进水平。

2.2 体系自身存在的问题

2.2.1 标准及规程

标准及规程出台缓慢,绝大部分检测设备的标准和规程仍是空白,限于资金和技术等诸多方面因素,自2004年《水运工程检测设备标准及计量检定规程体系表》编制完成至今,尚未出台其他设备的标准和计量检定规程。没有标准和规程依据的检测设备的质量安全无法得到保障,给水运工程的建设埋下了潜在的安全隐患。

2.2.2 标准适用范围

标准适用范围小,部分国内高端设备和进口设备无法检测。水运工程建设中,常常要使用高端的精密仪器和进口设备。但在已出台的部分标准和规程中,其检测手段相对简单,对高精度的仪器设备往往无能为力。为了保证此类设备的正常使用,通常需要将设备邮寄到国外检定,这无疑会延长检定和使用周期,增加检定成本。

2.2.3 标准及规程缺陷

标准和规程制定存在缺陷,环境干扰成大问题。水运工程施工一般出现在港口、码头、河道和各种物理模型中,而这些区域自然环境比较复杂,工程现场周边的设施、自然环境的突变和各种仪器设备的混合使用往往会对测量设备造成极大的干扰,尤其当遇到强磁、强光、强压,或温、湿度发生剧烈变化时,设备便无法正常工作。然而,这些干扰因素很少在仪器设备的检定规程中体现出来,那么就造成实验室检定的设备在现场出现精度等级降低或者根本无法使用的状况。

同时,规程中很少标明被检仪器的使用范围,水运工程检测设备常常可使用在其他领域,但设备在该领域的使用条件和使用限制却往往被忽视,部分仪器的检定规程只是针对仪器本身和相关行业制定的,很少描述在其他领域的适用情况和可行性。

2.3 对策与建议

完善水运工程检测设备的计量检定体系还需要很长的一段路要走,从标准和规程的制定、实施到有力执行都是一个缓慢的过程。针对以上出现的问题,我们应该从以下方面入手解决。

2.3.1 分类分层建立框架,加快标准和规程制定的步伐

水运工程涉及的仪器设备种类众多,显然在短期内无法为全部设备建立标准和规程。我们可以按不同专业方向对各检测设备分类,按照使用频率和对工程质量安全影响的程度将各类分层,并对各层次设置相应的质量安全影响系数,在建立适当的类别和层次结构后,那些质量安全影响系数较大的设备应优先制定标准和规程,较小的则推后。针对那些短期内无法制定检定标准和规程的设备,我们可以先出台一定的自检方法和手段并标明其精度等级,或参考相应的国际标准和规程,来规范设备的质量安全。对于迫在眉睫的标准和规程,可采用招标或国家指定相关科研机构的方式来制定,投入一定的经费,出台相应的政策法规,以加快标准和规程的制定步伐。

2.3.2 建立标准和规程的质量评价机构

针对现行的计量标准和规程,应该有专门的组织或机构定期地评价其有效性和适用范围,评估其技术水平。由于科技的不断发展,仪器设备的不断更新,标准和规程也应该与时俱进,经得起时间的考验才行,要不断地更新检定方法和手段,引进先进的检定设备,提高检定体系的自动化程度和软实力。在标准和规程的制定中要充分考虑到各种因素对计量检定结果的影响。同时,对一些在使用中无法再次检定或检定比较困难的仪器设备,要给出一定的自检方法和解决方案。由于水运工程的检测设备一般专业性较强,所以在标准和规程的制定前,我们要首先考虑其应用领域和适用范围,否则规程的建立脱离了实际使用意义或覆盖范围较广,都将造成检定过程烦琐、检定结果不可靠等不良后果。以上这些都应该作为评估标准和规程技术水平的因素。

2.3.3 重新审视标准和规程制定的现实意义

标准和规程的制定不只是为了出具被检设备的合格证书或不合格通知书,其更深远的意义在于它能够规范水运工程检测设备的生产与使用,确保水运工程建设质量和推动水运行业技术进步,并能够产生一定的社会效益和潜在的经济效益。从这个角度出发制定的标准和规程才有更好的现实意义。

3 水运工程建设检测设备计量检定体系的发展方向

3.1 与国际接轨

自2001年我国加入WTO以来,随着国外先进技术的不断涌入,我们正面临着前所未有的机遇和挑战。加入WTO有助于进一步提高我们的科技水平和标准化管理水平,有利于将我们的水运工程及其相关设备推向国际市场,提高我国在国际市场的竞争力,但同时国际标准也在不断地冲击着我们的计量体系,怎样完善与国际接轨的计量检定体系,对我们来说是一个重大的考验。

为此我们要有以下几点认识:

(1)与国际接轨是一个趋势,只有建立起符合国际标准的体系才是一个完善的体系。

(2)与国际接轨同时要培养一些高素质的掌握国际标准和理念的队伍,分析和研究国际现状,把掌握国际上先进的计量体系理念作为一项日常工作来做。

(3)与国际接轨要充分施展拿来主义,要将国际上先进的技术、思想和理念融入到我们自己的体系中来,绝不能照搬全收。

(4)与国际接轨还需走出去,将体系中先进的思想、理念和技术拿到国际上去,充分展示我们的实力,只有这样,我们的水运工程建设和检测设备才能被国际认可。

3.2 标准和规程的制定应多元化

过去,标准和规程往往是由一些科研机构制定。由于资金、技术、政策和流程等一系列的因素,导致标准和规程制定的周期一般都比较长,这也是体系发展缓慢的最主要原因。要从根本上解决这一矛盾就要将标准和规程的制定多元化:将社会上与水运工程建设检测设备相关的部门引入,如专业生产水运工程检测设备的单位;与本行业仪器设备相关的大专院校和科研机构,将他们的技术实力作为催化剂,这不但会减轻大量的调研工作,减少技术攻关,同时能更好地降低科研成本和周期。这样制定出的规程,适用范围会更合理,社会认可度会更强,社会效益和潜在的经济效益也会更加明显。

3.3　以科学技术推动体系发展

随着计算机软件和电子技术的飞速发展,计量检定工作也步入了一个崭新的时代。未来的计量检定工作将是一个全新的自动化过程,引进更多先进的检定装置和理念,充分享受计算机和自动化技术带来的便利。

4　结语

质量安全是水运工程建设最基本的前提,完善水运工程检测设备的计量检定体系是水运工程建设中一个必不可少的环节。应本着扎稳脚跟、拓宽思路的原则将体系的发展提到日程上来,要充分考虑到行业的现状,在认清国内形势的同时,密切关注国际上相关行业的发展趋势,通过积极与相关组织和机构协调沟通来加快标准和规程出台的步伐,使水运工程检测设备计量检定体系又好又快地发展起来。

参 考 文 献

[1] 白静,曹玉芬,水运工程建设检测设备计量检定体系研究与规程制定[J]. 天津科技,2006,33(6):41－42.

[2] 郑宝友,曹玉芬,陈汉宝,等. 加强检测设备计量检定　确保水运工程建设质量[J]. 水道港口,2004,25(增刊):90－94.

水库机电设备和供水设施运行管理探讨

潘世峰[1] 李 珏[2] 吴创福[2] 李伊明[2]

(1. 西丽水库管理所,深圳 518055;2. 珠江水利科学研究院,广州 510611)

摘 要 随着水利信息化工作的全面开展,水库供水系统中不断采用先进通信、监控和计量等机电系统设备,这些机电设备已成为水库供水运行管理的主要对象。本文根据西丽水库的安全检测,总结了机电设备和供水设施的运行管理方法,建立了水库供水机电维护管理体系,为相关设备管理提供借鉴。

关键词 机电设备;供水设施;运行维护管理

1 前言

随着水利信息化工作的全面开展,水库供水系统中不断采用先进通信、监控和计量等机电系统设备,这些机电设备已成为水库供水运行管理的主要对象。设备运行管理的目的就是"用好、养好、修好、管好"设备,其主要任务为:①建立并推行科学的设备管理制度,按照现代化设备管理的观点和方法,结合本单位特点,保证设备的正常运转,使机电系统达到最佳的状态和实现最高的运行效率,实现最合理、最有效的整体运作能力,提升整体经济效益,使设备管理能更好地为水库整体管理服务;②将设备维护管理的重点从以修为主转为以防为主,认真做好设备的正确使用,精心维护保养和预防及改善维修工作,尽量减少影响正常运行的突发性设备故障;③提高维修技术,学习和推广应用设备维修的新技术,并做好备品备件的供应工作;④做好技术业务培训,采取各种方法培训设备管理与维修人员,提高各级设备管理人员的技术素质和业务水平。

2 设备运行管理体制

设备运行管理体制主要分为现场管理、中层管理、高层管理等三级。现场管理主要是针对现场设备的运行特点,制定操作流程,保证设备正常运行,使运行优质、低耗、高效和安全。管理的主要内容主要包括:对闸室、阀室、泵站、流量计房和配电房内的设备进行外观检测,定时进行外观清洁处理;检查设备运行是否正常,及时上报问题并迅速排除简单故障。该部分工作应由专职人员负责。中层管理是整个维护体制的重点。日常维护包括周、月、年养护,巡视,抢修及为实现特定项目所开展的一系列工作。该部分应由专业技术人员组织实施,各负责部门会同计划、财务及人事部门组织实施设备的改造、备品备件的采购保存、资料的整理归档和人员培训等工作,另外应加强同电力、供水、用户等的横向联系与沟通,避免可能出现的脱节与内耗,优化资源配置,在系统正常使用的条件下,实现最合理、最有效的运行能力,提高效益。高层管理属于为设备更新、技术改造和设备引进等的决策部分,主要内容包括:系统设备更新换代、重大故障抢修、重大技术方案的变更、在建系统完工测试、验收等工作。制定和完善设备管理、维护的各项规章制度、管理达标考核评比工作等。

3　设备运行管理基本思想

设备运行管理基本思想分为:①系统管理;②以人为本的思想;③预防为主;④重点控制;⑤科学化和制度化相结合;⑥专业技术和管理技术相结合。

3.1　系统管理

对设备实行全过程管理和系统化的维修方法和措施。全过程管理是指对设备的制成前后和运行阶段进行系统管理,把设备全寿命周期作为管理对象,即把规划、设计、制造、安装、使用、维修、改造、报废和更新各阶段都纳入管理,尽量早期发现及消除可能产生故障的原因。而对设备的维修方法和措施也需要系统化,在设备建设阶段即要认真考虑设备的使用需求,提高设备的可靠性和维修性,把设备整个使用周期作为整体进行管理,使设备达到最佳效益,形成以设备全寿命为管理对象的完整维修体系[1]。

3.2　以人为本的思想

调动人的积极性和创造性,实行设备全员管理,纵向包括管理所的所有员工都参加设备管理工作,横向是与设备有关的部门都组织进行,分担一定的职责,具有相应的权利,将设备管理建立在全员基础上,达到设备质量管理的目的。

3.3　预防为主

加强对设备的计划预防维护,采用以设备分类为依据,以巡视、定期养护为基础的预防维修,对重复多次出现故障的部位,采取相应的改善措施,防止同类故障的再次发生,列出影响设备质量的关键因素,采取措施把质量缺陷减少或消灭在形成发展的过程中,从弥补结果变为管理因素,监控设备状态,提高维护成效,减少维修费用。

3.4　重点控制

区别设备的重要程度,采用不同管理与维修的对策和措施,实施有效的分级管理:①对存在小故障但不影响使用的设备采用事后处理的办法;②对出现故障会造成重大影响的关键设备采用预防维修并实施重点保障。需建立应急抢修预案,并有足够的备品备件准备。

3.5　科学化和制度化的结合

所有的成功都源自先进的管理制度,结合自身特点,摸索一套行之有效的管理制度和方法,把管理理论细致到管理层次的最基层,建立健全和落实各项规章制度,把行之有效的管理方法形成规范和标准,促进机电设备和供水设施运行维护的制度化、规范化。

3.6　专业技术和管理技术的结合

加强技术人员和操作人员的培训,注重提高技术管理人员素质和技能,使技术人员、操作人员和设备均处于最佳结合状态。

4 设备运行管理基本内容

在这里推荐采用一个现代设备管理方式:点检制。所谓点检制就是将护理婴儿的方法移植到了管理设备上,采用“五定”方法,即定点、定标、定法、定期、定人来对设备进行检查[2]。

4.1 定点

定点的目的是详细设定设备检查部位、项目和内容。

(1)巡视和外观检测。采用目测,通过巡视人员对设备及附属设备进行目测。巡视主要是检查设备的附属设备是否正常,闸门关闭状态时是否漏水;闸墩、门槽和胸墙等是否有裂缝、剥蚀和老化现象;闸墩及底板伸缩缝的开合错动情况;是否有不利于闸门和启闭设备的不均沉陷;检查启闭机室是否有错动、裂缝、漏水和漏雨等异常现象,是否对启闭机运行有影响;电气控制系统及设备、计量设备和备用电源能否正常工作,检查设备外壳是否保持无尘、无污和无锈;连接处的密封和锈蚀情况。巡视的目的是检查设备是否保持规定的技术状态并对设备进行清扫和调整。

(2)针对水库的水下设备的专项检测。主要是针对供水的进水口拦污栅状况,水下闸门是否有变形或破损,门槽及底坎是否有堵塞,出水廊道内壁是否有冲刷、淘空和脱落现象等。

(3)预防性维护。可分周、月和年维护,判定设备性能的劣化状况,包括备用电源启动时间是否满足要求;设备是否能随时投入运行;校验接线盒的防潮情况;压线螺栓的松紧情况;轴承内的润滑脂量,轴承的松动和磨损情况;启闭设备相关部件的运行情况;动力成套配电(控制)柜的运行等情况,使故障能早期发现,避免突发故障的发生,对发现的问题进行恢复性的维护、调试、矫正,保证达到规定的技术性能。

(4)故障修理。这个部分是设备管理的重要环节,根据定期维护检查的结果和故障维护报告书,相关部门需按故障等级,在规定的时限内排除故障。

4.2 定标

指定点检标准、维修技术标准及维修作业标准中规定维修步骤、工种和工时标准等;根据深圳西丽水库机电设备及供水设施安全评估项目的成果,水库所涉及的机电和供水设施设备种类多、数量广,无可遵循具体的规程规范,在深圳西丽水库机电设备及供水设施安全评估项目的实施过程中,所涉及的规程规范、标准及管理办法多达 13 项,应根据实际情况要求确定采用的标准。

4.3 定法

对各个检查项目制定明确的检查方法,如目测和仪器等检验。

4.4 定期

制定各个设备的检查周期。

4.5 定人

根据检测项目内容,确定检测人员是一般操作员或是专业检测员。

5　设备运行规律

5.1　可靠性

可靠性是指元件、设备或系统在规定的环境下、规定的时间内、规定的条件下无故障地完成其规定功能的概率。理论研究和实践证明,大多数设备的故障率是时间的函数,典型故障曲线称为浴盆曲线[3]。

浴盆曲线是指设备从投入到报废为止的整个寿命周期内,其可靠性的变化呈现一定的规律,如果取失效率作为可靠性特征值,它是以使用时间为横坐标、以失效率为纵坐标的一条曲线。因该曲线两头高、中间低,有些像浴盆,所以称为浴盆曲线。

从图 1 可知,曲线的形状呈两端高、中间低,具有明显的阶段性,失效率随使用时间的变化分为三个阶段:早期失效期、偶然失效期和耗损失效期。

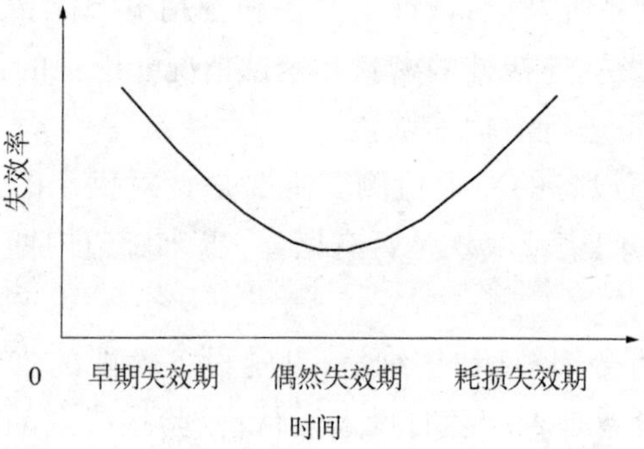

图 1　故障曲线示意图

早期失效期(Infant Mortality),表明设备在开始使用时,失效率很高,但随着工作时间的增加,失效率迅速降低,这一阶段失效的原因大多是由于设计、原材料和制造过程中的缺陷造成的。

偶然失效期(Random Failures),也称随机失效期,该阶段的特点是失效率较低,且较稳定,往往可近似看做常数,可靠性指标所描述的就是这个时期,这一时期是设备的良好使用阶段,偶然失效主要原因是质量缺陷、材料弱点、环境和使用不当等因素引起。

耗损失效期(Wearout),失效率随时间的延长而急速增加,主要由磨损、疲劳、老化和耗损等原因造成。

5.2　设备磨损规律

设备磨损经历设备磨合期、正常磨损阶段和激剧磨损阶段等三个阶段,一般设备的磨损随时间匀速增加且较缓慢,设备可以有很高的生产效率且时间较长;激剧磨损阶段,正常磨损关系被破坏,磨损剧烈增加。

一般设备正常磨损阶段后期就应加以维护或更换,设备的日常使用中,为使设备经常处于良好状态,就必须做到合理使用并要加强维护,以延长设备的正常磨损阶段,延长使用年限,减少维修次数及费用。

6 设备更新与改造

6.1 设备使用寿命

设备使用寿命是指设备从投入使用开始，经过一段时间运行后，在技术上或经济上不宜继续使用，需要更新改造所经历的时间。设备使用寿命按其性质一般可分为自然寿命、经济寿命、技术寿命。自然寿命指设备从全新状态投入使用，到不能按原有的用途继续使用为止所经历的整个时间。它与设备的维修、保养有关，并可通过恢复性维护修理延长设备的自然寿命。经济寿命是指设备从全新状态开始，使用到会造成经济上不合理而退出服务为止所经历的时间。设备使用到后期，虽然没达到自然寿命结束之时，但由于性能老化，维修费用增多，在经济上不合算，且存在潜在的隐患，必须更换。技术寿命是指设备投入生产后，由于新技术的出现，使原有的设备丧失其使用价值而被淘汰为止所经历的时间。

6.2 设备更新与改造

原设备由于效能衰退、技术陈旧或经济效果差不能继续使用时，应进行替换。当今技术进步很快，设备更新换代已不是一种简单的更换，而以效能更高、性能更完善的先进设备，代替物理上不能继续使用和经济上不宜继续使用的旧设备。

设备改造是指应用现代技术，对原设备的结构等方面进行改造，以提高设备的使用率，满足现代技术运行管理需要。

7 设备维修记录

设备维修记录是维修工作的基础，包括设计、安装、使用、维修和报废更新所有的数据与资料。设备维修记录分为输出数据资料和输入数据资料两大类，其中输入数据即原始数据资料，输出数据资料包括分析数据和成果数据，是进行统计分析的依据。需要建立的原始记录以及记录项目，应适应输出数据资料的要求，而输出数据资料应服从设备管理目的。记录项目应切合实际，力求完整、具体、明确，并使有关人员能简单正确填写内容。对原始记录的登记填写、检查和保管等工作，应制度化，由专人负责。要及时对记录数据进行整理和分析，以达到设备管理的目的。对设备故障分析（故障率、平均故障间隔时间、重大故障率、故障次数率、故障原因等），应按设备、故障性质及其发生部位等进行分类，以便在制定消除或减少故障措施时能抓住主要问题，不断总结和交流故障排除的经验，提高故障判断能力和维修水平，改进维护工作。

8 结语

结合水库机电设备和供水设施的安全评价工作，建立对相关设备的运行维护管理势在必行，水库的机电和供水所涉及设备种类多、数量广，且无可遵循的具体的规程规范。深圳西丽水库机电设备及供水设施安全评估项目的实施过程中，所涉及的规程规范、标准及管理办法多达 13 项，检测结果显示，设备运行管理工作有待加强，在水库资料室中无从查询部分设备的维修及养护记录资料；对于某控制柜重复出现的故障，无原始调试记录和故障记录溯源，且故障出现具有随机性，在安全检测过程中又未出现，无法查找原因，故也无法安排维修,且无原始的调试记录;对于某重要的供水对象,在闸门的限位出现故障多年后仍无法停水检测维修等问题,充分说明了平时建立完善的运行维护管理机制,提前预测可能发生的故障,把故障遏制在早期,对水库的机电设备和供水设施的正常运行具有重要的意义,在这个领域,还有许多值得探讨的问题,需要继续探索、总结和改进,希望这篇文章能对这类设备的运行管理起到一定的借鉴作用。

参考文献

[1] 王汝杰,石博强. 现代设备管理[M]. 北京:冶金工业出版社,2007.
[2] (英)Software R. 可靠性实用指南[M]. 陈晓彤,等译. 北京:北京航空航天大学出版社,2005.
[3] 何庆. 绿色设备管理与维修[M]. 北京:机械工业出版社,2006.